科研论文配图

绘制指南

基于R语言

宁海涛 著

人民邮电出版社
北京

图书在版编目（CIP）数据

科研论文配图绘制指南 ：基于R语言 / 宁海涛著
. -- 北京 ：人民邮电出版社，2024.8
ISBN 978-7-115-63550-1

Ⅰ. ①科… Ⅱ. ①宁… Ⅲ. ①科学技术－论文－绘图
技术－指南 Ⅳ. ①TB232-62

中国国家版本馆CIP数据核字(2024)第053122号

内 容 提 要

本书是指导科研人员使用 R 语言绘制高质量科研论文配图的实用指南。首先，本书从科研论文配图的基础知识出发，详细介绍了绘图的规范、原则和配色技巧；其次，书中深入讲解了 R 语言的配置、使用以及 ggplot2 图形语法，为读者提供了从单变量到多变量图形绘制的全面指导；再次，本书还特别介绍了地理空间数据的可视化分析，以及如何绘制其他类型统计图形；最后，本书通过具体案例展示了科研论文配图的绘制流程。

本书实用性强、内容丰富，适合想通过 R 语言进行数据分析、科研论文配图绘制的不同专业的在校学生，以及对数据分析与可视化感兴趣的科研人员阅读。

◆ 著　宁海涛
责任编辑　张　涛
责任印制　王　郁　焦志炜
◆ 人民邮电出版社出版发行　北京市丰台区成寿寺路 11 号
邮编　100164　电子邮件　315@ptpress.com.cn
网址　https://www.ptpress.com.cn
涿州市般润文化传播有限公司印刷
◆ 开本：787×1092　1/16
印张：18.5　2024 年 8 月第 1 版
字数：502 千字　2024 年 12 月河北第 4 次印刷

定价：99.80 元

读者服务热线：(010)81055410　印装质量热线：(010)81055316
反盗版热线：(010)81055315
广告经营许可证：京东市监广登字 20170147 号

前言

在科学研究中，数据可视化是不可或缺的一环，清晰、准确、美观的图表能够帮助我们更好地呈现研究结果，揭示数据背后的规律。R 语言作为一种流行的数据分析和编程语言，提供了丰富的图形绘制和数据可视化功能，使得我们能够以精确和专业的方式呈现研究结果。R 语言已经成为众多科研人员绘制科研论文配图的首选。然而，市场上关于使用 R 语言绘制常见科研论文配图的图书相对较少，导致读者缺少可参考的资料。基于以上原因，笔者编写了本书，系统地介绍了用 R 语言快速绘制美观的科研论文配图的方法和技巧。

读者对象

本书适合想通过 R 语言进行数据分析、科研论文配图绘制的不同专业的在校学生，以及对数据分析与可视化感兴趣的科研人员阅读。

阅读指南

全书内容共 8 章，主要内容如下。

第 1 章　介绍科研论文配图的绘制基础与配色基础。

第 2 章　介绍 R 软件和 RStudio 的安装，以及如何与 Jupyter Notebook 进行交互，并重点介绍 R 语言中重要绘图工具包 ggplot2 图形语法。

第 3 章　介绍科研论文中常见的单变量图形及其绘制方法。

第 4 章　介绍科研论文中常见的双变量图形及其绘制方法。

第 5 章　介绍科研论文中常见的多变量图形及其绘制方法。

第 6 章　介绍科研论文中常见的地理空间数据型图形及其绘制方法。

第 7 章　介绍科研论文中的其他类型统计图形及其绘制方法。

第 8 章　以一篇完整科研论文中的配图的绘制为例，详细讲解选择配图和绘制配图的方法。

适用范围

本书所讲解的图形的绘制方法大部分是用 R 语言中的 ggplot2 绘图工具包，以及基于 ggplot2 开发的其他绘图工具包实现的，适用于目前科研论文中的多种常见配图类型。同时，本书详细地介绍了多种空间数据型图形的绘制方法，读者可将绘制方法应用到自己的实际项目中。

使用版本

本书使用的 R 语言版本为 4.2.3，主要使用的绘图工具包为 tidyverse（2.0.0）、ggplot2（3.4.3）、

ggpubr（0.6.0）、sf（1.0 ～ 14），主要数据读取及处理分析工具包为 readr（2.1.4）、readxl（1.4.3）、dplyr（1.1.2）、tidyr（1.3.0）和 stringr（1.5.0）等。作为免费开源的工具，R 语言及其工具包的更新迭代很快，因此，读者可以根据实际使用情况或运行代码脚本后给出的提示更新自己的工具包。

绘图示例源代码

本书提供所有绘图示例的 R 语言绘图源文件（.R 文件）和 Excel（.xlsx 文件）、CSV、TXT 格式的数据文件。注意：读者在运行代码脚本时，若看到提示某一个数据分析与可视化工具包不存在的信息，请根据提示安装相关的工具包。

配套资源获取方式

读者可关注笔者的微信公众号（DataCharm）、哔哩哔哩账号（DataCharm）、抖音账号（DataCharm）、小红书账号（DataCharm），获取数据可视化文章。读者可通过关注微信公众号（DataCharm），在微信公众号中回复关键字“R 语言科研论文配图配套资料”，获取本书的配套源代码及其他学习资料，Jupyter Notebook 等文件或其他资源的获取方式，读者可参见封面上的有关说明。

注意：笔者为本书读者提供了“R 语言图书学习圈（付费）”，交流的内容包括本书的讲解视频、绘图知识点答疑、绘图知识点拓展、数据可视化技巧汇总、可视化工具介绍以及更多 R 语言数据可视化知识点等；此外，还有本书配套的详细的 Jupyter Notebook 代码文件。

致谢

2023 年，笔者编写的第一本书《科研论文配图绘制指南：基于 Python》正式出版了。很荣幸，这本书受到了很多读者的喜欢，笔者收到的反馈也比较多，其中有很多读者反馈，有没有可能出一本其他语言的科研论文配图绘制指南？于是，本书就诞生了，你可以把它看作《科研论文配图绘制指南：基于 Python》的 R 语言版本。但本书中添加了较多的新内容，并基于第一本书的读者反馈的问题，笔者对本书内容做出了一些修改、调整。

写书，是一个费力劳神的过程，不仅需要笔者对已了解的知识点进行表达，而且需要笔者为保证涉及的内容尽可能全面而学习新的知识点，如新的图表类型。虽然笔者有了之前写书的经验，但在面对一个全新的编程语言时，难免会遇到或大或小的问题，好在最后能够克服并坚持写作。

在本书的编写过程中，笔者认识了很多喜欢数据可视化的新朋友，感谢他们对我写作的支持和鼓励。

读书之法为循序而渐进，熟读而精思。亲爱的读者，希望本书能够成为你科研中的一份实用指南，帮助你掌握使用 R 语言进行科研论文配图绘制的技巧和方法，也希望你能快乐地阅读本书！

注：第 6 章介绍的地理空间数据型图形的绘制内容中，涉及的地图都是虚拟的，与真实地图无关，特此说明。另外，一些图中的英文是软件生成图时自带的，为了与本书使用的软件保持一致，图中英文没有翻译。

宁海涛

目 录

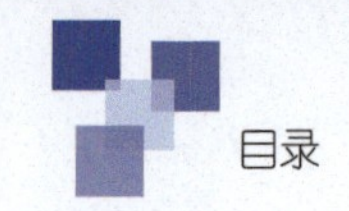

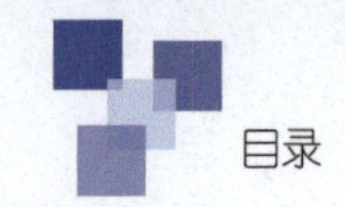

第 1 章　科研论文配图的绘制与配色基础

1.1　科研论文配图的绘制基础

数据可视化（data visualization）借助于图形化手段来展现数据，以便读者对数据进行更直观和深入的观察与分析。它是一种关于数据视觉表现形式的技术研究。"一图胜千言"表现了数据可视化在信息表达中的重要性。

科研论文配图（插图）是实验数据和分析结论的可视化表达形式。科研论文配图的绘制是一种将科学与艺术相结合的工作，既能用图片的艺术感来吸引读者，又能展现实验数据和分析结论的科学性，帮助读者理解科研工作者所研究的内容。

科研论文配图作为数据可视化在科研领域的重要应用，是研究结果直观、有效的呈现方式。它不仅是读者关注的对象，还是编辑和审稿人重点关注的对象，在学术论文、研究报告、专利申请文件、科研基金申请文件等的编写方面起着举足轻重的作用。如何绘制有意义的科研论文配图，更好地呈现科研结果，是众多科研工作者需要思考的问题。本节将介绍科研论文配图的绘制规范和 3 条绘制原则，其中涉及科研论文配图绘制过程中容易被忽略的一些细节，以期帮助读者更好地理解科研论文配图绘制的重要性。

1.1.1　绘制规范

相比其他数据可视化呈现形式，科研论文配图的规范性是我们首要关注的。科研论文配图的规范性是指绘制的配图要符合投稿期刊的配图格式要求。不同的期刊在图名、字体、坐标轴等配图构成，以及配图颜色、配图格式等配图属性方面，都有不同的特殊要求。只有科研论文配图符合投稿期刊的配图格式要求，才能进入后续的查阅和审核环节。

1. 科研论文配图的分类与构成

根据呈现方式，科研论文配图可分为线性图、灰度图、照片彩图和综合配图 4 种类型。其中，线性图是主要和常用的配图类型，也是本书重点介绍的配图类型。线性图是指由包括 Python、R、MATLAB 等编程语言，以及 Excel、SPSS、Origin（OriginLab 公司出品）等集成软件在内的绝大多数数据分析工具输出的多种配图，如折线图、散点图、柱形图等。线性图是科研论文中常见的图形类型，也是一种加工费时、设置细节较多的图形类型。本书主要介绍的就是这种科研论文配图的选择和绘制方法。由于使用场景、专业性等方面的限制较大，因此灰度图、照片彩图和综合配图等则不在本书的介绍范畴内。

科研论文配图主要包括 X 轴（X axis，又称横轴）、Y 轴（Y axis，又称纵轴）、X 轴标签（X axis label）、Y 轴标签（Y axis label）、主刻度（major tick）、次刻度（minor tick）和图例（legend）等基本构成，如图 1-1-1 所示。科研论文配图的每个构成部分都有详细的绘制要求，如坐标轴，作为科研论文配图的尺度标注，是其重要的组成部分。在对坐标轴进行设置时，我们要做到布局合理且数据表达不冗余。此外，对于配图中的标签文本的大小、是否使用斜体、是否添加图例边框、是否添加网格线等，我们都需要进行合理、有据的设置。

注：为了和绘图工具保持一致，X 轴和 Y 轴若无特别标注，一律用大写正体。

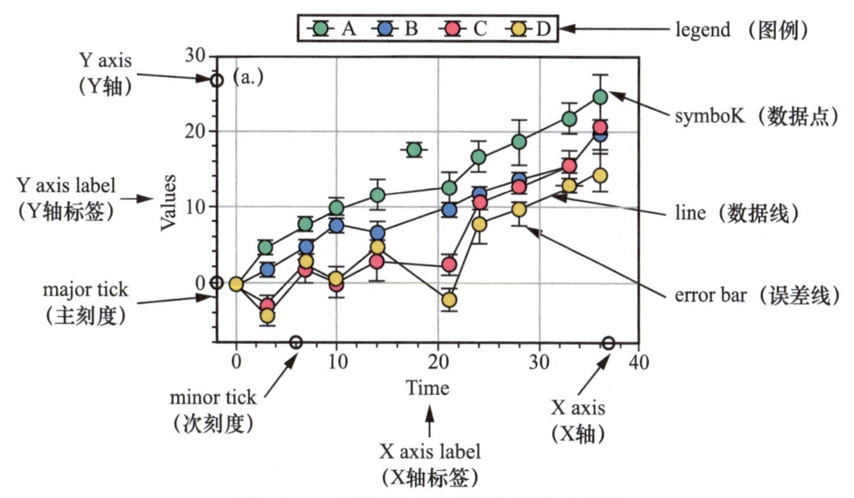

图 1-1-1 科研论文配图基本构成示意

2. 科研论文配图的格式和尺寸

科研论文中常见的配图可分为像素图和矢量图。其中，像素图（位图）是以单个像素为单位，通过不同像素规律组合和排列，来显示效果的图片。像素图在放大到一定程度后会失真，变得模糊。常见的像素图格式包括 JPEG、PSD、PNG、TIFF，其中，JPEG 是一种常用的有损压缩图片格式，JPEG 格式的图片易于处理，但像素低、清晰度差、色彩损失大。矢量图是使用点、直线或多边形等基于数学方程的几何图元表示的图像。矢量图的图像文件包含独立的分离图像，可以自由、无限制地进行重新组合，其特点是放大后图像不会失真。常见的矢量图格式包括 EPS、PDF、AI、SVG，其中，EPS 格式的图片体积小、质量高、色彩保真度高，印刷时较为清晰，是常用的科研论文配图格式；PDF 格式的图片无论放大还是缩小，清晰度都不会改变，也不会出现弧线“锯齿”化现象；AI 格式是一种可以二次修改的图片格式，也是常用的配图格式，AI 格式的图片体积较大，包含图片各图层的所有信息。

对于像素图，一般的 SCI（Science Citation Index，科学引文索引）期刊都要求配图的分辨率大于 300dpi（dpi 是表示空间分辨率的计量单位，即每英寸点数）。注意，我们不能一味地追求高分辨率的像素图，因为分辨率太高，相应的配图的体积就会很大，投稿时易造成困难。

对于科研论文中每幅配图的尺寸，期刊往往不会有严格的绘制要求，但为了配图的可阅读性和论文排版的整洁性，我们需要考虑图片尺寸与图框、图中文本大小和上下文的协调性，进行合理设置，避免文章版面空间的浪费，保持排版的整体美观性。在对配图进行单、双栏排版时，不同尺寸的配图有它们各自的放置规则。一般情况下，单栏排版的配图的宽度不宜过大。在对某个含有多个子图的配图进行单栏排版时，我们应考虑将这些子图进行竖向排列。在对配图进行双栏排版（这样的配图一般含有多个子图）时，我们应先考虑每行可排列的子图数量，再考虑子图之间的对齐问题，如图例、图号等都应对齐。

3. 科研论文配图的字体和字号

有些科技期刊明确规定了科研论文配图的字体和字号，有些则无特定要求。一些中文科技期刊要求将科研论文配图中的文本对象（横、纵轴的标签，以及图例文本）的字体设置为宋体或黑体，英文科技期刊大多使用 Arial、Helvetica 或 Times New Roman 字体。值得注意的是，单篇科研论文中的所有配图的字体、字号要尽量保持一致，同一张配图中的字体必须一致。如果配图中确有需要突出的部分，则可以将它们设置为粗体或斜体形式，或者更改文字颜色。

4. 科研论文配图的版式设计、结构布局和颜色搭配

要想让科研论文配图美观，我们需要在其版式设计、结构布局和颜色搭配方面多下功夫。在版式设计方面，配图中文字的字体要保持一致，字号不大于正文字号，行距、文字间距应与正文协调一致；在结构布局方面，配图应出现在引用文字的下方或右侧（即“先文后图”），不同尺寸的配图不要安排在同一列或同一行；在颜色搭配方面，我们应避免使用过亮或过暗的颜色，相邻的图层元素不宜采用相近的颜色，特别是在分类配图中。此外，对于彩色图，我们要使用原图，慎用灰度图。

1.1.2 绘制原则

科研论文配图在科研结果展示方面的作用明显，本小节将介绍其绘制过程中的 3 条原则。

1. 必要性原则

科研论文配图的主要应用场景包括结构表达、体系构建、模型研究、数据预处理及分析、调查统计等，而在这些应用场景中，是否真的需要使用配图？ 对于这个问题，我们要根据具体情况具体分析，如果配图可以起到对文字进行补充说明、直观展示结果、引出下文内容等作用，那么它就是必要的。

另外，科研论文中要避免出现文字较少、图表较多的情况，即无须将原始数据和中间处理过程涉及的图形全部展示在论文中，而应在具有复杂和多维数据的情况下，提高提炼数据和绘制具备总结性特点的精选配图的能力，而非简单地罗列配图。过多的配图不仅会消耗大量的绘制时间，还会给科技期刊编辑的审核工作带来难度。

2. 易读性原则

为了方便读者准确理解科研论文配图的内容，我们在绘制它时应遵守易读性原则。完整、准确的标题、标签和图例等可以有效实现科研论文配图的易读性。

3. 一致性原则

在科研论文配图的绘制过程中，我们需要遵守一致性原则。

- 配图所表达出的内容与上下文或者指定内容描述一致：科研论文中的配图虽然可以独立存在，但也应与上下文的内容密切相关，论文正文中介绍配图的内容应与对应配图一致。此外，论文配图中的物理量符号等应与论文正文介绍的保持一致。
- 配图数据与上下文保持一致：论文配图中的有效数字是根据实际数据或者不同测量、转换方法等最终确定的，应与上下文中对应的有效数字保持一致。
- 配图比例尺和缩放比例大小保持一致：在涉及地理空间配图的绘制时，配图中包含的比例尺等图层元素，应当在修改时保持同步变动；在修改配图的大小时，也应保持同比例缩放修改。
- 类似配图各图层元素保持一致：当论文中出现多个类似配图时，我们应当保证各配图中的文本属性（字号、字体、颜色）、符号，以及配图中各图层结构等保持一致。

1.2 科研论文配图的配色基础

配色是科研论文配图绘制过程中的重要工作。优秀的配色方案不但可以提高论文的美观度，而且可以高效表达配图内容。本节将介绍科研论文配图的配色基础，包括色彩模式、色轮配色原理、颜色主题和配色工具 4 个方面。

1.2.1 色彩模式

色彩模式是众多可视化设计者在设计作品时常用的工具。其实，在科研论文配图绘制过程中，我们也可以选择使用色彩模式。常见的色彩模式包括RGB色彩模式、CMYK色彩模式和HEX色彩模式。

1. RGB色彩模式

RGB色彩模式是指通过混合红色（Red）、绿色（Green）、蓝色（Blue）3种颜色来表现各种颜色。该色彩模式利用红、绿、蓝3个颜色通道的变化，以及它们相互的叠加来得到各种颜色值，是目前使用较为广泛的色彩模式。RGB色彩模式为图片中每一个像素的R、G、B分量各分配一个强度值（取值范围为0～255），如黑色可表示为（0,0,0），白色可表示为（255,255,255）。图1-2-1利用三维坐标形式展示了RGB色彩模式，其中，图1-2-1（a）所示为RGB色彩模式的三维立方体示意图，图1-2-1（b）所示为RGB色彩模式对应立方体颜色映射效果。我们可以看出，红色、绿色、蓝色分别位于立方体在坐标轴上的3个顶点，黑色在原点处，白色位于离原点最远的顶点，黄色（Yellow）、品红色（Magenta）和青色（Cyan）分别位于立方体的其余3个顶点。距离黑色顶点越近的顶点颜色越深；距离白色顶点越近的顶点颜色越浅。

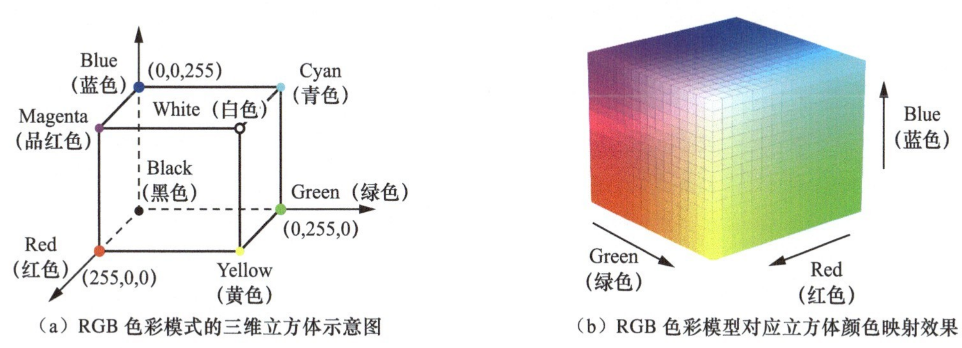

（a）RGB色彩模式的三维立方体示意图　（b）RGB色彩模型对应立方体颜色映射效果

图1-2-1　RGB色彩模式示意图

2. CMYK色彩模式

CMYK色彩模式可以看作RGB色彩模式的子集。它是一种主要用于彩色印刷的四色模式，其中，C表示青色（Cyan）、M表示品红色（Magenta）、Y表示黄色（Yellow）、K表示黑色（blacK）。与RGB色彩模式的不同之处在于，CMYK色彩模式是一种印刷色彩模式，也是一种依靠反光的色彩模式。尽管RGB色彩模式表示的颜色更多，但它们并不能够全部印刷出来。理论上，把青色、品红色、黄色结合在一起，就可以得到黑色，但是，依靠目前的工艺制造水平，三者结合后的实际结果是暗红色，因此，我们需要加入一种专门的黑墨来中和，即使用定位套版色（黑色）[Key Plate（black）]，以确保输出黑色。在现阶段，大多数纸质期刊在稿件出版阶段都使用CMYK色彩模式的图片。对于网络期刊，我们应该使用RGB色彩模式，因为使用该色彩模式的图片表现效果好，色彩靓丽，更适合在网络中传播。图1-2-2所示为CMYK色彩模式示意图，其中，图1-2-2（a）所示为CMYK色彩模式三维立方体示意图，图1-2-2（b）所示为CMYK色彩模式对应立方体颜色映射效果。我们可以看出，与RGB色彩模式正好相反，在CMYK色彩模式中，黄色、品红色和青色分别位于立方体在坐标轴上的3个顶点，白色在原点处，黑色位于离原点最远的顶点上，红色、绿色和蓝色则位于其余3个顶点。

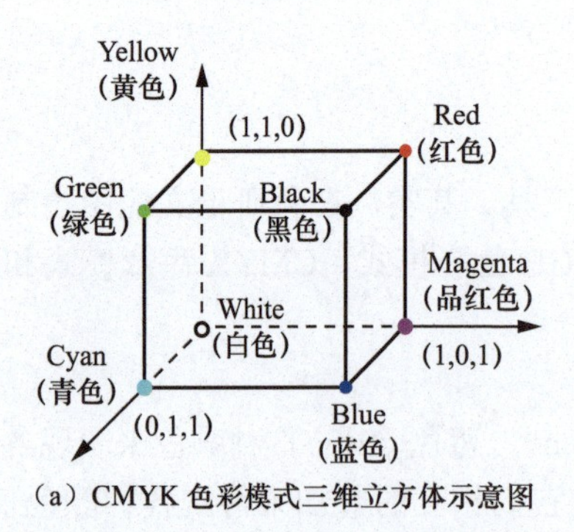

（a）CMYK 色彩模式三维立方体示意图

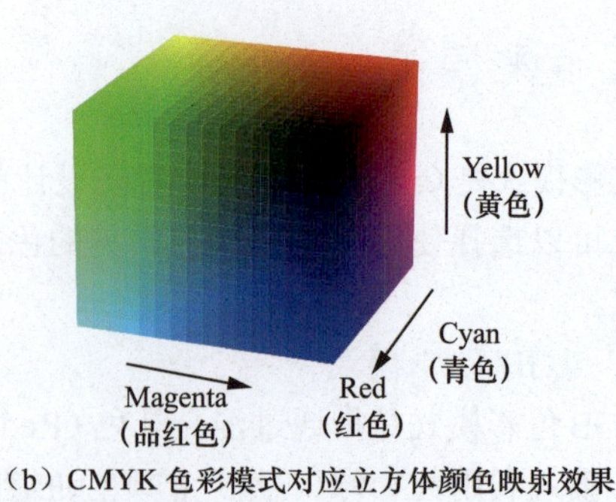

（b）CMYK 色彩模式对应立方体颜色映射效果

图 1-2-2　CMYK 色彩模式示意图

3. HEX 色彩模式

HEX 色彩模式，又称十六进制色彩模式，它的原理和 RGB 色彩模式的原理类似，都是通过红、绿、蓝三原色的混合而产生各种颜色。HEX 色彩模式常用于在代码中表示颜色，这一点方便我们在利用代码绘制科研论文配图的过程中更换颜色。HEX 色彩模式采用 6 位十六进制数来表示颜色，而 RGB 色彩模式中的 R、G、B 分量则分别采用 1 个十进制数来表示。简单来说，HEX 色彩模式就是将 RGB 色彩模式中的每个十进制数转换为对应的 2 位十六进制数来表示，并以“#”号开头，且 3 字节的顺序如下：字节 1 表示红色值（颜色类型为红色），字节 2 表示绿色值（颜色类型为绿色），字节 3 表示蓝色值（颜色类型为蓝色），1 字节表示 00 ～ FF 范围内的数字。需要注意的是，HEX 色彩模式中的每字节必须包含 2 位十六进制数，对于十进制数（0 ～ 255）经过转换后得到的十六进制数只有一位的情况，我们应在这个十六进制数之前补 0。例如，十进制数 0 转换为十六进制数后仍为 0，但是，在 HEX 色彩模式中要将它表示为“00”。图 1-2-3 所示为 HEX 色彩模式示意图，其中，图 1-2-3（a）所示为 HEX 色彩模式的十六进制数表示，图 1-2-3（b）所示为 HEX 色彩模式中的颜色示例。

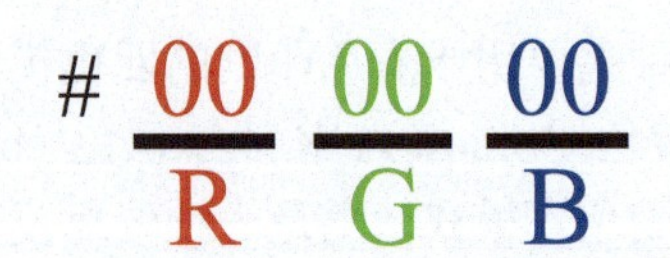

（a）HEX 色彩模式的十六进制数表示

（b）HEX 色彩模式中的颜色示例

图 1-2-3　HEX 色彩模式示意图

提示：对于 HEX 色彩模式，很多读者可能对其转码（如将 RGB 颜色码转换为 HEX 颜色码）过程比较陌生，可通过 ColorPix、FastStone 等屏幕取色工具直接获取颜色码，或者通过 Encycolorpedia 等网站直接搜索不同颜色对应的 HEX 颜色码。

1.2.2　色轮配色原理

色轮（color wheel）又称色环，一般由 12 种基本颜色按照圆环方式排列组成。它是一种人为规定的色彩排列方式。它不但可以帮助用户更好地研究色彩变换和色彩搭配规律，而且允许用户自行设计具有个人风格的配色方案。常见的色轮配色方案有单色配色方案（monochromatic color scheme）、互补色配色方案（complementary color scheme）、等距三角配色方案（triadic color scheme）和四角配色方案（tetradic color scheme）等。图 1-2-4 所示为具有 12 色、3 轮的 4 种常见的色轮配色方案。

（a）单色配色方案　（b）互补色配色方案

（c）等距三角配色方案　（d）四角配色方案

图 1-2-4　4 种常见的色轮配色方案

1. 单色配色方案

单色配色方案是指将色相相同或相近的一组颜色进行组合。单色配色方案的饱和度和明暗度明显。单色配色方案比较容易上手，因为用户只需要考虑同一色相下的饱和度和明暗度变化。此外，单色配色方案还具备相同色系的协调性，在使用过程中，不会出现颜色过于鲜艳的情况，保证了所选颜色之间的平衡性。在科研论文配图的绘制过程中，单色配色方案常被用于表示有直接关系、关系较为密切或同系列的数据。需要注意的是，对于单色配色方案中颜色的选择，个数不宜过多，3 ～ 5 个较为合适。图 1-2-5 所示为利用单色配色方案绘制的可视化配图示例。

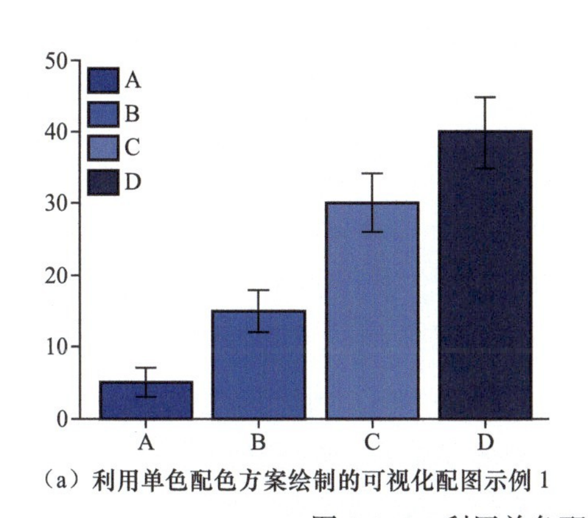

（a）利用单色配色方案绘制的可视化配图示例 1

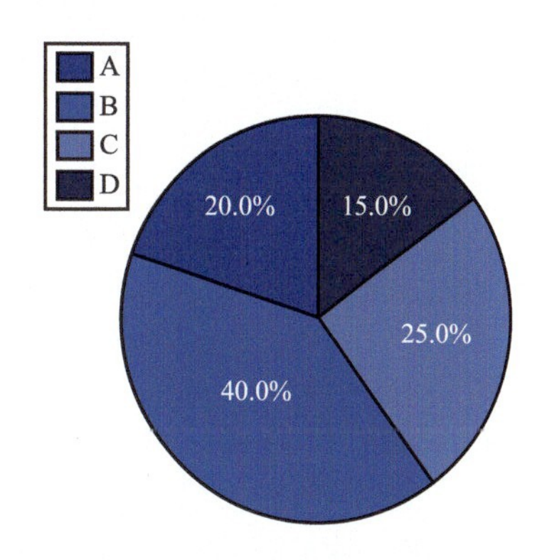

（b）利用单色配色方案绘制的可视化配图示例 2

图 1-2-5　利用单色配色方案绘制的可视化配图示例

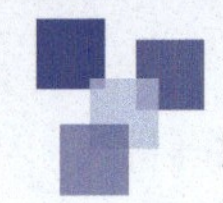

2. 互补色配色方案

当只能选择两种颜色时，我们可参考互补色配色方案进行选择。色轮上间隔 180°（相对）的两种颜色为互补色。互补色具有强烈的对比效果，因此，它可用于科研论文配图中实验组数据和对照组数据的可视化表达。图 1-2-6 所示为利用互补色配色方案绘制的可视化配图示例。

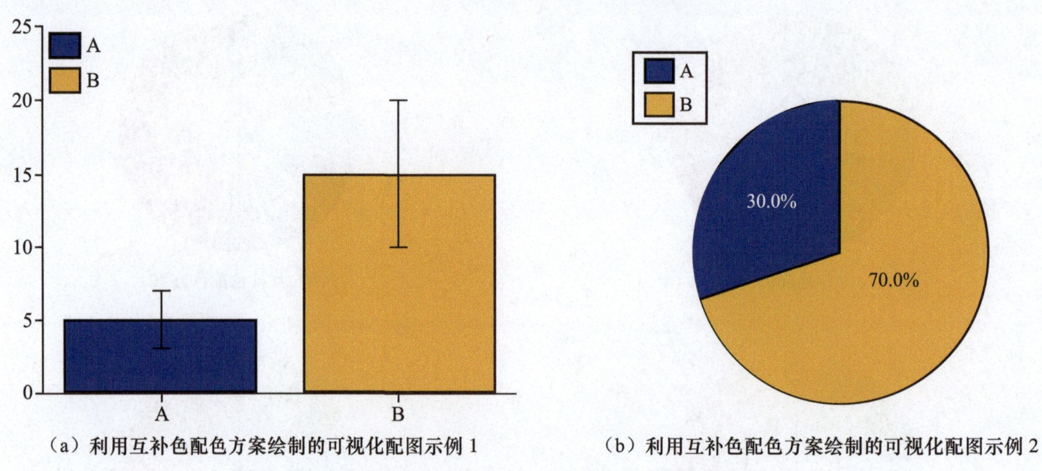

（a）利用互补色配色方案绘制的可视化配图示例 1　（b）利用互补色配色方案绘制的可视化配图示例 2

图 1-2-6 利用互补色配色方案绘制的可视化配图示例

3. 等距三角配色方案

等距三角配色方案是指将色轮上彼此间隔 120° 的 3 种颜色进行组合。等距三角配色方案会让配图的颜色更加丰富，但它在科研论文配图的绘制过程中应用较少。在使用等距三角配色方案时，我们可以将其中一种颜色作为主色，将另外两种颜色作为辅色。图 1-2-7 所示为利用等距三角配色方案绘制的可视化配图示例。

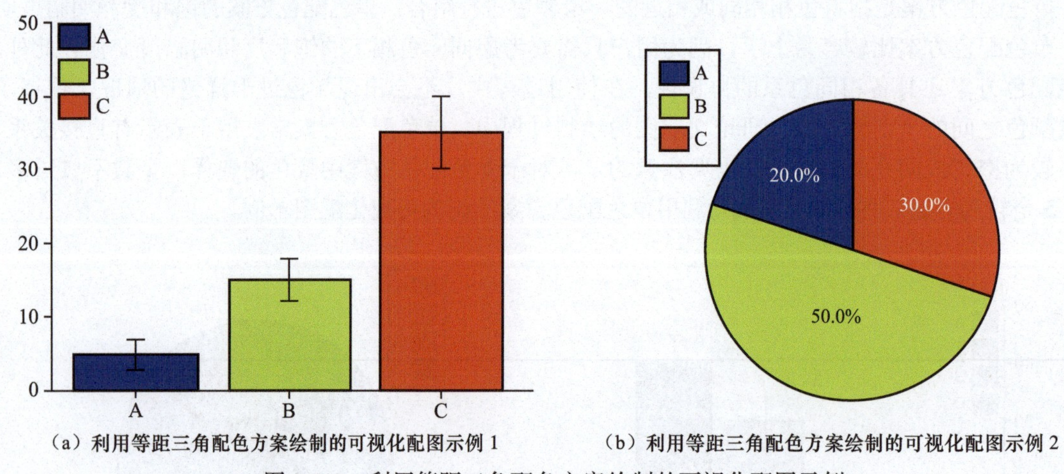

（a）利用等距三角配色方案绘制的可视化配图示例 1　（b）利用等距三角配色方案绘制的可视化配图示例 2

图 1-2-7 利用等距三角配色方案绘制的可视化配图示例

4. 四角配色方案

四角配色方案有两种，一种是图 1-2-4（d）中实线表示的两对互补色组成的矩阵配色方案（matrix color scheme），另一种是图 1-2-4（d）中虚线表示的方形配色方案（square color scheme）。四角配色方案的优点是能够使配图的颜色更加丰富，缺点是使用时具有很大的挑战性，容易造成色彩杂乱，很多用户很难平衡自己选择的多种颜色。在科研论文配图的颜色选择过程中，我们要尽量避免使用四角配色方案。图 1-2-8 所示为利用四角配色方案绘制的可视化配图示例。

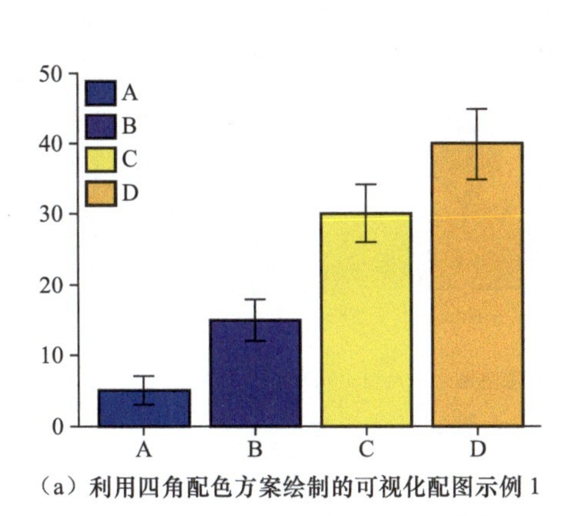

（a）利用四角配色方案绘制的可视化配图示例 1

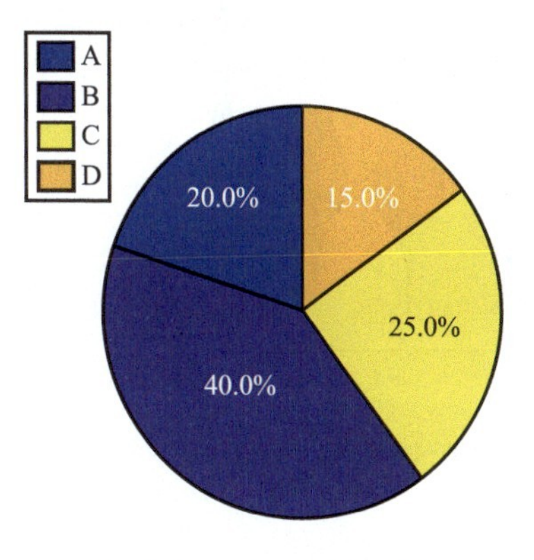

（b）利用四角配色方案绘制的可视化配图示例 2

图 1-2-8 利用四角配色方案绘制的可视化配图示例

1.2.3 颜色主题

不同的绘图工具（如 R 语言中的基础绘图函数、ggplot2 绘图工具包等）都有其颜色主题。颜色主题是按照一定的美学规律设计出来的，对其灵活使用可以提高插图的美观度。颜色主题对用户（尤其是初学者）友好，使用户不必将大量时间浪费在配色的选择上。用户可根据自身绘图需求选择合适的颜色主题或自定义颜色主题。一些英文期刊会有专用的一套颜色主题，用户在投稿时将插图颜色主题更改为期刊要求的颜色主题即可。

图 1-2-9 展示的是 R 语言基础颜色主题（rainbow）、ggplot2 默认颜色主题以及 parula（MATLAB 基础色系）颜色主题的可视化效果。图 1-2-10 展示的是 ggsci 包中 3 种常见期刊的默认颜色主题的可视化效果。

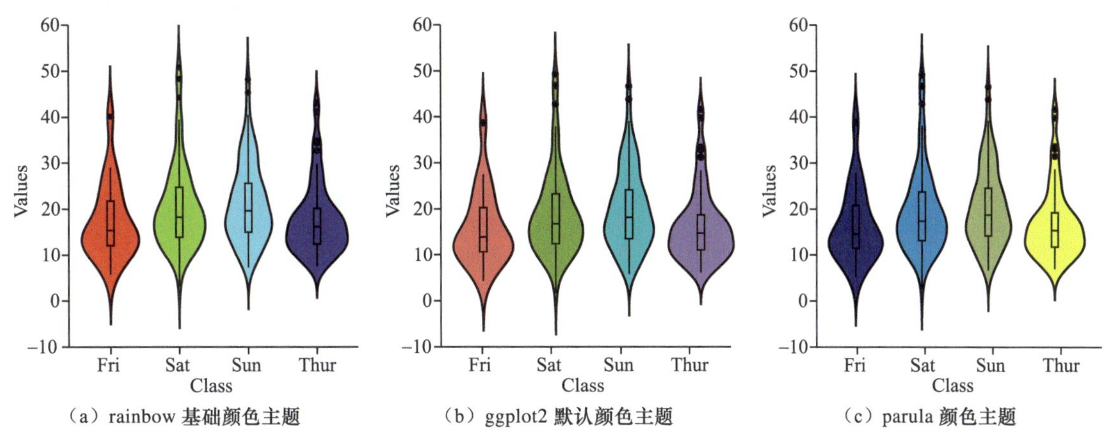

（a）rainbow 基础颜色主题　（b）ggplot2 默认颜色主题　（c）parula 颜色主题

图 1-2-9 R 语言基础颜色主题、ggplot2 默认颜色主题以及 parula 颜色主题的可视化效果

R 语言的 ggplot2 包及其拓展绘图工具包涉及的颜色主题主要分为 3 种类型，分别为单色系、双色渐变色系和多色系。

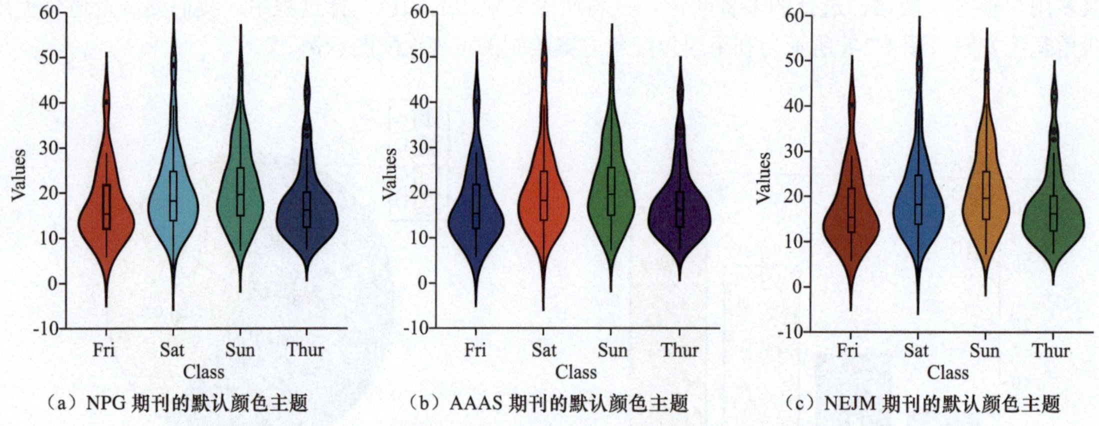

（a）NPG 期刊的默认颜色主题　（b）AAAS 期刊的默认颜色主题　（c）NEJM 期刊的默认颜色主题

图 1-2-10　3 种常见期刊的默认颜色主题的可视化效果

1. 单色系颜色主题

单色系颜色主题中颜色的色相基本相同，饱和度单调递增。它的主要维度是颜色亮度（lightness），一般情况下，较低的数值对应较亮的颜色，较高的数值对应较暗的颜色，这是因为可视化配图往往是在白色或浅色背景上绘制的；而在深色背景中，则会出现相反的情况，即更高的数值表示更亮的颜色。单色系颜色主题的次要维度是色调（hue），即较暖的颜色出现在较亮的一端，较冷的颜色则出现在较暗的一端。例如，人口密度的变化就可以使用单色系颜色主题进行表示。图 1-2-11 所示为部分单色系颜色主题示意图。

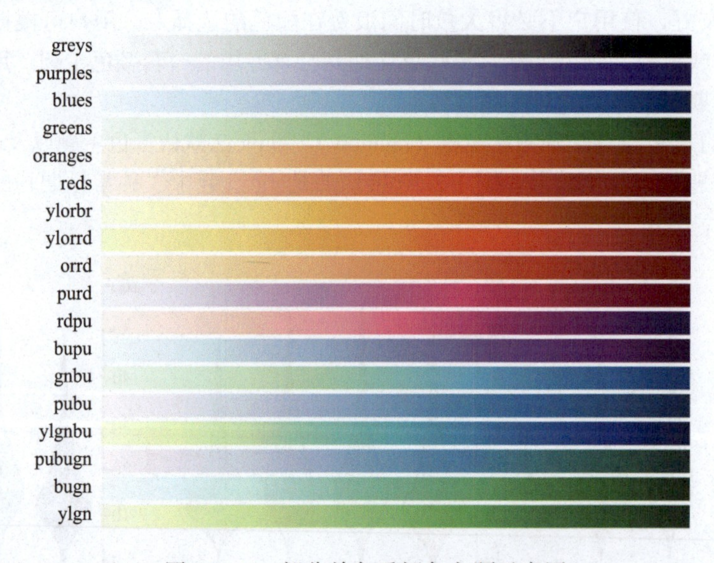

图 1-2-11　部分单色系颜色主题示意图

2. 双色渐变色系颜色主题

双色渐变色系颜色主题主要用在有一个关键中心值（midpoint）的数值变量中，其本质是两个连续单色系颜色主题的组合，关键中心值作为中间点，一般使用白色表示，大于关键中心值的分配中间点一侧的颜色，而小于关键中心值的分配中间点另一侧的颜色。此外，我们可以通过颜色的深浅进行判断，即中心值通常被指定为浅色，距中心点越远，颜色越深。图 1-2-12 所示为部分双色渐变色系颜色主题示意图。

图 1-2-12 部分双色渐变色系颜色主题示意图

3. 多色系颜色主题

当要表示的数据为类别型数值（类别变量）时，我们可以使用多色系颜色主题。在多色系颜色主题的使用过程中，需要给每个组分配不同的颜色。一般情况下，可尝试将颜色主题中的颜色类别设置为 10 种或更少，因为使用过多的颜色类别，可能造成分组混乱，导致杂乱的视觉效果。当现有的颜色类别无法表示全部数值时，可将某些数值类别叠加在一起，形成单个其他类别。图 1-2-13 所示为部分多色系颜色主题示意图。

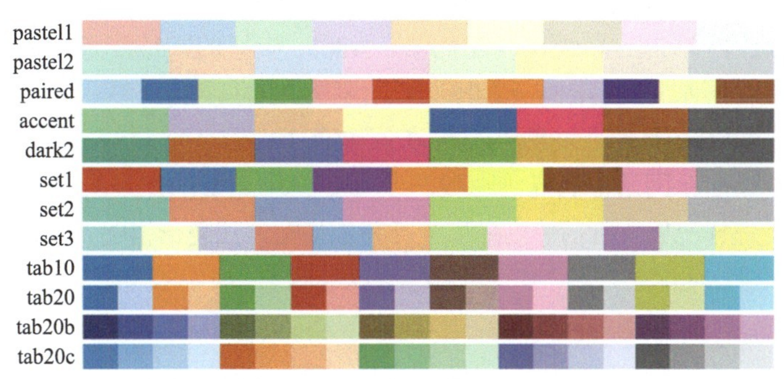

图 1-2-13 部分多色系颜色主题示意图

图 1-2-14 所示为使用 ggplot2 包根据 tips 数据集绘制的单色系、双色渐变色系和多色系可视化配图示例，具体为单色系颜色主题中的 ylgnbu 色系、双色渐变色系颜色主题中的 spectral 色系和多色系颜色主题中的 set1 色系。

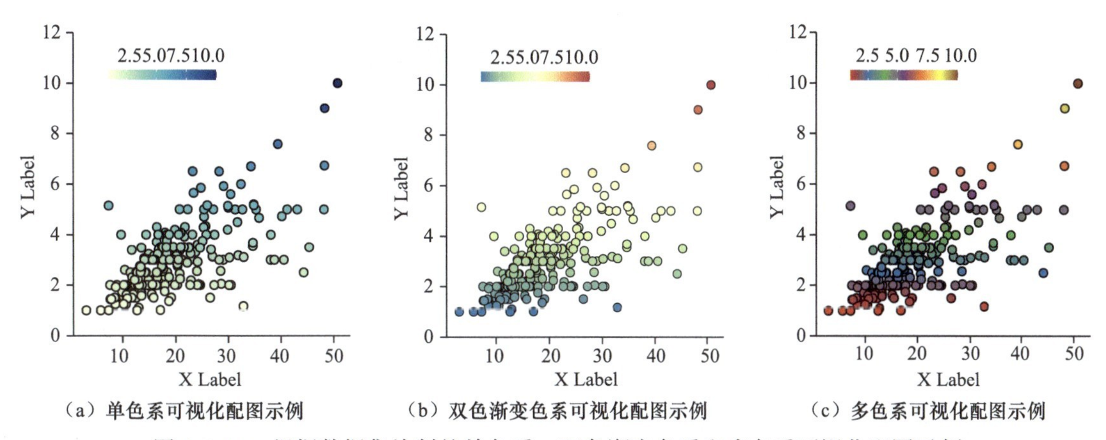

（a）单色系可视化配图示例 （b）双色渐变色系可视化配图示例 （c）多色系可视化配图示例

图 1-2-14 根据数据集绘制的单色系、双色渐变色系和多色系可视化配图示例

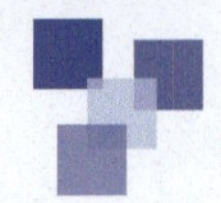

颜色主题在科研图形中起着重要的作用，它可以帮助读者更好地理解数据。以下是颜色主题对科研图形的几个作用。

- 强调重点：通过使用鲜明的颜色，可以将重要的数据或信息突出显示，帮助读者快速捕捉到关键内容。
- 分类和区分：通过使用不同的颜色，可以将数据分成不同的类别或组别，使读者更容易辨认和区分不同的数据集。
- 渐变和比较：通过使用渐变的颜色，可以在图形中表示数据的变化趋势或比较不同数据之间的差异。例如，使用渐变的颜色来表示不同的数值范围，从而展示数据的梯度或变化程度。
- 提供视觉引导：选择适当的颜色可以帮助读者在图形中找到特定的数据点或信息。例如，使用醒目的颜色来标记关键数据点或重要的趋势线。
- 增强可读性：使用对比明显的颜色组合可以增强图形的可读性。例如，将亮色和暗色组合在一起，以确保数据和标签清晰可见。

1.2.4 配色工具

想要高效地给科研论文配图选择合适的配色，除使用绘图工具自带的颜色主题以外，我们还可以使用一些优秀的配色工具。通过配色工具，我们可以进行灵活的高级配色。常用的配色工具有 Color Scheme Designer 网站中的高级在线配色器、Adobe 旗下的在线配色方案工具 Adobe Color 和专业在线配色方案提供网站 ColorBrewer 2.0。

1. Color Scheme Designer 网站中的高级在线配色器

Color Scheme Designer 网站中的高级在线配色器是一个免费的在线配色工具，主要以色环（色轮）的方式供使用者选择配色，包括单色搭配、互补色搭配、三角形搭配、矩形搭配、类似色搭配和类似色搭配互补色 6 种色环配色方案。Color Scheme Designer 网站中的高级在线配色器界面如图 1-2-15 所示。

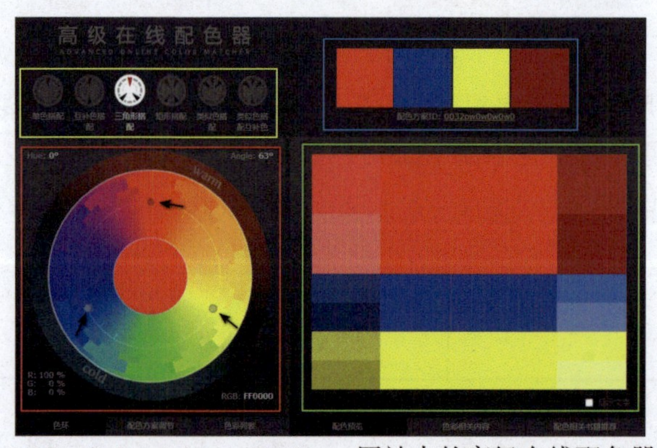

图 1-2-15　Color Scheme Designer 网站中的高级在线配色器界面

高级在线配色器界面包含 4 个区域，介绍如下。

- 黄色框区域为色环配色选择区域，有 6 种色环配色方案可供使用者选择。
- 红色框区域为色环显示区域，黑色箭头指向的是根据“三角形搭配”方案选择的颜色在色环中的位置。
- 蓝色框区域为配色方案 ID（编号）。
- 绿色框区域为“配色预览”区域。

在高级在线配色器的左上角，选择一个配色方案，所选方案不同，色环上会出现不同数量的圆点。单击或拖动色环上的圆点，右侧“配色预览”区域将即时呈现所选配色的预览图。

在选好色环配色方案后，我们可以通过“配色方案调节”选项（见图 1-2-16）进行颜色明度和饱合度的调整，还可以进行配色对比度的调整；“色彩列表”区域展示该色环配色方案对应的所有 HEX 颜色码。

图 1-2-16 “配色方案调节”区域和“色彩列表”区域

2. Adobe Color

Adobe Color 是 Adobe 官方推出的在线配色方案工具。它提供了配色模式、图片取色、图片渐变色提取等多个工具，是一个免费的在线工具，用户无须注册或下载即可使用。这里主要介绍 Adobe Color 的色轮配色工具，它提供了 9 种智能调色模式和 1 种自定义模式，支持 RGB、HSB、LAB 色彩模式。Adobe Color 的色轮配色工具界面如图 1-2-17 所示。

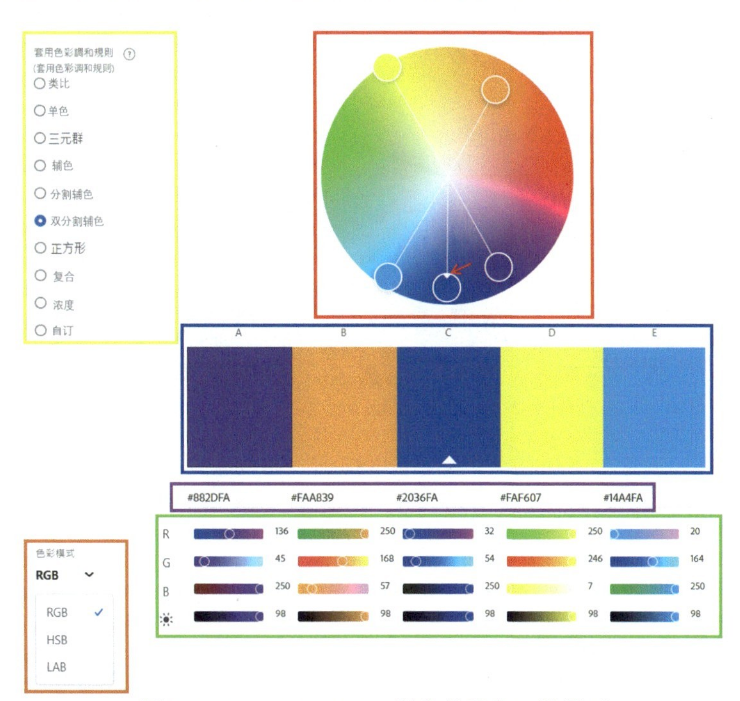

图 1-2-17 Adobe Color 的色轮配色工具界面

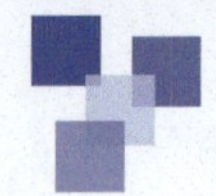

Adobe Color 的色轮配色工具界面包括 6 个区域。

- 黄色框区域包含常用的色轮配色方案，有类别色系、单色系、三角色系、互补色系、正方形色系等。
- 红色框区域为选择色轮配色方案后对应的色轮，拖动白色箭头（图 1-2-17 中红色箭头指示处），可以统一调整色相和饱和度。
- 蓝色框区域为选定色轮配色方案对应的颜色，中间色块中的白色三角对应色轮中的白色箭头。
- 紫色框区域为色块对应的 HEX 颜色码。
- 橙色框区域为可选的色彩模式，包括 RGB、HSB 和 LAB。
- 绿色框区域为色彩模式对应的单个维度颜色值，如 R、G、B 值。

在选定对应的色轮配色方案后，我们可根据它提供的 HEX 颜色码或 R、G、B 值进行图片配色的拾取，从而完成配图颜色的选择。诸如图片颜色拾取、渐变色生成等功能，读者可自行探索。图片颜色拾取功能可以帮助科研工作者获取优质科研论文配图的优秀配色，从而高质量地完成论文配图的绘制。

3. ColorBrewer 2.0

ColorBrewer 2.0 是一个专业在线配色方案提供网站，它提供了大量的颜色主题，这些主题是众多绘图工具（如 Matplotlib、ggplot2 等）内置的颜色主题。ColorBrewer 2.0 提供的颜色主题类型包括单色系、双色渐变色系和多色系。ColorBrewer 2.0 的操作界面如图 1-2-18 所示。

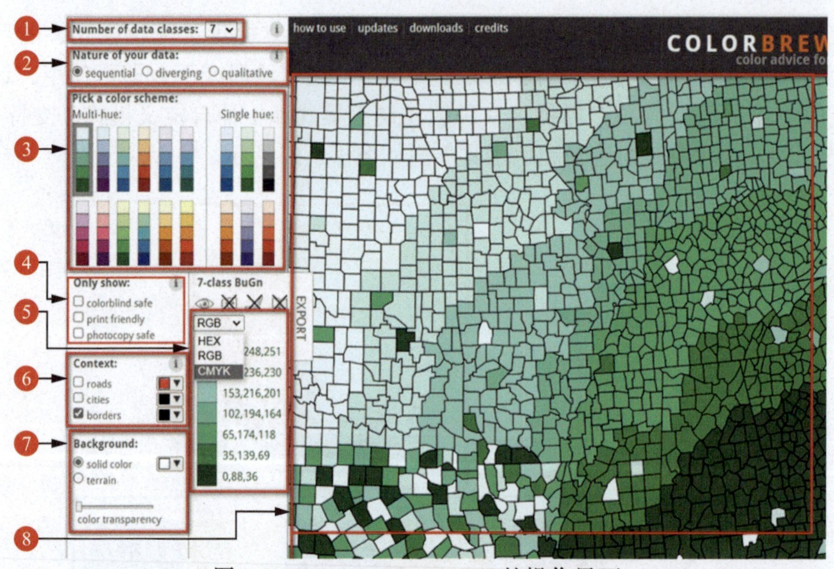

图 1-2-18　ColorBrewer 2.0 的操作界面

ColorBrewer 2.0 的操作界面包括下列 8 个模块。

① 表示可选的数据类别数。ColorBrewer 2.0 最多支持 12 个数据类别，建议将数据类别数设置为 5～8。

② 表示可选择的颜色主题。ColorBrewer 2.0 提供了单色系（sequential）、双色渐变色系（diverginy）和多色系（qualitative）这 3 种选项。

③ 表示选定颜色主题后的配色方案的选择。在单色系中，还涉及色调的选择，可供选择的色调类型包括多色调（Multi-hue）和单色调（Single hue）。

④ 表示配色方案输出时的注意事项，即用户是否需要考虑色盲情形（colorblind safe）、是否打印友好（print friendly）等。

⑤ 表示具体搭配色系的输出模式及对应的颜色码，可选择的格式包括 HEX、RGB 和 CMYK。

⑥ 用于控制不同配色方案的一些属性，包括道路（roads）、城市（cities）和边界（borders），用户可以用不同的颜色表示它们。

⑦ 表示背景设置区域。背景设置包括纯色（solid color）和地形（terrain）两个选项。用户还可以设置背景颜色的透明度（color transparency）。

⑧ 展示不同配色方案的预览效果。

图 1-2-19 展示了 ColorBrewer 2.0 中 3 种颜色主题对应的配色方案的选择和预览效果。

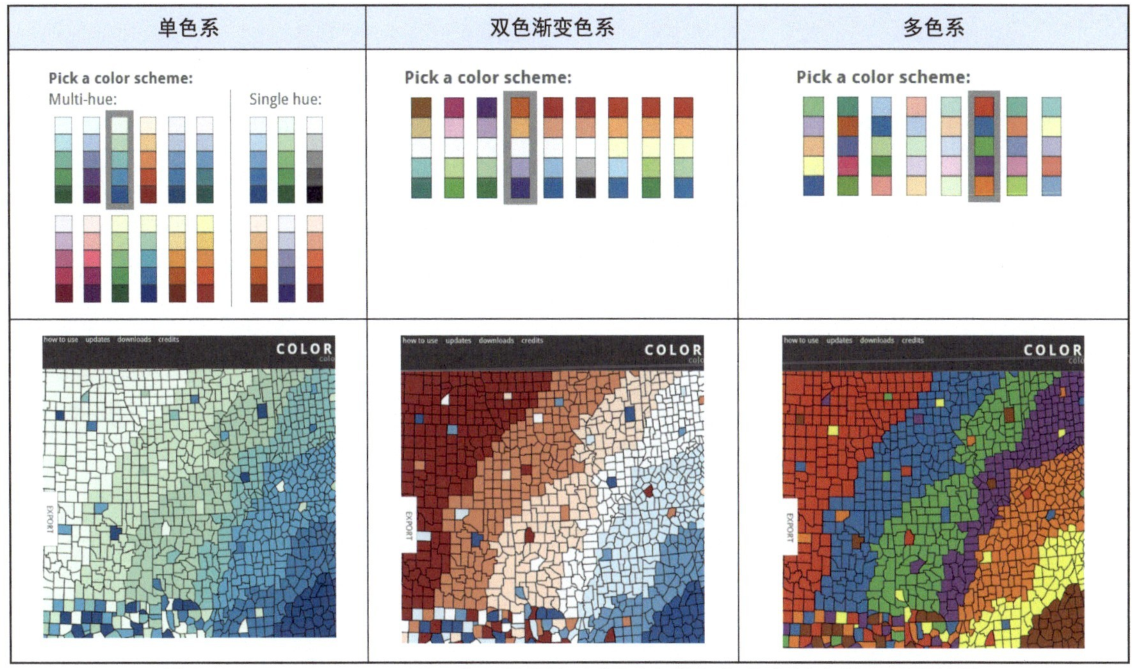

图 1-2-19　ColorBrewer 2.0 中 3 种颜色主题对应的配色方案的选择和预览效果

R 语言中的 RColorBrewer 包和 Python 的 Matplotlib 中都包含 ColorBrewer 2.0 的全部或大部分颜色主题，用户可以在绘制可视化作品时方便地选择颜色。在使用 RColorBrewer 包时，用户可直接通过设置 scale_fill/color_brewer()（scale_fill_brewer() 函数或 scale_color_brewer() 函数）度量（scale）函数中的 palette 参数来设置绘图的颜色主题。

1.3　本章小结

本章介绍了科研论文配图的绘制基础，具体包括绘制规范、绘制原则；还介绍了科研论文配图的配色基础，包括色彩模式、色轮配色原理、颜色主题以及配色工具，目的是让读者更好地了解科研论文配图的绘制规范，重视颜色在科研论文配图绘制中的作用。

第 2 章　R 语言配置与绘图基础

当前，很多商业软件都可以实现科研论文配图的绘制，如 Origin、SigmaPlot 和 Prism 等。如果用户想要寻找一款开源且功能强大的绘图工具，那么可以尝试使用 R 语言。相比最近几年比较火的 Python 语言（其在可视化领域非常出彩，特别是交互式可视化效果绘制和出版级别插图绘制），R 语言作为统计分析、生物医学等领域中常用的编程语言，在数据可视化设计方面也非常出色，特别是在其第三方拓展可视化工具包 ggplot2 发布之后，其全新的绘图语法，极具创意的图层添加和数值映射操作等，使 ggplot2 无论在科研绘图还是在商务绘图中，都成为众多研究者和设计者的首选。

在学术论文配图绘制过程中，可以通过 ggplot2 的数值映射操作灵活地选择研究特征变量，实现大小、颜色、统计分析等步骤的统一完成，这一点和 Python 的面向对象绘图（Matplotlib 库）相比，灵活性大大提高。在偏严谨的科研论文配图绘制过程中，除了使用 ggplot2 包中常见的绘图函数，还可以使用基于 ggplot2 开发的多个拓展绘图工具包，如学术配图配色工具包 ggsci、出版级别绘图工具包 ggpubr 以及绘图主题包 ggthemes 等。

2.1 R 软件安装和使用

本节将介绍 R 软件的安装和集成开发工具 RStudio 的安装，此外，还将介绍如何在 Jupyter Notebook 中添加 R 语言内核。

2.1.1 R 软件和 RStudio 安装

1. R 软件安装

R 软件从其官方网站直接下载即可。进入网站后选择对应的计算机操作系统，然后单击“base”选项，最后选择 Download R-×.×.× for Windows 即可进行对应版本的 R 软件下载（这里以 Windows 系统为例）。下载之后进行常规的安装即可。

2. RStudio 安装

RStudio 是 R 语言的一个集成开发环境（Integrated Development Environment，IDE），它可以帮助用户高效地完成数据分析、图像绘制、报表生成、开发 R 的工具包等工作，其与 R 一样是开源软件，将许多强大的代码工具集成到一个直观、易用的界面中。RStudio 软件可在其官方网站上下载。软件下载之后的安装过程和其他软件的安装过程类似。图 2-1-1 所示为 RStudio 通用界面。

提示： 建议用户先安装 R 软件，再安装 RStudio，这样在 RStudio 安装成功后就会自动配置 R 软件。更多关于 R 软件和 RStudio 的使用方法自行在对应官网搜索即可。

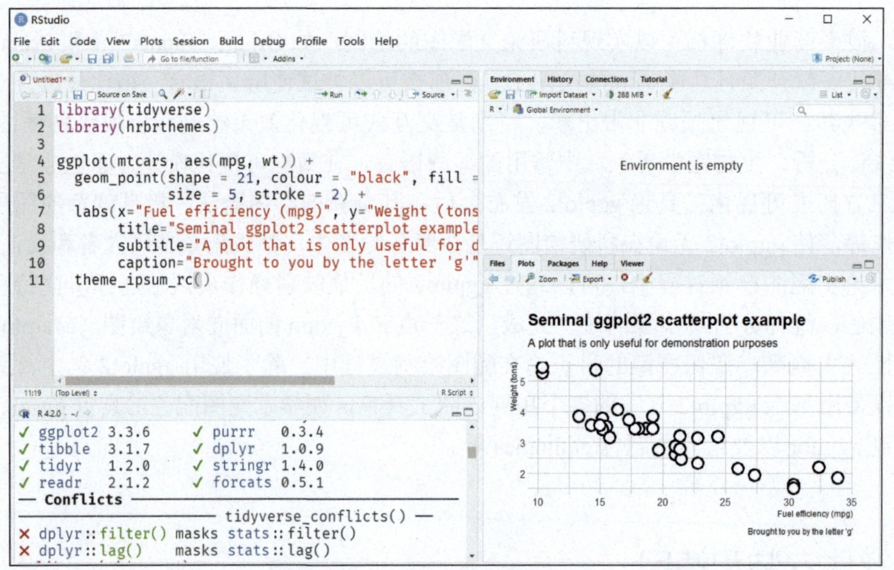

图 2-1-1　RStudio 通用界面

2.1.2　与 Jupyter Notebook 交互

如果用户习惯了使用R语言进行程序编写，但又想使用 Jupyter Notebook 提供的探索性数据分析、实时观察代码运行结果等功能，这时候就需要在 Jupyter Notebook 中直接调用 R 内核进行可视化、数据处理等操作。首先，需要安装 Python 语言的集成开发工具 Anaconda、R 软件以及 RStudio。其次，按照如下步骤进行 R 内核的添加。

① 在 R 中安装 IRkernel 工具包。

```
1. # 可以在RStudio中直接安装
2. install.packages("IRkernel")
3. # 或者通过GitHub安装
4. devtools::install_github("IRkernel/IRkernel")
```

注： 如果读者计算机中没有安装 devtools 包，可使用 install.packages("devtools") 安装。

② 安装 R 内核支持 Jupyter Notebook。

```
1. # 在当前用户下安装
2. IRkernel::installspec()
3. # 或者在系统中安装
4. IRkernel::installspec(user = FALSE)
```

如果返回以下提示：

```
1. # 在当前用户下安装
2. [InstallKernelSpec] Installed kernelspec ir in
3. C:\Users\user\AppData\Roaming\jupyter\kernels\ir
```

或者如下提示：

```
1. # 在系统中安装
2. [InstallKernelSpec] Installed kernelspec ir in
3. C:\ProgramData\jupyter\kernels\ir
```

说明 R 内核安装成功了，重启 Jupyter Notebook 就可以使用 R 编程了，如图 2-1-2 所示（图中为设置 Jupyter Notebook 主题为 grade3 类型之后的样式）。

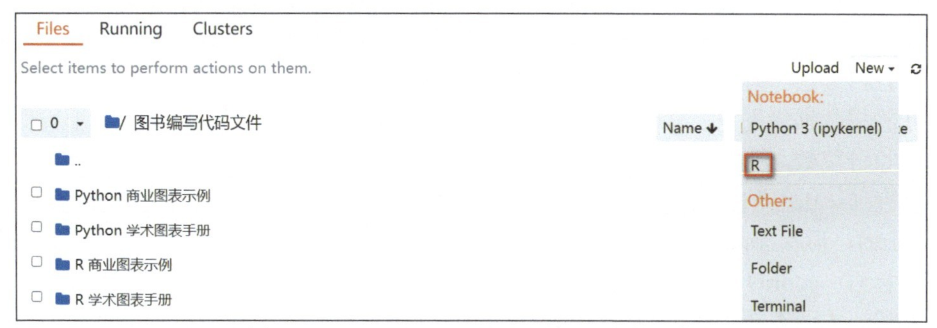

图 2-1-2 Jupyer Notebook 添加 R 内核示例

提示：在步骤②中非常容易出现错误，可先将所有软件都添加到系统环境中，在命令提示符窗口中输入 r 并按 Enter 键，再输入 IRkernel::installspec() 或者 IRkernel::installspec（user = FALSE）并按 Enter 键即可，如图 2-1-3 所示。

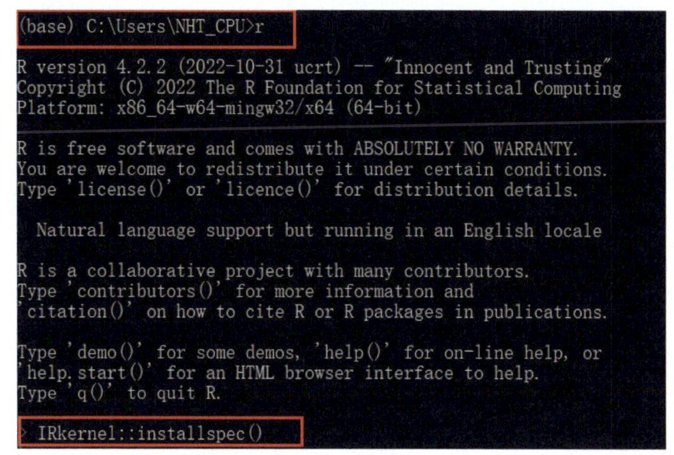

图 2-1-3 在命令提示符窗口中输入 r 及输入 IRkernel::installspec() 示例

2.2 ggplot2 图形语法

在 R 语言中，ggplot2 是最受欢迎的拓展工具包之一，也是本书的核心绘图工具之一。该工具包是由 Hadley Wickham 编写的，其提供一种全新的图形创建方法，将图层（layer）作为绘图的首要考虑对象，通过图形各图层之间的搭配组合，可实现优雅和实用的图形绘制。ggplot2 包名称中的“gg”是 grammar of graphics（图形语法）的缩写，而所谓的图形语法，简单地说就是将一个统计图形看作从数据到几何对象（geometric object，缩写为 geom，包括点、线、条形等）的图形属性（aesthetic attribute，缩写为 aes，包括大小、颜色、形状等）的一种映射。

根据 ggplot2 的绘图理念，一幅完整的插图由数据、美学映射以及几何对象等部分组成，即所有图形都由想要可视化的数据，以及一系列将数据中的变量与图形属性对应的映射（mapping）组成，主要映射组件如下。

- 图层（layer）是 ggplot2 中的基本组成单元，每个图层都由数据集、映射、几何对象和可选的统计变换（statistical transformation）几个关键要素组成。几何对象定义了要绘制的实际几何形状，例如，点、线、柱状图、箱线图等；统计变换是可选的，简称统计（stat），用于根据数据集进行汇总或转换，例如，可以使用统计变换计算每个组别的平均值、标准差或百分位数，并在图形中显示汇总结果。
- 标度（scale）的主要作用是将要绘制的数据映射到图形空间，如使用颜色（color）、大小（size）、形状（shape）来表示不同的取值。
- 坐标系（coord）主要描述了数据是如何映射到图形所在的平面的，还提供了坐标轴和网格线，方便查看数据。常用的坐标系为笛卡儿坐标系，有时也可以使用其他坐标系，如极坐标系和地理坐标系。
- 分面（facet）确定了如何将数据分解成各个数据子集，以及如何对数据子集进行绘图并按照行、列和网格形式展示结果。分面也称为条件作图或者网格作图。
- 主题（theme）可以实现对非数据元素（如字体大小、图形背景等）的调整，进而实现对统计图形的美化，以及个性化定制的绘制需求。

图 2-2-1 所示为 ggplot2 绘图基本语法结构，其中绿色部分为 ggplot2 绘图必选项，橙色部分为 ggplot2 绘图可选项。

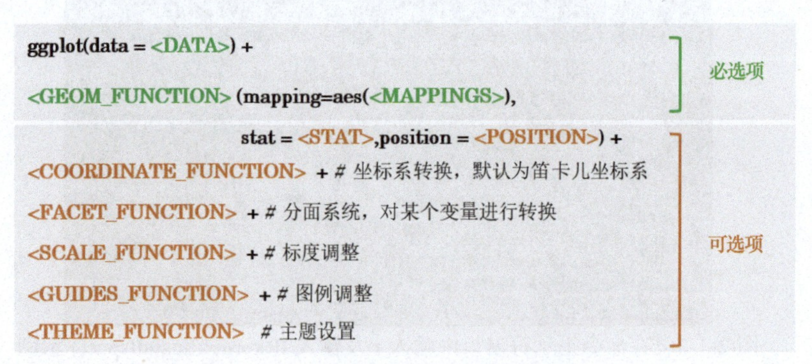

图 2-2-1 ggplot2 绘图基本语法结构

2.2.1 全局映射和局部映射

在必选项中，ggplot() 作为底层绘图函数，拥有 data 和 mapping 两个主要参数，其中 data 为数据框（data.frame）格式的绘图数据集；mapping 参数则用于指定绘图变量的视觉通道映射，通常有位置变量 x 和 y、颜色变量 color、大小变量 size 以及形状变量 shape 等。此外，data 和 mapping 还具有全局优先级，即指定 mapping 参数中 aes() 的属性值后，可被之后所有的 geom_function 对象或者 stat_fuction 对象所继承（前提是 geom 和 stat 未指定对应参数），即全局映射。而在每个图层中的 geom_function 对象和 stat_fuction 对象内也可以指定只针对本图层的映射参数，即局部映射。图 2-2-2 展示了使用两种映射绘制的统计图形。

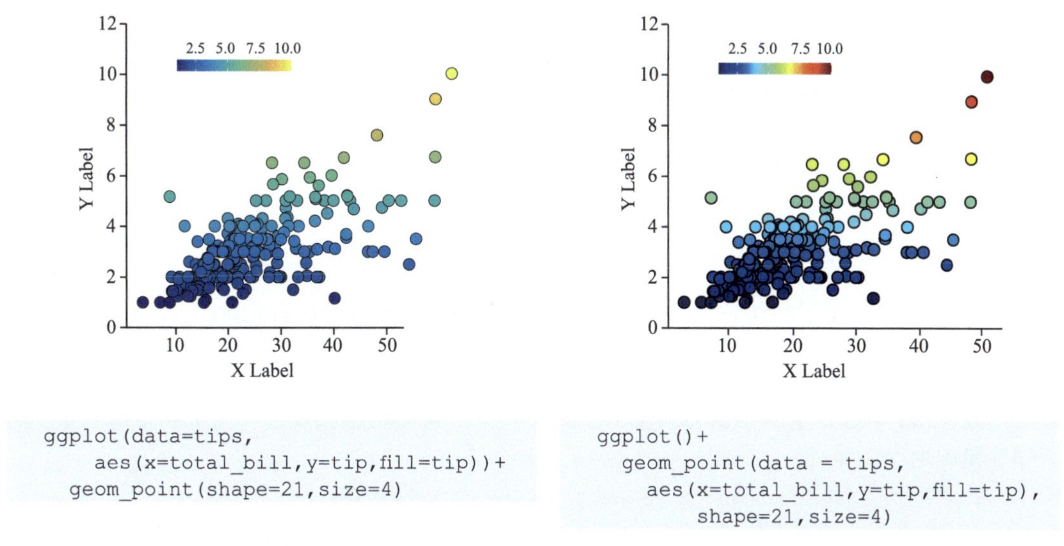


```
ggplot(data=tips,
    aes(x=total_bill,y=tip,fill=tip))+
  geom_point(shape=21,size=4)
```

```
ggplot()+
  geom_point(data = tips,
    aes(x=total_bill,y=tip,fill=tip),
      shape=21,size=4)
```

（a）ggplot2 使用全局映射绘制示例　　（b）ggplot2 使用局部映射绘制示例

图 2-2-2　ggplot2 全局 / 局部映射统计图形绘制示例

2.2.2 几何对象与统计变换

1. geom_funtion()：几何对象函数

在 ggplot2 图形语法中，一个完整的统计图形是数据到几何对象的图形属性的映射，ggplot2 包包含多达几十种不同的几何对象函数 geom_function()，以及统计变换函数 stat_function()。在通常情况下，几何对象函数使用的频率较高，可以直接根据绘图需求绘制出相应的几何形状；但当绘制图形过程中需要进行统计变换时，会使用统计变换函数 stat_function() 进行计算，如在绘制统计图形时添加平均值（mean）和标准差（Standard Deviation，SD）。需要注意的是，在几何对象函数中有统计参数 stat，在统计变换函数中也有几何对象参数 geom。两种函数绘图结果相同，几何对象函数更专注于结果，而统计变换函数更专注于变换过程。

图 2-2-3 所示为 ggplot2 几何对象数据映射绘制示意图，其中，图 2-2-3（a）所示为使用数据、坐标系以及表示数据点的几何对象构建图形的示意图，图 2-2-3（b）为了显示值，将数据中的变量映射到图形的视觉属性上，如大小、颜色，以及 x 和 y 位置。

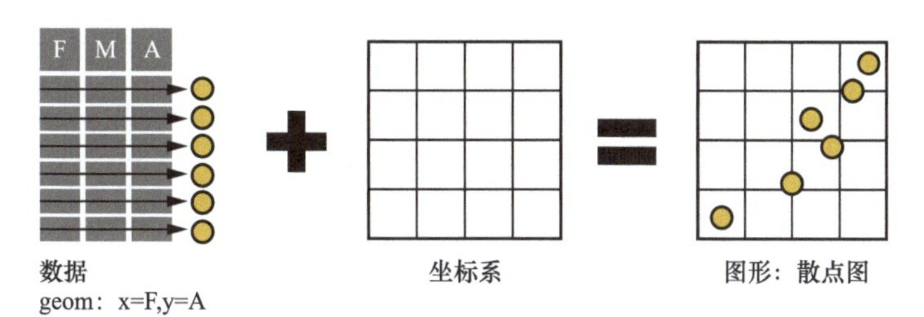

（a）ggplot2 几何对象（点）数据映射（x、y）绘制示意图

图 2-2-3　ggplot2 几何对象数据映射图形绘制过程示例

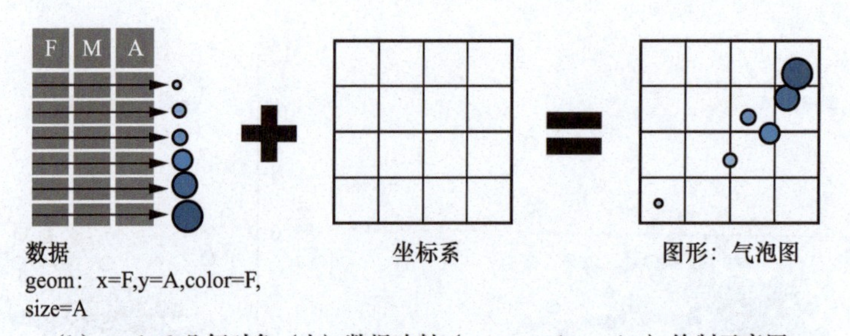

（b）ggplot2 几何对象（点）数据映射（x、y、color、size）绘制示意图

图 2-2-3　ggplot2 几何对象数据映射图形绘制过程示例（续）

图 2-2-4 给出了具体的 ggplot2 几何对象函数示例数据可视化结果绘制示例，其中，图 2-2-4(a) 只对位置变量 x、y 进行了变量映射，图 2-2-4（b）除了映射位置变量外，对数据点颜色和大小也进行了变量映射。

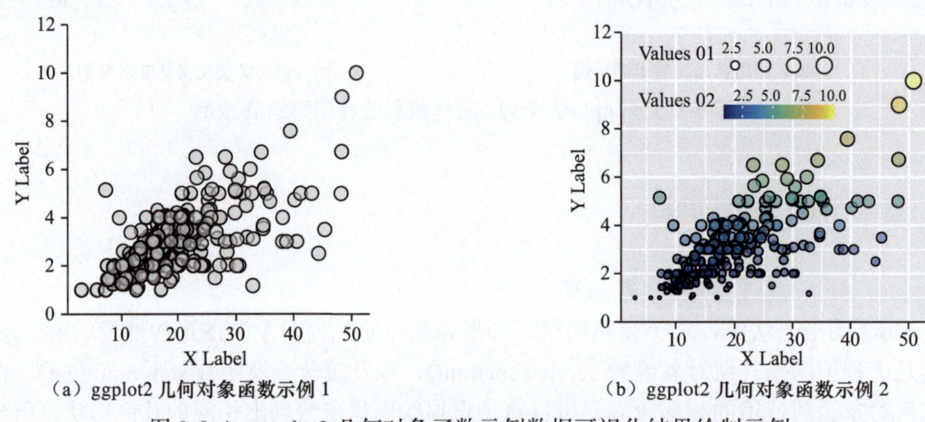

（a）ggplot2 几何对象函数示例 1　　（b）ggplot2 几何对象函数示例 2

图 2-2-4　ggplot2 几何对象函数示例数据可视化结果绘制示例

根据函数输入变量数，以及其对应数据类型的不同，可将 ggplot2 主要几何对象函数分成如表 2-2-1 所示的 3 种类型。

表 2-2-1　ggplot2 主要几何对象函数分类

输入变量数	数据类型	几何对象函数	函数绘制示例
1	连续类型 (continuous)	geom_area() （面积图）	
		geom_density() （密度图）	
		geom_dotplot() （点图）	
		geom_freqpoly() （频数多边形图）	

续表

输入变量数	数据类型	几何对象函数	函数绘制示例
1	连续类型 (continuous)	geom_histogram()（直方图）	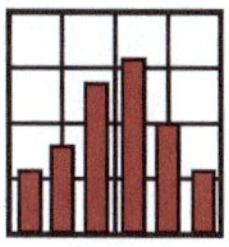
		geom_qq()（Q-Q 图）	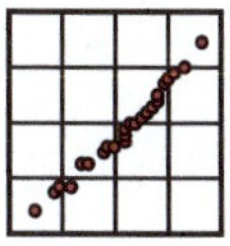
	离散类型 (discrete)	geom_bar()（柱形 / 条形图）	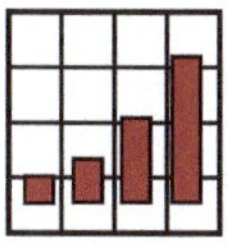
2	x 为离散类型 (discrete) y 为连续类型 (continuous)	geom_boxplot()（箱线图）	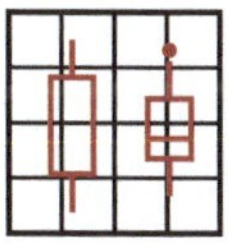
		geom_violin()（小提琴图）	
	x 为离散类型 (discrete) y 为离散类型 (discrete)	geom_count()（点计数图）	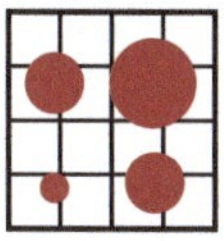
		geom_jitter()（抖动散点图）	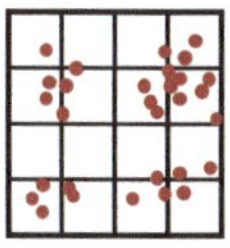
	x 为连续类型 (continuous) y 为连续类型 (continuous)	geom_label()（文本函数）	
		geom_point()（散点图）	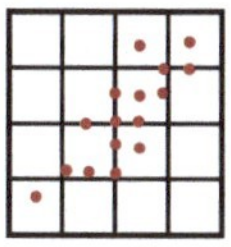
		geom_quantile()（添加分位数回归线）	
		geom_rug()（边际地毯刻度图）	

续表

输入变量数	数据类型	几何对象函数	函数绘制示例
2	x 为连续类型 (continuous) y 为连续类型 (continuous)	geom_smooth() （添加拟合线）	
		geom_text() （文本函数）	
		geom_bin_2d() （二维直方图）	
		geom_density_2d() （二维密度图）	
		geom_hex() （六边形分箱图）	
3	x 为连续类型 (continuous) y 为连续类型 (continuous) z 为连续类型 (continuous)	geom_contour() （等值线轮廓图）	
		geom_contour_filled() （等值线填充图）	
		geom_raster() （栅格图）	
		geom_tile() （矩阵填充图，也可以绘制热力图）	

除了上述介绍的主要几何对象函数外，还存在基本图像（graphical primitives）系列函数、可视化误差（visualizing error）系列函数等几何对象函数，详细介绍如下。

① 基本图像系列函数：geom_blank()、geom_curve()、geom_path()、geom_polygon()、geom_rect()、geom_ribbon() 等，这些基础几何对象函数主要用于绘制统计图形的图层元素，如方块、多边形、线段以及路径等，特别是通过 ggplot2 进行主题个性定制时，使用频次较多。

② 可视化误差系列函数：geom_crossbar()、geom_errorbar()、geom_linerange()、geom_pointrange() 等，该系列函数主要用于绘制误差框、水平 / 垂直误差线以及带误差的均值点。需要注意的是，一般情况下，可视化误差系列函数都与统计变换结合使用，即先进行统计变换参数设置，再根据数据进行均值、标准差等指标的计算，最后使用可视化误差系列函数进行相应图层的添加。

2. stat_funtion()：统计变换函数

ggplot2 中的统计变换（statistical transformation）函数，会在绘图时以某种计算方式对数据信息进行聚合等操作，构建出新的数据变量并进行绘图。在每一个几何对象函数中都有一个默认的统计变换。ggplot2 统计变换函数绘图流程如图 2-2-5 所示，可以直接使用 geom_bar() 函数（该函数的默认统计信息是 count）来完成绘图；也可以使用统计变换函数 stat_count(geom="bar") 来完成绘图，该操作实际上调用默认 geom 来创建一个图层（相当于一个几何对象函数）。使用 after_stat(name) 语法将统计变换映射到坐标系中。

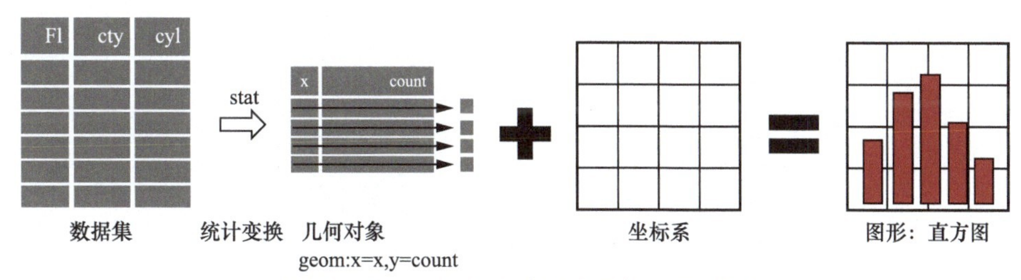

图 2-2-5　ggplot2 统计变换函数绘图流程

图 2-2-6（b）、图 2-2-6（c）是分别使用统计变换函数和在几何对象函数中设置统计参数的方式绘制的图形，从图中可以看出，两者绘制的图形形状一致，不同之处在于几何对象函数和统计变换函数的使用。

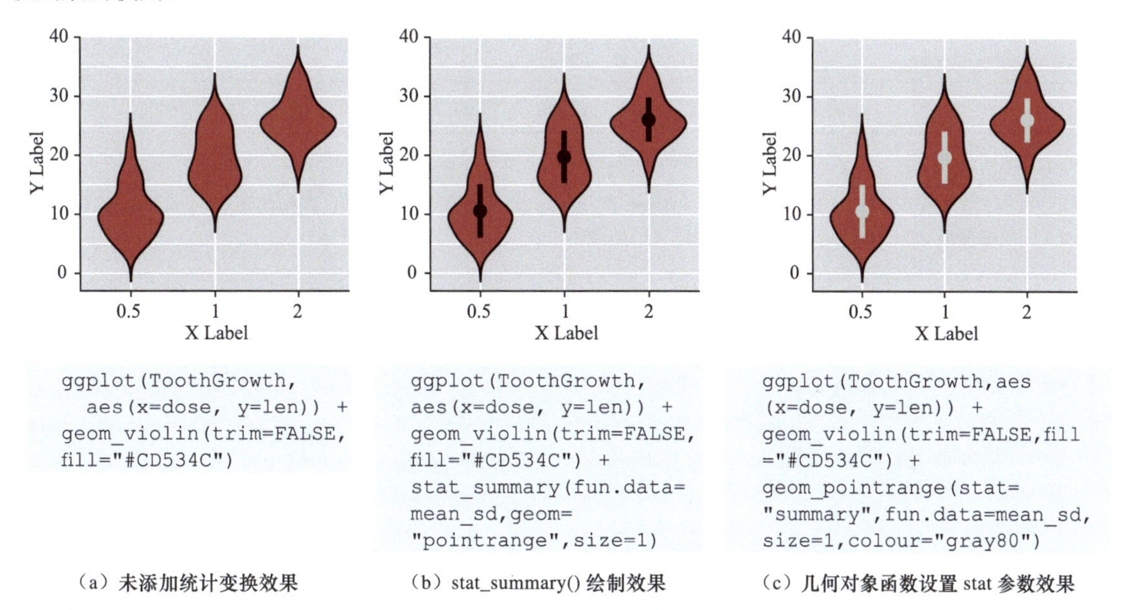

图 2-2-6　使用统计变换函数和几何对象函数绘制的图形示例

在统计变换函数中，fun.data 参数表示指定完整的汇总函数，默认为 mean_se()，其他的还有 mean_sd、mean_sdl、median_hilow 等；参数 fun.y 表示指定对 y 的汇总函数，可求平均值、中位数等。

提示：当所要绘制的图形不涉及统计变换操作时，可直接使用几何对象函数进行图层添加，几何对象函数中统计参数 stat 默认为“identity”（无统计变换）。只有涉及统计变换操作时，才需使用统计变换函数进行新图层的添加，或者设置几何对象函数中的 stat 参数完成统计变换结果的添加。

2.2.3 视觉通道美学映射

R 语言的 ggplot2 拓展包中有很多用于绘制统计图形的美学参数（aesthetics specifications），常见美学参数如表 2-2-2 所示。

表 2-2-2 常见美学参数

美学参数	描述
color、col、colour	指定点（point）、线（line）、填充区域（region）边界的颜色
fill	指定填充区域的颜色，如条形和密度区域
alpha	指定颜色的透明度，数值范围为 0（完全透明）～ 1（不透明）
size	指定点的宽度，单位为 mm。该参数的设置是绘制气泡散点图的必需步骤
angle	指定角度，只有部分几何对象有，如 geom_text() 函数中文本的摆放角度、geom_spoke() 函数中短棒的摆放角度
linetype	指定线的类型，具体包括实线（1="solid"）、短虚线（2="dashed"）、点线（3="dotted"）、点横线（4="dotdash"）、长虚线（5="longdash"）、短长虚线（6="twodash"），如图 2-2-7 所示
linewidth	指定线的宽度，单位为 mm（ggplot2 3.4.0 及以后版本的新美学参数）
shape	指定点的形状，为 [0, 25) 区间的 25 个整数，分别对应不同形状。当序号为 21 ～ 24 时有 fill 属性，其他的序号只有 color 属性，如图 2-2-8 所示
vjust	垂直位置微调，接收在 (0, 1) 区间的数字或位置字符串：0="buttom"、0.5="middle"、1="top"
hjust	水平位置微调，接收在 (0, 1) 区间的数字或位置字符串：0="left"、0.5="center"、1="right"

注：有些美学参数只适用于类别变量，如 linetype 和 shape；此外还有 binwidth（直方图的宽度）、sides（位置参数）、lineend（线条端部形状）、fontface（字形，如粗体、斜体等）。

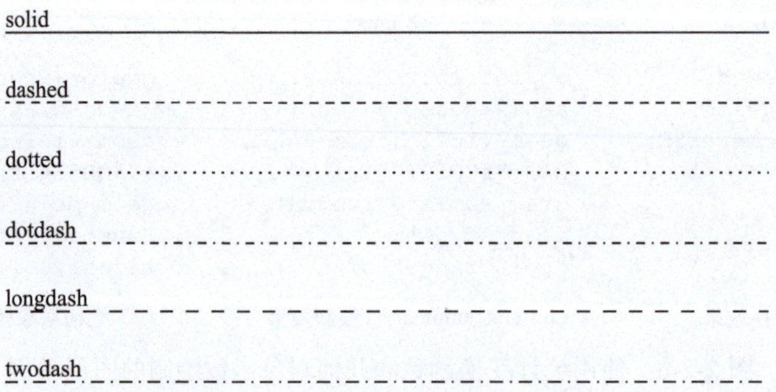

solid

dashed

dotted

dotdash

longdash

twodash

图 2-2-7 ggplot2 中支持的线的类型

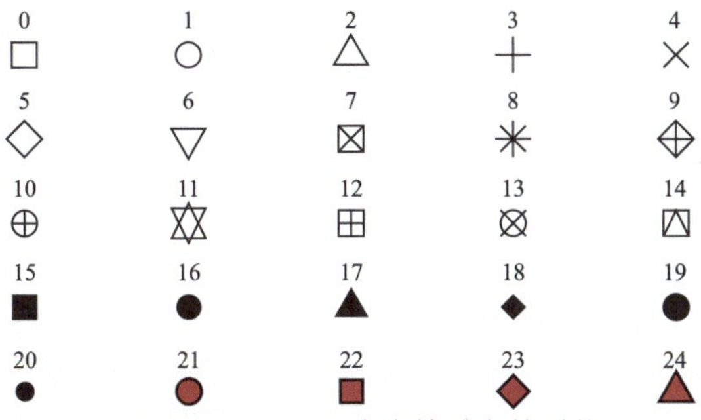

图 2-2-8 ggplot2 中支持的点的形状

图 2-2-9 所示为同一组数据集使用不同视觉通道美学映射的可视化示例，数据集为 tips，绘图主要变量包括用于控制数据点定位的位置变量 total_bill（x）、tip（y），以及大小（size）、颜色（fill/colour）、形状（shape）等美学映射所需的变量。

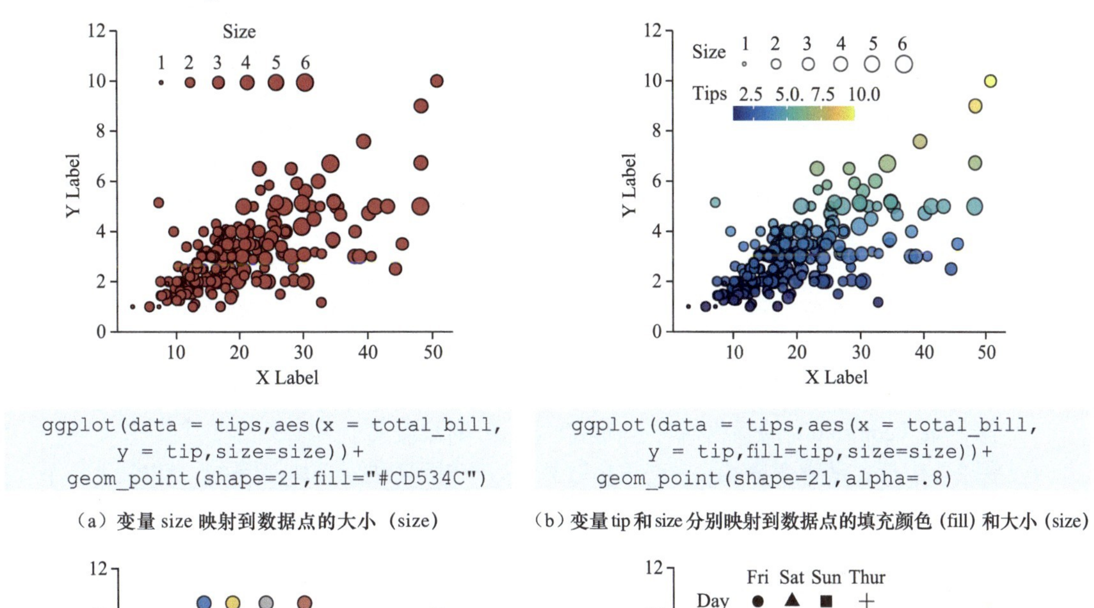


```
ggplot(data = tips,aes(x = total_bill,
      y = tip,size=size))+
  geom_point(shape=21,fill="#CD534C")
```

（a）变量 size 映射到数据点的大小（size）

```
ggplot(data = tips,aes(x = total_bill,
      y = tip,fill=tip,size=size))+
  geom_point(shape=21,alpha=.8)
```

（b）变量 tip 和 size 分别映射到数据点的填充颜色（fill）和大小（size）

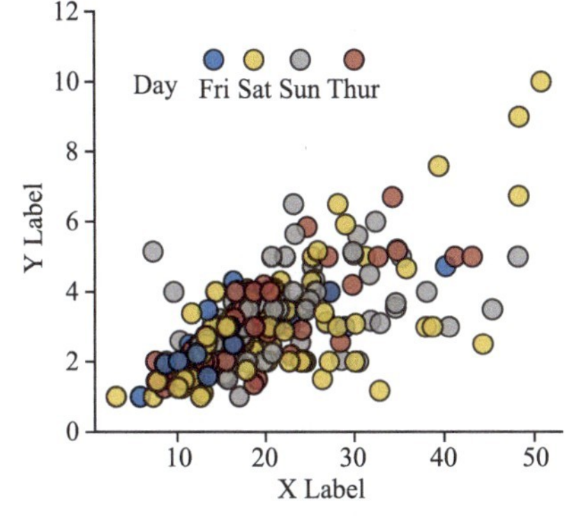

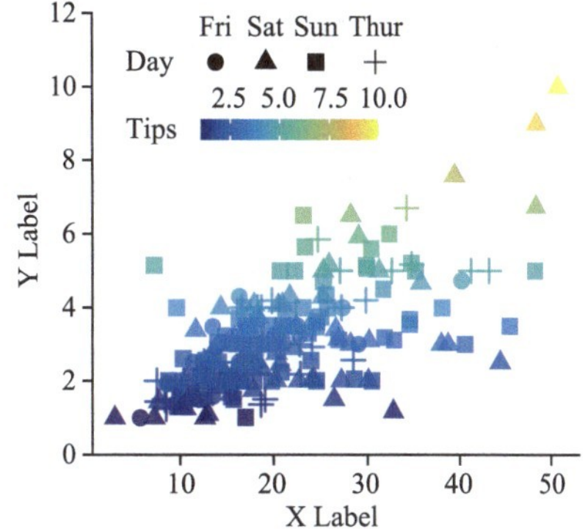

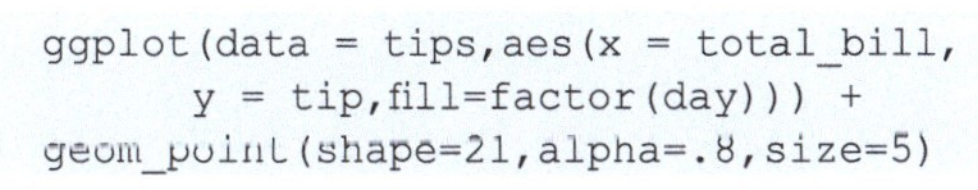

```
ggplot(data = tips,aes(x = total_bill,
      y = tip,fill=factor(day))) +
geom_point(shape=21,alpha=.8,size=5)
```

（c）变量 day 映射到数据点的填充颜色（fill）

```
ggplot(data = tips,aes(x = total_bill,
y = tip,colour=tip,shape=factor(day)))+
geom_point(alpha=.8,size=4)
```

（d）变量 tip 和 day 分别映射到数据点的边框颜色（colour）和形状（shape）

图 2-2-9 ggplot2 不同视觉通道美学映射的可视化示例

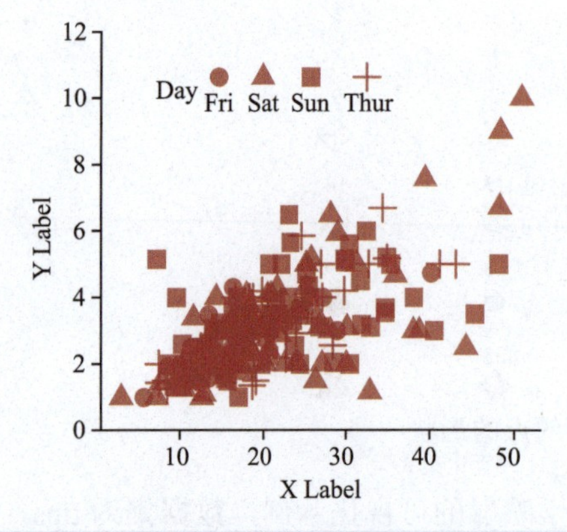

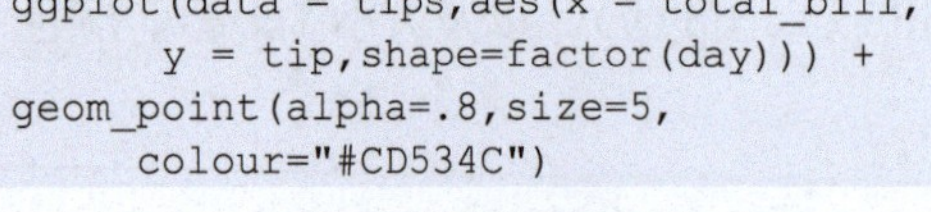

```
ggplot(data = tips,aes(x = total_bill,
    y = tip,shape=factor(day))) +
geom_point(alpha=.8,size=5,
    colour="#CD534C")
```

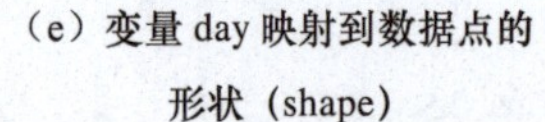

（e）变量 day 映射到数据点的形状（shape）

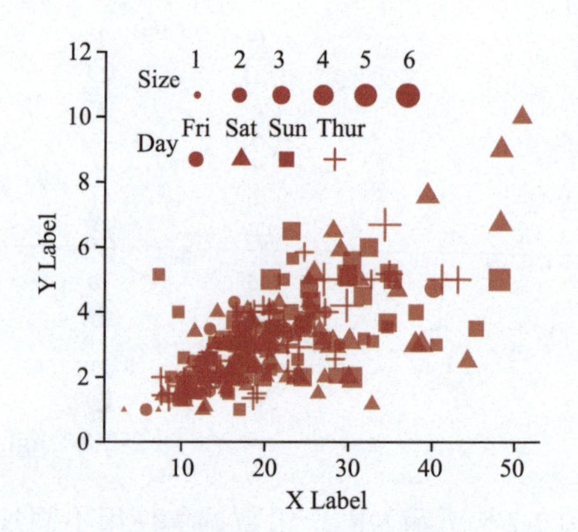


```
ggplot(data = tips,aes(x = total_bill,y =
  tip,size=size,shape=factor(day))) +
geom_point(alpha=.8,colour="#CD534C")
```

（f）变量 size 和 day 分别映射到数据点的大小（size）和形状（shape）

图 2-2-9　ggplot2 不同视觉通道美学映射的可视化示例（续）

在图 2-2-9 中，所有的可视化结果都是使用 geom_point() 几何对象函数绘制而成的，绘制过程主要包括数据点大小（size）、颜色（fill/colour）、形状（shape）、透明度（alpha）等参数的设置，详细介绍如下。

- 图 2-2-9（a）是将离散变量 size 映射到数据点的大小（size）上，数据点的大小对应变量 size 的数值。
- 图 2-2-9（b）是将变量 tip、变量 size 分别映射到数据点的填充颜色（fill）和大小（size）上，颜色条（colorbar）的颜色则表示映射变量 size 的数值大小。
- 图 2-2-9（c）是将变量 day 转变成离散类型后映射到数据点的填充颜色（fill）上，不同类别的数据点会被赋上不同的填充颜色。
- 图 2-2-9（d）是将变量 day 转变成离散类型后映射到数据点的形状（shape）上，将变量 tip 映射到数据点的边框颜色（colour）上。
- 图 2-2-9（e）是将变量 day 转变成离散类型后映射到数据点的形状（shape）上。
- 图 2-2-9（f）是将变量 size 和变量 day 分别映射到数据点的大小（size）和形状（shape）上。

注：这里对形状图例进行了放大处理（override.aeslist=list (size=4)）。

2.2.4　标度调整

ggplot2 中的标度主要用于调整数据映射的图形属性，而每一种图形属性都有一个默认的度量函数，这些属性包括 X/Y 轴、填充颜色（fill）、轮廓颜色（colour）、形状（shape）、透明度（alpha）、线类型（linetype）等。

1. 坐标轴度量

对绘制结果的坐标轴刻度范围进行个性化定制，是 ggplot2 标度调整中较为重要的一环，因为这将决定绘制结果中每一个变量映射数值的具体范围。针对数据类型的不同，可以将坐标轴度量分为 3 种主要类型：连续数据（continuous data）刻度、离散数据（discrete data）刻度以及日期 / 时间数据（date/time data）刻度。ggplot2 刻度度量主要类型介绍如表 2-2-3 所示。

表 2-2-3 ggplot2 刻度度量主要类型介绍

数据类型	坐标轴类型	坐标轴简图
连续数据	线性坐标轴	数值等距 1 2 3 4 5 6
	对数坐标轴	对数变化 10^0 10^1 10^2 10^3 10^4 10^5
	百分比坐标轴	整体占比 0% 25% 50% 75% 100%
离散数据	分类坐标轴	离散的条形 A B C D E
	顺序坐标轴	有序分类 Fair Good Very Good Premium Ideal
日期 / 时间数据	日期 / 时间坐标轴	以小时、日、月、年为单位 Jan. Feb. Mar. Apr. May

针对以上介绍的 3 种主要刻度度量类型，在 ggplot2 中都有对应的度量函数可以完成对应的操作，其中，scale_x/y_continuous()、scale_x/y_log10()、scale_x/y_reverse() 和 scale_x/y_sqrt() 主要对应连续型数据；scale_x/y_discrete() 主要对应离散型数据；scale_x/y_date()、scale_x/y_time() 和 scale_x/y_datetime() 则主要对应日期 / 时间类型数据。这些度量函数的主要参数如下。

- name：指定 X 或 Y 坐标轴的名称，赋值之后对应生成的图例名称也会改变。
- breaks：指定坐标轴刻度位置。
- labels：指定坐标轴刻度标签内容。
- limits：指定坐标轴显示范围。
- expend：表示拓展坐标轴的显示范围，设置为 c(0,0) 表示刻度位置从 0 开始。
- trans：指定坐标轴的转换函数，支持 "exp"、"log"、"log10"、"sqrt" 等参数函数，同时也支持 scales 拓展包中的函数，如 scales:: label_percent()（设置百分比刻度样式）、scales:: label_pvalue()（设置 P 值样式）以及 scales:: label_dollar()（设置美元符号样式）等。

图 2-2-10 显示了 ggplot2 绘制图形时使用默认刻度样式和使用 scale_y_continuous() 度量函数定制化刻度样式的实例效果。其中图 2-2-10（b）在图 2-2-10（a）基础上使用 scale_x_continuous() 和 scale_y_continuous() 函数实现了 limits 和 breaks 等参数的调整。此外，还使用 labs() 度量函数修改了 X/Y 刻度轴（即坐标轴）名称而非设置 scale_x/y_continuous() 函数参数 name。

提示：在构建图形刻度轴样式的操作中，建议 limits 参数和 breaks 参数配合使用，且尽可能保持刻度轴范围最大值与刻度位置最大值一致，保证图形美观。

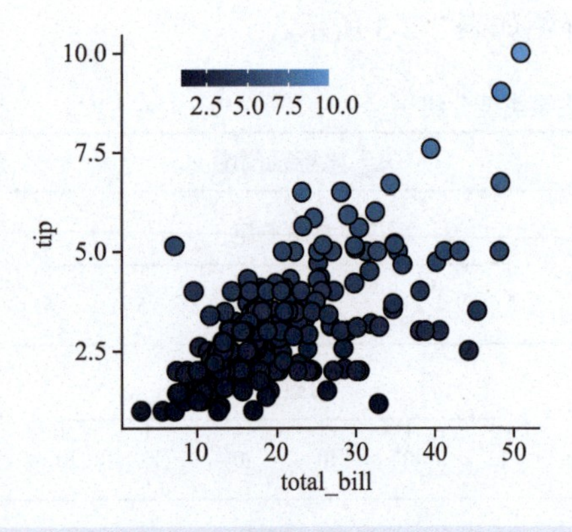


```
ggplot(data = tips,aes(x = total_bill,
            y = tip,fill=tip)) +
   geom_point(shape=21,size=5)
```

（a）ggplot2 默认刻度样式绘图结果

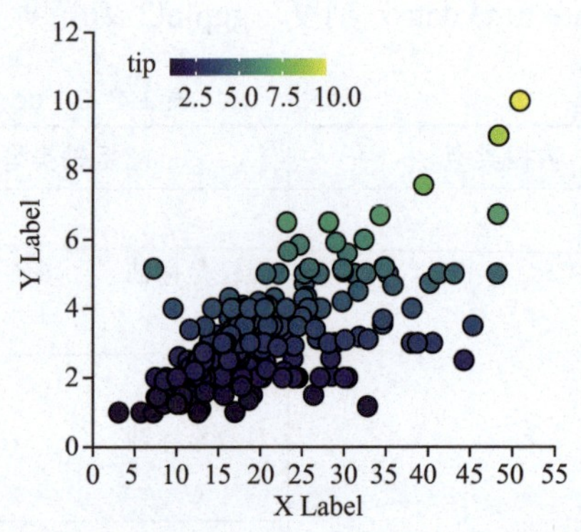


```
ggplot(data = tips,aes(x = total_bill,
            y = tip,fill=tip)) +
   geom_point(shape=21,size=5) +
   labs(x="X Label", y = "Y Label") +
   scale_y_continuous(expand = c(0, 0),
     limits = c(0, 12),
     breaks = seq(0, 12, by = 2)) +
   scale_x_continuous(expand = c(0, 0),
     limits = c(0, 55),
     breaks = seq(0, 55, by = 5))
```

（b）ggplot2 定制化刻度样式绘图结果

图 2-2-10　ggplot2 刻度样式调整示例

连续型刻度轴（continuous scale）是 ggplot2 默认的刻度轴样式，常见的样式为线性坐标轴（line scale），该刻度轴的主要特点是无论在刻度数值大还是数值小的区域，坐标轴上的刻度间距总是处处相等；对数坐标轴度量（logarithmic scale）和百分比坐标轴度量（percent scale）则是 ggplot2 中连续型刻度轴中另外两种常用样式，其中，对数坐标轴度量是非线性测量度量，通常应用在具有较大数值差异和具有明显指数增长特性的数据集表示中，常见对数样式有 log2、log10 以及 sqrt 等；百分比坐标轴度量展示的是数据占比情况，是局部与整体的对应关系。图 2-2-11 所示为 ggplot2 绘制的连续型刻度轴示例可视化结果，其中图 2-2-11（c）的百分比刻度度量只对刻度样式进行了更改，而在实际使用中，绘图变量数据应是经过统计计算后的百分比数据。

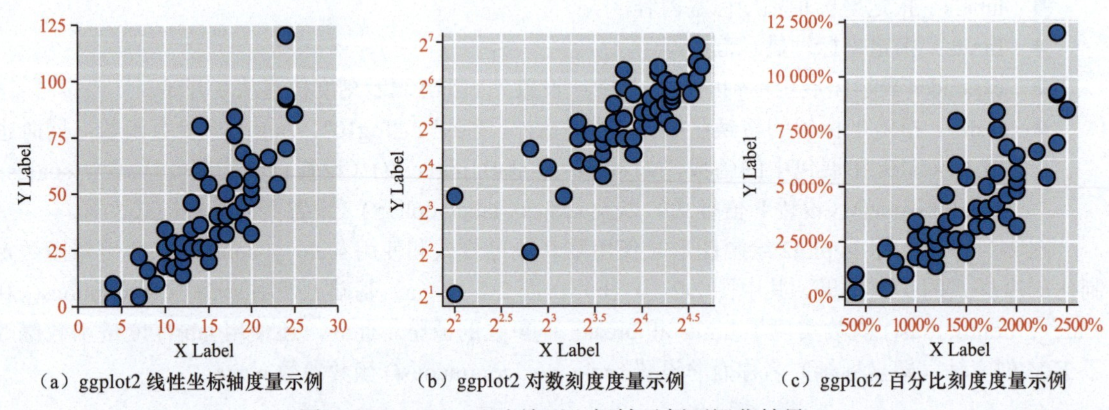

（a）ggplot2 线性坐标轴度量示例　（b）ggplot2 对数刻度度量示例　（c）ggplot2 百分比刻度度量示例

图 2-2-11　ggplot2 连续型坐标轴示例可视化结果

类别数据型刻度轴（categorical scale）不仅可以表示数值变量，还可以表示类别变量，比如用于多个变量间相关性图形的绘制。常见的类别数据型刻度轴主要通过结合类别变量和数值变量，表达数据信息。如将类别变量作为 X 轴、数值变量作为 Y 轴，用于绘制柱形图、箱线图等类型的图形。图 2-2-12 所示是 X 轴为类别变量、Y 轴为数值变量的类别数据型刻度轴绘制示例。

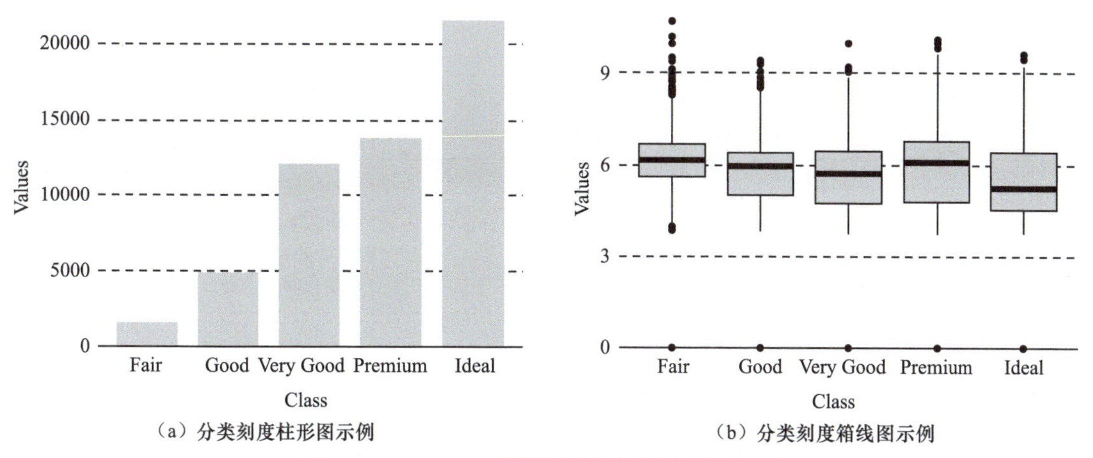

（a）分类刻度柱形图示例　（b）分类刻度箱线图示例

图 2-2-12　ggplot2 类别数据型刻度轴绘制示例

日期 / 时间型刻度轴（date/time scale）是将时间变量（连续变量）映射到线性坐标轴或者将年、月、日、小时、分钟、时刻等间隔相等的时间变量作为图形刻度的一种刻度度量，有时也可以在极坐标系中展示时间刻度度量图形。常见的日期 / 时间型刻度轴图形为折线图，图 2-2-13 所示为笛卡儿（直角）坐标系和极坐标系中采用时间刻度度量的折线图绘制示例。

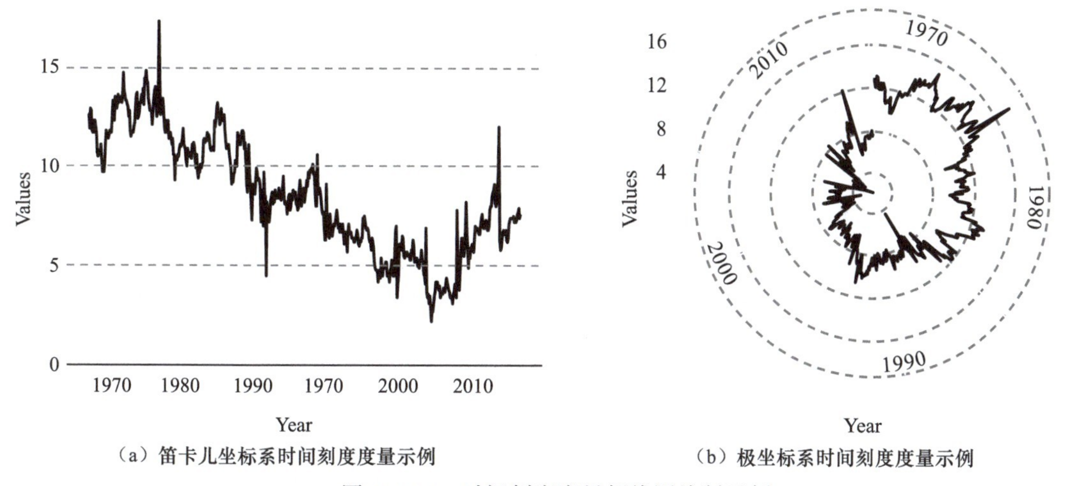

（a）笛卡儿坐标系时间刻度度量示例　（b）极坐标系时间刻度度量示例

图 2-2-13　时间刻度度量折线图绘制示例

2. 美学映射度量

所谓美学映射度量，就是将可使用的度量用于控制变量映射到具体视觉对象上的细节操作，常见的度量对象有填充颜色（fill）、数据点大小（size）、数据点形状（shape）、数据点颜色（color/colour）、数据点透明度（alpha）等属性，而根据所映射变量的数据类型，又可将度量函数分为连续型和离散型两大类，表 2-2-4 展示了 ggplot2 中常见的度量函数。

表 2-2-4　ggplot2 中常见的度量函数

度量对象	连续型度量函数	离散型度量函数
colour、fill	scale_colour/fill_continuous() scale_fill_distiller() scale_colour/fill_gradient() scale_colour/fill_gradient2() scale_colour/fill_gradientn()	scale_colour/fill_discrete() scale_colour/fill_brewer() scale_colour/fill_manual() scale_color_identity() scale_fill_fermenter()
shape		scale_shape() scale_shape_binned() scale_shape_manual() scale_shape_identity()
size	scale_size() scale_size_area()	scale_size_manual() scale_size_identity()
alpha	scale_alpha_continuous()	scale_alpha_discrete() scale_alpha_manual() scale_alpha_identity()
linetype		scale_linetype() scale_linetype_discrete()
linewidth	scale_linewidth()	scale_linewidth_identity() scale_linewidth_binned()

提示：在表 2-2-4 所示的度量函数中，scale_*_manual() 系列度量函数是将变量使用自定义的方法进行度量映射，实现填充颜色、大小、形状等属性的自定义。在连续型度量函数中，主要采用连续颜色系（colormap）对变量中的每一个数值进行颜色映射。此外，还有一种将变量数值离散化的方式，可实现分箱（binned）映射，对应度量函数为 scale_colour/fill_steps()、scale_colour/fill_steps2() 以及 scale_colour/fill_stepsn()。除了 ggplot2 还有很多优秀的第三方拓展包可供使用，如颜色填充拓展包 ggsci。

图 2-2-14 所示为不同美学映射度量调整绘制示例，其中图 2-2-14（a）将数值离散变量 size 映射到数据点的大小（size）上，使用 scale_size(range = c(1,10)) 度量函数实现了对数据点默认大小（range = c(1,6)）的调整，range 参数表示具体的映射大小范围；图 2-2-14（b）在图 2-2-14（a）的基础上添加了数值离散变量 size 的填充颜色（fill）映射，即将数值离散变量 size 映射到渐变颜色条上，这里使用的 Blues 为 RColorBrewer 包的颜色主题选项，使用之前需导入该包；图 2-2-14（c）将类别离散变量 day 映射到不同的数据点形状（shape）和填充颜色（fill）上，使用 ggsci 中的 scale_fill_jco() 度量函数对散点颜色度量进行调整，使用 scale_shape_manual() 度量函数自定义数据点的形状（values=c(21,22,23,24)）；图 2-2-14（d）则将数值离散变量 size 和类别离散变量 day 分别映射到数据点的大小（size）和填充颜色（fill）上，分别使用 scale_size() 和 scale_fill_manual() 度量函数调整点的大小映射范围和填充颜色的具体颜色值。

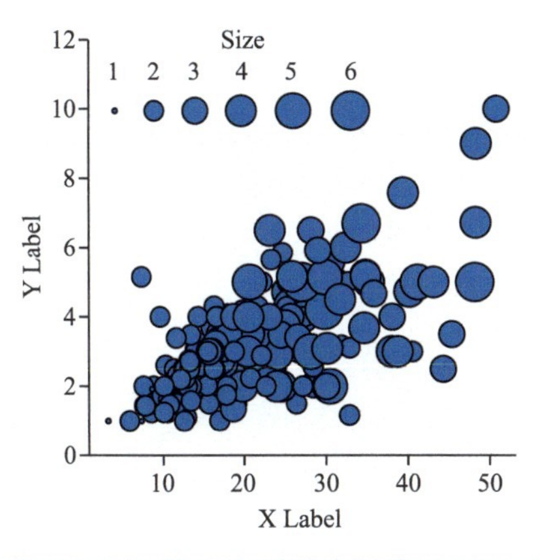


```
ggplot(tips,aes(x = total_bill,y =
  tip,size=size)) +
 geom_point(shape=21,fill="#0073C2")+
  scale_size(range = c(1,10))
```

（a）散点大小（size）度量调整

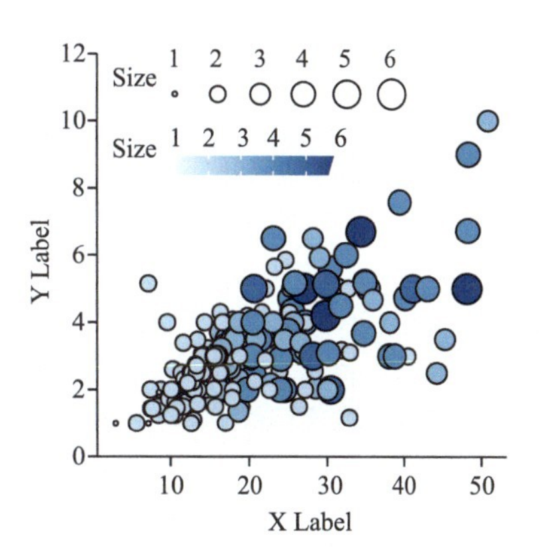


```
ggplot(data = tips,aes(x = total_bill,y =
  tip,size=size,fill=size))+
  geom_point(shape=21)+
  scale_size(range = c(1,10)) +
  scale_fill_distiller(palette =
    "Blues",direction = 1)
```

（b）散点大小（size）和填充颜色（fill）度量调整

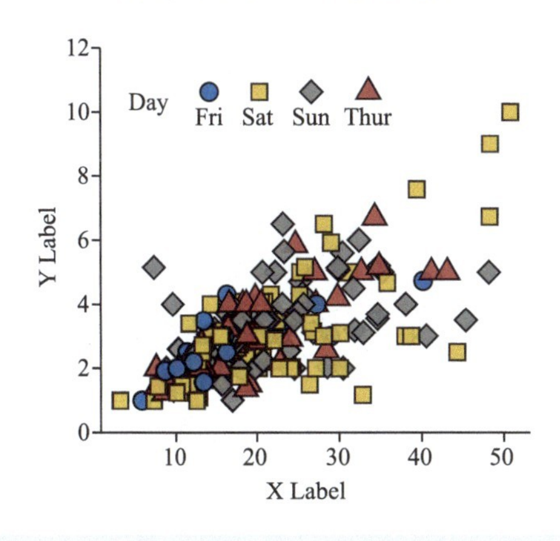


```
ggplot(data = tips,aes(x = total_bill,y =
tip,fill=factor(day),shape=factor(day)))+
  geom_point(alpha=.9,size=5)+
  ggsci::scale_fill_jco() +
scale_shape_manual(values=c(21,22,23,24))
```

（c）散点填充颜色（fill）和形状（shape）度量调整

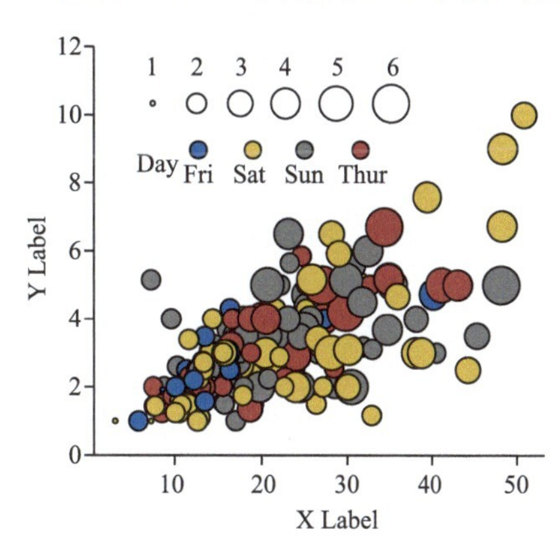


```
ggplot(data = tips,aes(x = total_
bill,y = tip,
      size=size,fill=day))+
    geom_point(shape=21)+
    scale_size(range = c(1,10)) +
    scale_fill_manual(values =
c("#0073C2","#EFC000","#868686","#CD534C"))
```

（d）散点大小（size）和填充颜色（fill）度量调整

图 2-2-14　不同美学映射度量调整绘制示例

2.2.5 坐标系

常见的绘图坐标系主要有笛卡儿坐标系（Cartesian coordinate system）、极坐标系（polar coordinate system）和地理坐标系（geographic coordinate system），其中笛卡儿坐标系和地理坐标系在科研论文配图中出现频率较高。图 2-2-15 所示为 R 语言中 3 种常见坐标系示意图。

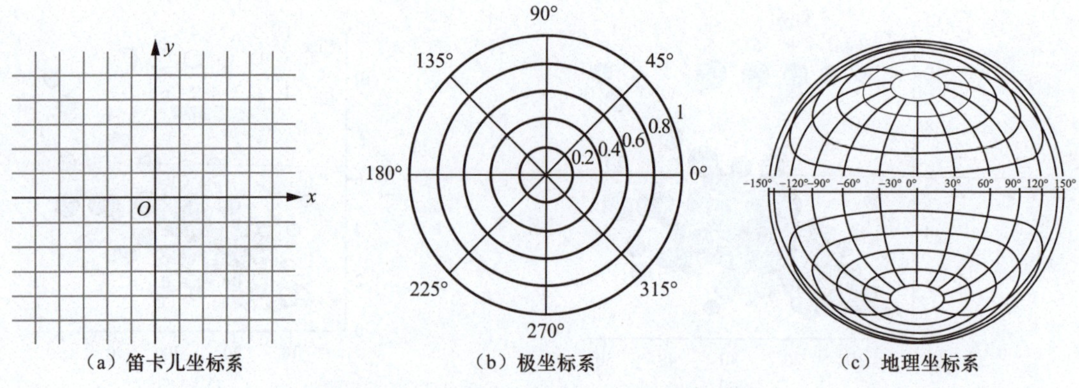

（a）笛卡儿坐标系 （b）极坐标系 （c）地理坐标系

图 2-2-15 R 语言中 3 种常见坐标系示意图

1. 直角坐标系

直角坐标系又称笛卡儿坐标系，是一种用代数公式表示几何形状的正交坐标系，也是可视化绘图中非常常见的一种坐标系。在二维直角坐标系中，坐标系通常由两个互相垂直的坐标轴（X、Y 轴）构成，两坐标轴相交的点称为原点。X 轴和 Y 轴把坐标平面分成 4 个象限，从右上角开始沿逆时针方向依次为第一象限、第二象限、第三象限和第四象限。二维直角坐标系中的任何一个点在平面的位置都可以根据该点在坐标轴上对应的坐标 (x,y) 进行表示。

在R语言的ggplot2包中，直角坐标系包括coord_cartesian()、coord_fixed()、coord_flip()和coord_trans() 4 种类型，其中 coord_cartesian() 用于为 ggplot2 呈现默认直角坐标系，其他 3 种则是由 coord_cartesian() 转换所得，如 coord_fixed() 将坐标轴比例固定，调整参数 ratio（默认为 1）可设置不同刻度比例样式；coord_flip() 则实现了横、纵坐标轴的翻转，在绘制柱形图和条形图时非常有用。

如果在二维直角坐标系中添加一个垂直于 X 轴和 Y 轴的坐标轴 Z 轴，则可转变成三维直角坐标系，也称为笛卡儿空间坐标系。X、Y、Z 轴相互正交于原点，三维直角坐标系中的任何一个点都可以用对应坐标 (x,y,z) 来表达其位置。在 R 语言中，可通过拓展工具包 plot3D、plotly 等完成三维直角坐标系的绘制。图 2-2-16 所示为 R 语言绘制的三维直角坐标系示例，其中图 2-2-16（a）所示为三维直角坐标系刻度样式，图 2-2-16（b）所示为对应的三维直角坐标系下的柱形图。

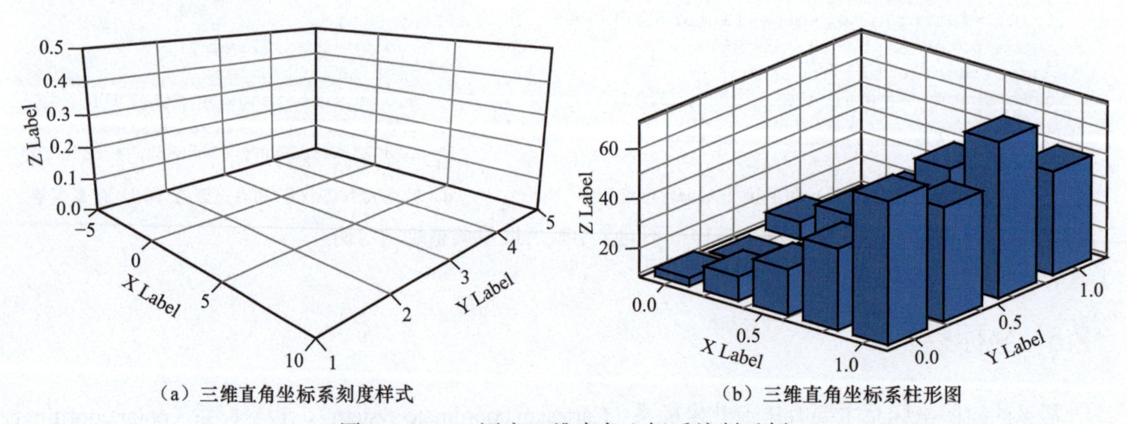

（a）三维直角坐标系刻度样式 （b）三维直角坐标系柱形图

图 2-2-16 R 语言三维直角坐标系绘制示例

2. 极坐标系

极坐标系是一种在平面内由极点（pole）、极轴（polar axis）和极径（polar radius）组成的坐标系。

在平面内取一个定点，称之为极点，从极点引一条射线，称之为极轴。对于平面内的任意一点 M，极点与点 M 的距离为点的极径，记为 r；极轴按逆时针方向距离点 M 到极点连线的角度为点 M 的极角（polar angle），记为 θ，则点在极坐标系中的位置可用有序数对 (r,θ) 表示，即点 M 的极坐标，如极坐标 (5,60°) 表示在极坐标系中一个距离极点 5 个单位长度，到极点的连线和极轴夹角为 60° 的点。图 2-2-17 所示为使用 R 语言的 ggplot2 的极坐标系绘图示例。

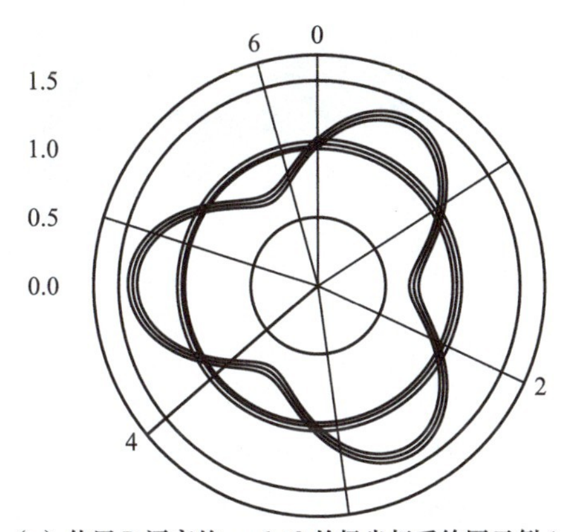

（a）使用 R 语言的 ggplot2 的极坐标系绘图示例 1

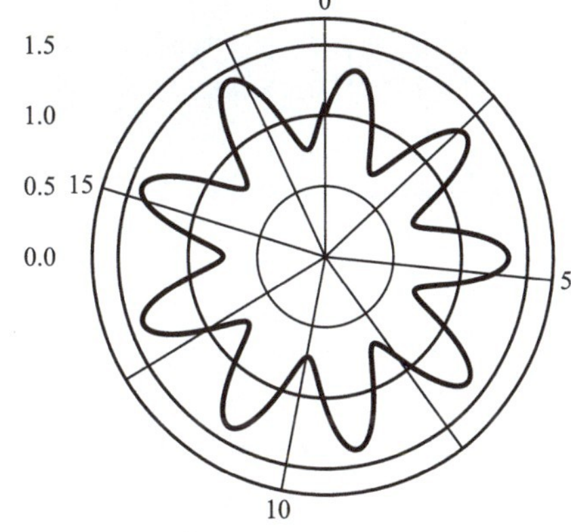

（b）使用 R 语言的 ggplot2 的极坐标系绘图示例 2

图 2-2-17 使用 R 语言的 ggplot2 的极坐标系绘图示例

注意：在图 2-2-17 所示的 ggplot2 极坐标系下，Y 轴刻度标签会放置在图形左上方，可将结果保存成 PDF 文件后再在 AI 软件中进行调整，即将文本移动至刻度轴中间位置（按照转换后 Y 轴位置排列）；此外，也可以通过设置主题函数 theme() 中的 axis.text=element_blank() 参数值并自定义刻度文本内容完成调整。

极坐标系和直角坐标系是两种非常常用的绘图坐标系，两者可以实现互相转换。极坐标系中的点 $P(r,\theta)$ 转换成直角坐标系中的点 $Q(x,y)$ 的公式如下：

$$x = r\cos\theta$$
$$y = r\sin\theta$$

直角坐标系中的点 $Q(x,y)$ 转换成极坐标系中的点 $P(r,\theta)$ 的公式如下：

$$r = \sqrt{x^2 + y^2}$$
$$\theta = \arctan\left(\frac{y}{x}\right) \ (x \neq 0)$$

极坐标系的使用往往涉及数据的周期性，即更好地展示数据周期性的变化趋势，这就要求数据较为完整且有明显的周期性特征。而在常见的学术图形中，由于数据本身的特点，使用极坐标系绘制的情况较少（地理空间数据型图形除外），特别是对变量连续时间变化趋势进行分析时，极坐标系对数据的展示不如直角坐标系那样直观。图 2-2-18 所示为使用 ggplot2 绘制的同一组数据的柱形图（分别在直角坐标系和极坐标系下的展示情况）。

3. 地理坐标系

R 语言的 ggplot2 拓展包中的 coord_map() 坐标设置函数支持多种地图投影坐标，如爱托夫（Aitoff）投影、哈默（Hammer）投影、兰勃特（Lambert）投影和莫尔韦德（Mollweide）投影等，

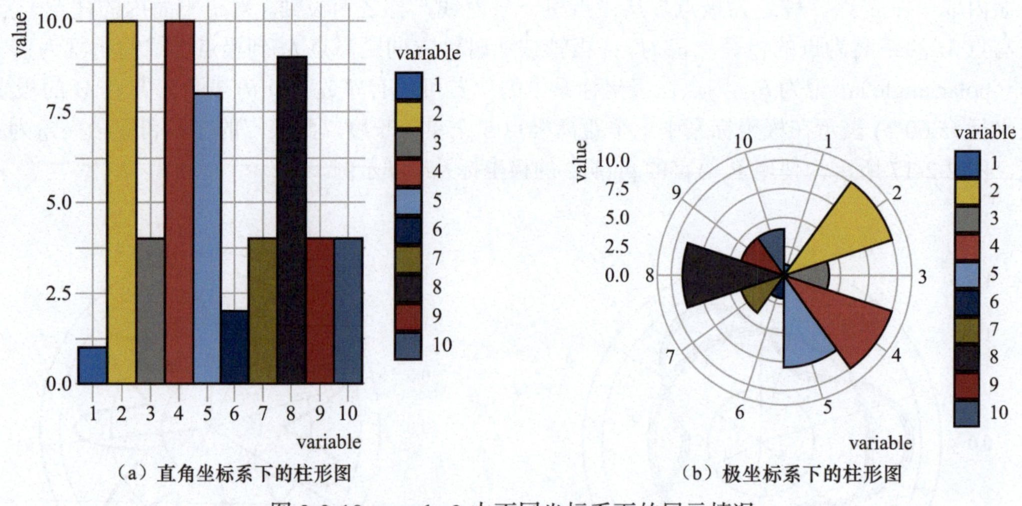

（a）直角坐标系下的柱形图　（b）极坐标系下的柱形图

图 2-2-18　ggplot2 中不同坐标系下的展示情况

图层函数 geom_sf() 等更是可以轻松实现地图数据的添加。此外，R 语言拓展工具 sf 包提供多个地理空间数据处理函数，可实现常见地理空间数据处理。图 2-2-19 展示了 3 种地理坐标系框架样式。

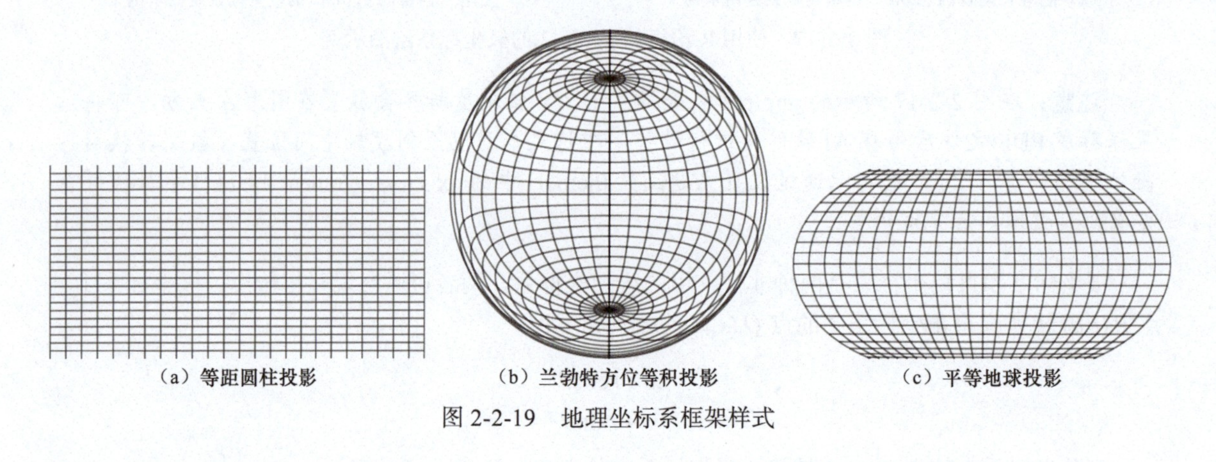
（a）等距圆柱投影　（b）兰勃特方位等积投影　（c）平等地球投影

图 2-2-19　地理坐标系框架样式

2.2.6 图例设置

图例作为统计图形中数据信息反馈的重要部分，对图形的完整性和映射数据的正确表达起着重要作用。在 R 语言的 ggplot2 拓展包中，关于图例设置的函数主要有 guide_colourbar()/colorbar() 函数、guide_legend() 函数以及 guides() 函数，其中 guide_colourbar()/colorbar() 函数主要用于连续变量的图例调整，如颜色条的长、宽等属性设置；guide_legend() 函数不仅可以用于连续变量，也可以用于离散变量；guides() 函数则可理解为将前两种图例函数语法组合使用，对多个变量映射进行绘制时可以更加高效地添加对应图例。此外，还可以在度量函数中设置 guide 参数类型值，如 guide="colorbar" 或者 guide="legend"。表 2-2-5 中列举了 ggplot2 默认映射方法、guides() 函数映射方法以及度量函数中映射方法语法样例，分别对颜色（colour）、大小（size）、形状（shape）3 个属性进行数值映射，采用 3 种语法所绘制的图形结果一致。

表 2-2-5　不同图例映射方法语法样例

图例映射方法	描述
+ guides(colour = "colorbar", size = "legend", shape = "legend")	在 guides() 函数中分别指定 colour 为 colorbar 图例样式、size 和 shape 为 legend 样式
+ guides(colour = guide_colourbar(), size= guide_legend(),shape = guide_legend())	在 guides() 函数中分别指定 guide_colourbar() 和 guide_legend()，可实现对图例属性（长、宽、标题文本等）自定义设置
+ scale_colour_continuous(guide ="colorbar") + scale_size_discrete(guide = "legend") + scale_shape(guide = "legend")	在度量函数中指定对应映射变量的图例样式（colorbar 或者 legend）
+scale_colour_continuous(guide=guide_colourbar()) + scale_size_discrete(guide = guide_legend()) + scale_shape(guide = guide_legend())	在度量函数中使用 guide_colourbar() 和 guide_legend() 对映射变量的图例进行绘制，可实现对图例属性（长、宽、标题文本等）自定义设置

完成对不同映射变量图例的添加操作后，为图例选择合适的位置也非常重要，ggplot2 绘图结果默认的图例位置在图形的右边（right）。当需要对图例位置进行调整时，可以通过 theme() 函数中的 legend.position 参数进行设置，可选择的参数值为 "none"（无图例）、"left"（左边）、"right"（右边）、"bottom"（底部）、"top"（顶部）；还可以使用两个数值向量（numeric vector），如 c(0.5,0.5)，将图例设定在图形中的任何位置，数值设置范围为 0 ～ 1。需要注意的是，如果将图例设置在图形内部，为了图形美观性，最好设置图例背景为透明或者无填充颜色（legend.background =element_blank()）。图 2-2-20 所示为使用 theme_classic() 内置主题绘制的默认图例位置（right）、通过参数设置图例位置以及通过数值向量设置图例位置的可视化结果。

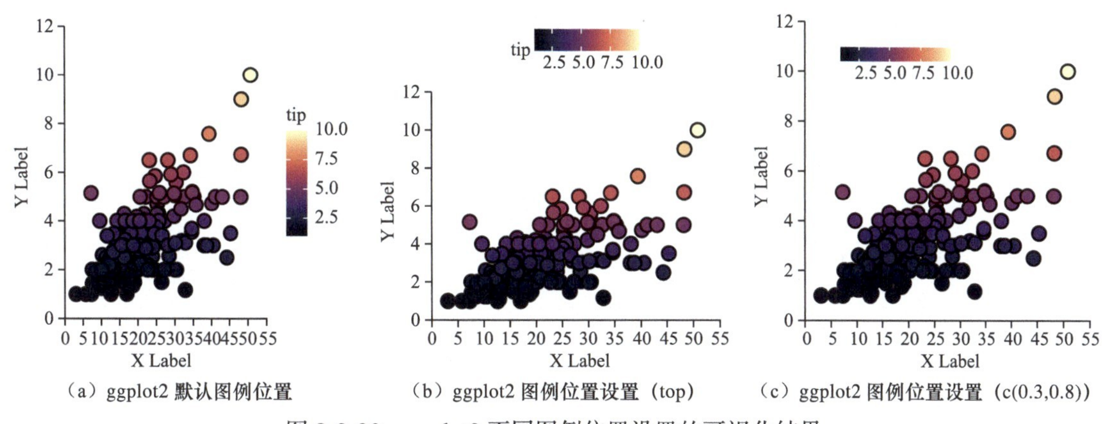

（a）ggplot2 默认图例位置　（b）ggplot2 图例位置设置（top）　（c）ggplot2 图例位置设置（c(0.3,0.8)）

图 2-2-20　ggplot2 不同图例位置设置的可视化结果

提示：绘制图 2-2-20（c）所示图形时使用了 legend.position = c(0.3,0.8) 语句进行图例位置的设置，c(0.3,0.8) 具体表示图例位置；同时设置图例方向参数 legend.direction 值为 "horizontal"（水平放置）；此外，还设置了 legend.key 的 width（宽度）和 height（高度）属性值，使图例外观发生更改。

2.2.7 图形主题

对一个可视化图形实现自定义设置的关键是对其图形主题进行修改，而一个完整的统计图形的主题则包括绘图区背景、图形背景、图形网格线、图形刻度以及图形坐标轴样式等图层属性。R 语言的 ggplot2 包的主题系统主要包括 4 种基本类型，分别为文本（text）、线条（line）、矩形（rect）以及空白（blank），对应函数分别为 element_text()、element_line()、element_rect() 和 element_blank()。此外，还有图形组件、坐标轴组件、图例组件、面板组件以及分面组件等对应的多个用于设置图层属性的参数值可供修改。表 2-2-6 所示为 ggplot2 主题（theme）对象中 text、line、rect 属性可修改的参数值，表 2-2-7 所示是 ggplot2 图形、坐标轴、图例等图层组件对应参数值主要函数。

表 2-2-6　可修改的参数值

基本类型（部分）	函数	参数值
text	element_text()	family（字体）、face（字型）、colour、size、hjust、vjust、angle（角度）、lineheight（行高）
line	element_line()	fill、colour、linewidth、linetype
rect	element_rect()	fill、colour、linewidth、linetype

表 2-2-7　图层组件对应参数值主要函数

组件	组件参数	函数	描述
图形组件	plot.background	element_rect()	图形背景
	plot.title	element_text()	图形标题
	plot.margin	margin()	图形边距
坐标轴组件	axis.line	element_line()	轴线
坐标轴标签组件	axis.text	element_text()	坐标轴标签
	axis.text.x	element_text()	X 轴标签
	axis.text.y	element_text()	Y 轴标签
坐标轴标题组件	axis.title	element_text()	坐标轴标题
	axis.title.x	element_text()	X 轴标题
	axis.title.y	element_text()	Y 轴标题
轴刻度组件	axis.ticks	element.line()	轴刻度标签
	axis.ticks.length	unit()	轴刻度长度
图例组件	legend.background	element_rect()	图例背景
	legend.key	element_rect()	图例符号背景
	legend.key.size	unit()	图例符号大小
	legend.key.height	unit()	图例符号高度
	legend.key.width	unit()	图例符号宽度
	legend.margin	unit()	图例边距
	legend.text	element_text()	图例标签
	legend.text.align	0、1	图例标签对齐（0 表示右对齐，1 表示左对齐）
	legend.title	element_text()	图例名
	legend.title.align	0、1	图例名对齐（0 表示右对齐，1 表示左对齐）

续表

组件	组件参数	函数	描述
面板组件	panel.background	element_rect()	面板背景
	panel.border	element_rect()	面板边界
	panel.grid.major	element_line()	主网格线
	panel.grid.major.x	element_line()	水平主网格线
	panel.grid.major.y	element_line()	竖直主网格线
	panel.grid.minor	element_line()	次网格线
	panel.grid.minor.x	element_line()	水平次网格线
	panel.grid.minor.y	element_line()	竖直次网格线
	aspect.ratio	数值（*m*/*n*，两个整数）	图像宽高比
分面组件	strip.background	element_rect()	分面标签背景
	strip.text	element_text()	条状文本
	strip.text.x	element_text()	水平条状文本
	strip.text.y	element_text()	竖直条状文本
	panel.spacing	unit()	分面间边距
	panel.spacing.x	unit()	竖直分面间边距
	panel.spacing.y	unit()	水平分面间边距

通过以上函数中可供修改的参数数量，我们可以看出 ggplot2 主题定制化绘制涉及的图层语法和函数非常之多，对于初学者来说很难充分理解和掌握，因此不推荐使用。ggplot2 本身提供多个内置绘图主题，图 2-2-21 所示为 ggplot2 自带的 theme_gray()、theme_bw()、theme_minimal() 和 theme_classic() 图形主题样式。

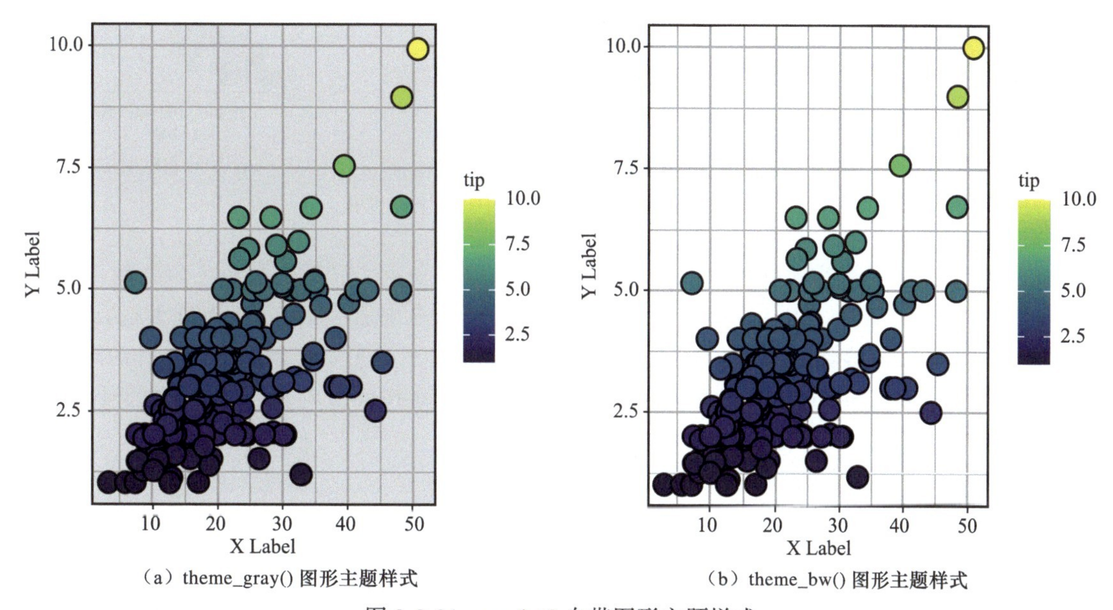

（a）theme_gray() 图形主题样式

（b）theme_bw() 图形主题样式

图 2-2-21　ggplot2 自带图形主题样式

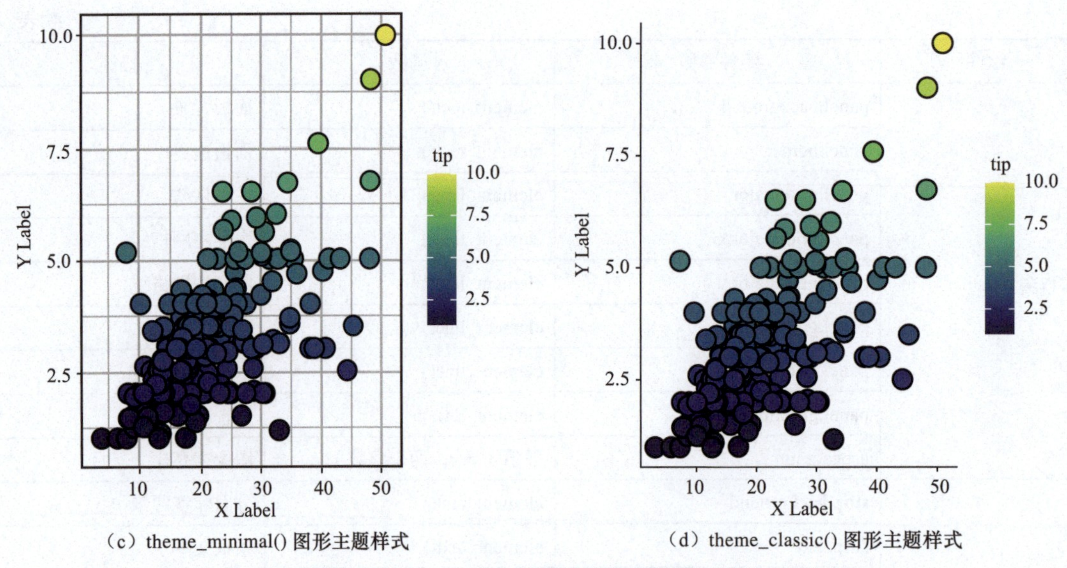

（c）theme_minimal() 图形主题样式　　（d）theme_classic() 图形主题样式

图 2-2-21　ggplot2 自带图形主题样式（续）

除了 ggplot2 本身自带的图形主题外，R 语言还有很多优秀的第三方拓展工具包，提供多个优秀的图形主题，如 ggthemes、hrbrthemes 和 envalysis 等包，图 2-2-22 所示为 ggthemes、hrbrthemes 和 envalysis 包中图形主题样式。

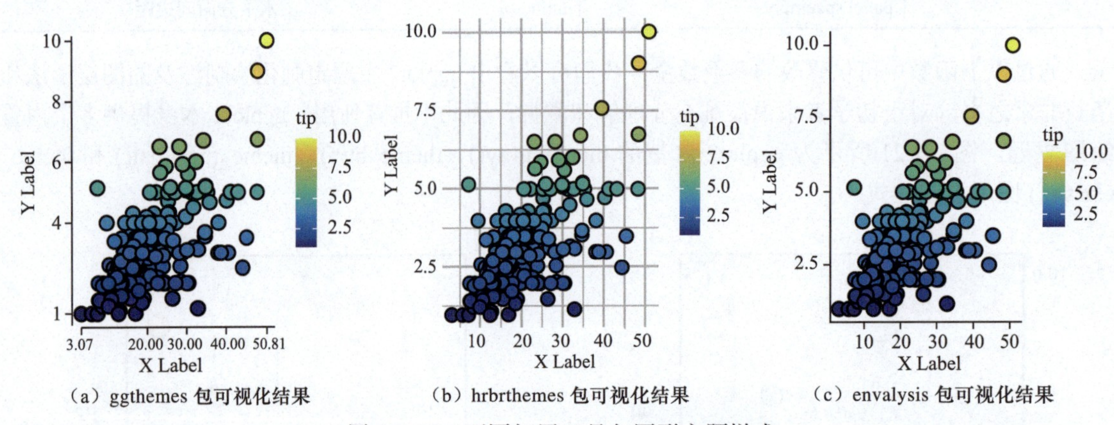

（a）ggthemes 包可视化结果　　（b）hrbrthemes 包可视化结果　　（c）envalysis 包可视化结果

图 2-2-22　不同拓展工具包图形主题样式

提示： 上面 3 张图片采用的都是拓展工具包中比较符合论文配图要求的主题绘制函数，如 envalysis 包中选择 theme_publish() 主题绘制函数，ggthemes 包中选择 theme_tufte() 主题绘制函数。需要注意的是，还需结合使用 geom_rangeframe() 图层函数才可以完成图 2-2-22（a）所示的可视化结果。此外，对于 ggplot2 的初学者，可使用 ggThemeAssist 拓展包工具，拖曳鼠标实现绘图主题的高效制作。

2.2.8 结果保存

一个完整的统计图形被绘制完成后，接下来可对结果进行存储和输出（output），ggplot2 使用 ggsave() 函数完成图形结果的保存，可支持的图形类型主要包括以下两种。

- 栅格型（raster）：这类图形以像素阵列形式存储，有固定的最优观测大小。要满足图形出版印刷要求，建议分辨率设置为 600dpi。
- 矢量型（vector）：图形可以无限缩放且不会造成细节的损失。

ggsave() 函数保存 PDF 和 PNG 文件代码如下。

```
1. ggsave(
2.   filename = "结果.pdf",   # 保存文件名。通过扩展名来决定图片格式
3.   width = 7,              # 宽
4.   height = 7,             # 高
5.   device = cairo_pdf      # 保存为PDF格式
6. )
7. ggsave(
8.   filename = "结果.png",   # 保存文件名。通过扩展名来决定图片格式
9.   width = 7,              # 宽
10.  height = 7,             # 高
11.  units = "in",           # 单位
12.  dpi = 300)              # 分辨率
```

提示：由于 ggplot2 在保存 PDF 结果时，会出现字体不存在或无法有效显示等问题，在使用 ggsave() 函数保存结果时，需设置参数 device = cairo_pdf。在新版本的 ggplot2 保存结果的过程中，还会出现保存 PNG 格式图形时，字体和预设字体不同的问题，这时需设置参数 device = png 进行解决。添加指定字体的代码如下（我们需在绘图前导入相应字体库，以 Times New Roman 为例）：

```
windowsFonts(times = windowsFont("Times New Roman"))
```

在绘图过程中设置字体为“times”，即可调用新罗马字体。

其他方式

虽然在 R 语言中大部分图形都可用 ggplot2 完成绘制，但某些特定图形还需使用 ggplot2 以外的工具完成，所涉及的结果可通过 R 语言原生方法和 Cairo 包保存。

① R 语言原生方法。

R 语言的原生方法主要分为 3 个步骤：首先，创建画布；然后，进行绘图；最后，关闭画布。将结果保存成不同格式的图片需使用对应的函数，如保存 PNG 图形时使用 png() 函数，类似的方法还有 jpeg()、bmp()、tiff()、pdf() 和 svg() 等。保存 PNG 图形的详细代码如下。

```
1. #创建画布
2. png(
3. filename = "结果.png",    # 保存文件名
4. width = 480,             # 宽
5. height = 480,            # 高
6. units = "px",            # 单位
7. bg = "white",            # 背景颜色
8. res = 72)
9. # 绘图
10.plot(1:5)
11.# 关闭画布
12.dev.off()
```

② Cairo 包。

使用 R 语言的 Cairo 包进行绘图结果的保存，其步骤与 R 语言原生方法步骤一致。保存成 PNG 格式，使用对应的 CairoPNG() 函数，类似的函数还有 CairoJPEG()、CairoTIFF()、CairoPDF()、CairoSVG() 等。保存 PNG 图形的详细代码如下。

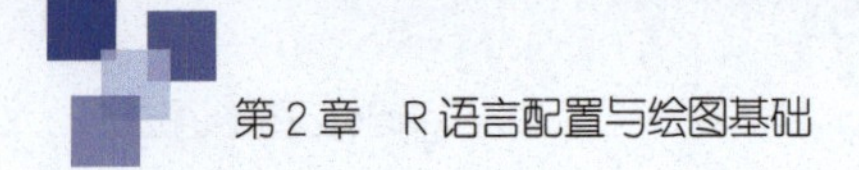


```
1. #创建画布
2. Cairo::CairoPNG(
3. filename = "结果.png",   # 保存文件名
4. width = 7,               # 宽
5. height = 7,              # 高
6. units = "in",            # 单位
7. dpi = 300)               # 分辨率
8. # 绘图
9. plot(1:5)
10.# 关闭画布
11.dev.off()
```

2.3　本章小结

本章从基础的 R 软件的安装、集成开发工具 RStudio 安装配置、R 语言与 Jupyter Notebook 交互配置以及绘图工具 ggplot2 的语法出发，介绍了 R 语言、RStudio 安装过程中的注意事项以及与 Jupyter Notebook 交互时可能遇到的问题及解决方式。在介绍 ggplot2 的语法时，更是从映射类型、几何对象、视觉通道、标度调整、坐标系等方面，进行了大量实际案例的演示，帮助读者更好地理解 ggplot2 绘图原理。需要注意的是，本章没有过多介绍 R 语言基础绘图函数，想要了解此部分内容的读者可自行查阅网上资料。

第 3 章　单变量图形的绘制

单变量图形的绘制是指使用数据组中的一个数据变量进行相应图形的绘制。想要可视化一个数据变量，就需要根据不同的数据变量类型绘制图形。数据变量分为连续变量（continuous variable）和离散变量（discrete variable）。本章主要讲解以连续变量为例绘制单变量图形。基于连续变量绘制的单变量图形包括直方图（histogram）、密度图（density map）、Q-Q 图（Quantile-Quantile plot，又称分位图）、P-P 图（Probability-Probability plot）和经验分布函数（Empirical Distribution Function，EDF）图等。

3.1　直方图

直方图是一种用于表示数据分布和离散情况的统计图形，它的外观和柱形图相近，但它所表达的含义和柱形图却相差较大。首先需要对数据进行分组，然后统计每个分组内数据元的个数，最后使用一系列宽度相等、高度不等的矩形来表示相应的每个分组内的数据元的个数。直方图不但可以显示各组数据的分布情况，而且可以有效体现组间数据差异、数据异常等情况。基于“统计数据频数”的绘图思想在一些带颜色映射的图形绘制中较为常用，本书中出现的不少图形都是基于此思想绘制的。图 3-1-1 所示为使用 R 语言的 ggplot2 包和 ggstatsplot 包绘制的直方图示例。

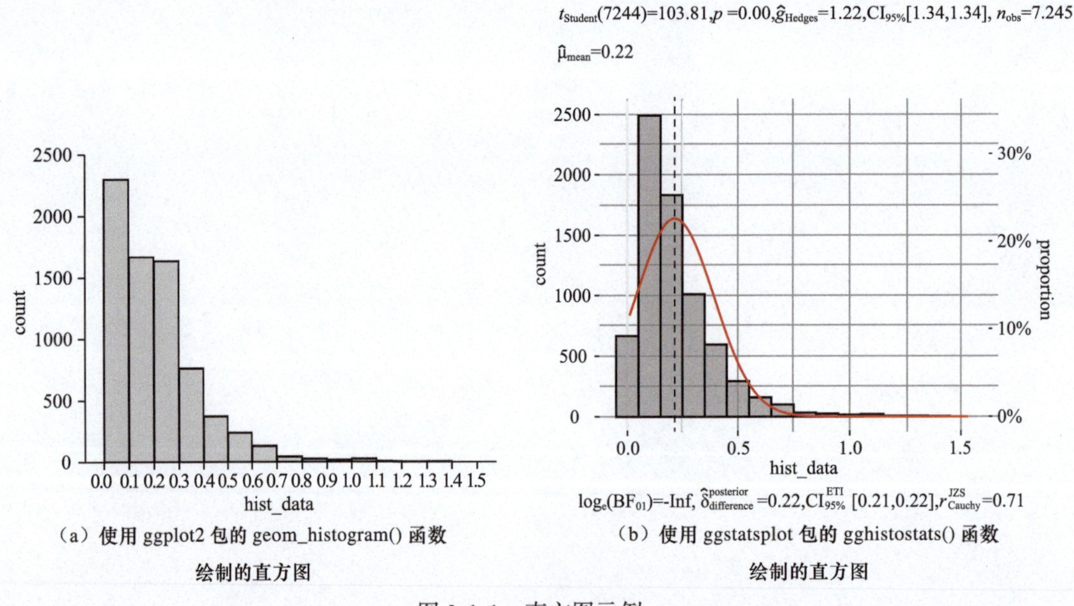

（a）使用 ggplot2 包的 geom_histogram() 函数绘制的直方图

（b）使用 ggstatsplot 包的 gghistostats() 函数绘制的直方图

图 3-1-1　直方图示例

技巧：直方图的绘制

在 R 语言中，可使用 ggplot2 包的 geom_histogram()、geom_bar() 函数或者 ggstatsplot 包的 gghistostats() 函数完成直方图的绘制。在使用 geom_histogram() 和 gghistostats() 函数时，只需设置 x 映射参数值即可，和常规的 ggplot2 绘图函数一致。需要指出的是，在使用 geom_histogram() 函数绘制直方图时，可通过设置 breaks 参数进行刻度间隔的设置。图 3-1-1 所示图形的核心绘制代码如下。

```
1. library(tidyverse)
2. library(ggstatsplot)
3. library(readxl)
4. #读取绘图数据集
5. hist_data <- readxl::read_xlsx("直方图.xlsx")
6. #图3-1-1(a)所示图形的核心绘制代码
7. breaks <- seq(0,1.5,by = 0.1)
8. ggplot() +
9.   geom_histogram(data = hist_data,aes(hist_data),breaks = breaks,
10.                 fill="gray",colour="black",linewidth=0.3) +
11.   scale_y_continuous(expand = c(0, 0), limits = c(0, 2500),
12.                      breaks = seq(0, 2500, by = 500)) +
13.   scale_x_continuous(breaks = breaks) +
14.   theme_classic()+
15.#图3-1-1(b)所示图形的核心绘制代码
16.gghistostats(data = hist_data,x = hist_data,binwidth = 0.1,
17.       normal.curve = TRUE,
18.       normal.curve.args = list(color = "red",size = 0.5)) +
```

提示：在使用 geom_bar() 函数绘制直方图时，需使用 scale_x_binned() 函数并设置 breaks 属性，才能进行不同分组图的绘制。

3.2 密度图

密度图（又称为密度曲线图）作为直方图的变种，使用曲线来体现数值水平，其主要用于体现数据在连续时间内的分布状况。和直方图相比，密度图不会因分组个数少而导致数据显示不全，从而能够帮助用户有效判断数据的整体趋势。当然，选择不同的核函数，绘制的密度图不尽相同。值得注意的是，密度图的纵轴可以是频数（count）或密度（density）。图 3-2-1 所示为使用单系列数据绘制的纵轴分别为密度、频数的可视化示例，以及使用渐变色填充并表示变量数值的可视化示例。需要指出的是，图 3-2-1 所示的可视化示例中，还使用 geom_rug() 函数添加了边缘轴须图（rug plot）样式，用于表示具体的绘制数据点。

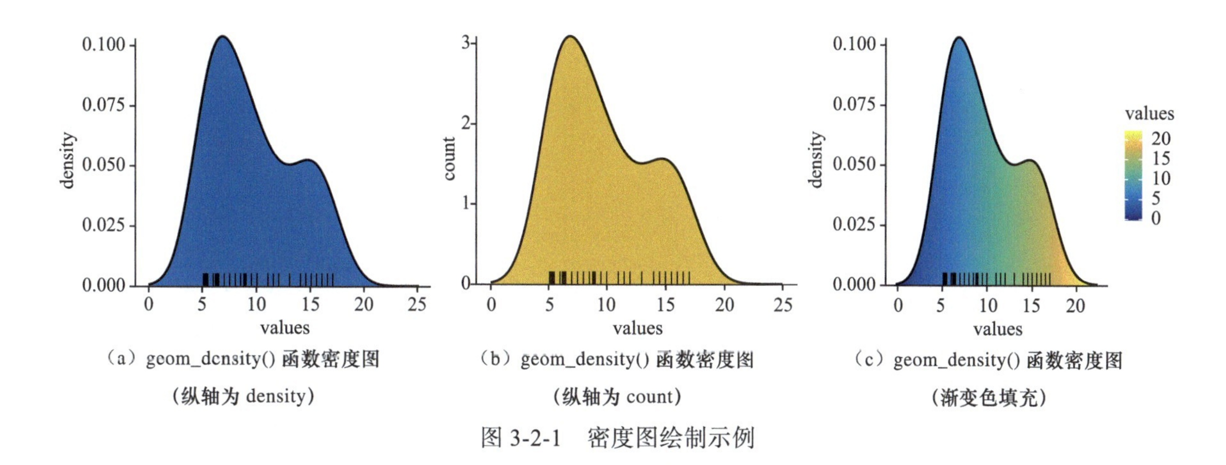

（a）geom_density() 函数密度图（纵轴为 density）

（b）geom_density() 函数密度图（纵轴为 count）

（c）geom_density() 函数密度图（渐变色填充）

图 3-2-1　密度图绘制示例

技巧：密度图的绘制

使用 ggplot2 包中的 geom_density() 函数就可以快速地绘制出密度图，默认以密度（density）样式展示，可通过设置 y 参数值为 after_stat(count)，实现以数量个数样式展示。而要绘制带有渐变色填充样式的密度图，首先需要使用 density() 函数对绘图数据集进行密度计算；然后使用计算结果的 x、y 属性并结合 geom_segment() 函数完成渐变色的填充效果。图 3-2-1（b）、图 3-2-1（c）所示图形的核心绘制代码如下。

```
1. library(tidyverse)
2. library(pals)
3. #读取数据集
4. dens_data <- readr::read_csv("density_data.csv")
5. #图3-2-1(b)所示图形的核心绘制代码
6. ggplot(data = desi_data) +
7.   geom_density(aes(x = data_01,after_stat(count)),
8.                fill="#EFC000",linewidth=0.4) +
9.   geom_rug(aes(x = data_01),length = unit(0.05, "npc")) +
10.#图3-2-1(c)所示图形的核心绘制代码
11.dens <- density(desi_data$data_01, n = 1000)
12.ggplot(data = data.frame(x = dens$x, y = dens$y)) +
13.  geom_segment(aes(x = x,xend=x,y = y,yend=0,color=x))+
14.  geom_density(data = desi_data,aes(x = data_01),color="black") +
15.  geom_rug(data = desi_data,aes(x = data_01)) +
16.  scale_color_gradientn(name="values",colours = parula(100)) +
```

除了对单系列数据进行密度图绘制，还可以对组数据进行密度图的绘制。得益于 ggplot2 提供的分面操作函数，多子图密度图的绘制也相对简单。图 3-2-2 所示为使用 ggplot2 绘制的多子图密度图示例。其中图 3-2-2（b）为渐变色填充后的可视化效果。

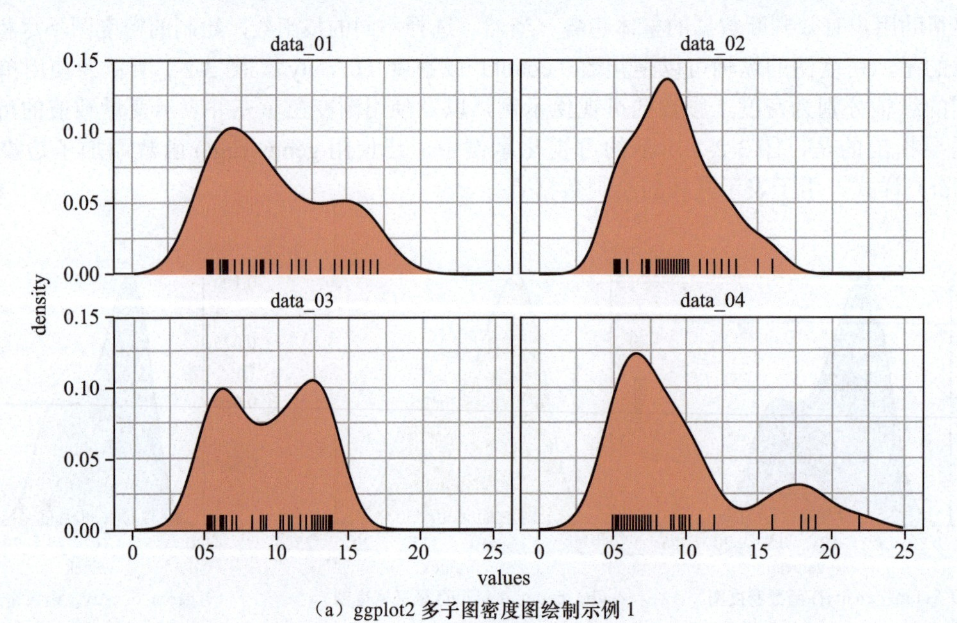

（a）ggplot2 多子图密度图绘制示例 1

图 3-2-2　多子图密度图绘制示例

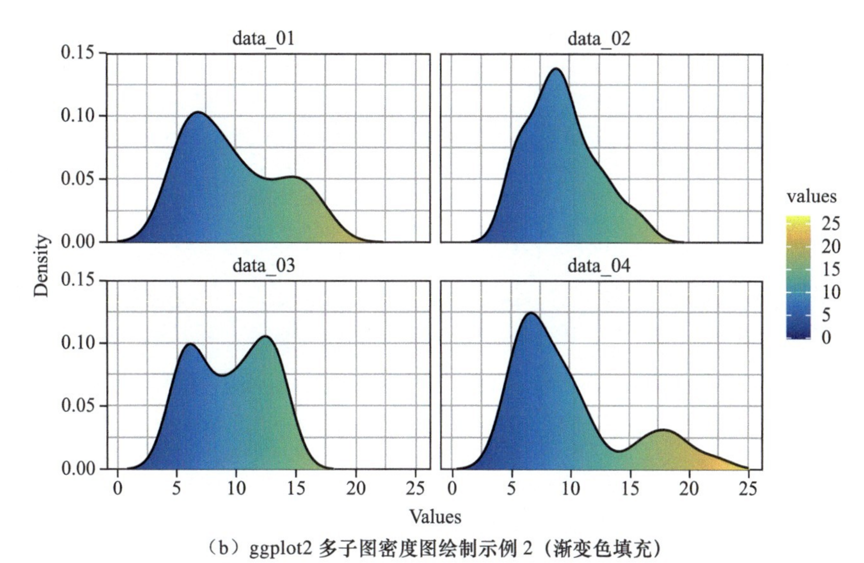

（b）ggplot2 多子图密度图绘制示例 2（渐变色填充）

图 3-2-2 多子图密度图绘制示例（续）

技巧：多子图密度图的绘制

使用 ggplot2 绘制密度图的多子图样式时，非常重要的一点是绘图数据的构建，由于 ggplot2 中的 facet_wrap() 函数在进行分面操作时，需要绘图数据集有分面依据变量，即有一个数据变量值可以作为分面变量传入 facet-wrap() 函数中，进行分面操作，这就要求在绘制图 3-2-2（b）所示图形之前的数据处理阶段进行新特征变量的构建，即使用 data.frame() 对每组数据的 density() 函数计算结果和自身变量名称进行数据框（data.frame）构建，再使用 rbind() 函数进行合并。图 3-2-2 所示图形的核心绘制代码如下。

```
1. library(tidyverse)
2. dens_data <- readr::read_csv("density_data.csv")
3. #数据处理
4. den_long <- pivot_longer(dens_data,cols = starts_with("d"),
5.                       names_to = "type",values_to = "values")
6. #图3-2-2(a)所示图形的核心绘制代码
7. ggplot(data = desi_data_long,aes(x = values)) +
8.   geom_density(fill="#DB3132",alpha=0.6,linewidth=0.3) +
9.   geom_rug(length = unit(0.07, "npc")) +
10.  xlim(c(0,25)) +
11.  scale_y_continuous(expand = c(0, 0),limits = c(0,0.15),
12.                     breaks = seq(0,0.15,0.05)) +
13.  facet_wrap(~type) +
14.  theme_bw() +
15.#图3-2-2(b)所示图形的核心绘制代码
16.#构建数据点
17.data_01_densi <- density(desi_data$data_01, n = 1000)
18.data_02_densi <- density(desi_data$data_02, n = 1000)
19.data_03_densi <- density(desi_data$data_03, n = 1000)
20.data_04_densi <- density(desi_data$data_04, n = 1000)
21.desi_data_01 <- data.frame(data=rep("data_01",1000),
22.                          densi_x=data_01_densi$x,
23.                          densi_y=data_01_densi$y)
24.desi_data_02 <- data.frame(data=rep("data_02",1000),
25.                          densi_x=data_02_densi$x,
```

```
26.                       densi_y=data_02_densi$y)
27.desi_data_03 <- data.frame(data=rep("data_03",1000),
28.                       densi_x=data_03_densi$x,
29.                       densi_y=data_03_densi$y)
30.desi_data_04 <- data.frame(data=rep("data_04",1000),
31.                       densi_x=data_04_densi$x,
32.                       densi_y=data_04_densi$y)
33.desi_data_pro <- rbind(desi_data_01,desi_data_02,
34.                    desi_data_03,desi_data_04)
35.ggplot(data = desi_data_pro,aes(x = densi_x,y = densi_y)) +
36.  geom_segment(aes(x = densi_x,xend=densi_x,y = densi_y,yend=0,
37.               color=densi_x))+
38.  geom_line(linewidth=0.5) +
39.  scale_color_gradientn(name="values",colours = parula(100)) +
40.  xlim(c(0,25)) +
41.  scale_y_continuous(expand = c(0, 0),limits = c(0,0.15),
42.                   breaks = seq(0,0.15,0.05)) +
43.  labs(x="Values",y="Density") +
44.  facet_wrap(~data) +
```

提示：由于绘图数据是 density() 函数的计算结果，直接使用 geom_line() 函数进行图 3-2-2（b）所示的密度图的绘制。

在使用多组数据进行密度图绘制时，除上述的使用多子图进行展示以外，我们还可以将多组数据的绘制结果进行堆叠摆放，即使用“山脊”图（ridgeline chart）展示。图 3-2-3 所示为使用 R 语言的 ggridges 包绘制的“山脊”图示例，其中图 3-2-3（b）使用了 binline 统计变换方式。

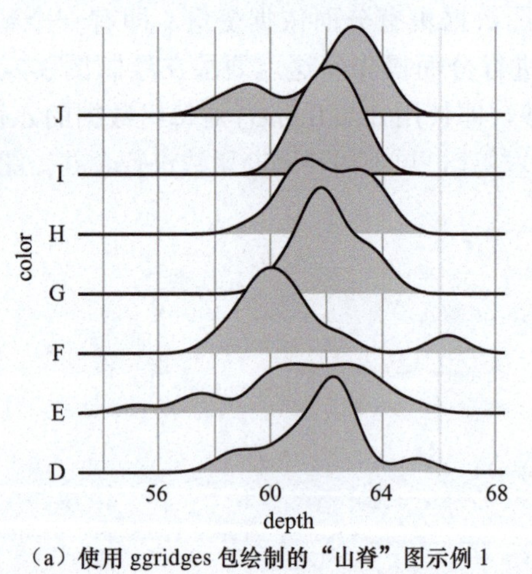

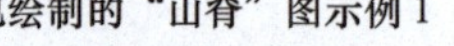
（a）使用 ggridges 包绘制的“山脊”图示例 1

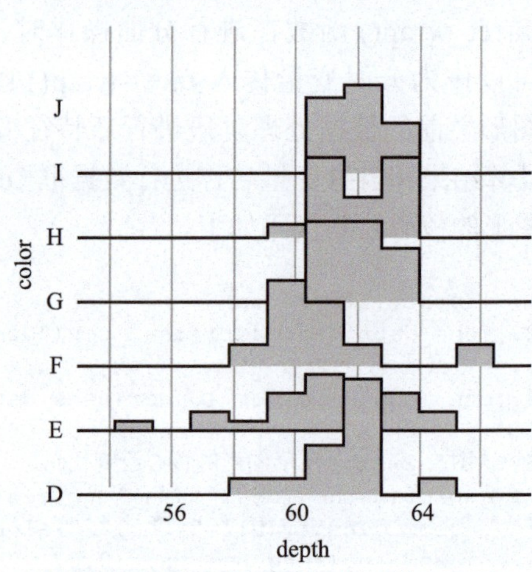

（b）使用 ggridges 包绘制的“山脊”图示例 2

图 3-2-3 使用 ggridges 包绘制的“山脊”图示例

技巧：使用 ggridges 包完成“山脊”图的绘制

使用 ggridges 包中的 geom_density_ridges() 函数就可以快速绘制出“山脊”图，设置 stat 参数值为“binline”就可以绘制出图 3-2-3（b）所示的可视化结果。图 3-2-3（b）所示图形的核心绘制代码如下。

```
1. library(tidyverse)
2. library(ggridges)
3. group_data <- readr::read_csv("山脊图数据.csv")
```

```
4. ggplot(group_data, aes(x = depth, y = color)) +
5.    geom_density_ridges(stat = "binline",size=.8,bins=10) +
6.    scale_y_discrete(expand = c(0.01, 0)) +
7.    scale_x_continuous(expand = c(0.01, 0)) +
8.    theme_minimal(base_family = "times",base_size = 17) +
9.    theme(plot.margin = margin(10, 10, 10, 10))
```

还可以将 ggridges 包的绘图函数 geom_density_ridges_gradient() 中的 fill 映射参数设置为不同值，进而实现不同颜色填充“山脊”图绘制。图 3-2-4 所示为不同颜色填充“山脊”图绘制示例，其中，图 3-2-4（c）、图 3-2-4（d）所示为使用 geom_density_ridges_gradient() 函数实现的渐变色填充效果。

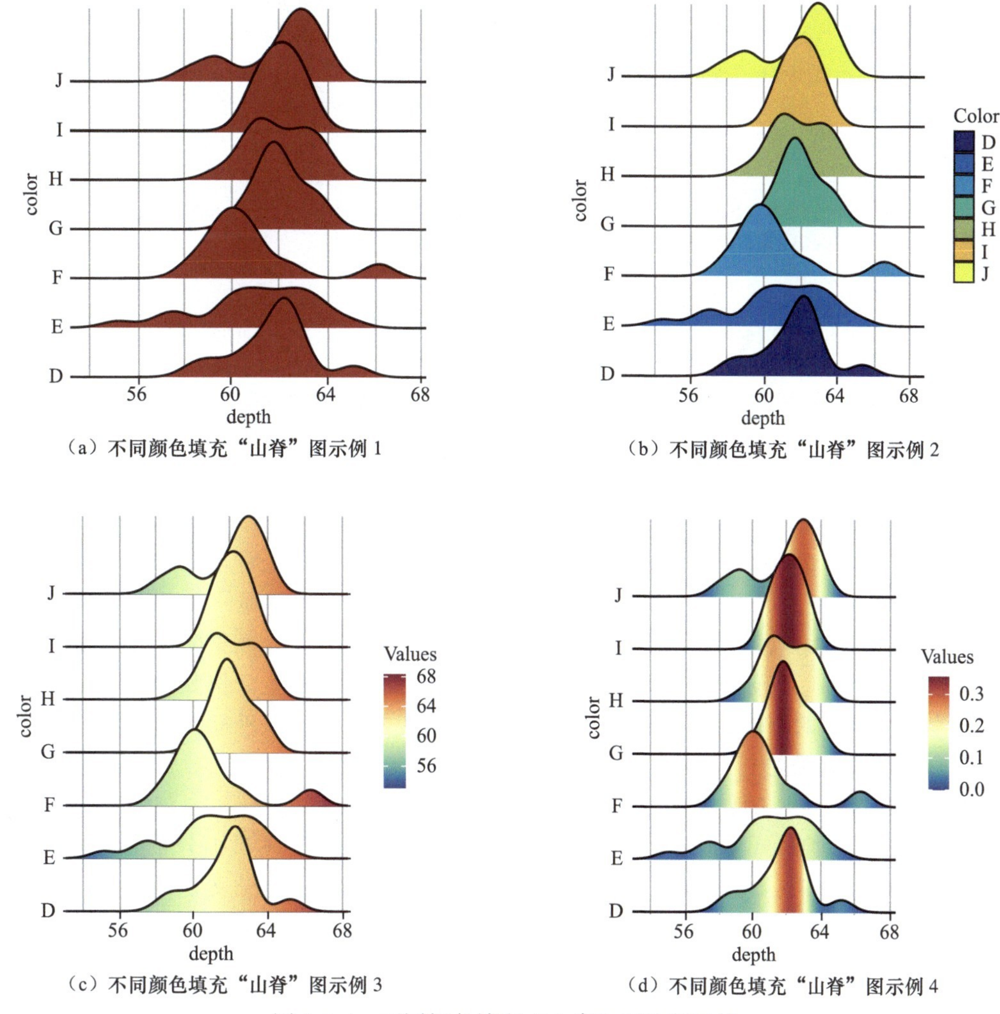

（a）不同颜色填充“山脊”图示例 1　（b）不同颜色填充“山脊”图示例 2

（c）不同颜色填充“山脊”图示例 3　（d）不同颜色填充“山脊”图示例 4

图 3-2-4　不同颜色填充“山脊”图绘制示例

技巧：不同颜色填充“山脊”图的绘制

使用 ggridges 包绘制普通的颜色填充样式的“山脊”图，只需设置其颜色填充映射参数 fill 为单一颜色值或者类别数据变量，绘制结果如图 3-2-4（a）、图 3-2-4（b）所示。要使用渐变色填充，则需要设置 fill 参数值为 after_stat() 函数计算结果，可以对横轴数值（x）和密度（density）进行计

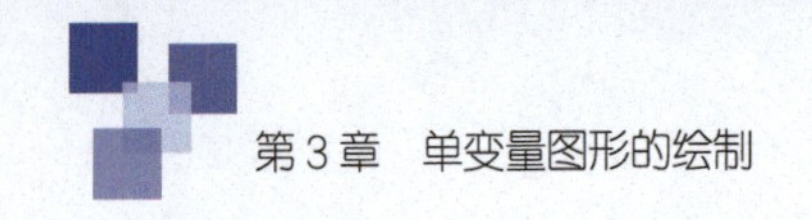

算。图 3-2-4（c）、图 3-2-4（d）所示图形的核心绘制代码如下。

```
1. library(tidyverse)
2. library(ggridges)
3. library(RColorBrewer)
4. group_data <- readr::read_csv("山脊图数据.csv")
5. Colormap<- colorRampPalette(rev(brewer.pal(11,'Spectral')))(32)
6. #图3-2-4(c)所示图形的核心绘制代码
7. ggplot(group_data, aes(x = depth, y = color,fill=after_stat(x))) +
8.   geom_density_ridges_gradient(size=0.8) +
9.   scale_y_discrete(expand = c(0.01, 0)) +
10.  scale_x_continuous(expand = c(0.01, 0)) +
11.  scale_fill_gradientn(name="Values",colours = Colormap) +
12.#图3-2-4(d)所示图形的核心绘制代码
13.ggplot(group_data, aes(x = depth, y =
14.                          color,fill=after_stat(density))) +
15.  geom_density_ridges_gradient(size=0.8) +
16.  scale_y_discrete(expand = c(0.01, 0)) +
17.  scale_x_continuous(expand = c(0.01, 0)) +
18.  scale_fill_gradientn(name="Values",colours = Colormap) +
19.  theme_minimal(base_family = "times",base_size = 17) +
```

3.3　Q-Q 图和 P-P 图

1. Q-Q 图

Q-Q 图的本质是概率图，其作用是检验数据是否服从某一种分布。使用 Q-Q 图检验数据分布的关键是通过绘制分位数来进行比较。首先选好区间长度，Q-Q 图上的点（x,y）对应第一个分布（X 轴）的分位数和第二个分布（Y 轴）相同的分位数。因此可以绘制一条以区间个数为参数的曲线。如果两个分布相似，则该 Q-Q 图趋近于落在 $y=x$ 这条直线上。如果两个分布线性相关，则点 (x,y) 在 Q-Q 图上趋近于落在一条直线上，但不一定在直线 $y=x$ 上。例如，正态分布 Q-Q 图，就是以标准正态分布的分位数作为横坐标，样本数据的分位数作为纵坐标的散点图。而想要使用 Q-Q 图对某一样本数据进行是否服从正态分布的检验时，只需观察 Q-Q 图上的点是否近似在一条直线附近，且该条直线的斜率为标准差，截距为平均值。

Q-Q 图不但可以检验样本数据是否服从某种数据分布，而且可以对数据分布形状进行比较，说明被比较的两种分布中的数据位置、峰度和偏度等属性有何相似或不同之处。需要注意的是，想要理解 Q-Q 图，读者需要具备一定的专业知识水平，因此，在一般的学术研究中，使用直方图或密度图观察数据分布的频率要远高于使用 Q-Q 图。

2. P-P 图

P-P 图是根据变量的累积概率与指定理论分布的累积概率的关系绘制的图形，用于直观地检验样本数据是否符合某一分布。当样本数据符合预期分布时，P-P 图中的各点将会近似呈一条直线。P-P 图与 Q-Q 图都可以用来检验样本数据是否符合某种分布，只是检验方法不同而已。

在 R 语言中，可以直接使用 ggplot2 包中的 stat_qq() 和 stat_qq_line() 函数完成 Q-Q 图的绘制，而绘制 P-P 图则没有直接可使用的绘图函数。可使用第三方拓展绘图工具包 qqplotr 进行 Q-Q 图和 P-P 图的绘制。图 3-3-1 所示为根据 3 种数据分布（正态分布、均匀分布以及指数分布）数据集绘制的直方图、Q-Q 图和 P-P 图。

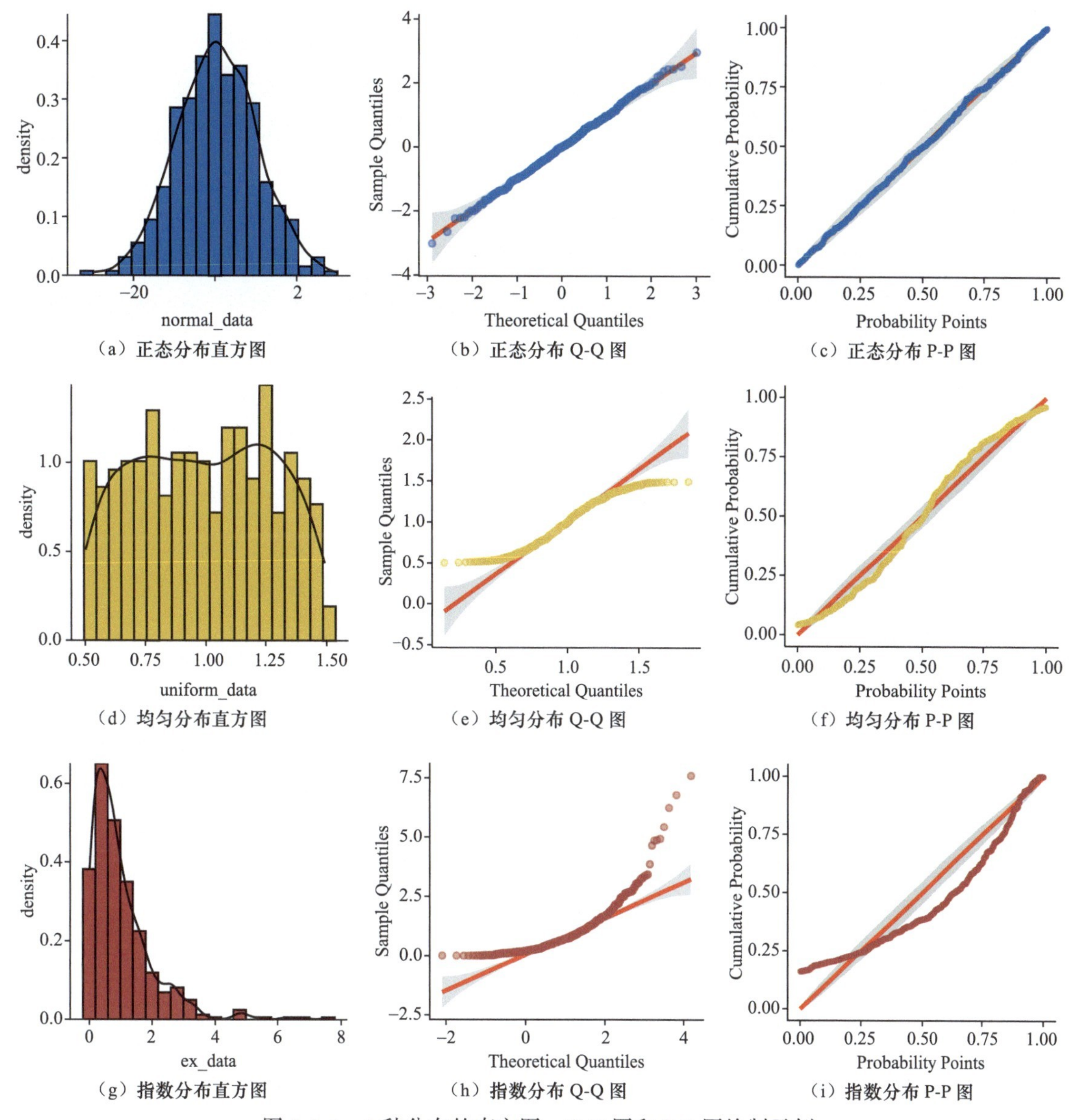

（a）正态分布直方图　（b）正态分布 Q-Q 图　（c）正态分布 P-P 图

（d）均匀分布直方图　（e）均匀分布 Q-Q 图　（f）均匀分布 P-P 图

（g）指数分布直方图　（h）指数分布 Q-Q 图　（i）指数分布 P-P 图

图 3-3-1　3 种分布的直方图、Q-Q 图和 P-P 图绘制示例

技巧：使用 qqplotr 包进行 Q-Q 图、P-P 图的绘制

使用 qqplotr 包进行 Q-Q 图和 P-P 图的绘制时，只需使用其 stat_qq/pp_*() 系列函数即可。由于 qqplotr 是基于 ggplot2 开发的，其他图层数据修改方式和 ggplot2 中的图层函数类似。其中 stat_qq/pp_band() 函数用于绘制数据的置信区间，stat_qq/pp_line() 函数用于绘制对应直线，stat_qq/pp_point() 函数则用于绘制数据点。需要指出的是，绘图数据集可以通过基础 R 函数转换成符合某种数据分布的样本数据集，如 rnorm() 函数。图 3-3-1（a）、图 3-3-1（b）、图 3-3-1（c）所示图形的核心绘制代码如下。

```
1. library(tidyverse)
2. library(readxl)
```

```
3. library(qqplotr)
4. #读取数据集，每一列数据为一种数据分布的样本数据
5. pq_data <- readxl::read_xlsx("qq_pp_data.xlsx")
6. #图3-3-1(a)所示图形的核心绘制代码
7. ggplot(data = pq_data,aes(x=normal_data,y = after_stat(density))) +
8.   geom_histogram(colour="black",fill="#0874C0",bins = 20) +
9.   geom_density(color="red") +
10.  scale_y_continuous(expand = c(0,0)) +
11.#图3-3-1(b)所示图形的核心绘制代码
12.ggplot(data = pq_data, mapping = aes(sample = normal_data)) +
13.    stat_qq_band(fill="gray80") +
14.    stat_qq_line(color="red") +
15.    stat_qq_point(color="#0874C0",size=3,alpha=0.5) +
16.    labs(x = "Theoretical Quantiles", y = "Sample Quantiles") +
17.#图3-3-1(c)所示图形的核心绘制代码
18.ggplot(data = pq_data, mapping = aes(sample = normal_data)) +
19.    stat_pp_band(fill="gray80") +
20.    stat_pp_line(color="red") +
21.    stat_pp_point(color="#0874C0",size=2,alpha=0.5) +
22.    labs(x = "Probability Points", y = "Cumulative Probability") +
```

3.4 经验分布函数图

在统计学中，经验分布函数也被称为经验累积分布函数（Empirical Cumulative Distribution Function，ECDF）。经验分布函数是一个与样本的检验测度相关的分布函数。对于被测变量的某个值，该值的分布函数值表示所有检验样本中小于或等于该值的样本的比例。经验分布函数图用来检验样本数据是否符合某种预期分布。图 3-4-1 所示为原始数据直方图（双峰正态分布直方图）和对应经验分布函数图（分别使用 ggplot2 和 ggpubr 包绘制）。

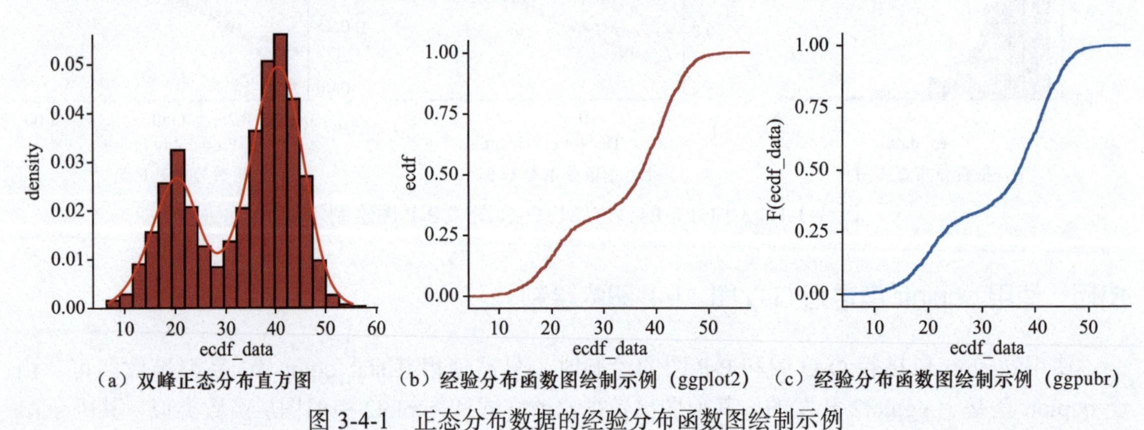

（a）双峰正态分布直方图　（b）经验分布函数图绘制示例（ggplot2）　（c）经验分布函数图绘制示例（ggpubr）

图 3-4-1　正态分布数据的经验分布函数图绘制示例

技巧：经验分布函数图的绘制

使用 ggplot2 包中的 stat_ecdf() 函数并设置 geom 参数值为 "step"，即可快速绘制经验分布函数图。而使用 ggpubr 包中的 ggecdf() 函数，通过选定对应参数值也可较快绘制经验分布函数图。

图 3-4-1（a）、图 3-4-1（b）所示图形的核心绘制代码如下。

```
1. library(tidyverse)
2. library(readxl)
3. library(ggpubr)
4. #读取绘图数据
5. ecdf_data <- readxl::read_xlsx("ecdf_data.xlsx")
6. #图3-4-1(a)所示图形的核心绘制代码
7. ggplot(data = ecdf_data,aes(x=ecdf_data,y = after_stat(density))) +
8.   geom_histogram(colour="black",fill="#CC544D",bins = 20) +
9.   geom_density(color="red",linewidth=1) +
10.  scale_y_continuous(expand = c(0,0)) +
11.#图3-4-1(b)所示图形的核心绘制代码
12.ggplot(data = ecdf_data,aes(x = ecdf_data)) +
13.  stat_ecdf(geom = "step",color="#CC544D",linewidth=1) +
```

3.5 本章小结

本章详细介绍了科研论文绘图中常见的单变量图形的含义和绘制方法，首先介绍了基于连续变量的单变量图形及每种图形的含义；其次，使用 R 语言中常用绘图工具包 ggplot2，拓展绘图工具包 ggpubr、qqplotr 以及统计分析绘图包 ggstatsplot，分别绘制了相应单变量图形，帮助读者更好地利用 3 种绘图工具包进行不同单变量图形的绘制。需要注意的是，本章只介绍了常见的单变量图形，这些图形较常使用在样本数据的预处理过程中，用于观察样本数据的分布情况，其他（如特定学科或特定研究处理结果等中的）单变量图形则不涉及，有需求的读者可自行探索。

第 4 章　双变量图形的绘制

双变量图形的绘制是指使用样本数据集中的某两个特征变量进行相关图形的绘制。与单变量图形只关注单组数据的规律和特点不同，双变量图形可用于发掘样本数据集中不同特征变量间的关系，继而对比分析样本数据集变量间的规律。实际上，在科研论文插图的绘制过程中，双变量图形一直是较为常见且涉及领域较广的一种统计图形。

常见的数据变量可分为定量变量（quantitative variable）和类别变量（categorical variable），定量变量又可分为离散变量（discrete variable）和连续变量（continuous variable）。类别变量包含有限的类别数或可区分组数，如性别、材料类型和目标种类等。离散变量是指任意两个值之间具有可计数值的数值变量，如某一研究指标的变量数等，此外，离散变量还可以细分为离散数值变量和离散类别变量；连续变量是指任意两个值之间具有无限个值的数值变量，可以为数值变量或时间 / 日期变量。双变量图形可根据绘制数据的变量类型分为两大类，一类是以类别变量为一个变量数值，以离散变量或连续变量为另一个变量数值的图形，如箱线图（box plot）、小提琴图（violin plot）、点图（dot plot）、柱形图（column plot）以及误差图（error plot）；另一类是都以连续变量作为图形变量数值的图形，如散点图（scatter plot）。

除介绍每种双变量图形的含义、绘制方法和具体使用场景以外，本章还会对双变量图形进行拓展，如添加必要的统计指标和进行多种图形（如单变量图形和双变量图形）的组合等。在 R 语言中，绘制双变量图形的关键是将绘图数据集中的变量（连续变量或者离散变量）数值正确地映射到绘图坐标轴的正确属性（如位置属性 x/y、颜色属性 fill 或 color 等）上。本章绘制的图形主要以 R 语言中的 ggplot2 包及其拓展可视化工具包绘制的结果样式为主。

4.1 绘制离散变量和连续变量

双变量图形在科研论文中较为常见，通常情况下，双变量图形的横、纵轴映射数据可设置为类别变量、离散变量或连续变量，即横轴设置为类别变量、纵轴设置为定量变量，或者横轴设置为定量变量、纵轴设置为类别变量。

4.1.1 误差线

1. 介绍

作为统计图形的一种功能增强图层的属性，严格来说，误差线（error bar）不是一种图形类型，但它在通过柱形图（条形图）、折线图、点图等图形显示数据变化时，提供了额外的统计图层细节属性，在统计学方面有重要意义。误差线主要用于显示数据估计误差或数据本身计算的不确定性，以便用户了解数据测量的精确度。通常情况下，误差线以“工”字形状标记数据点，主要用于显示数据集的标准差、标准误差（Standard Error，SE）、置信区间（Confidence Interval，CI）、最小值（min）、最大值（max）和自定义函数数值等。

2. 绘制方法

误差线的具体绘制方法：在数据点的中心位置或柱形图（条形图）的边缘位置，向外延伸并绘制线。误差线的实际长度表示数据点的不确定性，即较短的误差线表示数据较为集中，平均值更加准确；较长的误差线则表示数据较为分散。误差线总是平行于坐标轴的轴线，即垂直或水平显示。当两个绘图变量都为数值类型时，我们可在数据点上绘制横、纵两条误差线。我们经常将误差线与折线图、柱形图、箱线图、小提琴图等统计图形一起使用。图 4-1-1 所示为使用 R 语言基础绘图工具包 ggplot2 绘制的误差线示例，其中，图 4-1-1（a）所示为基本的误差线样式，图 4-1-1（b）所示为在柱形图上添加纵向误差线样式。

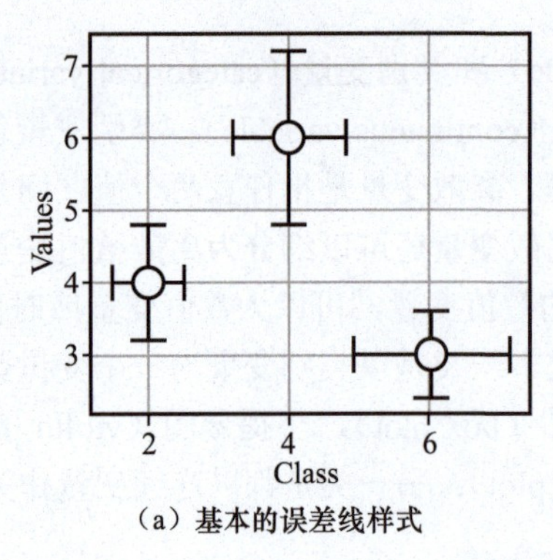

（a）基本的误差线样式

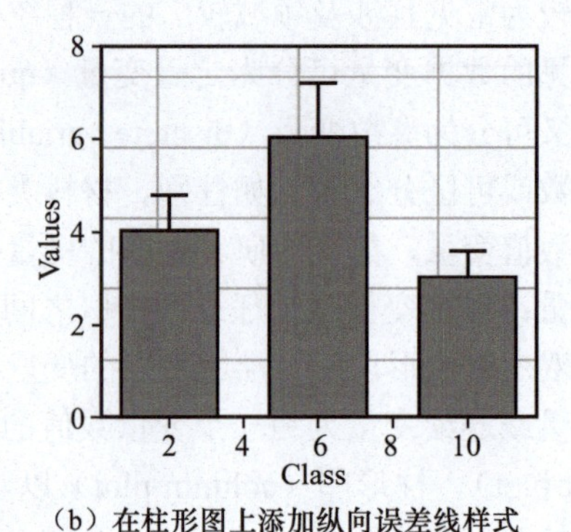

（b）在柱形图上添加纵向误差线样式

图 4-1-1　误差线绘制示例

技巧：误差线的绘制

我们可使用 ggplot2 包中的 geom_errorbar() 和 geom_errorbarh() 函数分别绘制纵、横方向上的误差线。需要指出的是，在 geom_errorbar() 和 geom_errorbarh() 函数中进行数值映射时，需要对应加、减具体的误差数值，即正确设置 xmin、xmax、ymin 和 ymax 参数值。图 4-1-1 所示图形的核心绘制代码如下。

```
1. library(tidyverse)
2. #构建绘图数据集
3. error_data = tibble(x = c(2, 4, 6),
4.                      y =c(4, 6, 3),
5.                      xerr =c(0.5,0.8,1.1),
6.                      yerr =c(0.8, 1.2, 0.6))
7. #图4-1-1(a)所示图形的核心绘制代码
8. ggplot(data = error_data,aes(x = x,y=y)) +
9.   geom_errorbar(aes(ymin = y-yerr, ymax = y+yerr),width = 0.5,
10.                linewidth=1) +
11.  geom_errorbarh(aes(xmin = x-xerr,xmax = x+xerr),height=0.5,
12.                linewidth=1) +
13.  geom_point(size=8,shape=21,fill="white",stroke=1) +
14.  labs(x="Class",y="Values") +
15.  theme_bw() +
16.#图4-1-1(b)所示图形的核心绘制代码
17.ggplot(data = error_data) +
18.  geom_errorbar(aes(x = x,y=y,ymin = y-yerr, ymax = y+yerr),
19.                width = 0.5,linewidth=1) +
20.  geom_bar(aes(x=x,y = y),fill="gray50",color="black",
21.           linewidth=0.8,width = 1.3,stat="identity") +
22.  scale_y_continuous(expand = c(0, 0),limits = c(0, 8)) +
23.  labs(x="Class",y="Values") +
24.  theme_bw() +
```

提示：在科研论文绘图过程中，绘制误差线所需的数据多为多组绘图数据（实验、测量、检测数据等）的平均值或标准误差，具体绘图数据需要根据实际情况进行计算并获取。

3. 使用场景

在物理、化学、农学、临床医学、生物学和测量学等学科中，在对某一研究目标进行测量或观察时，每一次测量都不可避免地会产生误差，为此，可进行多次测量，用测量值的平均值表示测量的数据值，用误差线表示多次测量数据的标准偏差或置信区间等，以此结果进行统计图形的绘制更具解释性。理论上，误差线适用于所有研究目标涉及多次计算、测试等步骤的科学研究。

4.1.2 点图

1. 点图绘制方法

点图是一种统计图形，它使用点的个数来表示数据集类别或组内计数情况。点图中定位数据点位置的 x、y 的值可以是连续变量或离散变量。当将类别变量作为横轴（X 轴）的数值时，纵轴（Y 轴）方向上点的个数等于该类别的项目总数。点图只适用于中小型数据集（$N \leqslant 20$，N 为数据个数），当处理的数据量较大（$N > 20$）时，我们可使用避免数据重叠的图进行替换。点图可以有效显示样本数据的“形状”和分布情况，特别适用于“频率分布”。“频率分布”表示数据集中的值的出现频率。图 4-1-2 所示为使用 ggplot2 包中的 geom_dotplot() 函数绘制的不同颜色的点图示例。

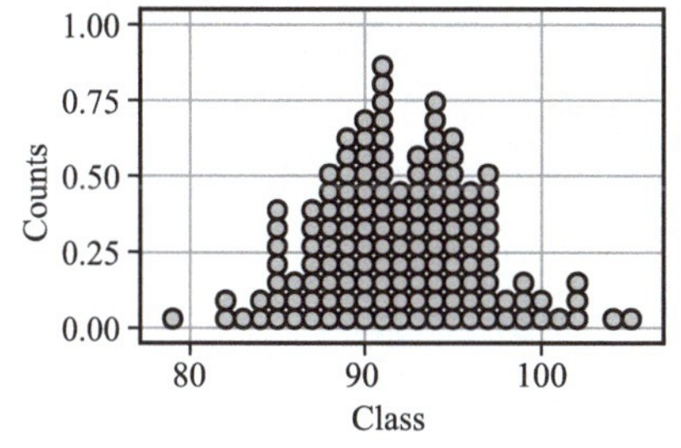

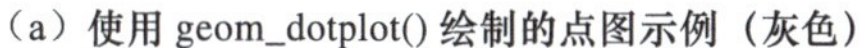
（a）使用 geom_dotplot() 绘制的点图示例（灰色）

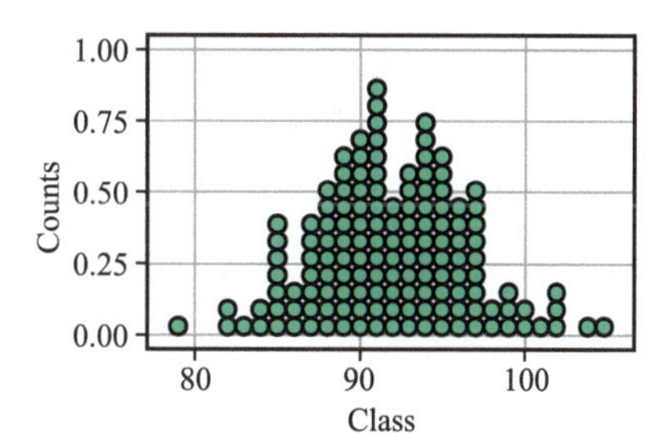

（b）使用 geom_dotplot() 绘制的点图示例（彩色）

图 4-1-2　点图绘制示例

技巧：点图的绘制

在 R 语言中，我们可使用 ggplot2 包中的 geom_dotplot() 函数绘制点图。需要注意的是，我们需要将 geom_dotplot() 函数中的参数 method 设置为 'histodot'，将参数 binwidth 设置为 1。图 4-1-2（b）所示图形的核心绘制代码如下。

```
1. library(tidyverse)
2. #构建绘图数据集
3. dot_data <- tibble(x = c(79, 80, 81, 82, 83, 84, 85, 86,
4. 87, 88, 89, 90, 91, 92, 93, 94, 95, 96, 97, 98, 99, 100,
5. 101, 102, 103, 104, 105),
6. y = c(1, 0, 0, 2, 1, 2, 7, 3, 7, 9, 11, 12, 15, 8, 10, 13, 11, 8, 9, 2, 3, 2, 1,
   3, 0, 1, 1))
7. dot_data <- tidyr::uncount(dot_data, y)
8. ggplot(data = dot_data) +
9.   geom_dotplot(aes(x = x),method = 'histodot', binwidth = 1,
10.               fill="#2FBE8F",stroke = 1) +
11.  labs(x="Class",y="Counts") +
12.  theme_bw() +
```

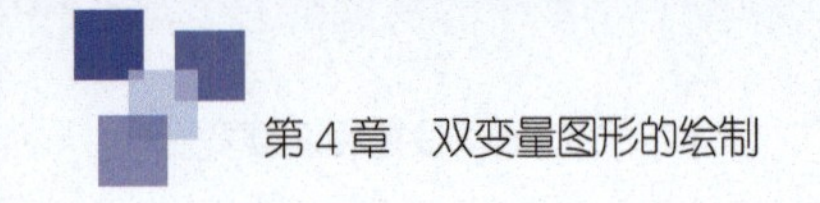

2. 使用场景

在面对小样本数据集时，虽然柱形图能够较好地展示分类样本数据的频次，但对于数据的个数和“形状”却无法较好地进行表示，点图则可以有效展示分类样本数据的频次、具体样本数据的个数和数据“形状”等信息。在研究数据的预处理阶段，点图用于突出显示数据集中不同簇之间的对比关系。

4.1.3 克利夫兰点图、“棒棒糖”图

1. 介绍

作为点图的另一种形式，克利夫兰点图（Cleveland dot plot，又称为滑珠散点图）中的每个数据点都属于一个数据类别。虽然类似于水平条形图，但克利夫兰点图不使用长度来编码数据值，而是使用每个类别关联值处的点，因此，它不需要从坐标轴的“0”位置开始，这样就使它能更清晰地表现数据对比情况，读者也更容易理解图的含义。在克利夫兰点图中的点的位置和坐标轴起始位置之间添加一条连接线，则可绘制出“棒棒糖”图（lollipop chart）。

2. 绘制方法

在 R 语言中，使用 ggplot2 绘图工具包中的 geom_point() 函数并设置正确的绘图数据映射参数即可绘制出克利夫兰点图。使用 ggplot2 包中的 geom_segment() 函数设置线段起始、结束位置的映射数据即可绘制出“棒棒糖”图的连接线。需要注意的是，在进行多组克利夫兰点图或者“棒棒糖”图的绘制时，需要对绘图数据进行必要的数据处理。图 4-1-3 所示为克利夫兰点图绘制示例。

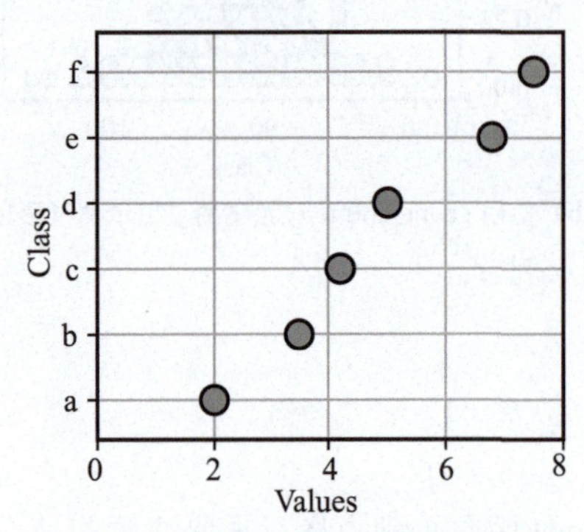

（a）使用 ggplot2 绘制的单组克利夫兰点图

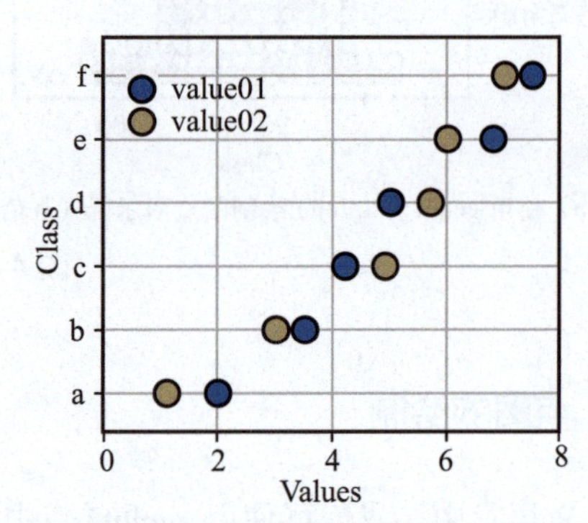

（b）使用 ggplot2 绘制的多组克利夫兰点图

图 4-1-3　克利夫兰点图绘制示例

技巧：克利夫兰点图、“棒棒糖”图的绘制

使用 ggplot2 包中的 geom_point() 函数绘制单组克利夫兰点图较为简单，但在绘制涉及多组数据的克利夫兰点图时，则需要对绘图数据进行必要的数据处理，方便选择类别变量进行数据映射（注：如果绘图数据原本就符合绘图需求，则无须处理）。使用 tidyr 包中的 pivot_longer() 函数并设置合理的 cols 参数值即可完成数据处理。图 4-1-3（b）所示图形的核心绘制代码如下。

```
1. library(tidyverse)
2. library(ggprism)
3. #构建绘图数据集
4. clev_data02 = tibble(labels = c('a','b','c','d','e',"f"),
```

```
5.                            value01 =c(2,3.5,4.2,5,6.8,7.5),
6.                            value02 =c(1.1,3,4.9,5.7,6,7))
7. #数据转换
8. clev_data02_long = clev_data02 %>%
9.    pivot_longer(cols = starts_with("value"),names_to = "type",
10.                values_to = "values")
11.ggplot(data = clev_data02_long) +
12.   geom_point(aes(x = values, y= labels,fill=type),shape=21,size=6.5) +
13.   labs(x="Values",y="Class") +
14.   scale_x_continuous(expand = c(0, 0),limits = c(0, 8)) +
15.   ggprism::scale_fill_prism(palette = "waves") +
```

我们使用ggplot2的geom_segment()函数绘制“棒棒糖”图的连接线，并使用ggplot2的geom_point()函数绘制“棒棒糖”的点。“棒棒糖”图通常为纵向的［见图4-1-4（b），通过ggplot2中的coord_flip()函数进行设置］，特别是针对多组数据且每组具有两个变量值时。图4-1-4所示为利用ggplot2绘制的横向、纵向和多组“棒棒糖”图（又称“哑铃”图，dumbbell plot）示例。

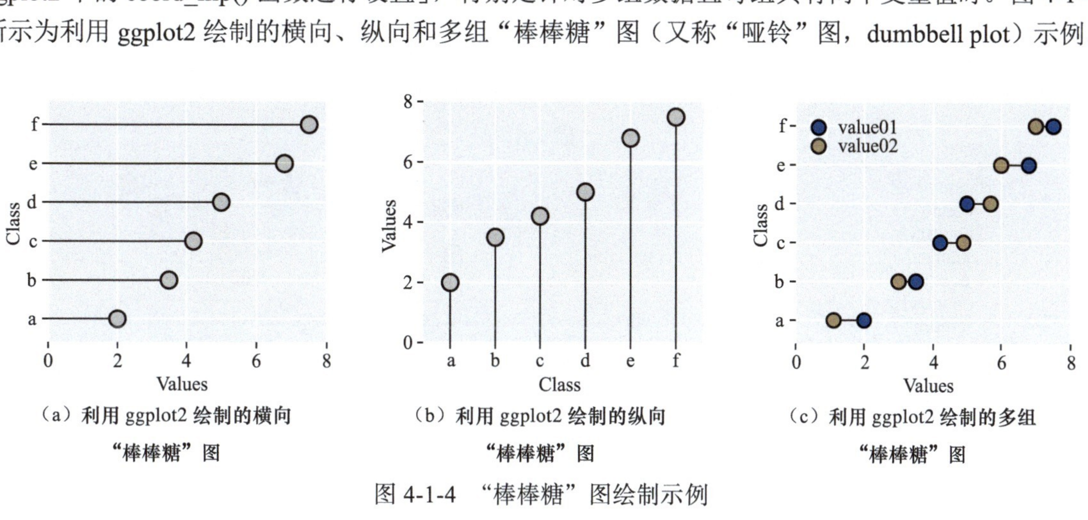

（a）利用ggplot2绘制的横向“棒棒糖”图

（b）利用ggplot2绘制的纵向“棒棒糖”图

（c）利用ggplot2绘制的多组“棒棒糖”图

图4-1-4 “棒棒糖”图绘制示例

图4-1-4（b）和图4-1-4（c）所示图形的核心绘制代码如下。

```
1. library(tidyverse)
2. #构建绘图数据集
3. loll_data01 = tibble(labels = c('a','b','c','d','e',"f"),
4.                            values =c(2,3.5,4.2,5,6.8,7.5))
5. #图4-1-4(b)所示图形的核心绘制代码
6. ggplot(data = clev_data01) +
7.    geom_segment(aes(x = 00, xend=values,y=labels,yend=labels)) +
8.    geom_point(aes(x = values, y= labels),shape=21,fill="gray60",
9.               size = 7) +
10.   labs(x="Values",y="Class") +
11.   scale_x_continuous(expand = c(0, 0),limits = c(0, 8)) +
12.   #转换横纵轴
13.   coord_flip()
14.#构建绘图数据集
15.clev_data02 = tibble(labels = c('a','b','c','d','e',"f"),
16.                           value01 =c(2,3.5,4.2,5,6.8,7.5),
17.                           value02 =c(1.1,3,4.9,5.7,6,7))
18.#数据转换
19.clev_data02_long = clev_data02 %>%
20.   pivot_longer(cols = starts_with("value"),names_to = "type",
21.               values_to = "values")
22.#图4-1-4(c)所示图形的核心绘制代码
23.ggplot() +
```

```
24.   geom_segment(data = clev_data02,aes(x = value01,xend=value02,
25.                                   y=labels,yend=labels)) +
26.   geom_point(data = clev_data02_long,aes(x = values, y=labels,
27.                  fill=type),shape=21,size = 6) +
28.   labs(x="Values",y="Class") +
29.   scale_x_continuous(expand = c(0, 0),limits = c(0, 8)) +
30.   ggprism::scale_fill_prism(palette = "waves") +
```

提示：在绘制多组“棒棒糖”图的不同图层时，所使用的数据集是不同的，特别是绘制“棒棒糖”图的连接线图层和分类点图层时。

在一些文科类专业的科研论文撰写中，“棒棒糖”图常用于展现同一监测目标在不同时间点的数据变化。文科类特有的论文配图主题样式和理工类的论文配图主题样式不同，其配图主题样式更加倾向于商业化风格。图 4-1-5 所示为构建虚拟数据绘制的文科类商务风格的“棒棒糖”图示例，此类配图在新闻专业的论文中较常使用。

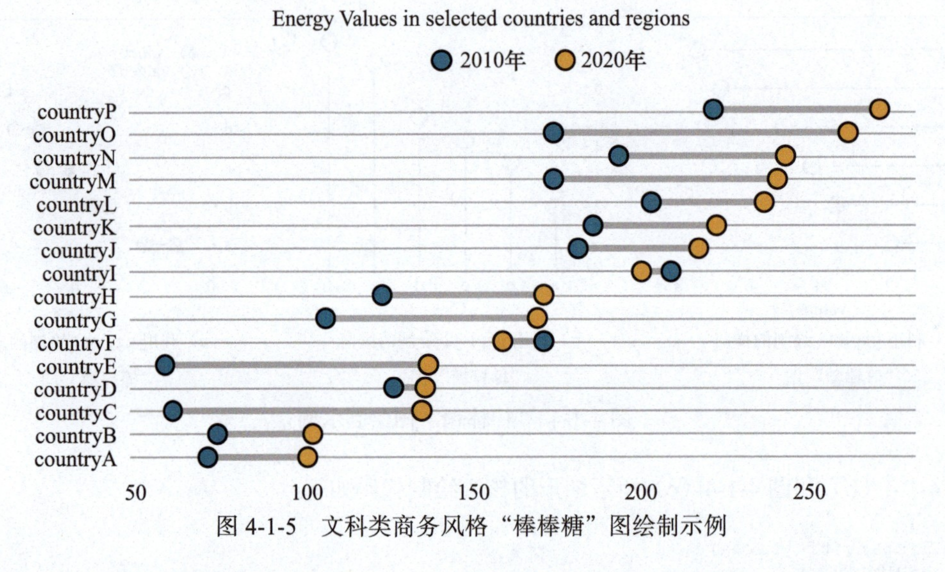

图 4-1-5　文科类商务风格“棒棒糖”图绘制示例

图 4-1-5 所示图形的绘制方法和图 4-1-4（c）所示图形的绘制方法相似，唯一不同的就是对类别数据的颜色映射以及文科类商务风格的设置。得益于 ggplot2 丰富的拓展工具包，我们可以使用 bbplot 包中 bbc_style() 函数一键式应用文科类商务风格。图 4-1-5 所示图形的核心绘制代码如下。

```
1. library(tidyverse)
2. #构建绘图数据
3. dat_wide = tibble::tribble(
4.   ~Country,    ~Y2010,    ~Y2020,
5.   'countryA',  71.5, 101.4,
6.   'countryB',  74.4, 102.9,
7.   'countryC',  60.9, 135.2,
8.   'countryD',   127, 136.2,
9.   'countryE',  58.5, 137.1,
10.  'countryF', 170.9, 158.8,
11.  'countryG', 106.8,   169,
12.  'countryH', 123.6, 170.9,
13.  'countryI', 208.5, 199.8,
14.  'countryJ',   181, 216.7,
15.  'countryK', 185.4,   222,
16.  'countryL', 202.7,   236,
```

```
17.  'countryM', 173.8, 239.9,
18.  'countryN', 193.1, 242.3,
19.  'countryO', 173.8, 260.6,
20.  'countryP', 221.1, 269.8)
21.#数据转换
22.dat_long = dat_wide %>%
23.  gather(key = 'Year', value = 'Energy_Value', Y2010:Y2020) %>%
24.  mutate(Year = str_replace(Year, 'Y', ''))
25.ggplot() +
26.  geom_segment(data = dat_wide, aes(x= Y2010, xend = Y2020,
27.                     y= Country,yend = Country),
28.                     linewidth = 1.5, colour = '#D0D0D0') +
29.  geom_point(data = dat_long,aes(x = Energy_Value,
30.              y= Country, fill = Year),shape=21,size = 5.5) +
31.  labs(title = 'Energy Values in selected countries \nand regions',
32.        x = NULL, y = NULL) +
33.  #自定义颜色
34.  scale_fill_manual(values = c("#1380A1", "#FAAB18")) +
35.  bbc_style() +
36.  theme(axis.text = element_text(size = 15),
37.        #显示更多刻度内容
38.        plot.margin = margin(10, 10, 10, 10))
```

提示：上述代码中使用了 tibble 包中的 tribble() 函数完成了数据框（data.frame）的构建，相较于传统的数据框构建方法，其更便于使用和理解。数据转换操作使用 tidyr 包中的 gather() 函数实现，注意其和 pivot_longer() 函数的使用方法。除使用 ggplot2 包中的函数完成“棒棒糖”图的绘制，还可以使用基于 ggplot2 开发的拓展绘图工具 ggalt 包中的 geom_lollipop() 和 geom_dumbbell() 函数完成相应图形的绘制。

3. 使用场景

从本质上来说，克利夫兰点图和“棒棒糖”图都使用点、线展示单系列、多系列数据的频次、分布等情况。克利夫兰点图强调数据的排序展示和体现数据之间的差距，可用于展示不同组实验数据在时间尺度上的对比分析结果。在生存分析和可靠性分析中，测试对象的开始（有效）和结束（失效）时间点的对比展示，涉及的数据集不宜过多。“棒棒糖”图被用来展现测试数据个数和频次。单系列数据的“棒棒糖”图突出展现类别数据的个数，适合数据较多的研究任务；多系列数据的“棒棒糖”图则突出展现同一组数据不同时间点的数值情况或同一时间段内两个目标研究变量的相对位置，常用于比较两个类别的数据值差异，文史类、理工类相关学科有以上数据展示需求时，都可以使用此类统计图形。

4.1.4 类别折线图

1. 介绍和绘制方法

类别折线图就是使用类别数据绘制的折线图。类别折线图的 X 轴为类别变量，具体为有限的类别数或可分组数；Y 轴为对应类别的具体数据值。类别折线图主要使用点 - 线的形式体现不同类别数据的估计和置信区间。其中，带数据点的类别折线图表示对类别变量数值集中趋势的估计，并使用误差线表示每组数据的不确定性。图 4-1-6 所示为使用 R 语言绘图工具包 ggpubr 中的 ggline() 函数绘制的基本类别折线图和添加不同误差线样式的类别折线图示例。

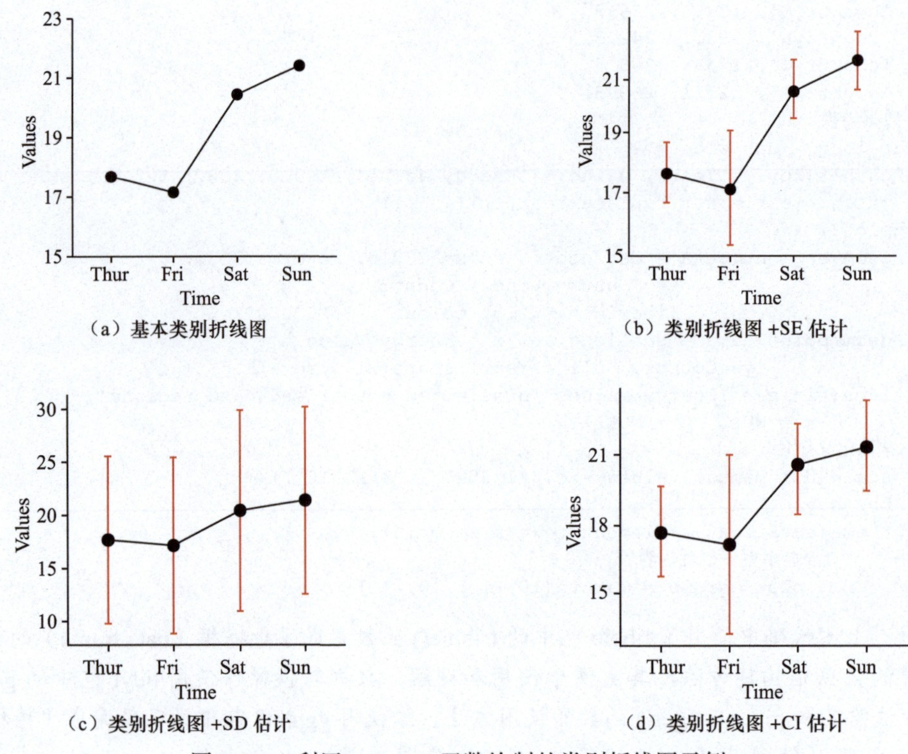

图 4-1-6　利用 ggline () 函数绘制的类别折线图示例

技巧：使用 ggpubr 绘制类别折线图

在绘制类别折线图时，使用的数值类绘图数据为每组数据的平均值，使用 ggpubr 包中的 ggline() 函数，选择合适的 x、y 参数值并设置 add 参数值为“mean”，即可绘制以 Y 轴坐标表示平均值、X 轴坐标表示类别变量的类别折线图。add 参数用于在已有的数据图层之上添加一些统计图层，如 SE、SD、CI 估计误差线。需要注意的是，在 ggline() 函数中还有 order 参数，用于控制类别变量轴的向量顺序，无须再进行向量顺序更改等数据预处理操作，这在需要指定向量顺序的绘图需求中可大大减少绘图工作量。图 4-1-6 所示图形的核心绘制代码如下。

```
1. library(tidyverse)
2. library(readxl)
3. #读取绘图数据
4. tips <- read_excel("第4章 双变量图形的绘制  ¥¥ tips.xlsx")
5. order <- c("Thur","Fri","Sat","Sun")
6. #图4-1-6(a)所示图形的核心绘制代码
7. ggpubr::ggline(data=tips,x="day", y="total_bill",order = order,
8.        size=1,point.size = 3,xlab="Time",ylab="Values",add = "mean") +
9. #图4-1-6(b)所示图形的核心绘制代码
10.ggpubr::ggline(data=tips,x="day", y="total_bill",order = order,
11.              size=0.8,point.size = 3,xlab="Time",ylab="Values",
12.              add = "mean_se",add.params=list(color="red")) +
13.#图4-1-6(c)所示图形的核心绘制代码
14.ggpubr::ggline(data=tips,x="day", y="total_bill",order = order,
15.              size=0.8,point.size = 3,xlab="Time",ylab="Values",
16.              add = "mean_sd",add.params=list(color="red")) +
17.#图4-1-6(d)所示图形的核心绘制代码
```

```
18.ggpubr::ggline(data=tips,x="day", y="total_bill",order = order,
19.               size=0.8,point.size = 3,xlab="Time",ylab="Values",
20.               add = "mean_ci",add.params=list(color="red")) +
```

提示： R 语言中的 ggpubr 包中的多个绘图函数（包括 ggline() 函数）都包含 add 参数，用于灵活绘制各种统计图层，如不同估计方法的误差线图层。在 Python 语言中，统计分析绘图包 seaborn 中的大部分绘图函数中的 estimator 和 errorbar 参数也有类似的功能。

除使用 ggpubr 中的 ggline() 函数快捷绘制类别折线图，使用基本绘图工具包 ggplot2 中的部分函数也是可以绘制出图 4-1-6 所示的可视化效果的。需要指出的是，在使用 ggplot2 绘制之前需要对绘图数据进行必要的统计计算，使用 R 语言统计分析包 rstatix 中的 get_summary_stats() 函数就可以计算出绘图所需要的绘图数据。图 4-1-7 所示为使用 ggplot2 绘制的类别折线图示例，详细绘制方法可参考 4.2.1 小节，详细绘制代码参考本书附带资料。

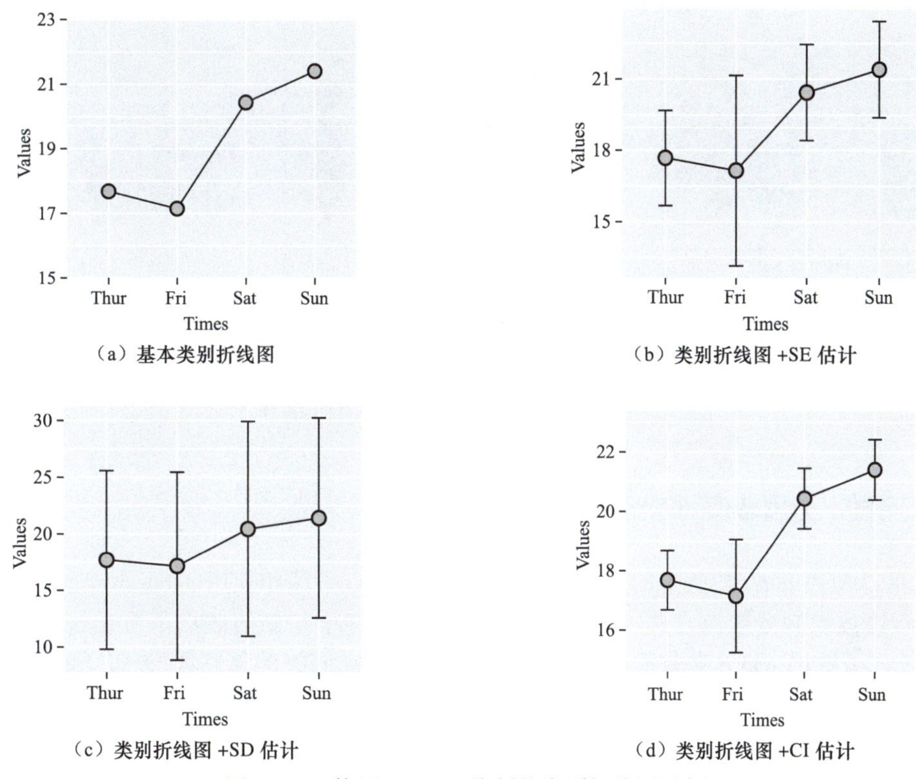

图 4-1-7　使用 ggplot2 绘制的类别折线图示例

2. 使用场景

类别折线图主要用于针对多组数据或多类别数据的科研绘图。例如，在比较多组实验或测试数据不同值（平均值、中位数等）的分布情况时，使用类别折线图不仅能够展示样本数据中单组数据的分布情况，还能够体现不同组数据间的对比关系。

4.1.5 点带图、分簇散点图系列

1. 介绍

点带图（strip plot）又称单值图（individual value plot）或单轴散点图（single-axis scatter plot），

用于可视化多个单独一维数据值的分布情况。点带图将每组数据值在坐标系中绘制成沿着单一轴排列的散点，具有相同数值的散点可以重叠绘制，也可以通过设置散点透明度（alpha）、颜色（color）和抖动（jitter）参数等方式来避免出现散点重叠问题。通常，我们会并排绘制多组数据的点带图，用于比较一组数据值的分布情况以及和不同数据组之间的数值分布差异。

2. 绘制方法

在具有大样本数据的情况下，即使设置 jitter 参数，还是会造成点带图中部分数据点重叠的问题。想要绘制完全不重叠的点，可使用分簇散点图（swarm plot）。分簇散点图在绘制数据点时会自动调整点的位置，以避免重叠。需要注意的是，点带图和分簇散点图都不适用于较多数据的绘制。此外，这两种图形都可以添加相应的统计图层，用于展示更多的数据信息。图 4-1-8（a）、图 4-1-8（b）所示为不同的点带图绘制示例，图 4-1-8（c）所示为使用 ggbeeswarm 包绘制的对应分簇散点图。

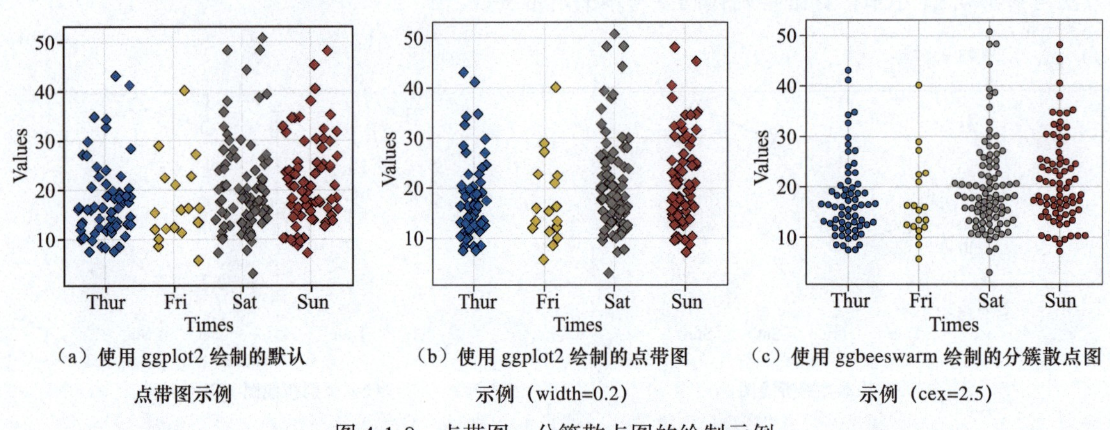

（a）使用 ggplot2 绘制的默认点带图示例

（b）使用 ggplot2 绘制的点带图示例（width=0.2）

（c）使用 ggbeeswarm 绘制的分簇散点图示例（cex=2.5）

图 4-1-8　点带图、分簇散点图的绘制示例

技巧：点带图、分簇散点图的绘制

我们可以使用 ggplot2 包中的 geom_jitter() 函数绘制点带图和使用 ggbeeswarm 包中的 geom_beeswarm() 函数绘制分簇散点图。上述两个函数的差别在于绘制的散点是否有重叠。可以通过 geom_jitter() 函数的 width 参数和 shape 参数来设置数据点的抖动属性和形状，通过修改 geom_beeswarm() 函数中的 cex 参数值来增加数据点间的距离。图 4-1-8 所示图形的核心绘制代码如下。

```
1. library(tidyverse)
2. library(ggbeeswarm)
3. library(readxl)
4. library(ggsci)
5. #读取绘图数据
6. tips <- read_excel("第4章 双变量图形的绘制 \\tips.xlsx")
7. #数据处理：修改变量顺序
8. tips$day <- factor(tips$day,levels=c("Thur","Fri","Sat","Sun"))
9. #图4-1-8(a)所示图形的核心绘制代码
10.ggplot(data = tips) +
11.  geom_jitter(aes(x = day,y=total_bill,fill=day),shape=23,
12.                size=3,stroke = 0.5) +
13.  ggsci::scale_fill_jco() +
14.#图4-1-8(b)所示图形的核心绘制代码
15.ggplot(data = tips) +
16.  geom_jitter(aes(x = day,y=total_bill,fill=day),shape=23,
```

```
17.                size=3,stroke = 0.5,width = 0.2) +
18.   ggsci::scale_fill_jco() +
19.#图4-1-8(c)所示图形的核心绘制代码
20.ggplot(data = tips) +
21.   ggbeeswarm::geom_beeswarm(aes(x =day,y=total_bill,fill=day),
22.                        shape=21,size=2,cex = 2.5,stroke = 0.5) +
23.   ggsci::scale_fill_jco() +
```

提示：用于绘制点带图和分簇散点图的数据集（如多组、多条件下的实验数据集）的规模一般不会太大。在面对数据集规模较大的情况时，我们可使用箱线图和小提琴图等替代点带图与分簇散点图，以便查看数据集中数据值的分布状况。

除简单的数据层面上的图层绘制，还可以对数据进行统计分析，将结果用于添加统计图层。可以使用 ggplot2 包中的 stat_summary() 函数并设置合适的 fun.data、color 等参数，用于添加不同包含统计指标的数据图层。对于常见的用于表示每组数据均值的横线，除了使用 stat_summary() 函数并设置特殊的 geom 图层参数绘制外，还可以使用 ungeviz 包中的 geom_hpline() 函数绘制。图 4-1-9(a)、图 4-1-9（b）所示为使用 ggplot2 包中的 stat_summary() 函数绘制的不同带统计图层点带图，4-1-9（c）所示则为使用 geom_hpline() 函数绘制的均值横线。

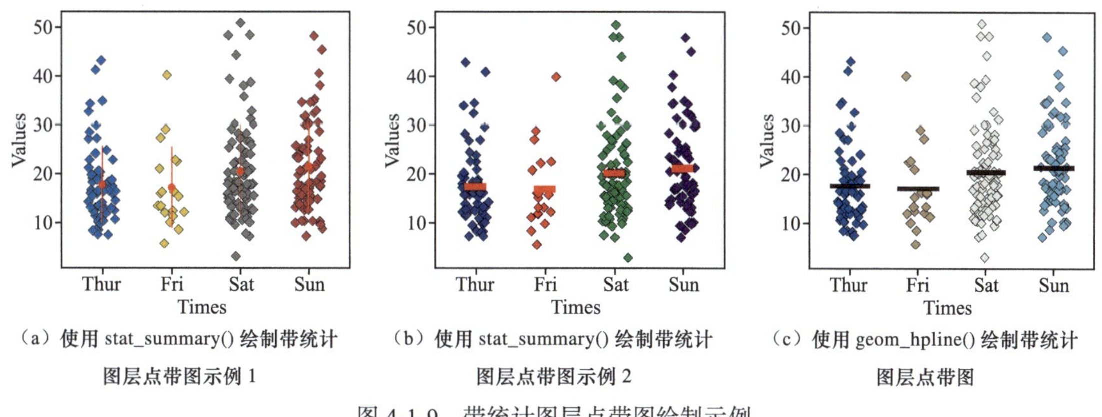

（a）使用 stat_summary() 绘制带统计图层点带图示例 1　（b）使用 stat_summary() 绘制带统计图层点带图示例 2　（c）使用 geom_hpline() 绘制带统计图层点带图

图 4-1-9　带统计图层点带图绘制示例

技巧：带统计图层点带图的绘制

在 ggplot2 包中，用于统计图层绘制的函数主要为 stat_summary() 函数，该函数主要通过设置不同的 fun.data 参数、geom 参数将不同统计指标以不同样式添加在已有图层之上。设置参数 fun.data 的值为 "mean_sdl"，就可以绘制标准偏差误差线，geom 参数为默认的 "pointrange" 样式；设置 fun.data 参数为 "mean_se"、geom 参数为 "point"、shape 参数为 "-" 就可以绘制图 4-1-9（b）所示图形。设置 geom_hpline() 函数中的 stat、width 和 size 参数就可以绘制 4-1-9（c）所示图形，图 4-1-9 所示图形的核心绘制代码如下。

```
1. #图4-1-9(a)所示图形的核心绘制代码
2. geom_jitter(aes(fill=day),shape=23,size=3,stroke = 0.3,width = 0.2) +
3.    #添加统计图层
4.    stat_summary(fun.data="mean_sdl",  fun.args = list(mult=1),
5.                 color = "red",geom="pointrange") +
6. #图4-1-9(b)所示图形的核心绘制代码
```

```
7. geom_jitter(aes(fill=day),shape=23,size=3,stroke = 0.3,width = 0.2) +
8.   #添加统计图层：均值横线
9.   stat_summary(fun.data="mean_se",  fun.args = list(mult=1),
10.                color = "red",geom='point',shape="-",size=25) +
11.#图4-1-9(c)所示图形的核心绘制代码
12.library(ungeviz)
13.ggplot(data = tips,aes(x = day,y=total_bill)) +
14.   geom_jitter(aes(fill=day),shape=23,size=3,stroke=0.3,width=0.2) +
15.   #添加统计图层：均值横线
16.   ungeviz::geom_hpline(stat = "summary", width = 0.6, size = 1.5)+
```

提示：ggplot2 包中涉及统计变换的函数相对较多，这些函数主要用于对多组数据进行统计分析，本书中多个涉及不同领域的统计图形绘制都是基于这些统计变换函数完成的，更多此类函数知识点可参考 2.2.2 小节。

多统计图层点带图是点带图系列中常见的一种图形，特别是在一些科研论文中，此类多统计图层的组合图形出现频率较高。图 4-1-10 所示多统计图层点带图绘制示例。

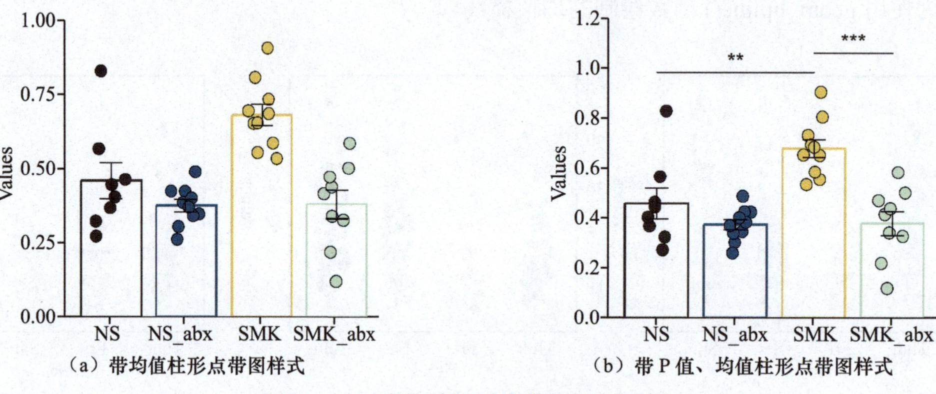

（a）带均值柱形点带图样式　　（b）带 P 值、均值柱形点带图样式

图 4-1-10　多统计图层点带图绘制示例

技巧：多统计图层点带图的绘制

在 ggplot2 绘图体系中，在点带图上添加其他图层的绘制操作相对简单，唯一的难点是如何在添加统计图层的 stat_summary() 函数中设置正确的参数以绘制所需要的图层。设置该函数中的 fun 参数值为 "mean"、geom 参数值为 "bar"，即可将多组数据的平均值作为柱形图绘制数值；设置 fun.data 参数值为 "mean_se"、geom 参数值为 "errorbar"，即可绘制“工”字形误差线。使用 R 语言中 ggsignif 包中的 geom_signif() 函数并选择要对比的 comparisons 参数变量值，即可快速计算不同组数据间的 P 值并添加对应图层。图 4-1-10（b）所示图形的核心绘制代码如下。

```
1. library(tidyverse)
2. library(readxl)
3. library(ggsignif)
4. strip_data_01 <- read_excel("第4章 双变量图形的绘制\\strip data 01.xlsx")
5. #数据处理
6. strip_01_long <- strip_data_01 %>%
7.   tidyr::pivot_longer(cols = everything(),names_to = "Type",
8.   values_to = "Values")
```

```
9. palette <- c("#323232","#1B6393","#FCD351","#C7E3CC")
10.ggplot(data = strip_01_long,aes(x = Type,y=Values)) +
11.#添加均值柱形图
12. stat_summary(aes(colour=Type),fun="mean",fill=NA,width=0.8,
13.              geom='bar',size=0.8) +
14. geom_jitter(aes(fill=Type),shape=21,size=4,stroke = 0.5,width = 0.2) +
15. #添加误差线
16. stat_summary(fun.data="mean_se",colour="black",width=0.3,
17.              geom='errorbar',size=0.5) +
18.  #添加P值
19. ggsignif::geom_signif(comparisons = list(c("NS", "SMK"),
20.                                          c("SMK", "SMK_abx")),
21.             map_signif_level = TRUE,textsize = 6,margin_top = 0.1,
22.             step_increase = 0.1,tip_length = 0.0) +
23.  scale_y_continuous(expand = c(0, 0),breaks = seq(0,1.2,0.2),
24.                     limits = c(0, 1.2)) +
25.  scale_fill_manual(values = palette) +
26.  scale_colour_manual(values = palette) +
```

提示：在R语言中有多个绘制工具包可以快速添加显著性P值，除上述案例中使用的ggsignif包，还有ggpubr包中的stat_pvalue_manual()函数、ggprism包中的add_pvalue()函数以及ggpval包中的add_pval()函数，以上几个拓展包都是基于ggplot2体系开发的，使用起来都非常方便。如果要单独进行P值添加，笔者建议读者首选ggsignif包中的geom_signif()函数，原因在于其具有丰富的函数参数，在绘制稍复杂的显著性P值样式时更加方便快捷。本书中多个涉及显著性P值绘制的统计图形都使用该函数绘制；如果涉及使用ggpubr包中的部分绘图函数进行绘图，笔者建议使用ggpubr包中的stat_pvalue_manual()函数进行P值添加。

以上介绍的几种点带图都是涉及数据较少、数据分类较少的，而科研论文中常出现的点带图不仅涉及多个分组数据，而且涉及数据存在一级分类和二级分类的情况，还需要添加更多的统计图层和统计指标（如显著性水平）。接下来这个案例将详细介绍此类复杂统计点带图的绘制方法。图4-1-11所示为基于多组多类别数据集绘制的带均值横线、带类别阴影、带临界值（一般为0值线）以及带显著性P值的复杂点带图示例。从图4-1-11中可以看出，图4-1-11（b）相对图4-1-11（a）而言，其添加类别阴影后更容易区分绘图数据类别；图4-1-11（c）则是在图4-1-11（b）的基础上添加了用于表明特定临界值（一般为正负值区分处）的横向虚线。

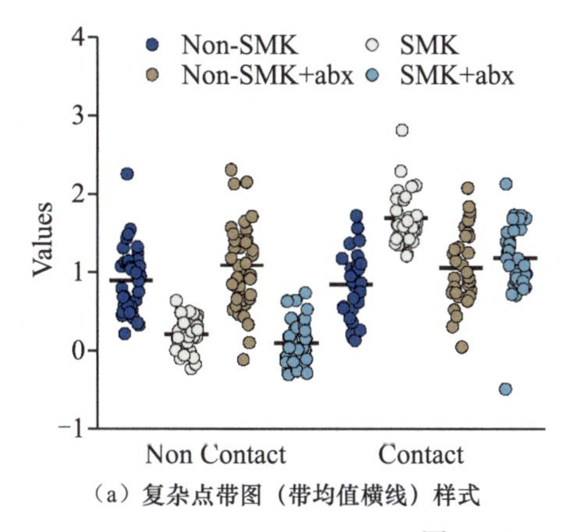

（a）复杂点带图（带均值横线）样式

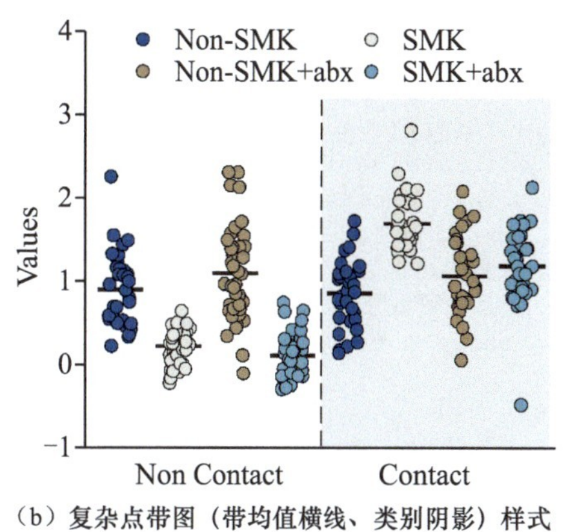

（b）复杂点带图（带均值横线、类别阴影）样式

图4-1-11 复杂点带图绘制示例

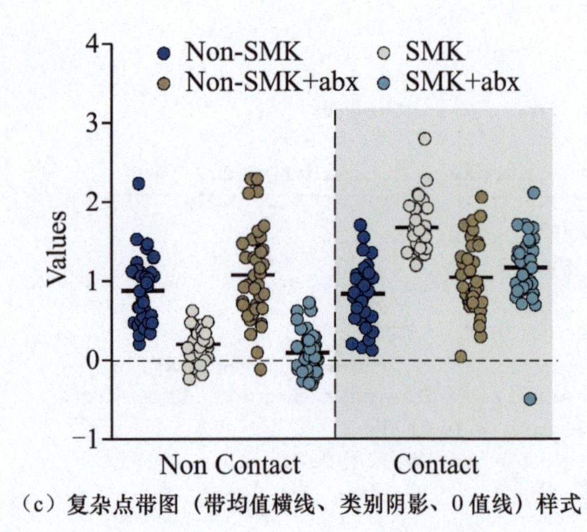

（c）复杂点带图（带均值横线、类别阴影、0 值线）样式

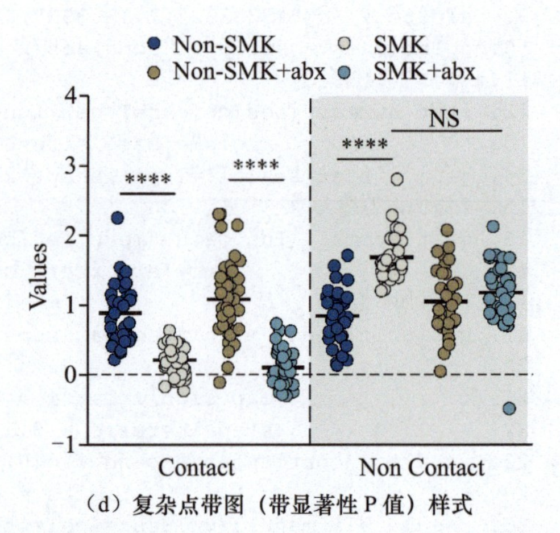

（d）复杂点带图（带显著性 P 值）样式

图 4-1-11　复杂点带图绘制示例（续）

技巧：复杂点带图的绘制

在使用较为复杂的数据进行带有统计图层的点带图绘制时，其重点和难点是绘图之前的数据预处理过程。在绘制图 4-1-11 所示的结果之前，可使用 R 语言中的 factor() 函数对绘图数据进行变量顺序修改，使每组数据按照规定顺序进行排列。使用 ggplot2 包中的 stat_summary() 函数并设置 geom 参数为 "crossbar"、fun 参数为 mean，绘制可灵活修改长度（width）和宽度（linewidth）的均值横线（注意和图 4-1-9 中均值横线绘图方法的区别）。由于横轴起到分类作用，使用 scale_x_discrete() 设置特定的刻度标签，并在主题函数 theme() 中设置 axis.ticks.x 参数值为 element_blank()，用于去除刻度，在 axis.text.x 参数值 element_text() 函数中设置水平平移参数值 hjust 为 0.3，用于调整刻度文本位置；使用 geom_rect() 和 geom_vline/hline() 函数分别绘制阴影区域和垂直、水平虚线；设置 guides() 函数中图例映射参数 fill 值为 guide_legend()，并设置 nrow 参数为 2，将图例设置成 2 行排列；使用 ggsignif 包中的 geom_signif() 函数并设置 y_position、xmin、xmax 和 annotation 等参数，用于绘制指定数组之间的显著性 P 值，需要指出的是，在添加显著性 P 值之前，需使用 rstatix 包中的 t_test() 函数对分组数据进行 T 检验处理以获取必要的 P 值结果。图 4-1-11（d）所示图形的核心绘制代码如下。

```
1. library(tidyverse)
2. library(readxl)
3. library(ggsignif)
4. library(rstatix)
5. strip_data_02 <- read_excel("第 4 章 双变量图形的绘制 \\strip charts_pro.xlsx")
6. #数据处理
7. #改变变量顺序
8. strip_data_02$variable <- factor(strip_data_02$variable,
9.                levels=c("NS_Smk","SMK_Smk","NS+abx_Smk","SMK+abx_Smk",
10.                        "NS_Cess","SMK_Cess","NS+abx_Cess","SMK+abx_Cess"))
11.#计算P值
12.strip_data_02 %>%
13.     group_by(group) %>%
14.     rstatix::t_test(
15.         value ~ type,
16.         p.adjust.method = "BH",
```

```
17.           var.equal = TRUE)
18.#可视化结果绘制
19.ggplot(data = strip_data_02,aes(x = variable,y=value)) +
20.   # 添加阴影区域
21.     geom_rect(aes(xmin=4.5,xmax=8.5,ymin=-1,ymax=4),fill="gray90")+
22.#添加垂直、水平虚线
23.     geom_vline(xintercept = 4.5,linetype="longdash",linewidth=0.6) +
24.     geom_hline(yintercept = 0,linetype="longdash",linewidth=0.4,alpha=0.8) +
25.   #添加均值横线
26.     stat_summary(geom = "crossbar",fun = mean,colour = "black",
27.         linewidth = 0.4, width = 0.8,show.legend = FALSE) +
28.     geom_jitter(aes(fill=type,group=group),shape=21,size=3,
29.                 stroke = 0.5,width = 0.2) +
30.      #添加显著性P值
31.      ggsignif::geom_signif(y_position = c(2.6, 2.8,3.1,3.5),
32.                            xmin = c(1, 3,5,6), xmax = c(2, 4,6,8),
33.                            annotation = c("****","****","****","NS"),
34.                            textsize = 5,tip_length = 0.0,
35.                            family = "times") +
36.     #图例设置成2行排列
37.     guides(fill = guide_legend(nrow = 2)) +
38.     scale_x_discrete(labels = c("","Contact","","","","Non_Contact",
39.                                "","")) +
```

提示： 在上述的代码中，使用了 rstatix 包中的 t_test() 函数将绘图数据各组之间的显著性 P 值计算出来，并在绘图过程中，直接通过设置 ggsignif 包中的 geom_signif() 函数的相关参数值，进行显著性 P 值图层的添加。rstatix 包中提供了多个统计分析常用的计算函数，读者掌握该包的使用方法后，可大大简化 R 语言统计指标的计算过程，特别是在面对多组数据的时候。

在使用 R 语言中的 ggplot2 绘制图形，且绘图数据划分为多组时，可使用 ggplot2 中的分面操作函数（facet_wrap()）根据分组变量进行多子图的绘制，这是 ggplot2 绘制具有多个分组数据常见的多子图绘制方法。图 4-1-12 所示为使用 facet_wrap() 函数绘制的复杂点带图示例，其中显著性 P 值的添加是使用 ggprism 包中的 add_pvalue() 函数结合特定分组 P 值样式实现的。

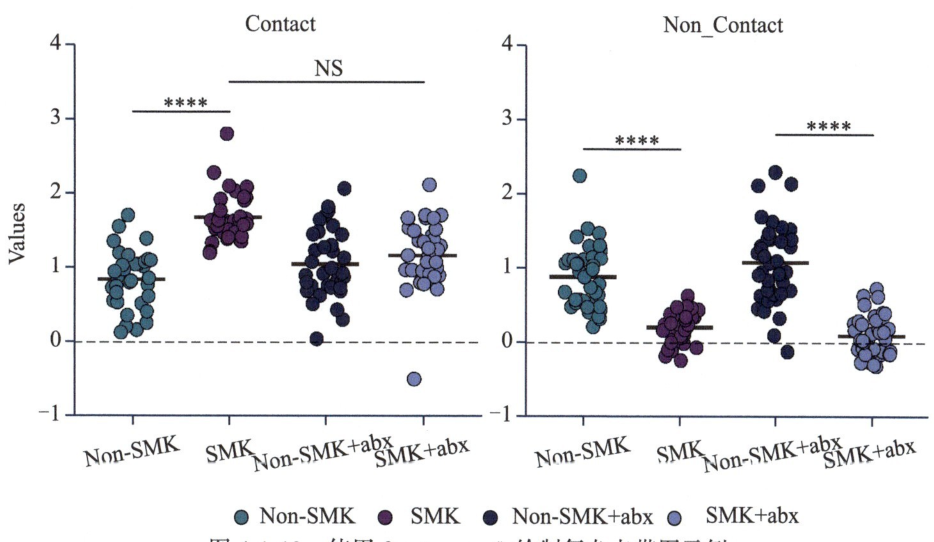

图 4-1-12 使用 facet_wrap() 绘制复杂点带图示例

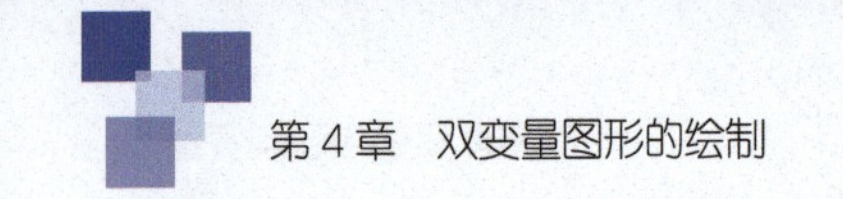

技巧：使用 facet_wrap() 完成复杂点带图的绘制

使用 ggplot2 包中的 facet_wrap() 函数进行多子图绘制的前提是，绘图数据中必须拥有可供 facet_wrap() 函数使用的分组变量。绘制图 4-1-12 所示复杂点带图时就有专门的分组变量 group（具体变量数值为 Contact 和 Non_Contact）用于区分不同子集。由于显著性 P 值的添加涉及分组数据的成对比较，使用 ggprism 包中的 add_pvalue() 函数，直接给定成对 P 值样式数据框（data.frame），操作起来更为便捷。需要注意的是，成对 P 值样式数据框的构建是根据 rstatix 包中 t_test() 函数计算的结果而实现的。图 4-1-12 所示图形的核心绘制代码如下。

```
1. ggplot(data = strip_data_02,aes(x = type,y=value)) +
2.     # 添加均值横线
3.     stat_summary(geom = "crossbar",fun = mean,colour = "black",
4.                  linewidth = 0.4, width = 0.7,show.legend = FALSE) +
5.     geom_jitter(aes(fill=type),shape=21,size=3.5,stroke = 0.5,
6.                 width = 0.2) +
7.     scale_y_continuous(expand = c(0, 0),breaks = seq(-1,4,1),
8.                        limits = c(-1, 4)) +
9.     geom_hline(yintercept = 0,linetype="longdash",linewidth=0.4,
10.               alpha=0.8) +
11.    #分面操作
12.    facet_wrap(~ group,scales = "free") +
13.#添加成对分组数据P值
14.    ggprism::add_pvalue(
15.        pairwise.grouped,tip.length = 0, label.size = 5,
16.        fontface = "italic", lineend = "round", bracket.size = 0.5) +
```

提示：复杂点带图的复杂之处在于绘图数据拥有多个分组，且每组数据都需要进行必要的统计分析，而拥有分组变量的绘图数据集又会涉及 ggplot2 分面子图绘制技巧。要满足以上几种要求，绘图者不仅要在使用 R 语言进行绘图之前将绘图数据格式整理成所需要的“长”数据类型，而且要熟悉 ggplot2 的基本绘图语法。

3. 使用场景

点带图、分簇散点图常用于比较不同组数据集中数据点的数值分布情况，如农学、植物学和生物学等科研论文中用此类图形较多。点带图、分簇散点图可用于展示多组测试数据或使用不同方法处理的对照实验数据中数据点的数值分布，帮助用户发现数据点在哪一个数值范围的个数最多或最少。

拓展阅读

（1）绘图案例

在上述几个案例中，多次使用到 ggprism 包中的部分函数，如颜色映射函数 scale_fill_prism()、P 值添加函数 add_pvalue() 以及绘图主题函数 theme_prism() 等。ggprism 包为 ggplot2 绘图对象提供更加丰富的绘图主题和颜色 Color（palettes）以及常见的计算函数，特别重要的一点是，其能够一键绘制具有 GraphPad Prism 图形外观的统计图形。图 4-1-13 所示为使用 ggplot2 默认绘图主题以及 ggprism 图形主题函数绘制的点带图示例。

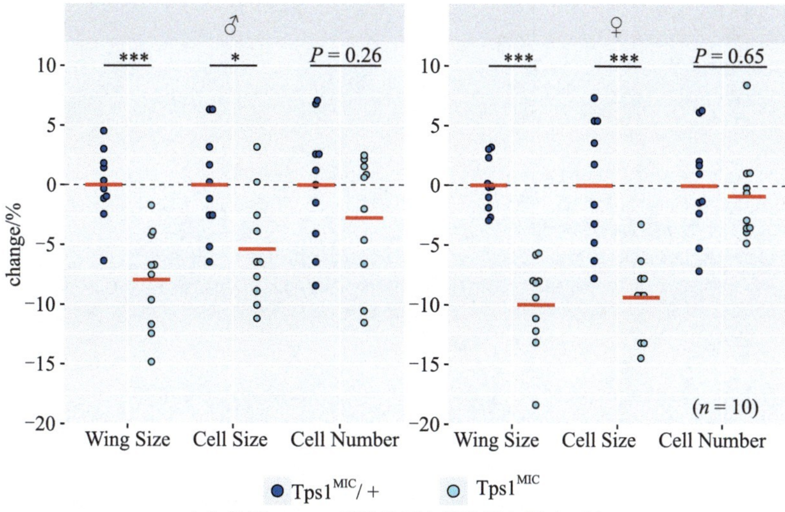

（a）使用 ggplot2 默认绘图主题绘制点带图示例

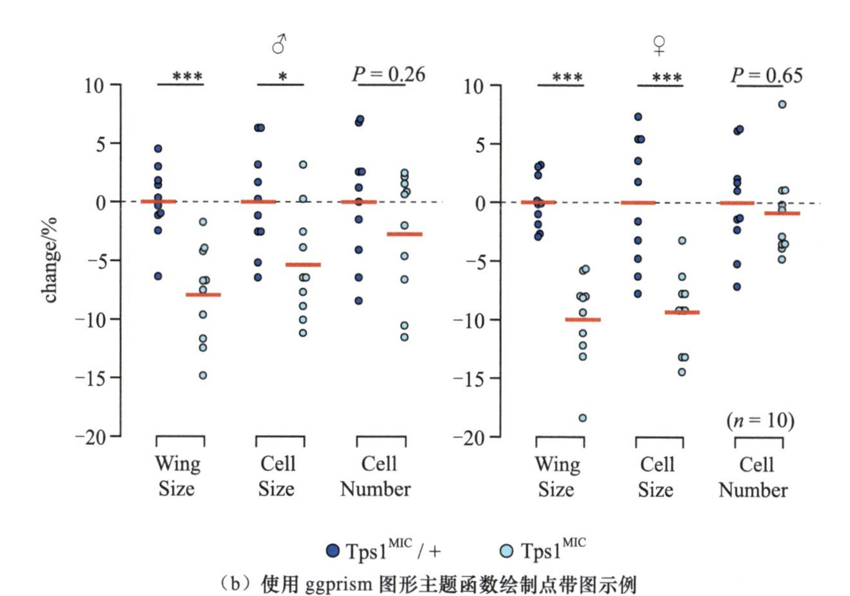

（b）使用 ggprism 图形主题函数绘制点带图示例

图 4-1-13　使用 ggplot2 默认绘图主题和 ggprism 图形主题函数绘制点带图示例

图 4-1-13（b）所示图形的核心绘制代码如下。

```
1. library(tidyverse)
2. library(ggprism)
3. library(ggbeeswarm)
4. library(rstatix)
5. #获取绘图数据集
6. data("wings")
7. #数据处理：字符串转变
8. wings$measure <- wings$measure %>%
9.   gsub("\\.", " ", .) %>%
10.   tools::toTitleCase() %>%
11.   factor(., levels = c("Wing Size", "Cell Size", "Cell Number"))
12.#计算显著性P值
13.wings_pvals <- wings %>%
14.   group_by(sex, measure) %>%
```

```
15.  rstatix::t_test(
16.    percent.change ~ genotype,
17.    p.adjust.method = "BH",
18.    var.equal = TRUE,
19.    ref.group = "Tps1MIC/+"
20.  ) %>%
21.rstatix::add_x_position(x = "measure", dodge = 0.9) %>%
22.  mutate(label = c("***", "*", "P = 0.26", "***", "***", "P = 0.65"))
23.#图4-1-13(b)所示图形的绘制代码
24.ggplot(wings, aes(x = measure, y = percent.change)) +
25.  ggbeeswarm::geom_beeswarm(aes(fill = genotype), dodge.width = 0.9,
26.                                   shape = 21) +
27.  facet_wrap(~ sex, scales = "free",
28.    labeller = labeller(sex = c(male = "\u2642", female = "\u2640"))) +
29.  geom_hline(yintercept = 0, linetype = 2, linewidth = 0.3) +
30.  stat_summary(geom = "crossbar", aes(fill = genotype),fun = mean,
31.               position = position_dodge(0.9), colour = "red",
32.               linewidth = 0.4, width = 0.7,show.legend = FALSE) +
33.  add_pvalue(wings_pvals, y = 10, xmin = "xmin", xmax = "xmax",
34.              tip.length = 0, fontface = "italic",
35.              lineend = "round", bracket.size = 0.5) +
36.  theme_prism(base_fontface = "plain", base_line_size = 0.7) +
37.  scale_x_discrete(guide = guide_prism_bracket(width = 0.15),
38.                   labels = scales::wrap_format(5)) +
39.  scale_y_continuous(limits = c(-20, 12), expand = c(0, 0),
40.          breaks = seq(-20, 10, 5), guide = "prism_offset") +
41.  labs(y = "% change") +
42.  scale_fill_manual(values = c("#026FEE", "#87FFFF"),
43.    labels = c(expression("Tps"*1^italic("MIC")~"/ +"),
44.               expression("Tps"*1^italic("MIC")))) +
45.  theme(legend.position = "bottom",
46.        axis.title.x = element_blank(),
47.        strip.text = element_text(size = 14),
48.        legend.spacing.x = unit(0, "pt"),
49.        legend.text = element_text(margin = margin(r = 20))) +
50.  geom_text(data = data.frame(sex = factor("female",
51.                              levels = c("male", "female")),
52.                              measure = "Cell Number",
53.                              percent.change = -18.5,
54.                              lab = "(n = 10)"),
55.            aes(label = lab)) +
56.  guides(fill = guide_legend(override.aes = list(size = 3)))
```

绘图知识点如下。

- 使用 ggbeeswarm 包中的 geom_beeswarm() 函数替代 ggplot2 中的 geom_jitter() 函数，通过设置 dodge.width 参数，使绘图结果中数据点间距离分布更加规整，特别适合一个类别中具有多组数据的绘图需求，如本案例中 Wing Size、Cell Size 等类别具有两组对比数据的情况。
- 使用 ggprism 包中的 guide_prism_bracket() 函数将 X 坐标轴变成围绕每个轴标签绘制的括号样式。
- 使用 ggprism 包中的 theme_prism () 函数实现对绘图主题的一键修改。注意 palette 参数，该参数可修改图形主题颜色板，包括刻度轴颜色、绘图数据点颜色等，详细可参考图 4-1-12 所示图形的绘制代码。
- 使用 ggprism 包中的 add_pvalue () 函数对原始数据 P 值计算结果进行直接添加。注意 add_pvalue () 函数中对 P 值 data.frame 数据集变量样式的要求。

- 使用 ggplot2 中的 labeller() 函数对 male 和 female 变量值使用 emoji 表情符号表示。
- 使用 expression() 函数对特定字符进行上、下标设置。

（2）显著性检验及 P 值介绍

显著性检验是统计假设检验的一种，主要用于表示两组或多组数据之间有无差异以及差异是否显著。R 语言本身和其多个拓展工具包都可以帮助我们实现多个检验方法的计算。拓展工具包（如 rstatix）提供常见的 T 检验、Wilcoxon 符号秩检验、卡方检验、方差检验、Kruskal-Wallis H 检验等多个方法，表 4-1-1 展示了 rstatix 包中常用的差异显著性检验方法。

表 4-1-1 rstatix 包中常用的差异显著性检验方法

方法	scipy.stats 实现方法	描述
T-test	rstatix:: t_test()	T 检验，比较两组样本（参数检验），这两组样本具有相同的方差
chi-square test	rstatix::chisq_test ()	卡方检验，比较两组及两组以上样本（非参数检验）
Wilcoxon test	rstatix::wilcox_test ()	Wilcoxon 符号秩检验，比较两组样本之间的平均值（非参数检验）
ANOVA	rstatix:: anova_test ()	方差检验，比较多组样本（参数检验）
Kruskal-Wallis H-test	rstatix:: kruskal_test()	Kruskal-Wallis H 检验，比较两组及两组以上样本（非参数检验）

提示： R 语言中有很多包都可以帮助我们实现各种检验方法的计算，这里之所以列举 rstatix 包，是因为其所需要的数据格式和检验函数计算结果都是可供 ggplot2 直接使用的数据框（data.frame）样式，其在绘图连贯性、数据整体性等方面都极具便利性。

P 值（Probability value）是用来判定假设检验的一个参数，是由检验统计量的样本观察值得出的原假设可被拒绝的最小显著性水平的值，这个值常被用于对统计结果显著性的判定。需要注意的是，P 值反映的是两组数据有无统计学意义，并不表示两组数据的差别。P 值在统计图形中可使用符号“*”表示，“*”的个数表示不同的 P 值范围。表 4-1-2 详细介绍了 P 值和“*”的对应关系。需要指出的是，计算要求和计算方法不同，“*”的个数和对应数值可能存在不同。rstatix 包中 add_significance() 函数就可以计算 P 值、自定义“*”的个数和对应数值范围。

表 4-1-2 P 值和“*”的对应关系

符号	含义
ns(non-significance)	$P > 0.05$
*	$P \leq 0.05$
**	$P \leq 0.01$
***	$P \leq 0.001$
****	$P \leq 0.0001$

4.1.6 柱形图系列

1. 介绍

柱形图又称柱状图，是一种统计不同类别离散数据值的统计图形。在柱形图中，类别变量的每个实体都被表示为一个矩形（即“柱子”），数值决定了类别“柱子”的高度。一般情况下，柱形图以 X 轴表示类别属性，以 Y 轴表示数值属性。当以 X 轴表示数值属性、以 Y 轴表示类别属性时，

柱形图又称为条形图。相较于其他柱形图，条形图更加强调绘图数据间的大小对比，尤其是在涉及的类别数据较多时，使用条形图展示会使得结果更加美观和清晰。考虑到科研论文配图中常见的多为柱形图系列，本小节介绍的所有图形皆以柱形图为主，条形图的绘制只需反转横纵坐标即可。

2. 绘制方法

在绘制柱形图时，我们通常需要将统计指标，如显著性差异 P 值、误差线等，作为额外图层进行添加。在面对多组数据时，为了更好地体现每组数据间的数值差异，在绘制之前，我们还需要将数据进行排序（升序、降序），同时需要合理设置不同类别柱形或条形的间距。图 4-1-14 所示为不同间距的柱（条）形图示例。

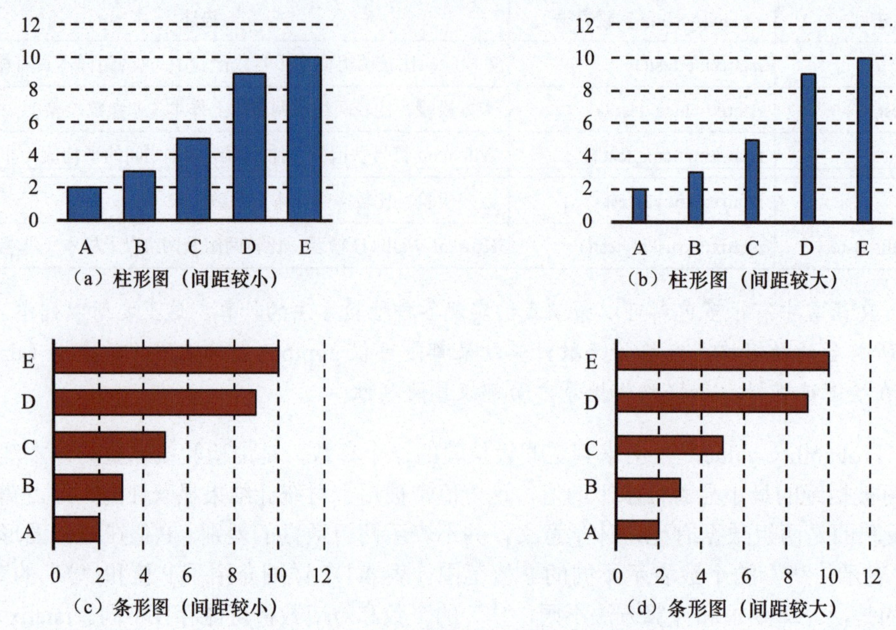

图 4-1-14　不同间距的柱（条）形图示例

对于即将绘制的数据，我们可以先排序再绘制，这样可以帮助我们更好地发掘数据规律，突出展示某个类别数据。图 4-1-15 展示了未排序柱形图、升序柱形图和降序柱形图。

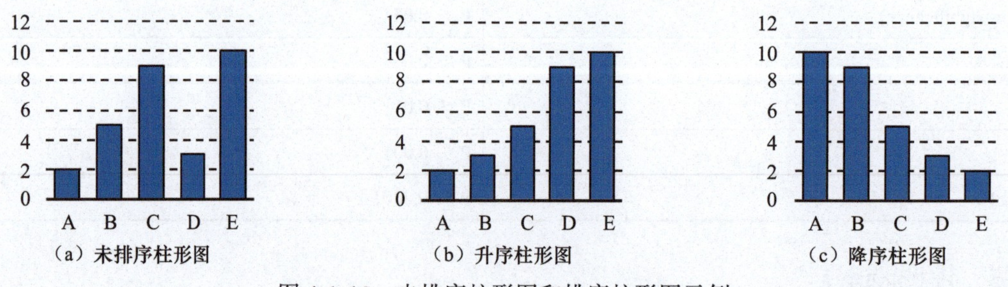

图 4-1-15　未排序柱形图和排序柱形图示例

只需将柱形图中的 X 轴和 Y 轴的映射属性进行互换，即可绘制条形图。在面对较多类别数据时，条形图可以更好地展示数据，使想要表达的意思更加清晰。图 4-1-16 展示了未排序条形图、升序条形图和降序条形图。

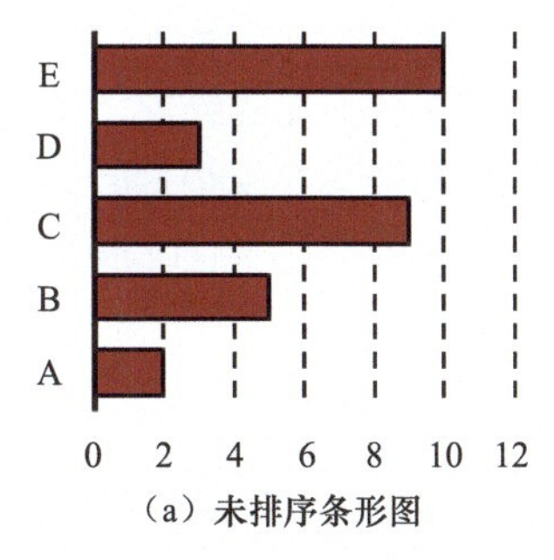

（a）未排序条形图

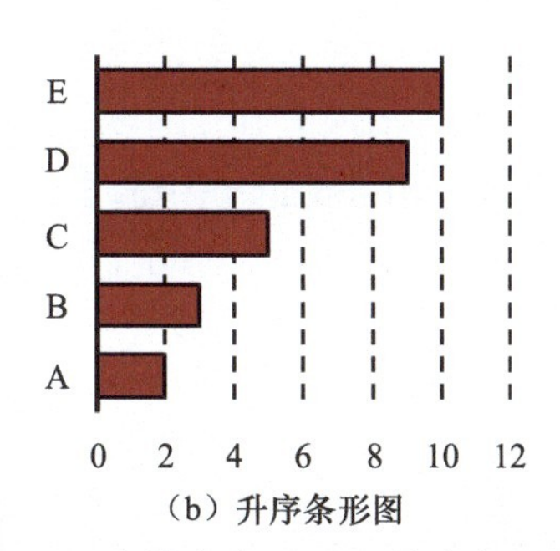

（b）升序条形图

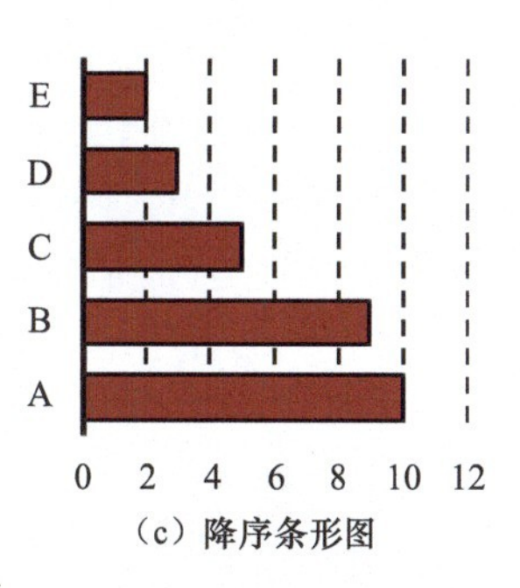

（c）降序条形图

图 4-1-16 未排序条形图和排序条形图示例

当在分类刻度轴上并排表示两个或多个数据集时，我们可使用分组柱形（条形）图。图 4-1-17 展示了分组柱形图和分组条形图。

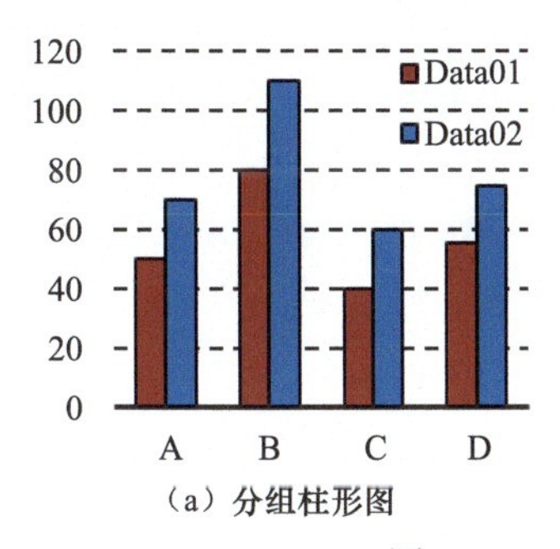

（a）分组柱形图

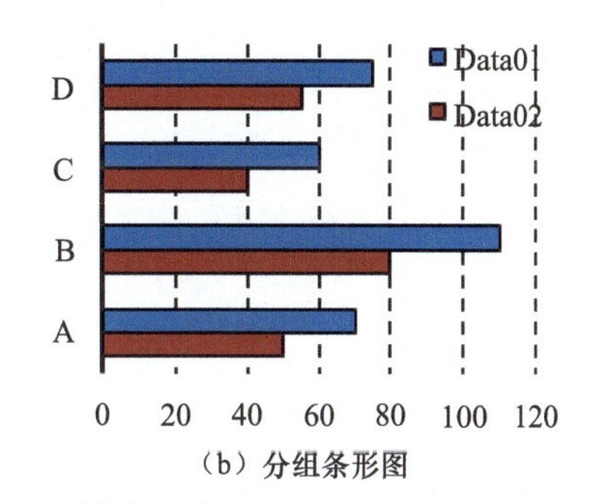

（b）分组条形图

图 4-1-17 分组柱形图和分组条形图示例

当面对问卷调查等涉及“喜欢”和“不喜欢”两种评价或对喜欢程度打分的多等级评价的情况时，我们可以使用条形图的一种变体——发散（堆积）条形图（diverging stacked bar chart）。发散条形图的独特之处在于，发散分割线可以表示 0，也可以作为分隔两个维度数据的标记。图 4-1-18 所示为发散条形图示例。

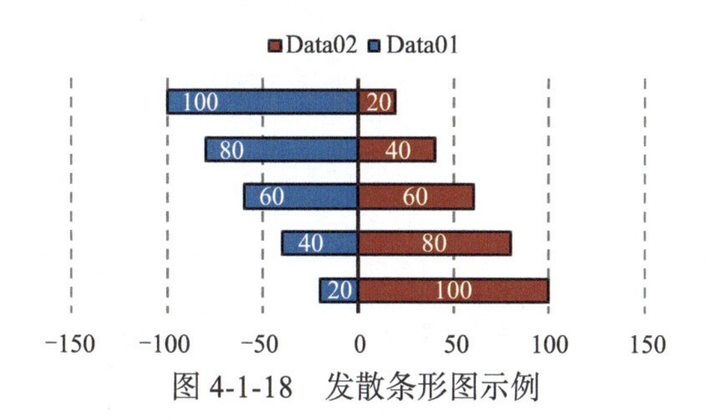

图 4-1-18 发散条形图示例

技巧：柱形图系列的绘制

在 R 语言中，我们可以使用 ggplot2 包的 geom_bar() 函数进行基本柱形（条形）图系列的绘制，设置 position 为不同值时，其结果也不相同，说明如下。

① position = identity：不做任何位置调整，较适合单系列数据。

② position = stack：垂直叠加（堆积柱形 / 条形图）。

③ position = dodge：水平并排（簇状柱形 / 条形图）。

④ position = fill：按百分比垂直堆叠（百分比堆积柱形 / 条形图）。

要在已有图层之上添加不同组数据的统计指标信息，如显著性 P 值、误差线等，则需要结合 ggplot2 中其他图层函数和第三方可视化工具包完成相关柱形图的绘制。

（1）单数据柱形图

单数据柱形图作为柱形图系列中最简单的图形之一，其绘制方法较为简单，只需使用 ggplot2

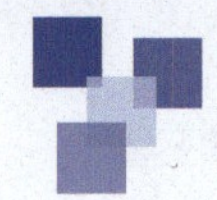

包中的 geom_bar() 函数即可。设置该函数中的 stat 参数值为 "identity"，即可以数据原本数值绘制柱形图；width 参数用于控制柱形的宽度，范围为 (0,1)。想要实现升、降序柱形图的绘制，则需要对绘图数据集进行升、降序数据处理，使用 forcats 包中的 fct_reorder() 函数即可实现根据数据某一个变量值大小进行升序排列操作，降序排列则设置 .desc 参数值为 TRUE 即可。图 4-1-19 展示了使用 ggplot2 绘制的升序排列和降序排列的单数据柱形图示例。

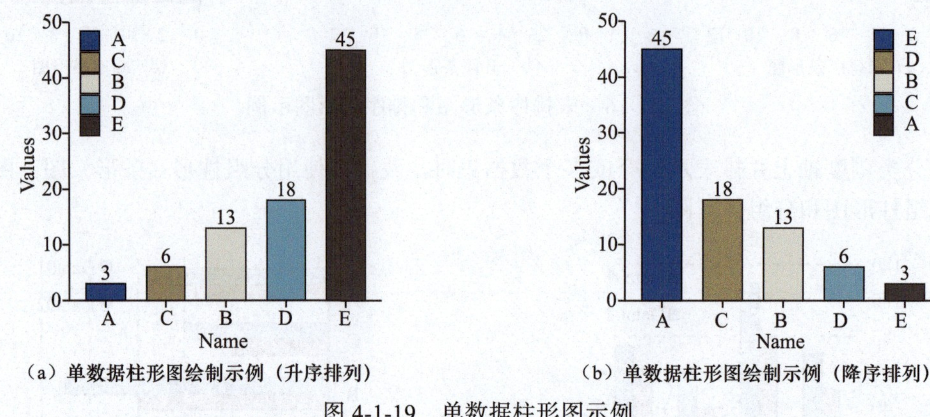

（a）单数据柱形图绘制示例（升序排列） （b）单数据柱形图绘制示例（降序排列）

图 4-1-19 单数据柱形图示例

图 4-1-19 所示图形的核心绘制代码如下。

```
1. library(tidyverse)
2. library(ggprism)
3. #构建数据集
4. bar_data01 = data.frame(name = c("A","B","C","D","E"),
5.                         value =c(3,13,6,18,45))
6. #图4-1-19(a)所示图形的核心绘制代码
7. #升序排列
8. bar_data01<-bar_data01 %>% mutate(name =
9.                        forcats::fct_reorder(name,value))
10.ggplot(data = bar_data01, aes(x = name,y = value)) +
11.  geom_bar(aes(fill=name),stat = "identity",width= .65,
12.           colour="black",linewidth=.5) +
13.  #添加数值文本
14.  geom_text(aes(label=value),size=6,vjust=-0.3,family="times",
15.            fontface="bold") +
16.  scale_y_continuous(expand = c(0, 0),limits = c(0, 50)) +
17.  ggprism::scale_fill_prism(palette = "waves") +
18.#图4-1-19(b)所示图形的核心绘制代码
19.#降序排列
20.bar_data01<-bar_data01 %>% mutate(name =
21.                  forcats::fct_reorder(name,value,.desc = TRUE))
22.ggplot(data = bar_data01, aes(x = name,y = value)) +
23.  geom_bar(aes(fill=name),stat = "identity",width= .65,
24.           colour="black",linewidth=.5) +
25.  #添加数值文本
26.  geom_text(aes(label=value),size=6,vjust=-0.3,family="times",
27.            fontface="bold") +
```

提示： 使用 ggplot2 包中的 geom_text() 函数并设置正确的映射变量，就可以为柱形图添加对应的文本字样，设置其 vjust 参数为 -0.3，是为了更好地调整文本和柱形图之间的距离，如果将类别变量值映射到颜色变量上，则可以修改对应文本颜色。

（2）多数据柱形图

多数据柱形图一般用于展示分组数据。相比一般柱形图，这种柱形图主要用于显示数据点的分布或对不同分组的数据进行组内和组间比较。当想要查看一个分组的数据在另一个分组的数据中每个级别内如何变化时，可以使用“组间”比较；当查看一个分组的数据中不同级别之间的变化时，可以使用“组内”比较。图 4-1-20 展示了灰色系、NEJM（New England Journal of Medicine，新英格兰医学杂志）色系多数据柱形图示例。

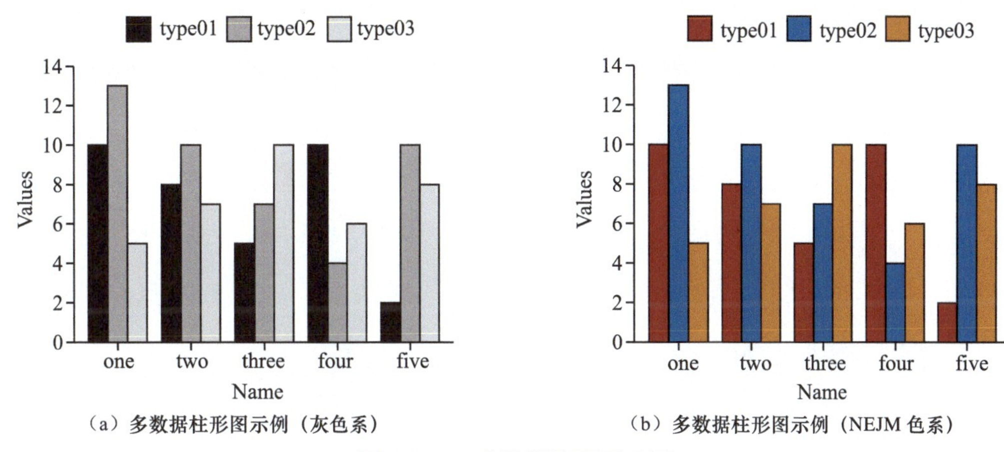

（a）多数据柱形图示例（灰色系）　（b）多数据柱形图示例（NEJM 色系）

图 4-1-20　多数据柱形图示例

通过设置 ggplot2 包中 geom_bar() 函数中的 position 参数值为 "dodge"，并选择合适的映射变量，即可绘制多数据柱形图。需要注意的是，在绘制之前，需要将绘图数据变量的顺序进行调整。图 4-1-20（b）所示图形的核心绘制代码如下。

```
1. library(tidyverse)
2. library(ggsci)
3. #构建数据集
4. bar_data02 = data.frame(labels = c('one','two','three','four','five'),
5.                         type01 = c(10, 8, 5, 10, 2),
6.                         type02 = c(13, 10,7, 4, 10),
7.                         type03 = c(5, 7, 10,6, 8))
8. #数据转换
9. bar_data02_long <- bar_data02 %>% tidyr::pivot_longer(cols =
10.          starts_with("type"),names_to = "Type", values_to = "Values")
11.#改变绘图数据变量顺序
12.bar_data02_long$labels <- factor(bar_data02_long$labels,
13.                      levels=c("one","two","three","four","five"))
14.ggplot(data = bar_data02_long, aes(x = labels,y = Values)) +
15.  geom_bar(aes(fill=Type),stat = "identity",width= 0.8,
16.           position="dodge",colour="black",linewidth=0.3) +
17.  scale_y_continuous(expand = c(0, 0),limits = c(0, 14),
18.                     breaks = seq(0,14,2)) +
19.  ggsci::scale_fill_nejm() +
20.  labs(x="Name",y="Values") +
21.  guides(fill = guide_legend(override.aes = list(size = 2)))+
22.  theme_classic() +
```

提示：在绘制多数据柱形图的同时，为了让每组柱形图有更好的视觉效果，可以在绘制的同时为柱形图添加边框颜色，设置 colour 参数即可。

（3）堆积柱形图

堆积柱形图用于表示一个大类别中每个小类的数据以及小类的占比情况，显示单个类别与整体的关系。在堆积柱形图中，每一个柱子上的值表示不同数据的大小，各层的数据总和表示每个类别柱子的高度。设置 ggplot2 包中 geom_bar() 函数的 position 参数值为 "stack"，即可实现堆积柱形图的绘制。需要指出的是，在添加堆积柱形图每个类别的数值文本时，同样需要设置 position 参数值（设置为 position_stack(vjust = 0.5)）。图 4-1-21 展示了使用 ggplot2 绘制的灰色系和 NEJM 色系堆积柱形图示例。

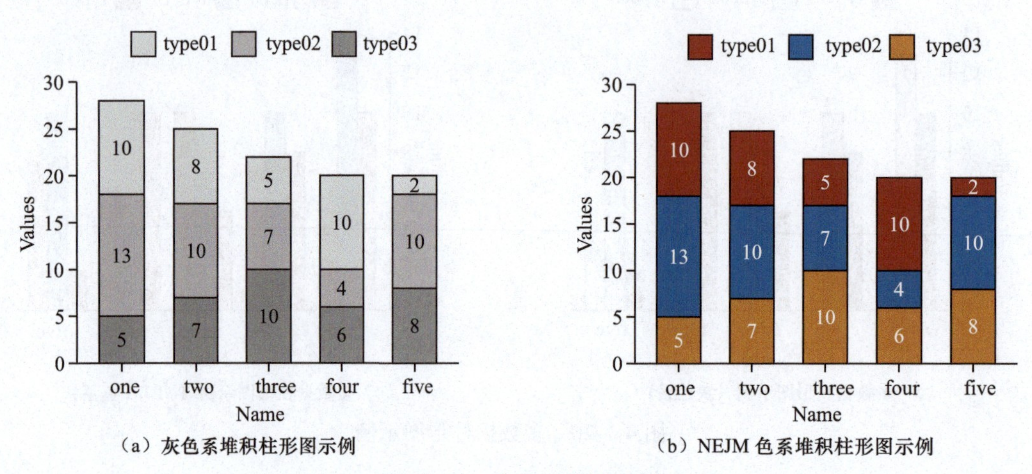

（a）灰色系堆积柱形图示例　　（b）NEJM 色系堆积柱形图示例

图 4-1-21　堆积柱形图示例

图 4-1-21 所示图形的核心绘制代码如下。

```
1. #图4-1-21(a)所示图形的核心绘制代码
2. grey_color_palette  <- c("#d0d0d0","#a8a8a8","#808080")
3. ggplot(data = bar_data02_long, aes(x = labels,y = Values,fill=Type)) +
4.   geom_bar(stat = "identity",width= 0.6,position="stack",
5.            color="black",linewidth=0.3) +
6.   #添加对应数值文本
7.   geom_text(aes(label=Values),position = position_stack(vjust = 0.5),
8.             family="times",fontface="bold",size=5) +
9.   scale_y_continuous(expand = c(0, 0),limits = c(0,30),
10.                     breaks = seq(0,30,5)) +
11.  scale_fill_manual(values = grey_color_palette) +
12.#图4-1-21(b)所示图形的核心绘制代码
13.ggplot(data = bar_data02_long, aes(x = labels,y = Values,fill=Type)) +
14.  geom_bar(stat = "identity",width= 0.6,position="stack",
15.           color="black",linewidth=0.3) +
16.  #添加对应数值文本
17.  geom_text(aes(label=Values),position = position_stack(vjust = 0.5),
18.            family="times",fontface="bold",size=5) +
19.  scale_y_continuous(expand = c(0, 0),limits = c(0,30),
20.                   breaks = seq(0,30,5)) +
21.  ggsci::scale_fill_nejm() +
```

提示：在使用 geom_text() 函数添加堆积柱形图数值文本时，需要设置 fill 映射变量，同时对 position 参数使用 position_stack() 函数进行数值文本位置的调整（hjust、vjust 分别用于在水平、垂直方向上进行调整）。

（4）百分比堆积柱形图

和堆积柱形图不同，百分比堆积柱形图用于比较每个小类数据的占比。在 ggplot2 包的 geom_bar() 函数中，通过设置 position 参数值为 "fill" 来绘制百分比堆积柱形图。在添加对应数值文本时，需要先通过 dplyr 包中的 group_by()、mutate() 函数构建出可供 geom_text() 函数 label 映射的百分比数值变量，由于新建变量为百分比样式，使用 scales 包中的 percent() 函数完成设置，采用相同设置的还有X轴刻度标签（labels）的修改。图4-1-22展示了灰色系和NEJM色系百分比堆积柱形图绘制示例。

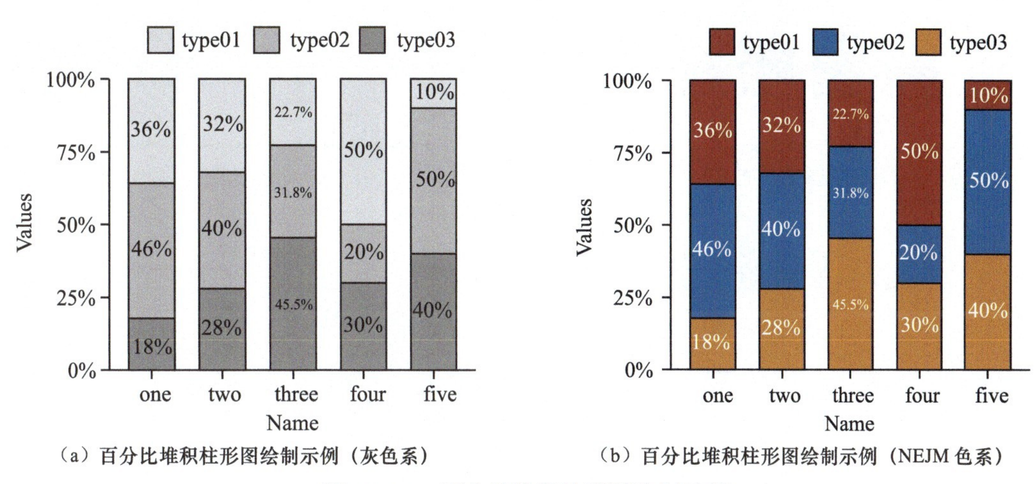

（a）百分比堆积柱形图绘制示例（灰色系）

（b）百分比堆积柱形图绘制示例（NEJM 色系）

图 4-1-22 百分比堆积柱形图绘制示例

图 4-1-22（b）所示图形的核心绘制代码如下。

```
1. #图4-1-22(b)所示图形的核心绘制代码
2. #构建百分比数值变量
3. bar_data02_long <- bar_data02_long %>% dplyr::group_by(labels) %>%
4.   dplyr::mutate(ratio=scales::percent(Values/sum(Values)))
5. ggplot(data = bar_data02_long, aes(x = labels,y = Values,fill=Type)) +
6.   geom_bar(stat = "identity",width= 0.65,position="fill",
7.            color="black",linewidth=0.3) +
8.   #添加对应数值文本
9.   geom_text(aes(label=ratio),position = position_fill(vjust = 0.5),
10.            family="times",fontface="bold",color="white",size=3.5) +
11.  scale_y_continuous(expand = c(0, 0),labels = scales::percent) +
12.  ggsci::scale_fill_nejm() +
```

提示：使用 ggplot2 绘制百分比堆积柱形图的关键在于各堆积柱形图数值占比的计算和对应刻度标签样式的修改。使用 dplyr 包中的 group_by() 函数进行分组计算、mutate() 函数进行新变量的构建等操作，是通过 R 语言进行数据处理时常见的操作方法，也是一些统计图形绘制前的常规处理步骤。R 语言的 scales 包是实现 ggplot2 绘图对象刻度标签不同样式的常用拓展工具，其提供的多个内置函数可快速实现刻度标签不同样式（如百分比、美元符号、日期等）、刻度数值间转换等多个操作。

（5）纹理填充柱形图

有时，我们需要使用不同的填充纹理对柱形图进行样式填充，从而形成纹理填充柱形图。较使用不同颜色表示“柱子”而言，纹理填充柱形图更加符合一些学术期刊的图形绘制需求。想要绘制带纹理填充的柱形图，使用 R 语言中的可视化包 ggpattern 即可。图 4-1-23 展示了 ggpattern 和 Excel 的纹理填充柱形图示例。

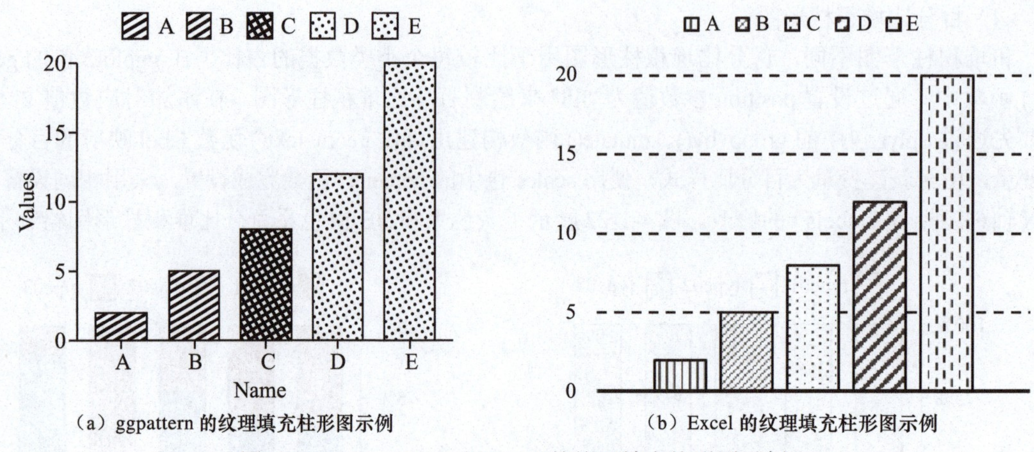

（a）ggpattern 的纹理填充柱形图示例　（b）Excel 的纹理填充柱形图示例

图 4-1-23　ggpattern 和 Excel 的纹理填充柱形图示例

图 4-1-23（a）所示图形的核心绘制代码如下。

```
1. library(ggpattern)
2. pattern_bar <- data.frame(name=c("A","B","C","D","E") ,
3.                           value=c(2,5,8,12,20))
4. ggplot(data = pattern_bar,aes(x = name,y = value)) +
5.   ggpattern::geom_bar_pattern(stat= "identity",
6.          aes(pattern=name,pattern_fill=name),
7.          width=0.7,pattern_density = 0.2,pattern_spacing = 0.025,
8.          fill="white",colour="black",)+
9.   scale_pattern_fill_grey() +
10.  scale_y_continuous(expand = c(0, 0),limits = c(0,20),
11.                     breaks = seq(0,20,5)) +
12.  labs(x="Name",y="Values") +
13.  theme_classic() +
```

提示：R 语言中的可视化包 ggpattern 是专门为 ggplot2 绘图对象提供几何纹理填充和图像填充的绘图工具，其不仅提供具有多个纹理填充属性的图层函数（如 geom_bar_pattern()、geom_rect_pattern()、geom_density_pattern() 以及 geom_map_pattern() 等），还可以将指定图片、图标样式作为填充内容对柱形图、密度图、箱线图等统计图形进行填充，6.6 节会详细介绍纹理填充地图的绘制方法。

（6）误差柱形图

误差线旨在表示某些估计或测量可能值的范围，它在表示估计或测量的某个参考点的水平或垂直方向延伸。误差线可以用标准差、标准误差和置信区间表示，我们一般选择标准误差。

标准差是方差的平方根，用 σ 表示。总体标准差的计算公式如下：

$$\sigma=\sqrt{\frac{\sum_{i=1}^{N}(x_i-\overline{x})^2}{N}}$$

但在实际使用时，常因总体标准差未知而使用样本标准差进行估计。样本标准差的计算公式如下：

$$S=\sqrt{\frac{\sum_{i=1}^{N}(x_i-\overline{x})^2}{N-1}}$$

式中，$x_1,\cdots,x_i$ 皆为实数，$\bar{x}$为其算术平均值。

标准误差表示样本平均值的标准差，描述样本平均值对总体期望值的离散程度。其计算公式如下：

$$\bar{S}_m = \frac{\sigma}{\sqrt{n}}$$

式中，σ 为总体标准差，n 为样本数。当总体标准差未知时，也可利用样本标准差进行表示，其计算公式如下：

$$\bar{S}_m \approx \frac{S}{\sqrt{n}}$$

式中，S 为样本标准差。

置信区间是指由样本统计量所构造的总体参数的估计区间。在统计学中，一个概率样本的置信区间是对这个样本某个总体参数的区间估计，它表达的含义是该参数真实值落在测量结果周围的程度。置信区间是在预先确定好的显著性水平下计算得到的。显著性水平通常称为 α，绝大多数情况下，会将 α 设为 0.05，置信度为 $1-\alpha$ 或 $100\times(1-\alpha)\%$。如果 $\alpha = 0.05$，那么置信度是 0.95 或 95%。置信区间的一般计算公式如下：

$$\text{CI} = \bar{x} \pm Z\frac{S}{\sqrt{N}}$$

式中，$\bar{x}$为样本数据平均值，Z 为置信水平值，S 为样本标准差，N 为样本个数。

误差柱形图是柱形图和误差线的组合，通过添加误差线来表示各个类别数据具有不确定性的数量。

在使用 ggplot2 包绘制误差柱形图之前，需要计算出绘制误差线的统计指标，如标准差、标准误差或者置信区间等，可使用 rstatix 包中的 get_summary_stats () 函数计算，再将需要绘制的误差线指标数值映射到 geom_errorbar() 函数中的参数值上即可。面对单系列数据且已经给定唯一误差线指标数值时，直接绘制误差线图即可。图 4-1-24 展示了单数据误差柱形图示例，以及通过 ggplot2 包中 geom_errorbar() 函数绘制的 SD 和 CI 误差柱形图示例。

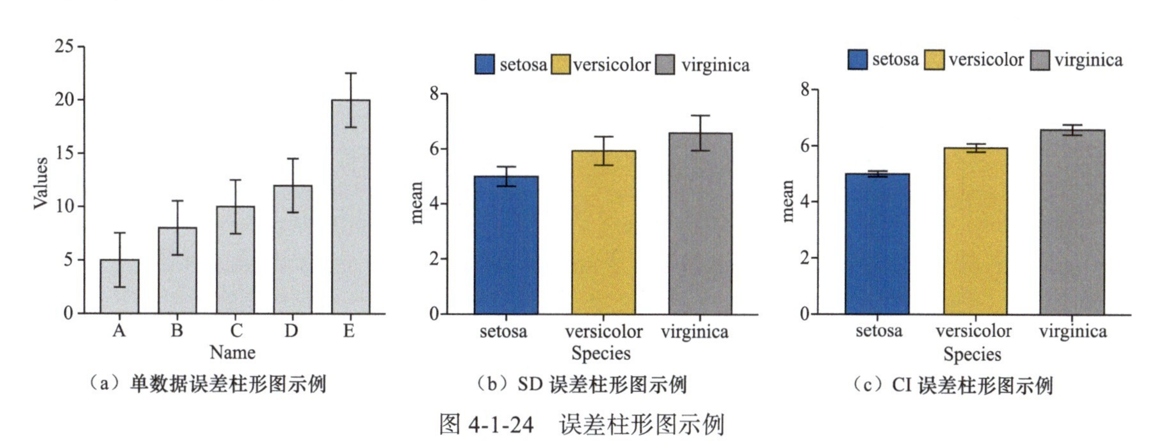

（a）单数据误差柱形图示例　（b）SD 误差柱形图示例　（c）CI 误差柱形图示例

图 4-1-24　误差柱形图示例

图 4-1-24 所示图形的核心绘制代码如下。

```
1. library(tidyverse)
2. library(rstatix)
3. #图4-1-24(a)所示图形的核心绘制代码
4. df <- data.frame(name=c("A","B","C","D","E") ,
5.                        value=c(5,8,10,12,20))
6. # 计算标准误差
```

```
7. se  <-  sd(df$value) / sqrt(length(df$value))
8. ggplot(data = df,aes(x = name,y = value)) +
9.   geom_bar(stat="identity",fill="gray",width = 0.65,colour="black",
10.           linewidth=0.4) +
11.   geom_errorbar(aes(ymin=value-se,ymax=value+se),width=0.2,
12.                  linewidth=.3)+
13.err_bar <- iris %>% select(Species, Sepal.Length)
14.err_bar_stat <- err_bar %>% group_by(Species) %>%
15.           rstatix::get_summary_stats(type = "common")
16.#图4-1-24(b)所示图形的核心绘制代码
17.ggplot(data = err_bar_stat,aes(x = Species,y = mean)) +
18.   geom_bar(aes(fill=Species),stat="identity",width=0.65,
19.                colour="black",linewidth=0.4) +
20.   geom_errorbar(aes(ymin=mean-sd, ymax=mean+sd),width=0.2,
21.                linewidth=0.3) +
22.#图4-1-24(c)所示图形的核心绘制代码
23.ggplot(data = err_bar_stat,aes(x = Species,y = mean)) +
24.   geom_bar(aes(fill=Species),stat="identity",width=0.65,
25.           colour="black",linewidth=0.4) +
26.   geom_errorbar(aes(ymin=mean-ci, ymax=mean+ci),width=0.2,
27.                 linewidth=0.3) +
```

另外，我们可以使用封装好相应绘图函数的拓展包进行误差柱形图的绘制。例如，使用 R 语言中的 ggpubr 包中的 ggbarplot() 函数并设置正确的 add 参数值，即可绘制带有不同统计指标误差线的柱形图，图 4-1-25 所示为使用 ggbarplot() 函数绘制的不同类别误差柱形图示例。

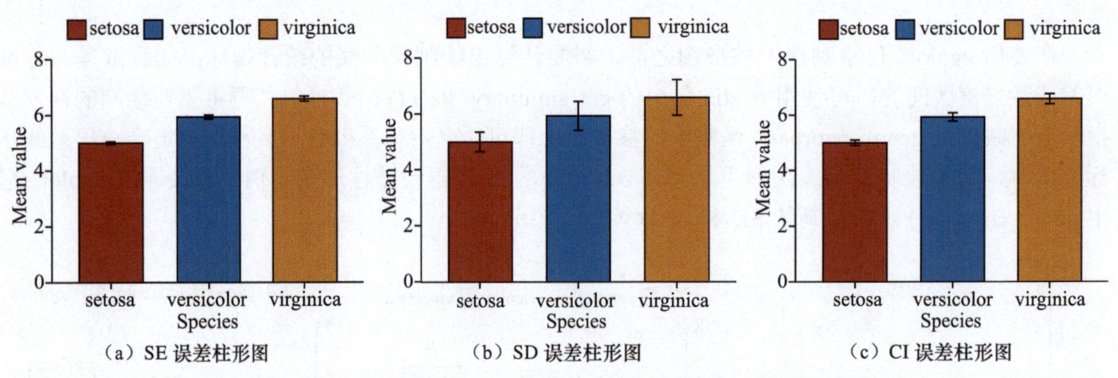

图 4-1-25　使用 ggbarplot() 绘制的不同类别误差柱形图示例

ggbarplot() 函数中的 x、y、fill 参数分别用于设置图形的横、纵坐标和类别填充属性；参数 legend 用于控制图形图例的位置；add 参数用于添加对应的额外统计图层，即误差线图层，常见可选参数值为 "mean_se"、"mean_sd"、"mean_ci" 等。图 4-1-25 所示图形的核心绘制代码如下。

```
1. library(ggpubr)
2. err_bar <- iris %>% select(Species, Sepal.Length)
3. #图4-1-25(a)所示图形的核心绘制代码
4. ggpubr::ggbarplot(data = err_bar,x="Species",y = "Sepal.Length",
5.                   fill = "Species",width = .65,ylab="Mean value",
6.                   add = c("mean_se"),legend = "top",palette="nejm",
7.                   ggtheme=theme_classic(base_family = "times")) +
8. #图4-1-25(b)所示图形的核心绘制代码
9. ggpubr::ggbarplot(data = err_bar,x="Species",y = "Sepal.Length",
10.                  fill = "Species",width = .65,ylab="Mean value",
11.                  add = c("mean_sd"),legend = "top",palette="nejm",
12.                  ggtheme=theme_classic(base_family = "times")) +
```

```
13.#图4-1-25(c)所示图形的核心绘制代码
14.ggpubr::ggbarplot(data = err_bar,x="Species",y = "Sepal.Length",
15.                  fill = "Species",width = .65,ylab="Mean value",
16.                  add = c("mean_ci"),legend = "top",palette="nejm",
17.                  ggtheme=theme_classic(base_family = "times")) +
```

提示：使用 ggpubr 包中相关函数绘制误差柱形图的好处是可以省去不必要的数据预处理操作，只需将数据整理成绘图函数所需的格式即可。

在对分组数据进行误差柱形图绘制时，常规操作可能需要大量计算步骤，如对绘图数据进行绘图指标（平均值、标准差等）的计算；使用 ggplot2 包中的 geom_bar() 函数并设置 position 参数值为 position_dodge() 完成水平并排柱形图绘制。而使用 ggpubr 包中的 ggbarplot() 函数则可以快速完成分组误差柱形图的绘制，而且可以跳过烦琐的误差计算过程。图 4-1-26 展示了使用 ggplot2 包和 ggpubr 包绘制的分组标准差、分组置信区间误差柱形图示例。

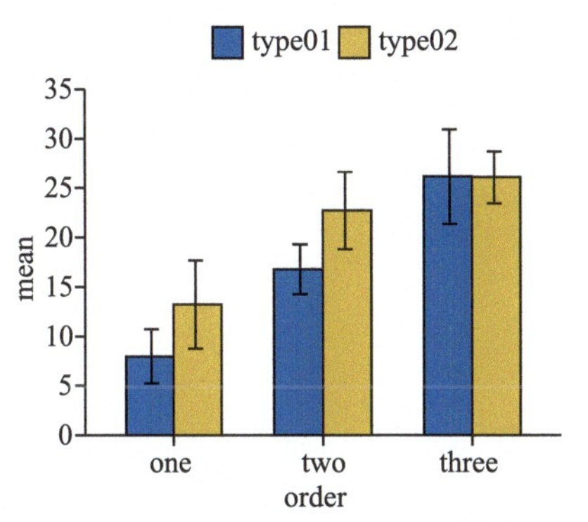

（a）使用 ggplot2 绘制的分组标准差误差柱形图

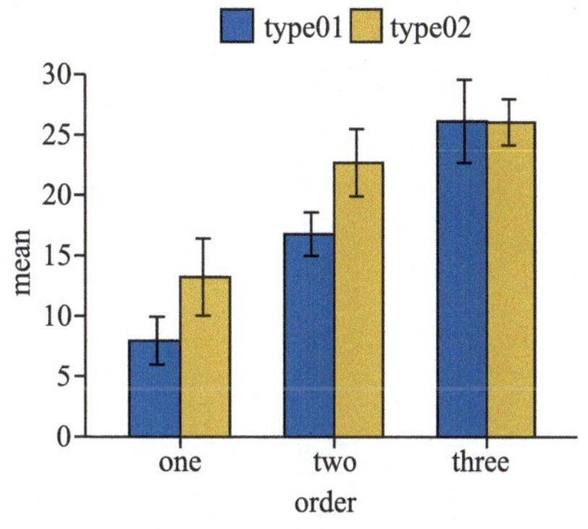

（b）使用 ggplot2 绘制的分组置信区间误差柱形图

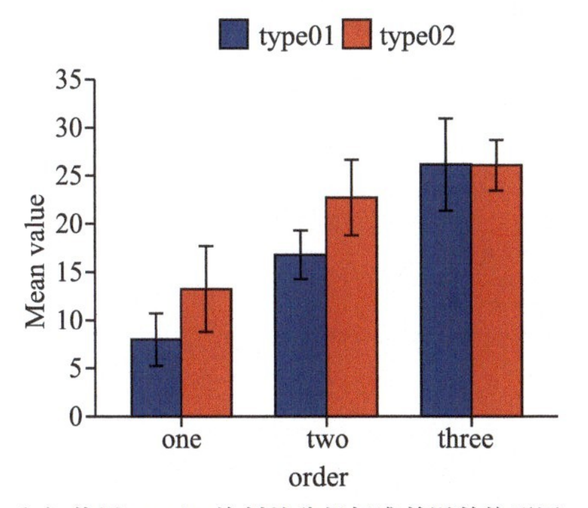

（c）使用 ggpubr 绘制的分组标准差误差柱形图

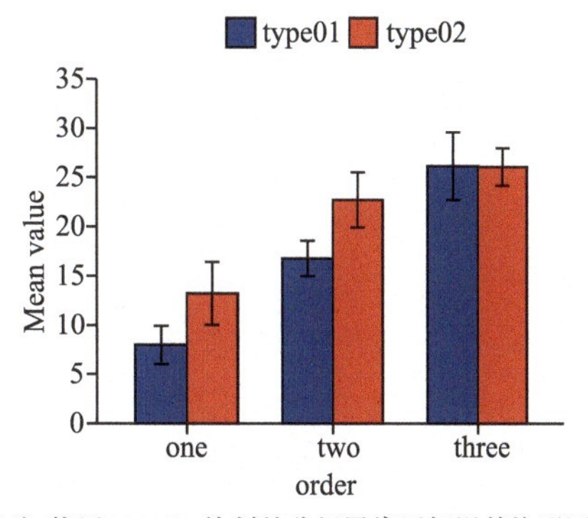

（d）使用 ggpubr 绘制的分组置信区间误差柱形图

图 4-1-26　使用不同包绘制的分组误差柱形图示例

使用 ggplot2 包绘制分组误差柱形图需要进行数据预处理，绘图使用的是处理过后的数据，而使用 ggpubr 包中的 ggbarplot() 函数绘制分组误差柱形图，设置 add 参数为“mean_sd”和“mean_ci”即可完成绘制，且绘图数据无须处理，直接使用原始“长”数据进行绘图即可。图 4-1-26（a）、图 4-1-26（c）所示图形的核心绘制代码如下。

```
1. library(ggpubr)
2. library(readxl)
3. library(tidyverse)
```

```
4. library(rstatix)
5. group_bar <- read_excel("分组误差柱形图数据.xlsx")
6. #图4-1-26(a)所示图形的核心代码
7. group_bar_stat <- group_bar %>% group_by(order,class) %>%
8.            rstatix::get_summary_stats(type = "common")
9. #改变绘图属性顺序
10.group_bar_stat$order <- factor(group_bar_stat$order,
11.                                  levels=c("one","two","three"))
12.ggplot(data = group_bar_stat,aes(x = order,y = mean,fill=class)) +
13.  geom_bar(stat="identity",width=0.65,
14.           colour="black",position=position_dodge(),linewidth=0.2) +
15.  geom_errorbar(aes(ymin=mean-sd, ymax=mean+sd),width=0.2,
16.                linewidth=0.3,position=position_dodge(0.6)) +
17.#图4-1-26(c)所示图形的核心代码
18.ggbarplot(data = group_bar,x="order",y="value",fill="class",
19.   add="mean_sd",position = position_dodge(0.7),palette="aaas",
20.   ylab="Mean value",,legend = "top",add.params= list(width = 0.2,
21.   size=0.3),ggtheme=theme_classic(base_family = "times")) +
```

注意：在使用 ggpubr 包中 ggbarplot() 函数进行相关柱形图的绘制时，其 add.params 参数可以设置为 list()，以进行图层的宽度（width）、大小（size）、颜色（color）等属性的设置。

拓展阅读

对于标准差和标准误差，很多读者都存在疑惑，下面笔者就这两个统计指标的差异进行梳理总结。

两者默认都以平均值为每个类别数据的统计估算函数（statistical function to estimate）。SD 是指某个样本的标准差，SE 是指以多个样本的平均值计算的标准差（使用多个样本来假设总体分布）。

SD 和 SE 都是样本的统计分析指标，只是数据的统计参数不一样。图 4-1-27 所示为同一数据不同误差指标示意图，可以清楚地看出标准差 SD 和标准误差 SE 的值估计范围。

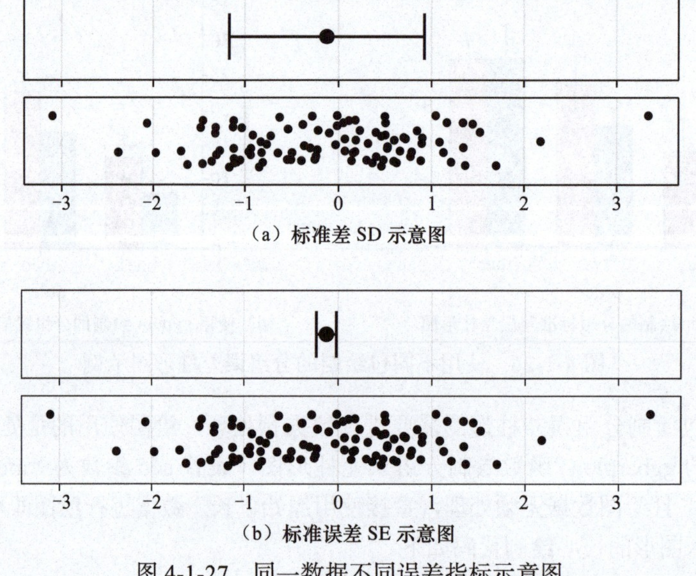

（a）标准差 SD 示意图

（b）标准误差 SE 示意图

图 4-1-27　同一数据不同误差指标示意图

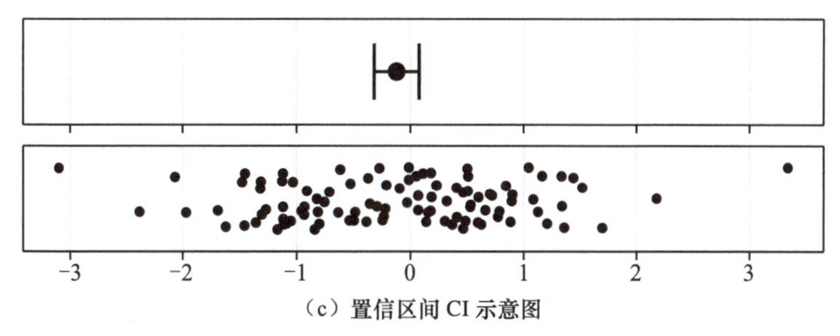

（c）置信区间 CI 示意图

图 4-1-27 同一数据不同误差指标示意图（续）

（7）显著性 P 值的添加

在绘制一些统计图形时，经常需要在图中添加一些统计指标信息，如两组或多组数据间的显著性水平，用于更好地对比数据间的关系，使图形更具可解释性和专业性。

如何在统计图形中添加 P 值标签图层呢？由于涉及使用 ggpubr 包中的 ggbarplot() 函数进行统计图形的绘制，这里建议使用 ggpubr 包中的 stat_compare_means() 函数进行 P 值的绘制，图 4-1-28 所示为使用 ggpubr 包添加单组 P 值、组内 P 值以及组间 P 值的示例。

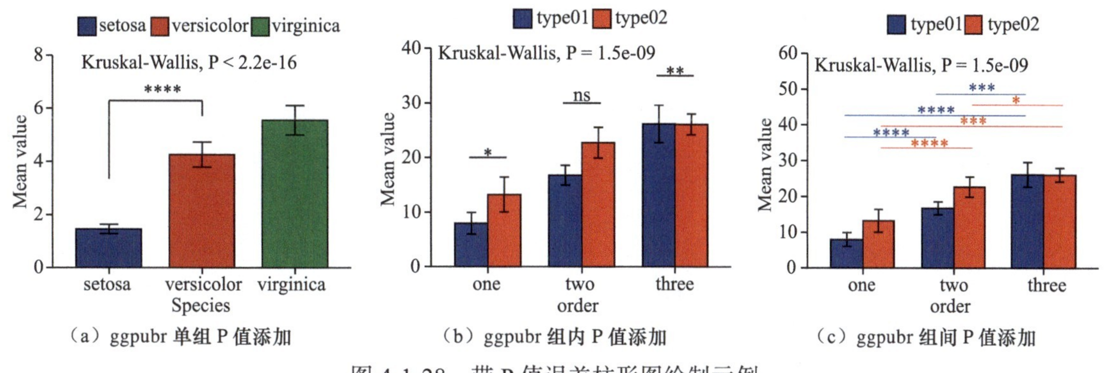

（a）ggpubr 单组 P 值添加 （b）ggpubr 组内 P 值添加 （c）ggpubr 组间 P 值添加

图 4-1-28 带 P 值误差柱形图绘制示例

在针对单组和分组数据使用 ggpubr 包进行 P 值标签的添加时，所需要的数据处理和绘制函数是不相同的。在进行单组数据不同数据集间 P 值的添加时，直接使用 stat_compare_means() 函数并设置要对比的变量名称（comparisons 参数）即可，绘图数据无须进行任何处理。而在绘制分组（组内和组间）数据中不同数据集间的 P 值标签时，则需要使用 rstatix 包中的 adjust_pvalue()、add_significance() 等函数进行分组显著性指标的计算；再使用 add_xy_position() 计算 P 值标签位置参数，需要指出，在计算组间 P 值位置时，需要设置该函数的 group 参数，用于计算正确的位置参数；最后使用 stat_pvalue_manual() 函数将计算得到的 P 值进行手动添加。图 4-1-28（c）所示图形的核心绘制代码如下。

```
1. library(ggpubr)
2. library(readxl)
3. library(tidyverse)
4. library(rstatix)
5. group_bar <- read_excel("分组误差柱形图数据.xlsx")
6. stat_p2 <- group_bar %>%
7.     group_by(class) %>%
8.     rstatix::t_test(value ~ order) %>%
9.     rstatix::adjust_pvalue() %>%
```

```
10.    rstatix::add_significance() %>%
11.    rstatix::add_xy_position(x = "order", group = "class")
12. ggpubr::ggbarplot(data = group_bar,x="order",y="value",fill="class",
13.           add="mean_ci",position = position_dodge(0.7),palette="aaas",
14.           ylab="Mean value",,legend = "top",
15.           add.params= list(width = 0.2,size=0.3),
16.           ggtheme=theme_classic(base_family = "times")) +
17. ggpubr::stat_pvalue_manual(stat_p2,label = "p.adj.signif",
18.    color="class",step.group.by = "class",tip.length = 0,
19.    step.increase = 0.05,family="times",label.size=5)+
20. ggpubr::stat_compare_means(label.y = 55,family="times",size=4.2) +
21. scale_y_continuous(expand = c(0, 0),limits = c(0,60),
22.              breaks = seq(0,60,10)) +
```

提示：使用 stat_compare_means() 函数添加 P 值时，设置参数 tip.length 为向量组合（如 c(0.5,0.1)），即可设置 P 值横线两端不同长度样式，如图 4-1-28（a）所示的可视化结果。

（8）与其他图层组合

除了在柱形图上添加必要的统计指标，还可以添加额外的图层，而在常见的科研论文配图中，柱形图添加最多的数据图层为抖动散点。可使用 ggplot2 包中的 geom_jitter() 函数添加抖动数据点；若绘制分组柱形图，在不涉及数据处理的前提下，也可通过设置 ggpubr 包中 ggbarplot() 函数中的 add 参值为 c("jitter")，进行抖动散点的添加。图 4-1-29 所示为使用 ggbarplot()、geom_jitter() 函数组合绘制和设置 ggbarplot() 函数 add 参数值绘制的误差柱形图示例。使用 geom_jitter() 函数绘制的抖动散点，其点形状、点边框颜色等属性设置更加方便。

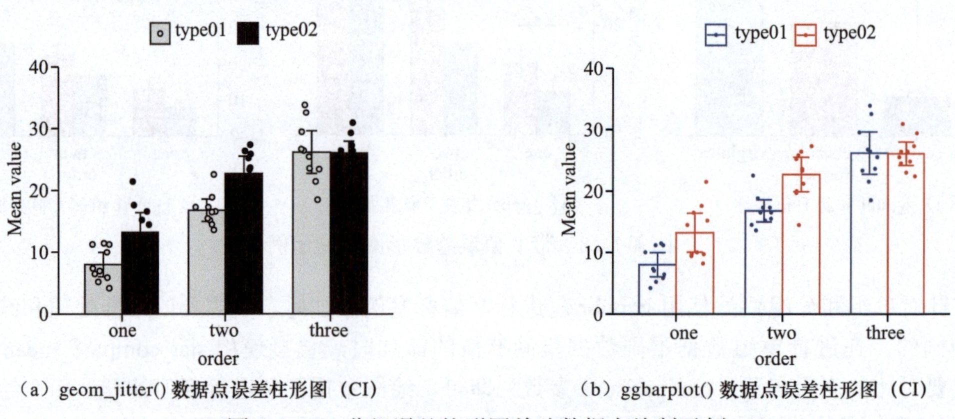

（a）geom_jitter() 数据点误差柱形图（CI）　（b）ggbarplot() 数据点误差柱形图（CI）

图 4-1-29　分组误差柱形图单独数据点绘制示例

使用 geom_jitter() 函数并设置映射参数值即可绘制抖动散点，特别要指出的是，在设置 position 参数值为 position_jitterdodge() 函数时，设置该函数中的 jitter.height 和 jitter.width 参数值，用于控制抖动散点的高度和宽度；使用 ggbarplot() 函数绘制时，不能设置分组映射在填充（fill）参数上，只能设置映射在颜色（color）参数上。图 4-1-29（b）所示图形的核心绘制代码如下。

```
1. library(ggpubr)
2. library(readxl)
3. library(tidyverse)
4. group_bar <- read_excel("分组误差柱形图数据.xlsx")
5. ggpubr::ggbarplot(data = group_bar,x="order",y="value",color="class",
6.            add=c("mean_ci","jitter"),
7.            position = position_dodge(0.7),palette="aaas",
8.            ylab="Mean value",,legend = "top",
```

```
9.              add.params= list(width = 0.3,size=0.5),
10.             ggtheme=theme_classic(base_family = "times")) +
11. scale_y_continuous(expand = c(0, 0),limits = c(0,40),
12.                     breaks = seq(0,40,10)) +
```

（9）科研案例

在常见的科研论文中，柱形图出现的频率较高，如展示细胞 / 动物实验的结果，或者比较不同浓度的分组情况，抑或是调查问卷中不同商业模式的反馈结果，等等。下面就科研论文中出现频率较高的柱形图类型进行复现，为避免不必要的麻烦，所有绘图数据都是虚构的，数据变量名称仅用于处理和选择绘图数据，并无其他实际意义。

分组对照实验数据

这一案例是针对常见的实验数据中的正常组和对照组进行数据可视化，所使用的绘图数据均为规整好的数据框（data.frame），读者在参考此案例绘制自己的论文配图时，要确保绘图数据集样式与案例所用样式保持一致。图 4-1-30 所示为添加 P 值标签前后的正常组和对照组实验数据柱形图绘制示例。

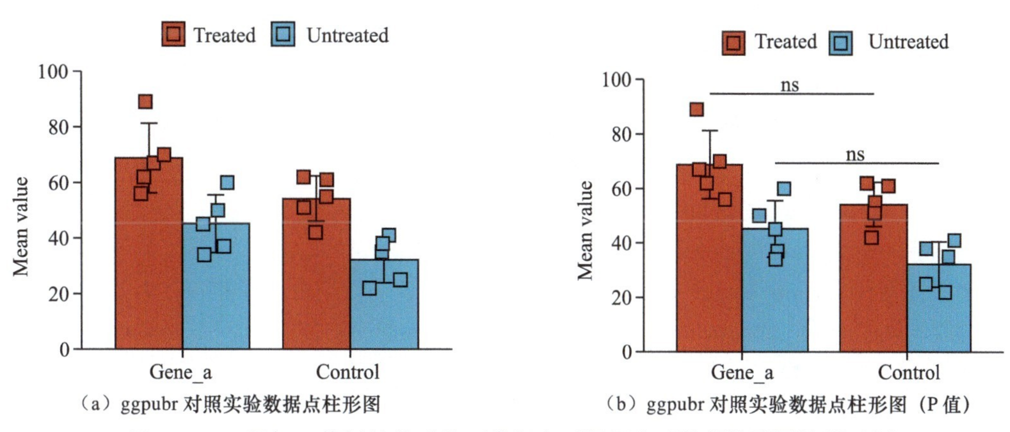

（a）ggpubr 对照实验数据点柱形图　　（b）ggpubr 对照实验数据点柱形图（P 值）

图 4-1-30　添加 P 值标签前后的正常组和对照组实验数据柱形图绘制示例

绘制方法在前文中都有详细的介绍，这里不再赘述，图 4-1-30（b）所示图形的核心绘制代码如下。

```
1. library(ggpubr)
2. library(readxl)
3. library(tidyverse)
4. paper_group_bar <- read_excel("paper_group_bar_data.xlsx")
5. #数据处理
6. paper_stat_1 <- paper_group_bar %>%
7.     group_by(Treatment) %>%
8.     rstatix::wilcox_test(Value ~ Gene) %>%
9.     rstatix::adjust_pvalue() %>%
10.    rstatix::add_significance() %>%
11.    rstatix::add_xy_position(x = "Gene", group = "Treatment")
12.ggpubr::ggbarplot(data = paper_group_bar,x="Gene",y="Value",fill="Treatment",
13.                  add="mean_sd",,palette="npg",width=0.8,
14.                  ylab="Mean value",xlab="",legend = "top",
15.                  position = position_dodge(0.8),
16.                  add.params= list(width = 0.2,size=0.3),
17.                  ggtheme=theme_classic(base_family = "times")) +
18. geom_jitter(aes(x = Gene, y=Value,fill=Treatment),
19.             shape=22,size=4,stroke=1,
20.             position = position_jitterdodge(jitter.width = 0.2,
21.                                              dodge.width = 0.8)) +
```

```
22. ggpubr::stat_pvalue_manual(paper_stat_1,label = "p.adj.signif",
23.                            tip.length = 0,step.increase = 0.05,
24.                            family="times",label.size=6)+
25. scale_y_continuous(expand = c(0, 0),limits = c(0,100),
26.                    breaks = seq(0,100,20)) +
```

复杂分组数据

针对某些特殊情况，需要绘制具有“分组”特性的统计柱形图，所谓“分组”主要有两种形式，一种为常见的根据多个 X 轴子类进行分组，柱形图的颜色再根据大类进行区分；另外一种为 X 轴的柱形图主要分成几个大类，每个大类范围内都会有对应的小类别，样式和分组柱形图可视化结果有些相似。图 4-1-31 所示为其中一种复杂分组常见的柱形图样式，可以看出，在添加 P 值符号的细节设置上，对 P 值横线左右两边的长度进行了不同的设定，使得读者更易发现是哪两组数据间的比较。

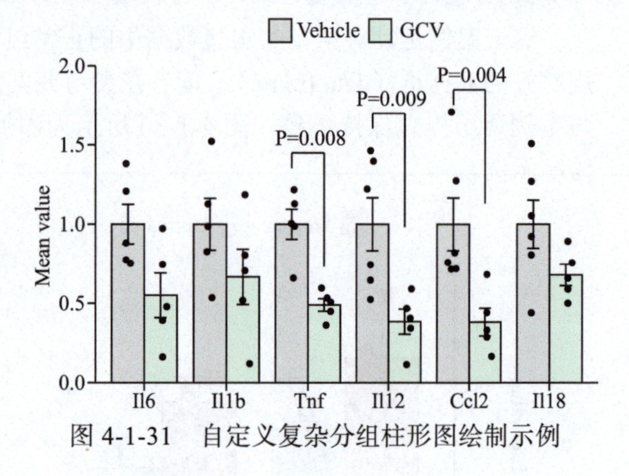

图 4-1-31　自定义复杂分组柱形图绘制示例

由于要对 P 值标签进行定制化的操作，可采用更容易实现个性化绘制 P 值的 ggsignif 包中的 geom_signif() 函数。但需要注意的是，由于 P 值样式为具体数值和“P”符号组合，因此还需要获取具体的分组 P 值计算结果，可使用 rstatix 包中的 adjust_pvalue() 函数进行计算，获取对应结果。geom_signif() 函数中的 annotation 参数用于给定 P 值标签，y_position、xmin 和 xmax 参数用于控制 P 值标签位置，tip_length 参数的值设置为向量组合，用于控制标签左、右长度。图中每个数值点的绘制则是使用 ggbeeswarm 包中的 geom_beeswarm() 完成的，其目的是更好地展示数据的抖动效果，避免数据重叠。图 4-1-31 所示图形的核心绘制代码如下。

```
1. library(ggpubr)
2. library(readxl)
3. library(tidyverse)
4. paper_group_bar02 <- read_excel("paper_group_bar_data 02.xlsx")
5. #修改变量顺序
6. paper_group_bar02$all_type <- factor(paper_group_bar02$all_type,
7.                                      levels=c("Vehicle","GCV"))
8. ggpubr::ggbarplot(data = paper_group_bar02,x="index",y="value",
9.                   fill="all_type",add="mean_se",
10.                  palette = c("lightgray","#DDF8E8"),
11.                  width=0.8,size=0.3, legend = "top",
12.                  ylab="Mean value",xlab="",
13.                  position = position_dodge(0.8),
14.                  add.params= list(width = 0.3,size=0.3),
15.                  ggtheme=theme_classic(base_family = "times")) +
16. geom_jitter(aes(x = index, y=value,group=all_type),
17.             position = position_dodge(width = 0.8),size=1.5) +
18. ggsignif::geom_signif(y_position = c(1.45,1.7,1.85),
19.                       xmin = c(2.8,3.8,4.8), xmax = c(3.2, 4.2,5.2),
20.                       annotation = c("P=0.008","P=0.009","P=0.004"),
21.                       tip_length = c(0.06, 0.45),
22.                       size=0.3,textsize = 5,vjust =-0.35,
23.                       family = "times") +
24. scale_y_continuous(expand = c(0, 0),limits = c(0,2),
25.                    breaks = seq(0,2,0.5))
```

提示：绘制稍显复杂的分组柱形图时，特别是在添加指定样式的P值标签时，rstatix包给出的计算结果可能与期望有所不同，如结果行顺序与分组顺序不同，导致使用stat_pvalue_manual()函数添加的P值样式与分组顺序不同，这时，我们可以根据计算结果重新构建（tibble::tribble()）正确顺序的P值绘图数据，或者使用本案例中的geom_signif()根据P值结果添加个性化P值样式。

针对上文介绍的第二种复杂分组柱形图的情况，在一些科研论文中常出现的样式一般为横轴先分成几个大类，每个大类中再具体分成详细的小类别，如图4-1-31所示，可以看出，在这类复杂分组柱形图的绘制过程中，其P值标签的添加更加个性化和便利。

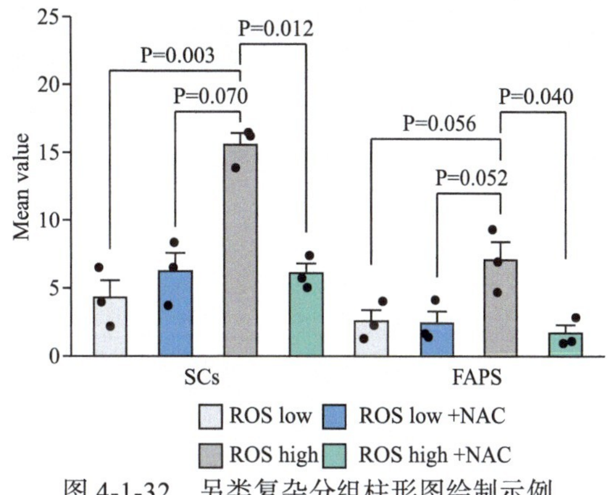

图 4-1-32 另类复杂分组柱形图绘制示例

要实现图4-1-32所示的可视化结果，使用ggplot2绘制的常规方法为依据，对其分类变量进行分面（facet_wrap()函数）操作，详细内容可参考4.1.5小节，但此方法在绘制P值标签时，无法灵活地实现图4-1-31所示P值标签样式。通过dplyr包中的mutate()函数根据变量构建柱形图唯一位置变量，同时修改绘图数据的变量顺序。显著性P值标签的添加则是使用ggsignif包中geom_signif()函数，通过设置位置参数（y_position、xmin、xmax）、标签参数annotation等实现单组P值的添加，需要指出的是，所添加的P值结果是通过rstatix包中的相关函数所得的。图4-1-32所示图形的核心绘制代码如下。

```
1.  library(ggpubr)
2.  library(readxl)
3.  library(tidyverse)
4.  paper_group_bar03 <- read_excel("paper_group_bar_data 03.xlsx")
5.  #构建新变量
6.  paper_group_bar03 <- paper_group_bar03 %>%
7.                                    mutate(index=paste0(name,"_",type))
8.  ggplot(data = paper_group_bar03,aes(x=index,y=value)) +
9.    #误差线
10.   stat_summary(fun.data = 'mean_se', geom = "errorbar",
11.               width = 0.3,linewidth=0.25)+
12.   #柱形图
13.   geom_bar(aes(fill=name),color="black",stat="summary",
14.            fun=mean,linewidth=0.5,width=0.5) +
15.   #散点图
16.   geom_jitter(color="black",size = 2,width = 0.2)+
17.   ggsignif::geom_signif(y_position = 21,xmin =1,xmax =3,
18.                         annotation = c("P=0.003"),
19.                         tip_length = c(0.85, 0.05),
20.                         size=0.3,textsize = 5,vjust =-0.35,
21.                         family = "times") +
22.   ggsignif::geom_signif(y_position = 18,xmin =2,xmax =3,
23.                         annotation = c("P=0.070"),
24.                         tip_length = c(0.55, 0.05),
25.                         size=0.3,textsize = 5,vjust =-0.35,
26.                         family = "times") +
27.   ggsignif::geom_signif(y_position = 23,xmin =3,xmax =4,
28.                         annotation = c("P=0.012"),
29.                         tip_length = c(0.1, 0.9),
```

```
30.                     size=0.3,textsize = 5,vjust =-0.35,
31.                     family = "times") +
32.   labs(x="",y="Mean value") +
33.   guides(fill = guide_legend(nrow = 2,byrow = TRUE)) +
34.   #颜色
35.   scale_fill_manual(values =
36.                      c("#DCDBE1","#74B1E0","#A2A7AA","#87D0BF")) +
37.   scale_x_discrete(labels = c("","SCs","","","","FAPS","",""))  +
```

提示：这里绘制柱形图直接使用原始绘图数据，并没有将原始绘图数据通过 rstatix 包的 get_summary_stats() 函数转化为统计结果绘制，而是使用 stat_summary() 函数绘制误差线，设置 geom_bar() 函数中的 stat、fun 参数绘制柱形图的方法进行，该方法更好地利用了 ggplot2 包绘图函数中的统计分析功能，省去了绘图前的统计分析操作，但对初学者不太友好，读者可自行选择适合自己的方法进行统计图形的绘制。

截断统计柱形图

用于绘制图形的各组数据观测值差距较大，同时展示在同一个绘图对象中，就会导致部分组的数据无法较好地展示，失去图形的参考价值。遇到这种情况，可以将 Y 轴“断开”或“切”为两部分（截断方法），构建一种新的统计图形——截断统计图形（线图、柱形图等），即将一个统计图形分成上下两部分，使用上方的图形对象展示绘图数据中差距较大的离散值，而下方的图形展示绘图数据中的大部分数据细节。图 4-1-33 所示为使用截断方法绘制分组柱形图前后的可视化样式，可以看出：由于图 4-1-33（a）中没有使用截断方法，其“0 组”数据在图形中几乎无法展示；图 4-1-33（b）中则可以很好地展示出各组数据的情况。

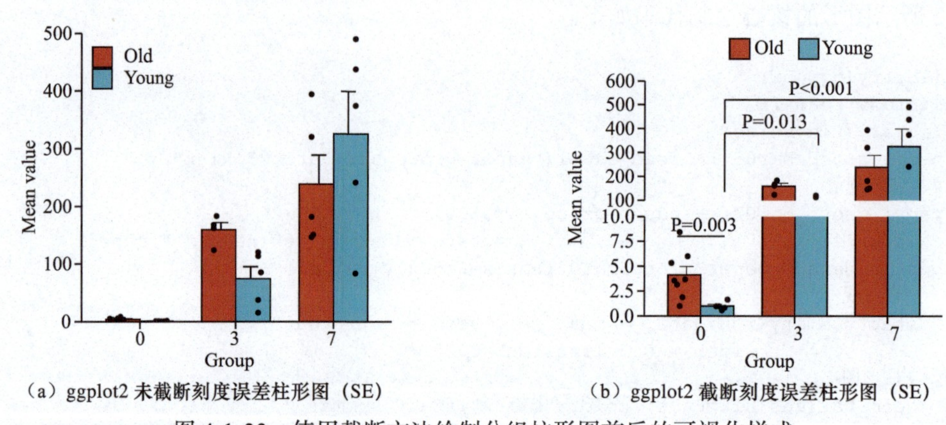

（a）ggplot2 未截断刻度误差柱形图（SE）　　（b）ggplot2 截断刻度误差柱形图（SE）

图 4-1-33　使用截断方法绘制分组柱形图前后的可视化样式

要想使用 ggplot2 绘制出坐标轴截断效果，可使用拓展工具包 ggbreak 完成绘制，该包中的 scale_x/y_break() 函数可以实现 X 轴或 Y 轴的截断设置，其参数 scales 用于控制截断刻度轴后子图的相对大小；参数 space 用于控制 X 轴或 Y 轴截断后各子图之间的空白距离。图 4-1-33（b）中的 P 值标签添加使用的还是前面介绍的方法，这里不再赘述，核心绘制代码如下。

```
1. library(ggpubr)
2. library(readxl)
3. library(ggbreak)
4. library(tidyverse)
5. boken_bar <- read_excel("broken axis bar long.xlsx")
6. ggplot(data = boken_bar,aes(x=as.factor(group),
7.                              y=value,group=type)) +
```

```
8.    #误差线
9.    stat_summary(fun.data = 'mean_se', geom = "errorbar",
10.            width = 0.3,linewidth=0.25,position=position_dodge(0.6)) +
11.   #柱形图
12.   geom_bar(aes(fill=type),color="black",stat="summary",
13.            fun=mean,linewidth=0.5,width=0.7,position="dodge") +
14.   ggbeeswarm::geom_beeswarm(dodge.width = 0.9) +
15.   labs(x="Group",y="Mean value") +
16.   ggsignif::geom_signif(y_position = 8,xmin =0.75,xmax =1.25,
17.                         annotation = c("P=0.003"),
18.                         size=0.3,textsize = 5,vjust =-0.35,
19.                         family = "times") +
20.   ggsignif::geom_signif(y_position = 380,xmin =1.25,xmax =2.25,
21.                         annotation = c("P=0.013"),
22.                         tip_length = c(0.5, 0.1),
23.                         size=0.3,textsize = 5,vjust =-0.35,
24.                         family = "times") +
25.   ggsignif::geom_signif(y_position = 520,xmin =1.25,xmax =3.25,
26.                         annotation = c("P<0.001"),
27.                         tip_length = c(0.2, 0),
28.                         size=0.3,textsize = 5,vjust =-0.35,
29.                         family = "times") +
30.   #颜色
31.   ggsci::scale_fill_npg() +
32.   scale_y_continuous(expand = c(0, 0),limits = c(0,600)) +
33.   #Y轴截断
34.   ggbreak::scale_y_break(c(10,100),
35.                   scales=1.2, expand = FALSE,
36.                   space=0.25) +
37.   theme_classic()+
```

3. 使用场景

在一般的科研论文中，柱形图主要用于类别数据间的对比。简单的柱形图可用于对比不同组实验数据的数值大小，如用于比较不同浓度药品对正常组和对照组的效果，通过将不同浓度的药品分别表示为柱形图中的不同组别，可观察药品浓度与实验结果之间的关系；分组柱形图用于对比不同分组内相同分类的数值大小和相同分组内不同分类的数值大小；堆积柱形图不但能对比不同分组的总量大小，而且能对比同一分组内不同分类的数值大小；带误差和 P 值的柱形图则更加适用于多组实验数据统计结果对比分析以及相关检验分析。柱形图在多种学科中被广泛使用，如社会学、经济学、大气科学、生物学、机械工程、临床医学等。

4.1.7 人口“金字塔”图

1. 介绍和绘制方法

人口“金字塔”（population pyramid）图作为统计柱形图的一种，用类似金字塔的形状对人口年龄和性别的分布情况进行形象展示。人口“金字塔”图适用于显示人口模式的变化，其形状可以很好地展示人口结构，如底部较宽、顶部狭窄的人口“金字塔”图表示该群体具有很高的生育率和很低的死亡率；而顶部较宽、底部狭窄的人口“金字塔”图则表示出现人口老龄化，而且生育率低。也就是说，它可用来推测人口的未来发展情况。另外，人口“金字塔”图也适用于其他通过两个类别变量分析一组数据的情况。图 4-1-34 所示为使用 ggplot2 和拓展工具包 ggcharts 绘制的两种人口“金字塔”图示例。

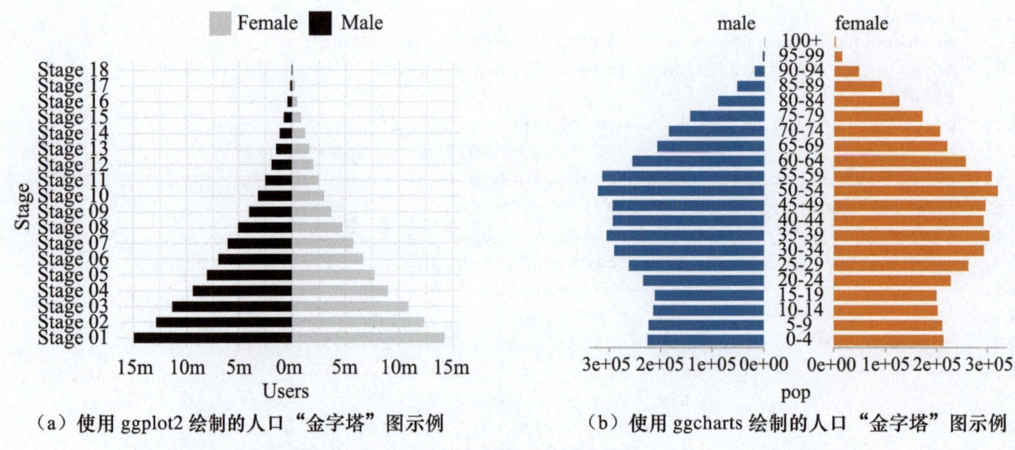

（a）使用 ggplot2 绘制的人口“金字塔”图示例　（b）使用 ggcharts 绘制的人口“金字塔”图示例

图 4-1-34　使用 ggplot2 和 ggcharts 绘制的人口“金字塔”图示例

使用 ggplot2 绘制人口“金字塔”图的关键是合理使用其 geom_bar() 函数，设置参数 stat 值为 "identity"，此外，还需使用 coord_flip() 函数将横坐标进行转置。使用 ggcharts 包中的 pyramid_chart() 函数绘制人口“金字塔”图的步骤较为简单，直接选定映射变量即可。图 4-1-34（a）所示图形的核心绘制代码如下。

```
1.  library(tidyverse)
2.  library(readxl)
3.  population_data <- read_excel("人口“金字塔”图练习数据.xlsx")
4.  ggplot(population_data, aes(x = Stage, y = Users, fill = Gender)) +
5.        geom_bar(stat = "identity", width = 0.65) +
6.        scale_y_continuous(breaks = seq(-15000000, 15000000, 5000000),
7.                 labels = paste0(as.character(c(seq(15, 0, -5),
8.                                     seq(5, 15, 5))), "m")) +
9.        scale_fill_manual(values = c("grey","black")) +
10.      #转置横坐标
11.      coord_flip() +
```

提示：由于人口“金字塔”图的横坐标数值一般较大（十万、百万级别），因此，可通过自定义刻度标签样式进行绘制。使用 scale_y_continuous() 函数并设置 breaks 和 labels 参数即可自定义刻度标签样式。

2. 使用场景

由于人口“金字塔”图主要显示人口或不同群体之间的结构或模式变化差异，因此，它适用于生态学、社会学和经济学等研究领域中不同研究需求的数据展示。

4.1.8 箱线图系列

1. 介绍和绘制方法

箱线图又称箱盒图、盒须图，是一种展示数据分布情况的统计图形，即显示一组数据的最大值（上极限）、最小值（下极限）、中位数、上四分位数、下四分位数。从图形结构上来看，箱线图中箱子的顶端和底端分别表示上四分位数和下四分位数，箱子中间的横线表示中位数，从箱子两端延伸出去的线条用来表示上四分位数和下四分位数以外的数据，此外，数据中的异常值将在箱线图内以单独的点进行展示。箱线图可以表示一组或多组数据的描述性统计结果。图 4-1-35 所示为箱线图结构。

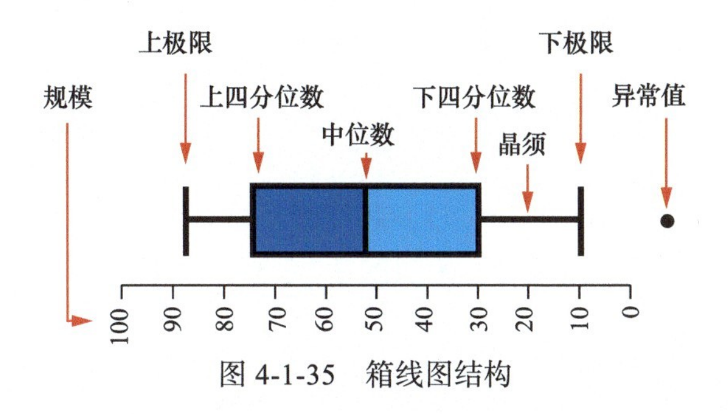

图 4-1-35 箱线图结构

图 4-1-36 展示了使用 R 语言的 ggplot2 包绘制的多组箱线图、多组缺口箱线图以及添加误差线的多组箱线图示例。

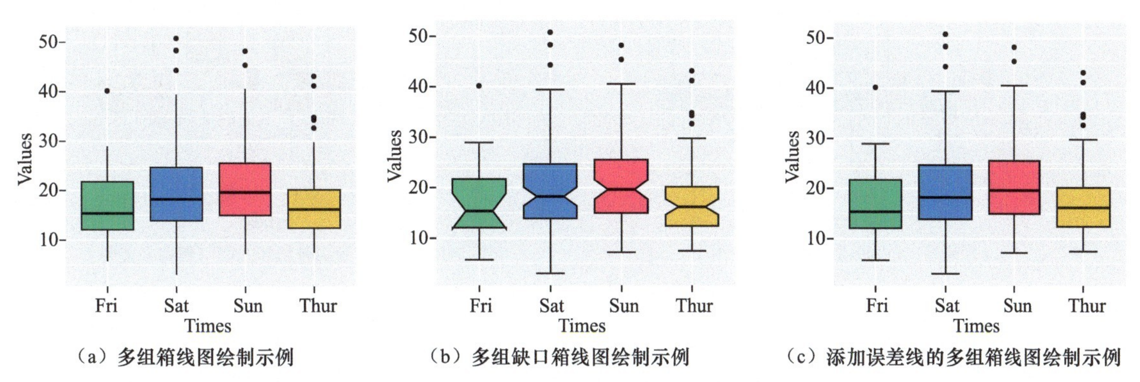

（a）多组箱线图绘制示例　（b）多组缺口箱线图绘制示例　（c）添加误差线的多组箱线图绘制示例

图 4-1-36 使用 ggplot2 绘制的多组箱线图示例

技巧：使用 ggplot2 绘制箱线图

可使用 ggplot2 包中的 geom_boxplot() 函数绘制箱线图，通过设置其映射参数 x、y 为不同绘图数据变量即可绘制纵向箱线图（x 为类别变量，y 为数值变量）和横向箱线图（x 为数值变量，y 为类别变量）；此外，通过设置 geom_boxplot() 函数中的 notch 参数值为 TRUE，即可绘制缺口箱线图（notched box plot）。需要指出的是，由于 geom_boxplot() 函数绘制的默认箱线图不添加误差线，可使用 stat_boxplot() 函数并设置 geom 参数值为 "errorbar"，完成误差线的添加。图 4-1-36（c）所示图形的核心绘制代码如下。

```
1. library(tidyverse)
2. library(reshape2)
3. colors <- c("#2FBE8F","#459DFF","#FF5B9B","#FFCC37")
4. ggplot(data = tips,aes(x=day,y=total_bill)) +
5.   #添加带有横向样式
6.   stat_boxplot(geom = "errorbar",width = 0.4,linewidth=0.5) +
7.   geom_boxplot(aes(fill=day),linewidth=0.5) +
8.   scale_fill_manual(values = colors)+
9.   labs(x="Times",y="Values") +
10.  theme(legend.position = "none",
11.        text = element_text(family = "times",face='bold',size = 18),
12.        axis.text = element_text(colour="black",face='bold',size=15),
13.        axis.ticks.length=unit(0.2, "cm"),
14.        #显示更多刻度内容
15.        plot.margin = margin(10, 10, 10, 10))
```

提示：由于 ggplot2 绘制的默认箱线图是不带误差线的，本小节介绍的箱线图类型主要以不显示误差线为主。

分组箱线图

想要使用 ggplot2 包中的 geom_boxplot() 函数绘制分组箱线图，需要设置正确的映射变量，还需要设置参数 position，使分组箱线图在正确的位置上。图 4-1-37 所示为分组箱线图绘制示例。

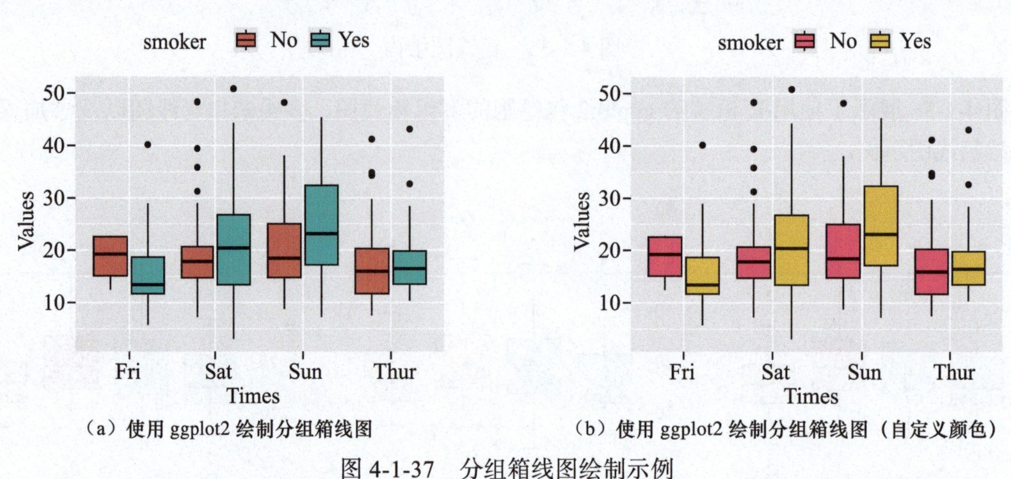

（a）使用 ggplot2 绘制分组箱线图　　（b）使用 ggplot2 绘制分组箱线图（自定义颜色）

图 4-1-37　分组箱线图绘制示例

技巧：使用 ggplot2 绘制分组箱线图

使用 ggplot2 包中的 geom_boxplot() 函数进行分组箱线图的绘制，关键操作为设置其映射变量参数 fill 为正确的分组变量数据。图 4-1-37（b）所示图形的核心绘制代码如下。

```
1. library(tidyverse)
2. library(reshape2)
3. color2 <- c("#FF5B9B","#FFCC37")
4. ggplot(data = tips,aes(x=day,y=total_bill,fill=smoker)) +
5.   geom_boxplot(linewidth=0.5,position=position_dodge(0.85)) +
6.   scale_fill_manual(values = color2) +
7.   labs(x="Times",y="Values") +
8.   theme(legend.position = "top",
9.         text = element_text(family = "times",face='bold',size = 18),
10.        axis.text = element_text(colour ="black",face='bold',size= 15),
11.        axis.ticks.length=unit(.2, "cm"),
12.        #显示更多刻度内容
13.        plot.margin = margin(10, 10, 10, 10))
```

字母值箱线图

当数据集样本个数较少（$N<200$）时，常规箱线图对展示数据集 50% 的值以及整体数据范围分布作用明显。当数据集样本个数较多（$10000<N<100000$）时，常规箱线图在数据估计四分位数之外的分位数显示、异常值分布等展示上存在问题，而字母值箱线图（letter-value box plot）可以很好地解决上述问题。

字母值箱线图是常规箱线图的扩展，它使用多个框来覆盖越来越大的数据集，第一个框覆盖中心区域的 50%，第二个框从第一个框延伸到剩余区域的一半（总共 75%，每端剩余 12.5%），第三个框覆盖剩余区域的另一半（总体为 87.5%，每端剩余 6.25%），以此类推，直到过程结束，而剩余点被标记为异常值。图 4-1-38 所示为利用 ggplot2 绘制的单组字母值箱线图和分组字母值箱线图示例。

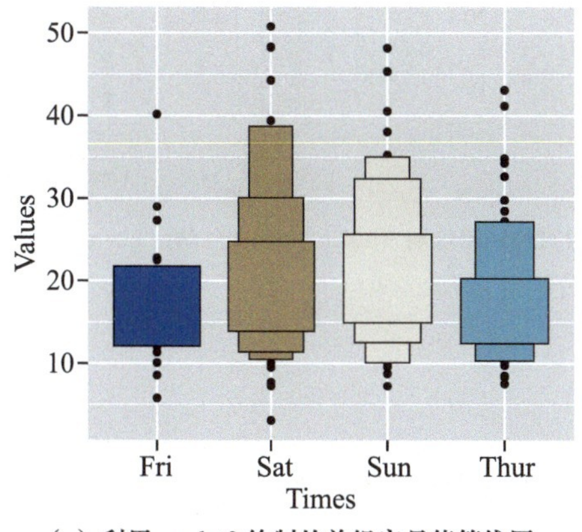

（a）利用 ggplot2 绘制的单组字母值箱线图

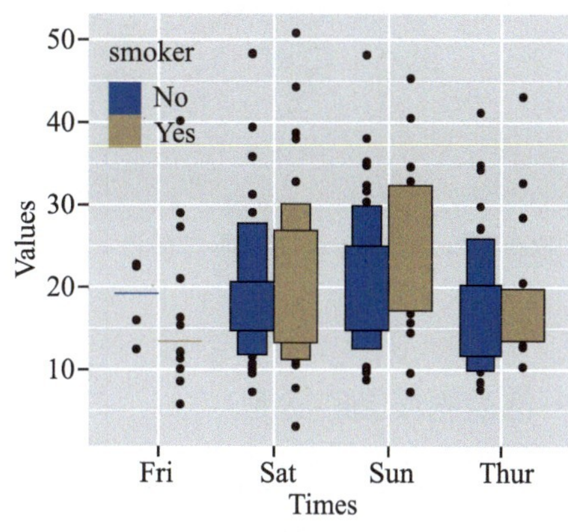

（b）利用 ggplot2 绘制的分组字母值箱线图

图 4-1-38 单 / 分组字母值箱线图绘制示例

技巧：字母值箱线图的绘制

ggplot2 包没有提供可以直接绘制字母值箱线图的绘图函数，我们可以使用第三方拓展工具包 lvplot 进行字母值箱线图绘制，其提供的 geom_lv() 函数专门用于字母值箱线图的绘制。图 4-1-38 所示图形的核心绘制代码如下。

```
1. library(tidyverse)
2. library(reshape2)
3. #图4-1-38(a)所示图形的核心绘制代码
4. ggplot(data = tips,aes(x=day,y=total_bill,fill=day)) +
5.   lvplot::geom_lv(color='black',linewidth=0.35) +
6.   ggprism::scale_fill_prism(palette = "waves") +
7.   labs(x="Times",y="Values") +
8. #图4-1-38(b)所示图形的核心绘制代码
9. ggplot(data = tips,aes(x=day,y=total_bill,fill=smoker)) +
10.   lvplot::geom_lv(color='black',linewidth=0.35) +
11.   ggprism::scale_fill_prism(palette = "waves") +
12.   labs(x="Times",y="Values") +
```

与其他数据图层组合

有时，为了更好地观察数据，通常会在箱线图上添加其他图层，一般为数据点。使用 ggplot2 中的 geom_boxplot() 结合 geom_jitter() 或者 ggbeeswarm 包中的 geom_beeswarm() 函数即可绘制出带数据点的箱线图。需要注意的是，为了图形的可观测性，在箱线图上单独绘制数据点时，一般不需要显示箱线图中的异常点（上四分位数、下四分位数范围之外的数据点）。想要实现这一操作，只需要在 geom_boxplot() 函数中设置参数 outlier.alpha = 0，即可不显示异常点。图 4-1-39 所示为 geom_boxplot() 结合 geom_jitter() 函数、ggbeeswarm 包中的 geom_beeswarm() 函数绘制的散点箱线图示例。

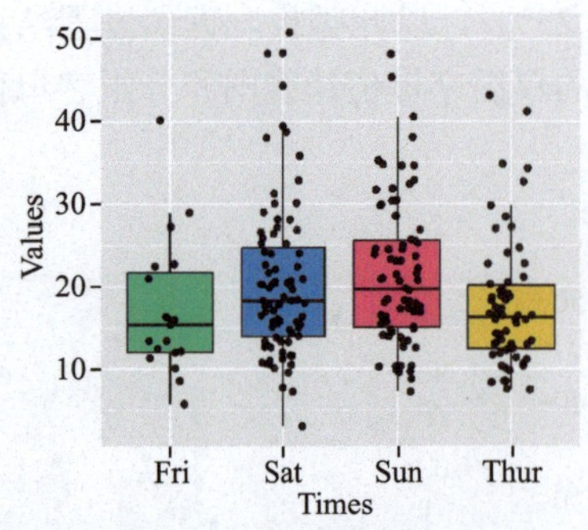

（a）散点箱线图绘制（geom_boxplot() 结合 geom_jitter()）

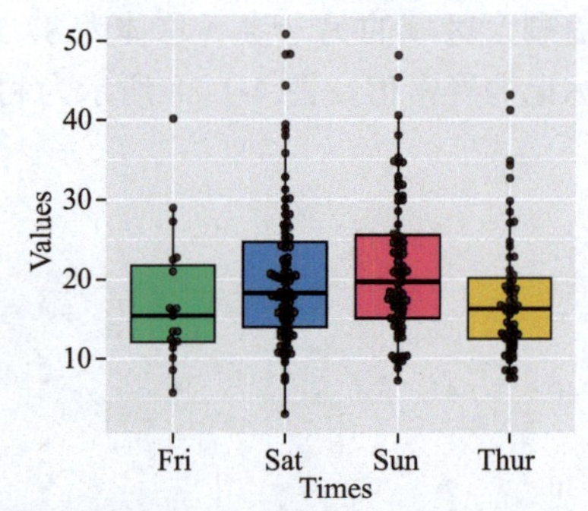

（b）散点箱线图绘制（geom_boxplot() 结合 geom_beeswarm()）

图 4-1-39　散点箱线图绘制示例

技巧：散点箱线图的绘制

ggplot2 绘制散点箱线图的方法是在箱线图之上添加散点图层，绘制方法较为简单，图 4-1-39 所示图形的核心绘制代码如下。

```
1. library(tidyverse)
2. library(reshape2)
3. colors <- c("#2FBE8F","#459DFF","#FF5B9B","#FFCC37")
4. #图4-1-39(a)所示图形的核心绘制代码
5. ggplot(data = tips,aes(x=day,y=total_bill)) +
6.   geom_boxplot(aes(fill=day),linewidth=0.5,outlier.alpha = 0) +
7.   geom_jitter(width = 0.2,alpha=0.8) +
8.   scale_fill_manual(values = colors)+
9. #图4-1-39(b)所示图形的核心绘制代码
10.ggplot(data = tips,aes(x=day,y=total_bill)) +
11.  geom_boxplot(aes(fill=day),linewidth=0.5,outlier.alpha = 0) +
12.  ggbeeswarm::geom_beeswarm(dodge.width = 0.9,alpha=0.8) +
13.scale_fill_manual(values = colors)+
```

带显著性标注的箱线图

在常见的统计分析中，显著性检验分析方法是最常用的分析方法之一，其目的是判断两组乃至多组数据集之间是否存在差异及差异是否显著。而在统计绘图中，有时也需要将显著性检验结果添加到绘制图层中。R 语言的 rstatix 包提供了常见的差异显著性检验方法，如 T 检验、科尔莫戈罗夫 - 斯米尔诺夫检验（Kolmogorov-Smirnov test，KS 检验）和卡方检验等。在 ggplot2 绘图对象上添加 P 值标签可直接使用一些优秀的第三方拓展工具包，如 ggsignif、ggpubr、ggprism 以及 ggpval 包，更多关于 P 值标签添加的介绍可参考 4.1.5 小节。图 4-1-40 所示为添加 P 值标签前后的箱线图示例。

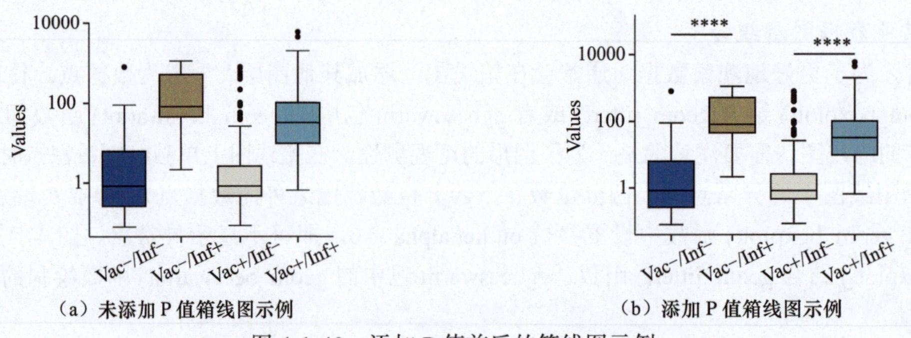

（a）未添加 P 值箱线图示例　　（b）添加 P 值箱线图示例

图 4-1-40　添加 P 值前后的箱线图示例

技巧：带显著性标注箱线图的绘制

使用第三方拓展工具包 ggpubr 包中的 stat_compare_means() 函数即可快速在箱线图上添加显著性标注。由于本例涉及的绘图数据涉及的值量级差距较大，使用了 ggplot2 中的 scale_y_log10() 函数对 Y 轴的刻度样式进行了设置，同时使用了 stat_boxplot() 函数添加了误差线。在对图形主题的个性化设置上，设置 X 轴上刻度标签文本的偏移角度，用于更好地展示各组数据的名称。图 4-1-40（b）所示图形的核心绘制代码如下。

```
1. library(tidyverse)
2. library(readxl)
3. box_data <- read_excel("箱线图_pro.xlsx")
4. ggplot(data = box_data,aes(x=variable,y=value)) +
5.   stat_boxplot(geom = "errorbar",width = 0.4,linewidth=0.4) +
6.   geom_boxplot(aes(fill=variable),linewidth=0.4) +
7.   ggpubr::stat_compare_means(comparisons = list(c("Vac+/Inf+",
8.              "Vac+/Inf-"),c("Vac-/Inf+","Vac-/Inf-")),tip.length=0,
9.               family="times",label = "p.signif",size=5) +
10.  ggprism::scale_fill_prism(palette = "waves") +
11.  scale_y_log10(limits=c(-0.1,80000))+
12.  labs(x="",y="Values") +
13.  theme_classic() +
```

2. 使用场景

箱线图系列一般用于一组或多组数据具体数值分布情况的展示，常用于实验数据的探索过程中，如在构建模型前的数据值查看过程中，通过箱线图对数据集数值分布进行了解，在常规学科中都可以使用箱线图进行数据展示。此外，在不同实验方法或机器学习算法构建之前，可通过箱线图观察测试数据或不同组数据值的分布，从而为删除异常值或部分重复值等操作提供参考依据。

4.1.9 小提琴图系列

1. 介绍和绘制方法

小提琴图结合了箱线图和密度图的特点，我们可以将它看作另一种箱线图。由于小提琴图具备箱线图的特点，因此它的主要作用是显示一组或多组数据的数值分布情况。从图形结构上来看，小提琴图中间的黑色粗条表示四分位数范围，从它延伸出来的细黑线表示 95% 置信区间，而白点则表示中位数。图 4-1-41 所示为小提琴图示例。

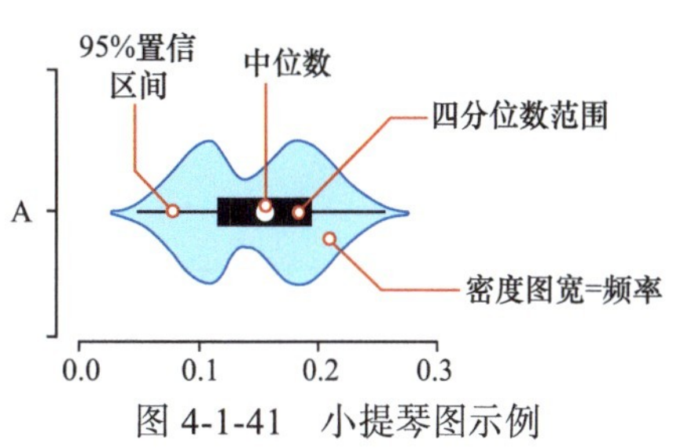

图 4-1-41　小提琴图示例

使用 ggplot2 包中的 geom_violin() 函数和 ggpubr 包中的 ggviolin() 函数都可以绘制小提琴图，二者在本质上没有太多区别，但由于 ggviolin() 函数继承部分函数的功能，其绘制多样式的小提琴图更为方便。如果需要在小提琴图上添加额外的统计图层，需要依次使用不同绘图函数进行添加，图 4-1-42 所示为 geom_violin() 函数和 stat_summary()、geom_boxplot()、geom_jitter() 函数等函数组合绘制的不同样式小提琴图；而使用 ggviolin() 函数绘制小提琴图时，可通过修改其 add 参数值，高效绘制不同样式的小提琴图，如图 4-1-43 所示。注意，图 4-1-43 使用了 ggpubr 包的默认字体 Arial，这是一种无衬线字体，具有清晰的线条和简洁的外观，可以凸显数据和图形的重要性，使它们不被字体本身的样式所干扰，是科研论文配图绘制中的常用字体。

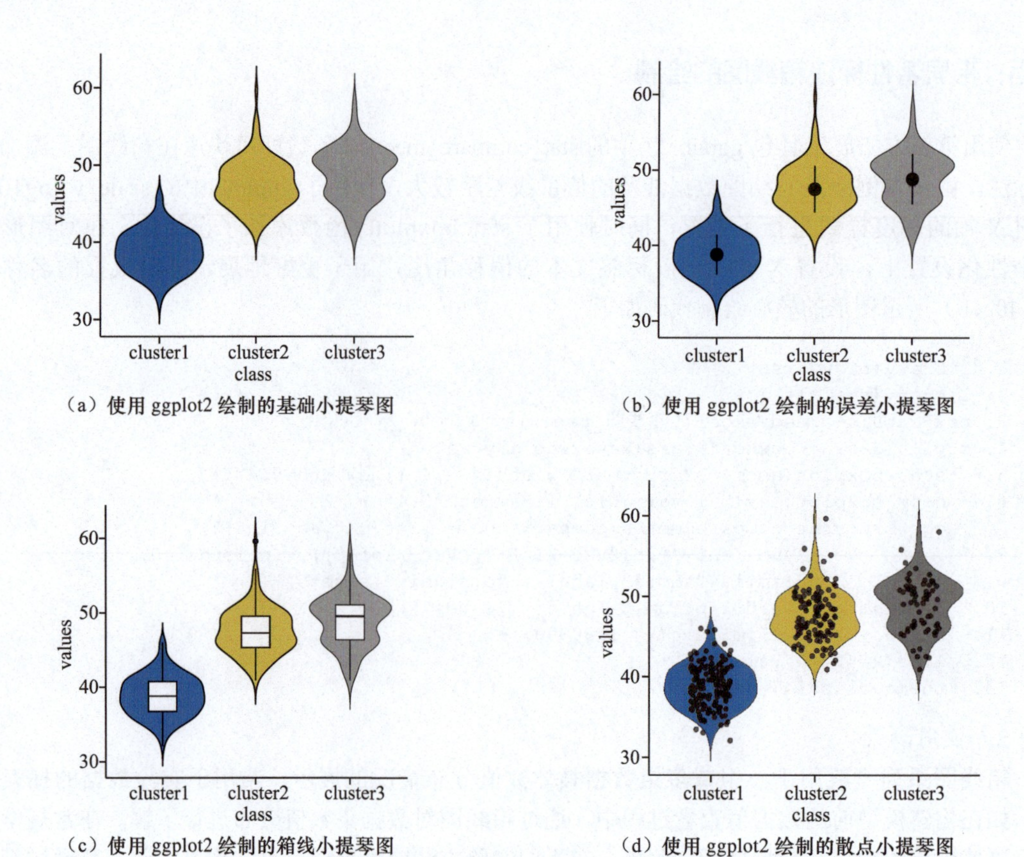

（a）使用 ggplot2 绘制的基础小提琴图

（b）使用 ggplot2 绘制的误差小提琴图

（c）使用 ggplot2 绘制的箱线小提琴图

（d）使用 ggplot2 绘制的散点小提琴图

图 4-1-42　不同样式小提琴图（使用 ggplot2 绘制）示例

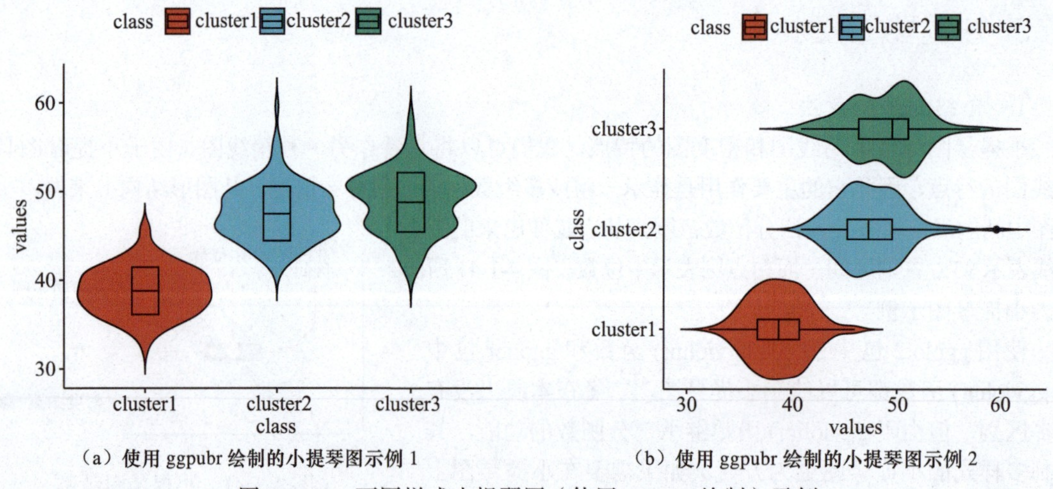

（a）使用 ggpubr 绘制的小提琴图示例 1

（b）使用 ggpubr 绘制的小提琴图示例 2

图 4-1-43　不同样式小提琴图（使用 ggpubr 绘制）示例

技巧：使用 ggplot2/ggpubr 绘制小提琴图

使用 ggplot2 包中的 geom_violin() 函数时，只需设置正确的映射参数即可绘制出小提琴图，添加误差线图层的时候，则需使用 stat_summary() 函数并设置 geom 参数为 "pointrange"、fun.data 参

数为 "mean_sd"；使用 ggpubr 包中的 ggviolin() 函数绘制小提琴图时，除了设置必要的 x、y 等参数外，添加其他统计图层的关键步骤是设置 add 参数，可选参数值包括 "mean" "mean_se" "mean_sd" 和 "mean_ci" 等，参数 error.plot 用于控制绘制误差线图层时误差线的样式，可选参数值包括 "pointrange" "linerange" "crossbar" "errorbar" 和 "upper_errorbar" 等。图 4-1-42（b）和图 4-1-43（b）所示图形的核心绘制代码如下。

```
1. library(tidyverse)
2. library(ggpubr)
3. library(readxl)
4. violin_data <- read_excel("小提琴图数据.xlsx")
5. #图4-1-42(b)所示图形的核心绘制代码
6. ggplot(data = violin_data,aes(x=class,y=values,fill=class)) +
7.     geom_violin(trim = FALSE,linewidth=0.3) +
8.     stat_summary(fun.data = 'mean_sd', geom = "pointrange",size = 1) +
9.     ggsci::scale_fill_jco() +
10.     theme_classic() +
11.#图4-1-43(b)所示图形的核心绘制代码
12.ggpubr::ggviolin(data = violin_data,x="class",y="values",
13.   fill ="class",orientation = "horiz",add = "boxplot",palette="npg")
```

提示：分组小提琴图的绘制和 4.1.6 小节、4.1.8 小节中介绍的内容相类似，绘制的关键是选择正确的分组映射变量，前提是绘图数据具有对应的变量数值，读者可详细阅读 4.1.6 小节和 4.1.8 小节，这里就不赘述了。

和柱形图、箱线图一样，小提琴图也可以添加显著性统计指标，其绘制方法类似，都是使用 ggsignif、ggpubr、ggprism 以及 ggpval 等包中的相关 P 值绘制函数完成的。由于图 4-1-44 所示的是设置了 X 轴的特定顺序样式（即特定分组样式）的小提琴图，因此使用 ggpubr 包中 stat_compare_means() 函数和 ggsignif 包中 geom_signif() 函数分别添加不同样式的 P 值标签，此外，还在小提琴图上绘制了抖动散点数据层。图 4-1-44（b）中绘制的 P 值结果由 ggpubr 包中的 stat_compare_means() 函数计算而来。

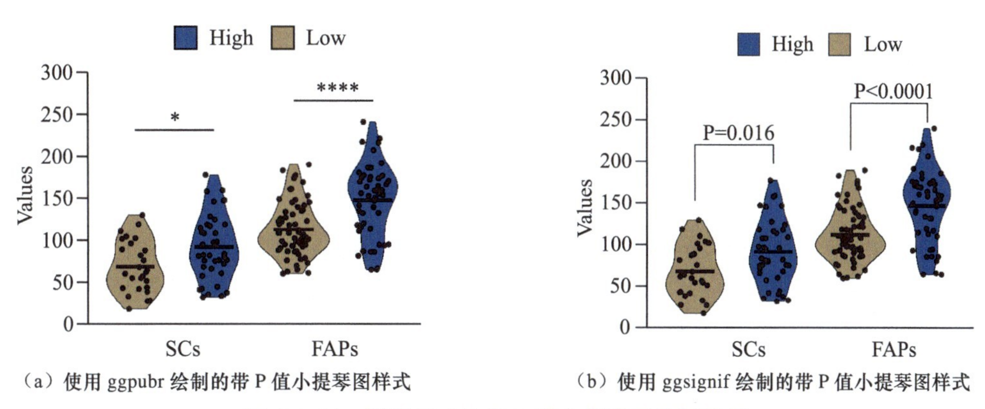

（a）使用 ggpubr 绘制的带 P 值小提琴图样式　（b）使用 ggsignif 绘制的带 P 值小提琴图样式

图 4-1-44　不同样式的带 P 值小提琴图绘制示例

技巧：带 P 值小提琴图的绘制

使用 ggpubr 包中的 stat_compare_means() 函数添加显著性 P 值标签的步骤较为固定，即控制参数 comparisons，用于确定计算 P 值的数据组数值，设置映射参数 aes() 中的 label 参数，用于控制 P

值样式（如 * 或者组合样式）；使用 ggsignif 包中的 geom_signif() 函数添加个性化 P 值标签，主要是设置正确的 P 值样式参数 annotation，以及 P 值位置参数 y_position、xmin、xmax 等。图 4-1-44 所示图形的核心绘制代码如下。

```
1. library(tidyverse)
2. library(ggpubr)
3. library(readxl)
4. library(ggsignif)
5. #图4-1-44(a)所示图形的核心绘制代码
6. comparisons_all <- list(c("Low_SCs","High_SCs"),
7.                          c("Low_FAPs","High_FAPs"))
8. ggplot(data = violin_data2,aes(x=name,y=value,fill=type)) +
9.     geom_violin(linewidth=0.3) +
10.geom_jitter(width = 0.2,show.legend=FALSE) +
11.    #添加均值横线
12.    stat_summary(fun = 'mean', geom = "crossbar",
13.                 linewidth = 0.5, width = 0.5,show.legend=FALSE) +
14.    #添加P值
15.    ggpubr::stat_compare_means(aes(label = after_stat(p.signif)),
16.                            comparisons = comparisons_all,
17.                            label.y = c(220, 255),size=6,
18.                            tip.length=0)+
19.#图4-1-44(b)所示图形的核心绘制代码
20.ggplot(data = violin_data2,aes(x=name,y=value,fill=type)) +
21.    geom_violin(linewidth=0.3) +
22.    geom_jitter(width = 0.2,show.legend=FALSE) +
23.    #添加均值横线
24.    stat_summary(fun = 'mean', geom = "crossbar",
25.                 linewidth = 0.5, width = 0.5,show.legend=FALSE) +
26.    ggsignif::geom_signif(y_position = 220,xmin = 1, xmax = 2,
27.                      annotation = c("P=0.016"),
28.                      tip_length = c(0.3, 0.1),
29.                      size=0.35,textsize = 5,vjust =-0.2,
30.                      family = "times") +
31.    ggsignif::geom_signif(y_position = 270,xmin = 3, xmax = 4,
32.                      annotation = c("P<0.0001"),
33.                      tip_length = c(0.25, 0.1),
34.                      size=0.35,textsize = 5,vjust =-0.2,
35.                      family = "times") +
```

提示： 在读取完绘图数据之后，还使用 tidyr 包中的 pivot_longer() 和 dplyr 包中的 mutate() 函数实现了将“宽”数据转换为“长”数据、添加新的分组变量等操作，完成绘图数据的生成。

2. 使用场景

由于小提琴图是一种展示数据分布状态以及概率密度的统计图形，因此其使用场景和箱线图的类似。小提琴图还可以表示数据在不同数值下的概率密度，所表达的数据信息更加丰富。它常用于数据探索和预处理过程，主要是对待处理数据进行数据值分布查看。

4.1.10 密度缩放抖动图

1. 介绍和绘制方法

密度缩放抖动图（sina plot）的绘制灵感主要来源于点带图和小提琴图。密度缩放抖动图具有和小提琴图一样的图形轮廓，且使用抖动散点来填充小提琴图的绘图区域。抖动散点的绘制则基于数据点的归一化密度值，即数据密度分布控制着数据点在 X 轴上抖动的宽度。图 4-1-45 所示为无密度轮廓、有密度轮廓和带统计 P 值的密度缩放抖动图绘制示例。

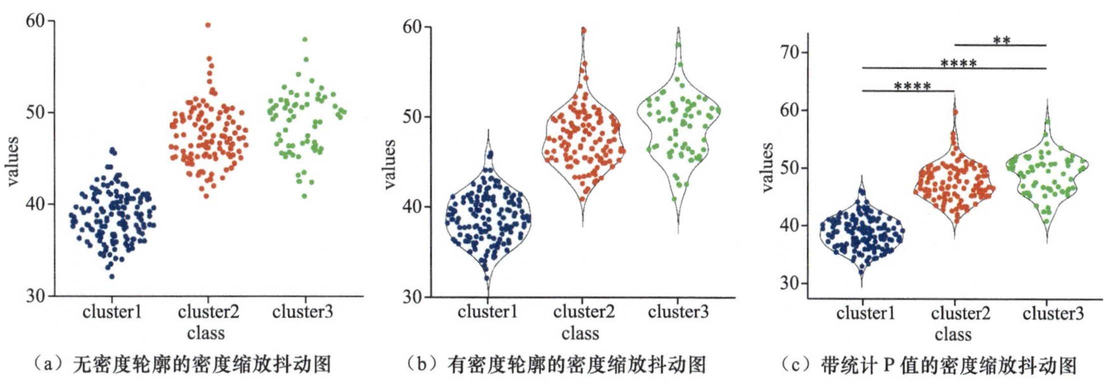

（a）无密度轮廓的密度缩放抖动图 （b）有密度轮廓的密度缩放抖动图 （c）带统计 P 值的密度缩放抖动图

图 4-1-45 不同样式密度缩放抖动图绘制示例

技巧：密度缩放抖动图的绘制

在 R 语言基础绘图工具包 ggplot2 中暂无特定的函数可以绘制密度缩放抖动图，可使用第三方拓展工具包 ggforce 完成绘制。ggforce 包中提供的 geom_sina() 函数的使用方法和 ggplot2 包中大部分图层函数的使用方法一致，选定特定的映射参数即可绘制出密度缩放抖动图，也可以在 ggplot2 的 ggplot() 函数中设置全局映射参数。图 4-1-45（b）、图 4-1-45（c）所示的密度轮廓是使用 ggplot2 包中的 geom_violin() 绘制而成的，P 值符号的添加则是使用 ggpubr 包中的 stat_compare_means() 函数完成的。图 4-1-45（b）、图 4-1-45（c）所示图形的核心绘制代码如下。

```
1. library(tidyverse)
2. library(ggpubr)
3. library(ggforce)
4. library(readxl)
5. #图4-1-45(b)所示图形的核心绘制代码
6. ggplot(data = sina_data,aes(x=class,y=values)) +
7.     geom_violin(trim = FALSE,linewidth=0.3) +
8.     ggforce::geom_sina(aes(color=class)) +
9. #图4-1-45(c)所示图形的核心绘制代码
10.ggplot(data = sina_data,aes(x=class,y=values)) +
11.    geom_violin(trim = FALSE,linewidth=0.3) +
12.    ggforce::geom_sina(aes(color=class)) +
13.    #添加显著性P值
14.    ggpubr::stat_compare_means(aes(label = after_stat(p.signif)),
15.         comparisons = comparisons, label.y = c(62, 66, 70),
16.         tip.length=0,size=6,vjust=0.5) +
```

提示： ggforce 绘图工具包主要是为了补充 ggplot2 包没有涉及的绘图函数，其提供的绘图函数在绘制特定条件下的科研论文插图时非常有用，如绘制特定面区域的 geom_shape()、绘制椭圆的 geom_ellipse() 以及绘制标注信息的 geom_mark_rect() 等函数。笔者建议读者认真学习此工具包的绘图函数，以便在科研绘图任务中灵活解决绘图难题。

2. 使用场景

密度缩放抖动图可以简单、清晰地表达数据点数量、密度分布、异常值等信息，但该图一般使用在数据量较少的情况下，数据量较多时绘制密度缩放抖动图将会对数值理解造成困难。

4.1.11 云雨图

在理想状态下，绘制的统计图形应该能够全面地表示绘图数据，且能够平衡图的解释性、复杂性和可观赏性。对于常见的统计图形，如误差柱形图，由于其单一的数据属性表示方式，它在表达数据分布和不同条件下的统计差异上存在明显不足。虽然在柱形图上添加抖动散点，或者使用箱线图或小提琴图绘制估测数据等能在一定程度上弥补上述不足，但这同时增加了图的复杂性且容易丢失相关统计属性。

为了解决这一问题，可使用云雨图（raincloud plot）进行数据绘制。从本质上来说，云雨图是一种组合图，它结合了小提琴图（如对半小提琴图）、抖动散点图和箱线图（对半小提琴图对应“云”，抖动散点图对应“雨”，箱线图对应“伞”），用于充分表示数据集平均值、中位数、误差、分布情况等统计信息。在 R 语言中，有很多拓展绘图工具包可以绘制云雨图，如使用 ggrain 包中的 geom_rain() 函数以及 raincloudplots 包中的相关函数进行绘制，或者使用 ggdist 包中的 stat_halfeye() 函数和 ggplot2 包中的 geom_boxplot()、geom_jitter() 等图层函数共同完成绘制。图 4-1-46 所示为使用 ggrain 包绘制的各种云雨图示例，其中图 4-1-46（a）为单组数据的云雨图示例，图 4-1-46（b）、图 4-1-46（c）、图 4-1-46（d）为多组数据的云雨图示例。

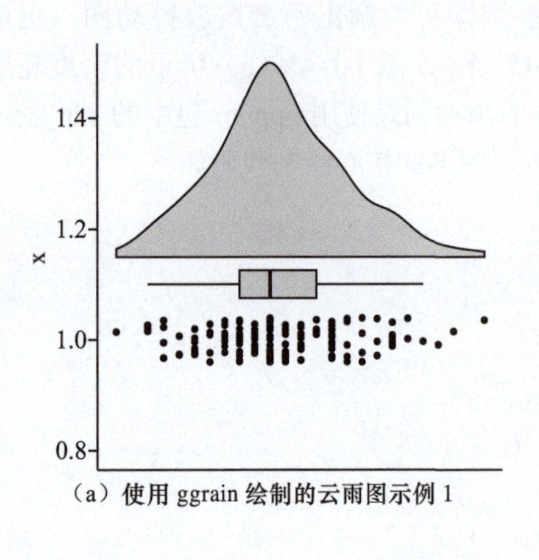

（a）使用 ggrain 绘制的云雨图示例 1

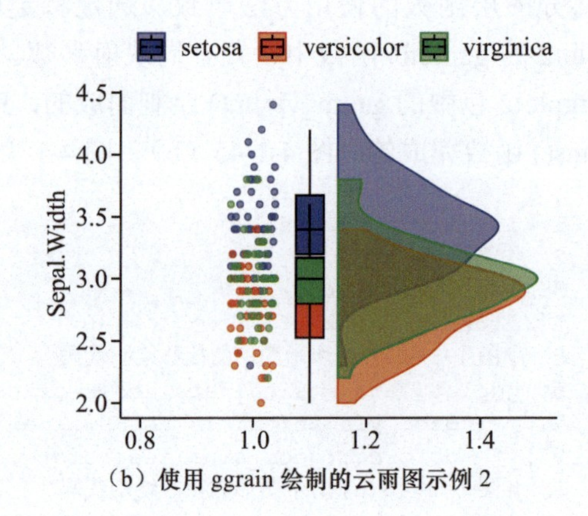

（b）使用 ggrain 绘制的云雨图示例 2

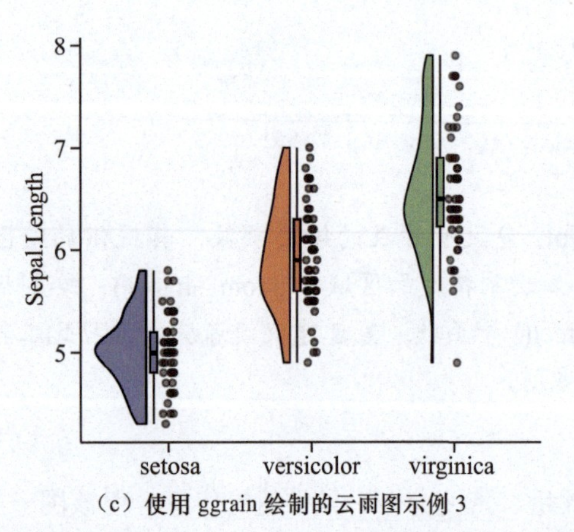

（c）使用 ggrain 绘制的云雨图示例 3

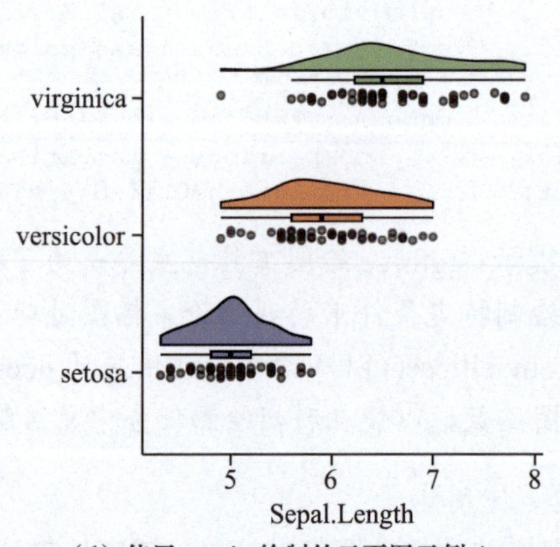

（d）使用 ggrain 绘制的云雨图示例 4

图 4-1-46　不同样式云雨图绘制示例

技巧：云雨图的绘制

R 语言中的 ggrain 包提供了 geom_rain() 函数，专门用于云雨图的绘制，其使用和 ggplot2 一样的绘图语法且支持的额外参数更多，可绘制出多种样式的云雨图。参数 rain.side 用于控制云雨图的位置（左、右），参数 point.args、line.args、boxplot.args、violin.args 用于控制云雨图中点、线、箱线图和小提琴图的图层属性（如颜色、线宽等），图 4-1-46（b）所示图形的核心绘制代码如下。

```
1. library(ggrain)
2. ggplot(iris, aes(1, Sepal.Width, fill = Species,color = Species)) +
3.   geom_rain(alpha = 0.6,
4.             boxplot.args = list(color = "black",
5.                                 outlier.shape = NA)) +
```

除了可以根据分组数据绘制不同样式的云雨图，geom_rain() 函数还可以通过参数 cov 将连续数值变量映射到云雨图中的点的颜色。图 4-1-47 所示为带有分类映射和数值映射图例的云雨图绘制示例。需要指出的是，图 4-1-47 所示的箱线图、小提琴图中的图层属性都使用上文介绍的参数进行了修改。

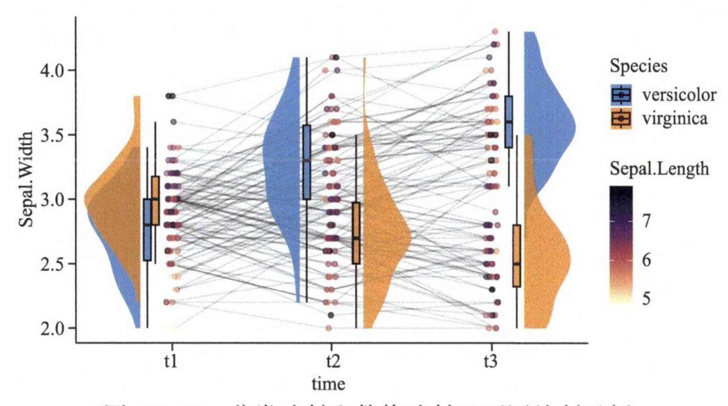

图 4-1-47　分类映射和数值映射云雨图绘制示例

图 4-1-47 所示图形的核心绘制代码如下。

```
1. library(ggrain)
2. ggplot(iris.long, aes(time, Sepal.Width, fill = Species)) +
3.   geom_rain(alpha = 0.5, rain.side = 'f', id.long.var = "id",
4.             cov = "Sepal.Length",
5.             boxplot.args = list(outlier.shape = NA, alpha = .8),
6.             violin.args = list(alpha = .8, color = NA),
7.             boxplot.args.pos = list(width = .1,
8.             position = ggpp::position_dodgenudge(x = c(-0.13, -0.13,
9.                                                        -0.13, 0.13,
10.                                                       0.13, 0.13))),
11.            violin.args.pos = list(width = .7,
12.    position = position_nudge(x = c(rep(-.2, 256*2), rep(-.2, 256*2),
13.                                    rep(-.2, 256*2), rep(.2, 256*2),
14.                                 rep(.2, 256*2), rep(.2, 256*2))))) +
15.  scale_fill_manual(values=c("dodgerblue", "darkorange")) +
16.  scale_color_viridis_c(option =  "A", direction = -1) +
17.  theme_classic() +
```

提示：除了使用 ggrain 包绘制云雨图，还可以使用 raincloudplots 包绘制云雨图。笔者建议读者使用 ggrain 包绘制云雨图，其绘图语法和 ggplot2 的基本相同。

4.1.12 饼图和环形图

1. 介绍和绘制方法

饼图（pie chart）又称饼状图，是一个包括若干扇形的圆形统计图形。在饼图中，不同类别的占比被划分成不同比例的分段，用于展示各个类别的百分比。所有类别的比例之和为 100%。饼图所能表示的类别个数有限，且在学术图形中需要为每个类别选择合适的视觉颜色或样式，这在面对多组数据的多个变量的情况时，容易造成凌乱的效果，导致理解成本加大。图 4-1-48 所示为利用 ggplot2 绘制的不同样式饼图示例。

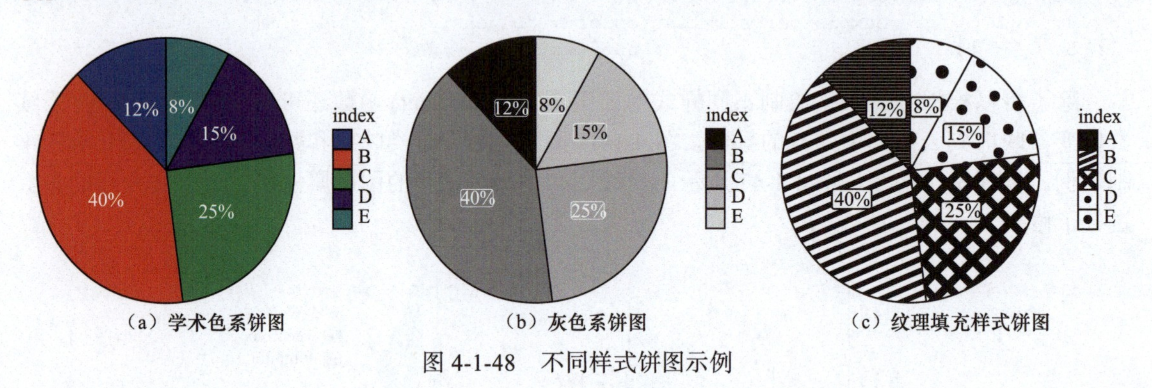

（a）学术色系饼图　（b）灰色系饼图　（c）纹理填充样式饼图

图 4-1-48　不同样式饼图示例

技巧：饼图的绘制

使用 R 语言基础绘图工具包 ggplot2 中的 geom_col() 函数和 coord_polar() 函数绘制饼图，绘制关键是设置 coord_polar() 函数中的 theta 参数值为 "y"。而要绘制纹理填充样式饼图，则需要使用 ggpattern 包中的 geom_col_pattern() 函数，并且同样需要使用 coord_polar() 函数进行坐标转换。需要注意的是，如果需要绘制图 4-1-48（b）、图 4-1-48（c）中的文本标签样式，则需要使用 ggplot2 包中的 geom_label() 函数，并通过设置 position 参数值为 position_stack() 函数，进行文本位置的调整。图 4-1-48（c）所示图形的核心绘制代码如下。

```
1. library(tidyverse)
2. library(ggpattern)
3. #构建绘图数据集
4. sizes <- c(12, 40, 25, 15,8)
5. index <- c('A','B','C','D',"E")
6. pie_data <- data.frame(index,sizes)
7. pie_data <- pie_data %>% dplyr::mutate(perc = sizes/sum(sizes)) %>%
8.    arrange(perc) %>%
9.    mutate(labels = scales::percent(perc))
10.colors <- c("white","white","white","white","white")
11.ggplot(pie_data, aes(x = "", y = perc,fill=index)) +
12.  geom_col_pattern(aes(pattern = index, pattern_angle = index,
13.                       pattern_spacing = index),
14.                       fill = 'white',colour= 'black',
15.                       pattern_density = 0.35,
16.                       pattern_fill     = 'black',
17.                       pattern_colour   = 'black')+
18.  geom_label(aes(label = labels),size=5,
```

```
19.              position = position_stack(vjust = 0.5),
20.              show.legend = FALSE) +
21.   scale_fill_manual(values = colors) +
22.   coord_polar(theta = "y") +
23.   theme_void()
```

提示：在绘制饼图之前，一般需要对绘图数据集进行必要的计算，用于在图层上展示具体的类别占比，可使用 dplyr 包中的 mutate() 函数，根据已有变量生成具体的占比变量；使用 geom_label() 函数进行文本信息的绘制时，在设置全局 fill 映射之后，对 fill 填充颜色使用自定义方法 scale_fill_manual() 进行颜色赋值即可。还可以使用拓展工具包 ggstatsplot 中的 ggpiestats() 函数进行统计饼图的绘制。

环形图（donut chart）和饼图类似，只是将饼图中间部分去除了。较饼图而言，环形图能够解决多个饼图对比时差异难以被发现等问题，使读者更加关注每个类别的弧长（数值大小）。此外，中间空出的部分还可以添加文本信息，帮助用户更好地理解图形。图 4-1-49 展示了学术色系、灰色系和纹理填充环形图示例。

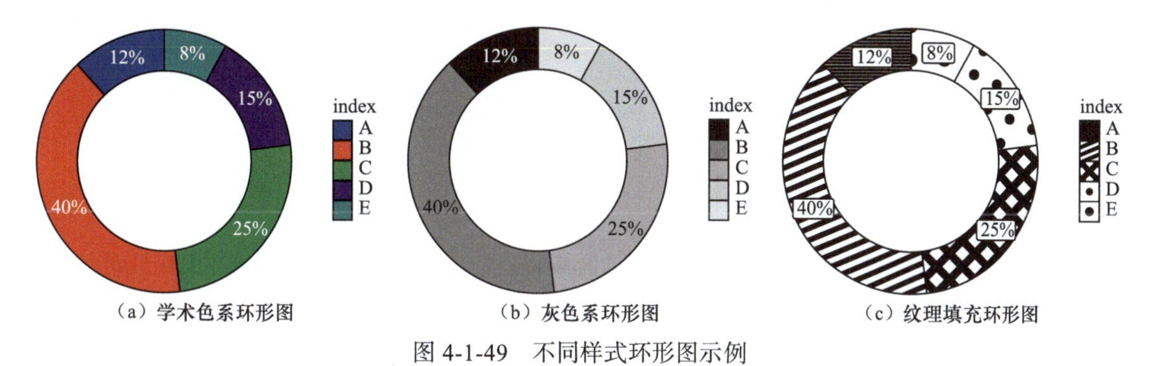

图 4-1-49　不同样式环形图示例

技巧：环形图的绘制

和饼图绘制不同的是，环形图绘制时，需要设定全局映射变量中的 x 参数值并使用 xlim() 函数进行数值范围的设定，其他步骤和绘制饼图的步骤一样。图 4-1-49（c）所示图形的核心绘制代码如下。

```
1. library(tidyverse)
2. library(ggpattern)
3. ggplot(donut_data, aes(x = x, y = perc, fill = index)) +
4.   geom_col(colour="black",linewidth=0.2) +
5.   geom_text(aes(label = labels),size=5,
6.             position = position_stack(vjust = 0.5)) +
7.   scale_fill_grey() +
8.   coord_polar(theta = "y") +
9.   xlim(c(0.1, hsize + 0.5)) +
10.  theme_void()
```

在绘制多个类别数据时，有些数据与其他数据相比，其数值较小，在环形图中不明显，容易被忽略，也无法添加文本信息，这时可使用 R 语言的拓展工具包 ggpie 进行饼图和环形图的绘制，该工具包中提供的绘图函数可以添加文本信息，使数值较小部分的占比数据的添加更加方便。此外，ggpie 包中还提供用于绘制嵌套饼图（nested pie plot）的 ggnestedpie() 函数和用于绘制玫瑰饼图 / 环形图的 ggrosepie() 函数等。图 4-1-50 所示为利用 ggpie 包绘制嵌套饼图时添加引线式文本信息的示例。图 4-1-51 所示为利用 ggpie 包绘制的玫瑰饼图和玫瑰环形图示例。

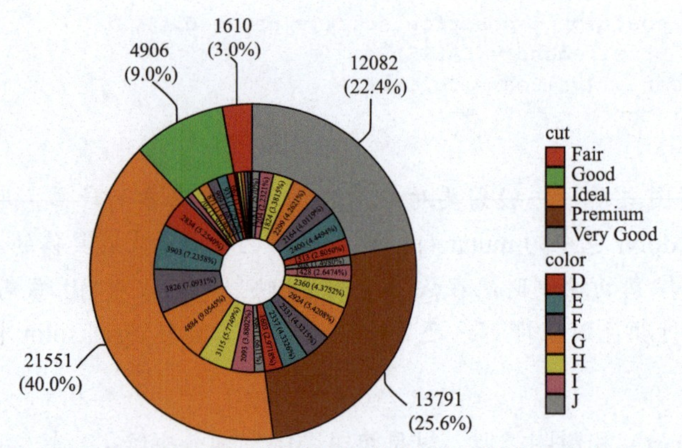

图 4-1-50　利用 ggpie 包绘制嵌套环形图时添加引线式文本信息的示例

图 4-1-50 所示图形的核心绘制代码如下。

```
1. library(ggpie)
2. data(diamonds)
3. ggnestedpie(data = diamonds, group_key = c("cut", "color"),
4.             count_type = "full",
5.             inner_label_info = "all", inner_label_split = NULL,
6.             inner_label_threshold = 1, inner_label_size = 2,
7.             outer_label_type = "horizon", outer_label_pos = "out",
8.             outer_label_info = "all",outer_label_size=5,
9.             border_size=0.35)
```

注意：由于本例涉及的数据较多，部分文本不易查看，但本例重点强调饼图或环形图引线式文本信息的绘制方法，读者可忽略此问题。

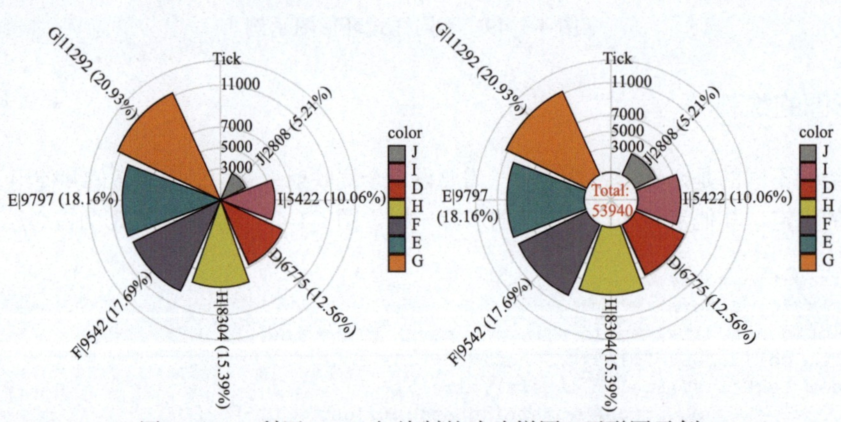

图 4-1-51　利用 ggpie 包绘制的玫瑰饼图 / 环形图示例

图 4-1-51 所示图形的核心绘制代码如下。

```
1. # 玫瑰饼图
2. p1=ggrosepie(diamonds, group_key = "color", count_type = "full",
3.     label_info = "all",tick_break = c(3000,5000,7000,11000),
4.     donut_frac=NULL,border_size=0.5)
5. # 玫瑰环形图
6. p2=ggrosepie(diamonds, group_key = "color", count_type = "full",
7.     label_info = "all",tick_break = c(3000,5000,7000,11000),
8.     donut_frac=0.3,donut_label_size=3,border_size=0.5)
9. cowplot::plot_grid(p1,p2)
```

2. 使用场景

作为常见的图形形式，饼图和环形图广泛用于各种学术研究报告中，以突出表现某个部分在整体中所占的比例、数据集中不同类别数据的占比差异等。它们可用于社会学、经济学，以及一些理工类学科。

4.2 绘制两个连续变量

双变量图形除 4.1 节介绍的根据类别变量和定量变量绘制的图形以外，还有 X 轴、Y 轴的数据类型皆为连续变量的双连续变量图形（two continuous variable plot）。双连续变量图形的代表之一就是常见的双变量散点图。在常见的学术图形绘制中，散点图只在较少情况下用于表示点的分类情况，其他大多数情况下都用于表示 X、Y 轴映射的变量数据点之间的关系，如用于相关性分析和线性回归分析。本节将列举科研论文配图中常见的双连续变量图类型，并介绍其含义、绘制方法和使用场景。

4.2.1 折线图系列

1. 介绍和绘制方法

（1）基础折线图

折线图或线图（line chart）用于表示一个或多个变量数值随连续相等时间间隔或有序类别（类别变量）变化的情况。折线图可以很好地反映数据的增减、增减速度、增减规律等。在绘制折线图时，横轴（X 轴）一般表示时间的推移，且间隔相同；纵轴（Y 轴）则表示对应时刻的数值大小。图 4-2-1 所示为使用 ggplot2 和 ggprism 包绘图主题绘制的 X 轴表示时间间隔的基础折线图示例。

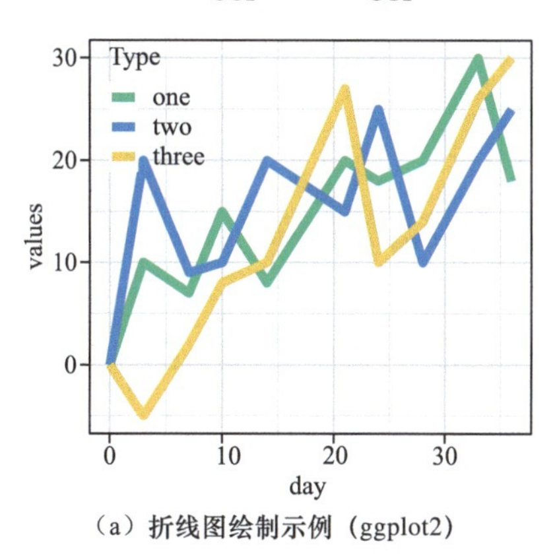

（a）折线图绘制示例（ggplot2）

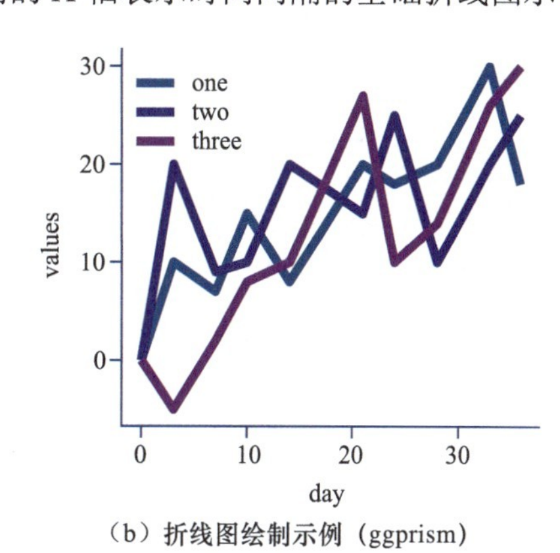

（b）折线图绘制示例（ggprism）

图 4-2-1　基础折线图绘制示例

技巧：基础折线图的绘制

可使用 R 语言绘图包 ggplot2 中的图层函数 geom_line()，选择合适的数据映射，完成基础折线图的绘制。需要注意的是，如果绘图的原始数据为“宽”数据类型，则需要使用 tidyr 包的 pivot_ longer() 函数将其转变成可供 ggplot2 绘图使用的“长”数据类型。使用 ggprism 包绘制的可视化结果则更加符合某些学术期刊的出版要求。图 4-2-1（a）所示图形的核心绘制代码如下。

```
1. library(tidyverse)
2. library(readxl)
3. line_data <- read_excel("折线图数据.xlsx ")
4. line_data_df <- line_data %>% tidyr::pivot_longer(
5.                                        cols = one:three,
6.                                        cols_vary = "slowest",
7.                                        names_to = "type",
8.                                        values_to = "values")
9. #改变绘图属性顺序
10.line_data_df$type <- factor(line_data_df$type,
11.                  levels=c("one","two","three"), ordered=TRUE)
12.colors <- c("#2FBE8F","#459DFF","#FFCC37")
13.ggplot(data = line_data_df,aes(x = day,y = values)) +
14.  geom_line(aes(color=type),linewidth=2.5) +
15.  scale_color_manual(name="Type",values = colors) +
16.  theme_bw() +
```

提示：一般用于绘图的数据都为“宽”数据类型，使用 ggplot2 绘制就必须将其转变成“长”数据类型。可使用 tidyr 包的 pivot_longer() 函数或者 reshape2 包的 melt() 函数，通过设置正确的变量快速转变数据类型。

（2）点线图

点线图（dot-line chart）如同在折线图中每个数据点位置添加表示数据的点（dot）或者其他不同标记（marker），用于更好地区分多个线条或突出显示特定数据点。在科研论文中，我们经常会看到此类图形的使用，如图形中的不同标记对比不同实验组数据、不同模型计算结果等。图 4-2-2 所示为使用 ggplot2 和 ggprism 包绘图主题绘制的点线图示例。其中，点、线的填充颜色映射为相同特征变量，其对应图例为点、线的组合样式。

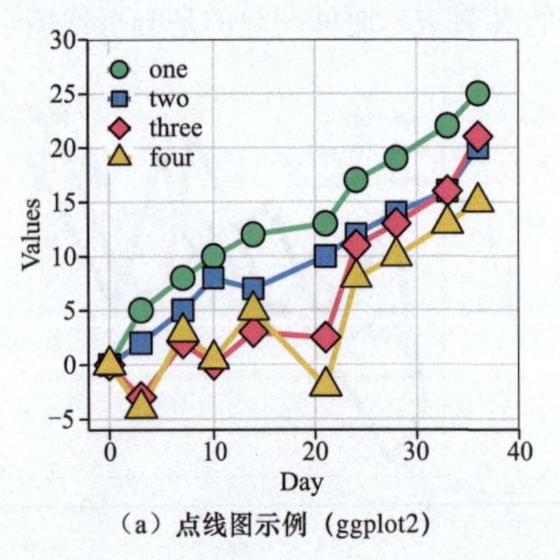

（a）点线图示例（ggplot2）

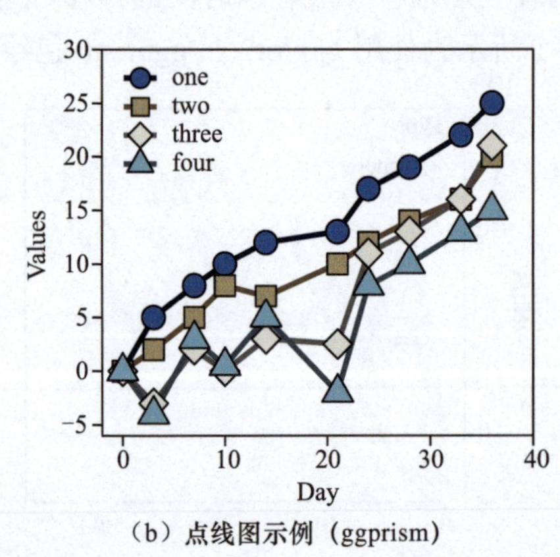

（b）点线图示例（ggprism）

图 4-2-2　点线图示例

技巧：点线图的绘制

使用 ggplot2 包中的 geom_line() 和 geom_point() 函数就可以绘制出点线图。需要注意的是，在选择映射变量时，geom_line() 函数中的 color 变量和 geom_point() 函数中的 fill 变量都设置为绘图数据中的“type”变量。此外，还要在 geom_point() 函数中重新映射形状（shape）变量，以便后续可以使用 scale_shape_manual() 函数进行形状修改。同时，在对图例进行设置的 guides() 函数中设置了 override.aes 参数值，其目的是更好地显示图例元素大小。图 4-2-2（a）所示图形的核心绘制代码如下。

```
1. library(tidyverse)
2. library(readxl)
3. dot_line_data <- read_excel("点线图构建02.xlsx")
4. dot_line_df <- dot_line_data %>% tidyr::pivot_longer(cols = one:four,
5.                                                  cols_vary = "slowest",
6.                                                  names_to = "type",
7.                                                  values_to = "values")
8. #改变绘图属性顺序
9. dot_line_df$type <- factor(dot_line_df$type,
10.                       levels=c("one","two","three","four"), ordered=TRUE)
11.colors <- c("#2FBE8F","#459DFF","#FF5B9B","#FFCC37")
12.ggplot(data = dot_line_df,aes(x = day,y = values)) +
13.  geom_line(aes(color=type),linewidth=1.5) +
14.  geom_point(aes(fill=type,shape=type),size=6,stroke=1) +
15.  scale_color_manual(values = colors,) +
16.  scale_fill_manual(values = colors) +
17.  scale_shape_manual(values=c(21,22,23,24)) +
18.  guides(color=guide_legend(override.aes = list(size=4))) +
```

提示： ggplot2 包中默认的散点形状在无法较好地满足绘图需求时，可通过 scale_shape_manual() 函数的 values 参数值进行自定义修改，也可以通过一些第三方拓展工具包，如 ggstar 包，实现更多散点形状的绘制。

（3）带显著性 P 值点线图

在对每组数据进行点线图的绘制之后，如果需要对两组数据直接进行相关的统计分析（如显著性检验），可直接在已绘制的图层之上额外添加统计图层。添加的技巧是对每组数据的图例部分进行 P 值添加，案例中使用的数据为虚构的数据，实际中多为多组、多次的实验数据，此类图形不仅可以丰富图形信息，还可以实现一图多信息展示。图 4-2-3 所示为使用 ggplot2 绘制的在图例部分添加统计信息的点线图示例，其中，图 4-2-3（b）中的“***”P 值结果为虚构数据。

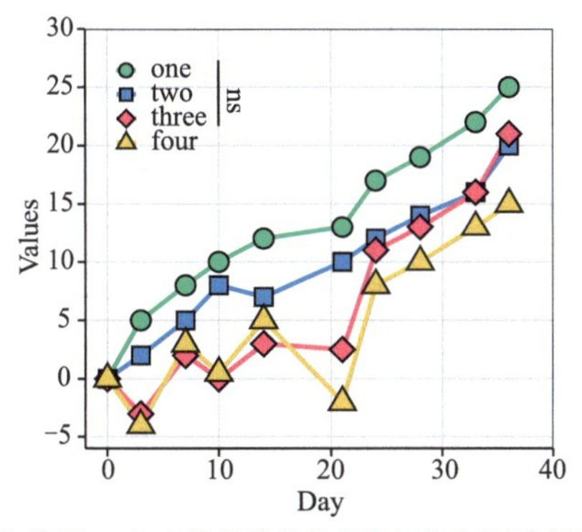

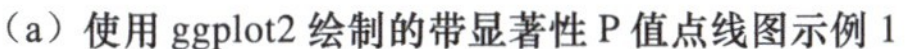
（a）使用 ggplot2 绘制的带显著性 P 值点线图示例 1

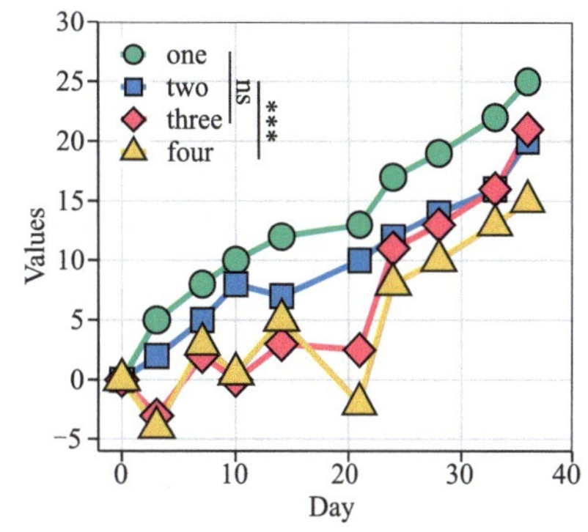

（b）使用 ggplot2 绘制的带显著性 P 值点线图示例 2

图 4-2-3　带显著性 P 值点线图示例

技巧：带显著性 P 值点线图的绘制

带显著性 P 值点线图的绘制方法和基本点线图的绘制方法基本一样，唯一不同的就是需要在已有的图层之上添加统计图层。在图 4-2-3 所示图形中，添加了 P 值横线和 P 值文本信息，P 值横线可使用 ggplot2 包中的线段绘制函数 geom_segment() 并设置合理的位置参数值完成绘制；而对于 P 值文本信息，则需要先使用 R 语言中常用的统计分析包 rstatix 完成对应数据的计算，以获取对应的 P 值文本信息，再使用 ggplot2 包中的 annotate() 函数完成文本图层的添加。图 4-2-3（b）所示图形核心绘制代码如下。

```
1. ggplot(data = dot_line_df,aes(x = day,y = values)) +
2.   geom_line(aes(color=type),linewidth=1.5) +
3.   geom_point(aes(fill=type,shape=type),size=6,stroke=1) +
4.   #绘制one three P值横线
5.   geom_segment(aes(x = 9.5,xend=9.5,y =21.5,yend=27.5)) +
6.   annotate("text",x=11,y=24,label="ns",size=6,
7.            family='times',angle=-90) +
8.    #绘制two four P值横线
9.   geom_segment(aes(x = 12,xend=12,y =18.5,yend=25)) +
10.  annotate("text",x=12.8,y=21.5,label="***",size=6,
11.           family='times',angle=-90) +
12.  scale_color_manual(values = colors) +
13.  scale_fill_manual(values = colors) +
14.  scale_shape_manual(values=c(21,22,23,24)) +
15.  guides(color=guide_legend(override.aes = list(size=4))) +
```

提示： 在计算 P 值信息时，不同的函数中 P 值与对应的显著性符号（*）个数之间的对应关系可能有所不同，可通过自定义的方式进行调整或者修改 rstatix 包中 add_significance() 函数的参数 cutpoints（用于间隔的数字向量）和参数 symbols（字符向量，用于设置对应的显著性符号样式）的数值。

（4）误差折线图

误差折线图作为折线图（点线图）的一种加强样式，除能体现数据集的数值信息以外，还有助于显示数据点的误差估计和数据的不确定性。误差折线图的具体绘制方法是在折线图中数据点的位置上添加误差线。图 4-2-4 所示为不同样式误差折线图绘制示例。需要指出的是，图 4-2-4 中用于确定数据点位置的数据值（Y 轴数值）为多组数据的平均值，误差值为多组数据的标准误差。而在实际计算过程中，需要根据多次实验记录结果对一组或多组数据进行相关指标（平均值、标准误差等）的计算而得出。在面对多组数据集直接使用 ggplot2 绘图时，则需要对绘图数据进行分组（group_by()）、统计计算（summarise()）等步骤，以计算出绘图所需的标准误差、平均值等统计指标数值。

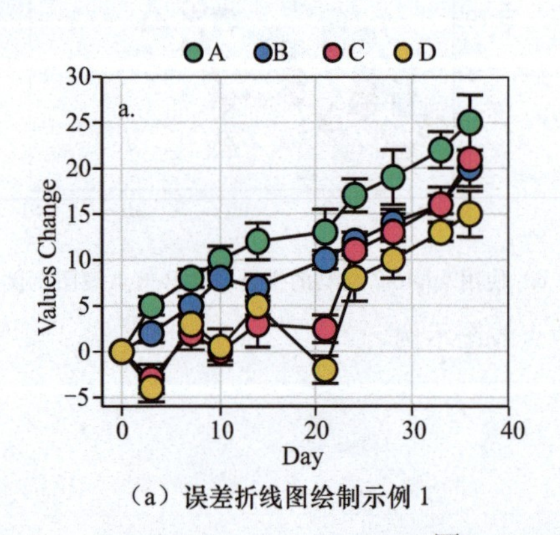

（a）误差折线图绘制示例 1

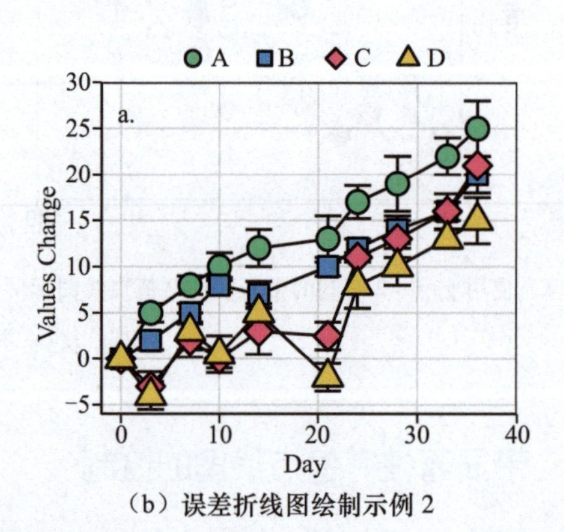

（b）误差折线图绘制示例 2

图 4-2-4　误差折线图绘制示例

技巧：误差折线图的绘制

直接使用R语言的绘图工具包ggplot2中的geom_errorbar()函数并设置正确的ymin和ymax参数就可以在点线图图层之上添加误差线图层，其中，参数xmin、xmax和ymin、ymax参数用于绘制在横轴（X轴）和纵轴（Y轴）上的误差线；参数linewidth用于控制误差线的线宽。在绘制点形状（shape）时，图4-2-4（a）所示图形固定数据点的形状为圆圈（shape=21），图4-2-4（b）所示图形则是将形状参数映射到类别变量type上，再使用scale_shape_manual()函数自定义形状类型。图4-2-4使用annotate()函数添加图片序号，此外，也可以在labs()函数中设置tags参数值添加。设置theme()函数中参数值legend.position为“top”，将图例放置在图层上方。图4-2-4（b）所示图形的核心绘制代码如下。

```
1. library(tidyverse)
2. library(readxl)
3. error_line = read_excel("分组误差线图构建.xlsx)
4. colors <- c("#2FBE8F","#459DFF","#FF5B9B","#FFCC37")
5. ggplot(data = error_line,aes(x = time,y = mean,group=type)) +
6.   geom_line(colour="black",linewidth=1) +
7.   geom_errorbar(aes(ymin=mean-sd,ymax=mean+sd),linewidth=0.8)+
8.   geom_point(aes(fill=type,shape=type),size=6,stroke=1) +
9.   annotate("text",x=1,y=27,label="a.",size=8,family='times',
10.               fontface='bold') +
11.   scale_fill_manual(values = colors) +
12.   scale_shape_manual(values=c(21,22,23,24)) +
13.   guides(fill=guide_legend(override.aes = list(size=4))) +
```

（5）带P值误差折线图

可以在已有的误差折线图基础上添加相应显著性P值，即不同组之间的显著性检验，增加更多的统计指标。绘制方法和上文中带显著性P值点线图的绘制方法完全相同，这里不再赘述原理，但需要注意的是，绘制折线图一般会使用组统计数据，即多组测量数据、实验数据等，具体的误差值数据可根据实际绘图需求选择相对应的指标数值。图4-2-5所示为根据直接给定的误差值绘制带误差线的折线图和添加不同组之间显著性P值的绘制结果，其中，图4-2-5（b）所示的P值横线绘制成无两端突出的效果。

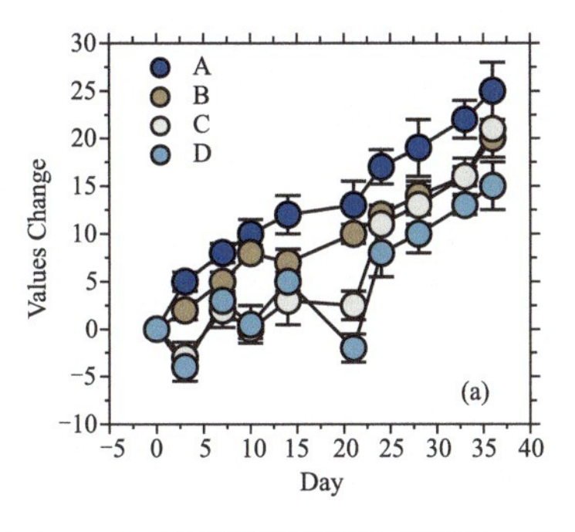

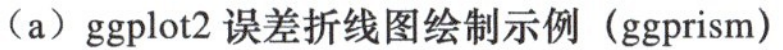
（a）ggplot2误差折线图绘制示例（ggprism）

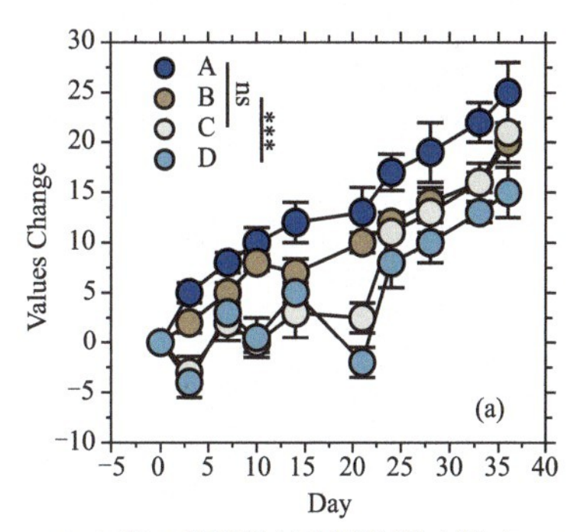

（b）ggplot2带P值误差折线图绘制示例（ggprism）

图4-2-5　带P值误差折线图绘制示例

技巧：带P值误差折线图的绘制

绘制带P值误差折线图的方法和绘制基本误差折线图的方法基本一样，唯一不同的就是使用

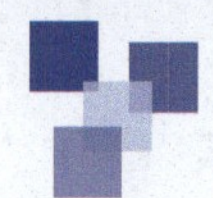

ggplot2 包中 geom_segment() 函数和 annotate() 函数添加 P 值横线和 P 值文本信息。需要指出的是，图 4-2-5 展示的可视化结果使用 ggprism 包中的颜色系和绘图主题，此外，还使用其 annotation_ticks() 函数对刻度轴、副刻度进行绘制。图 4-2-5（b）所示图形的核心绘制代码如下。

```
1.  library(ggprism)
2.  ggplot(data = error_line,aes(x = time,y = mean,group=type)) +
3.    geom_line(colour="black",linewidth=1) +
4.    geom_errorbar(aes(ymin=mean-sd,ymax=mean+sd),linewidth=0.8)+
5.    geom_point(aes(fill=type),shape=21,size=6,stroke=1.5) +
6.    #绘制one three P值横线
7.    geom_segment(aes(x = 7,xend=7,y =21.5,yend=28)) +
8.    annotate("text",x=9,y=24.5,label="ns",size=6,angle=-90) +
9.     #绘制two four P值横线
10.   geom_segment(aes(x = 10.5,xend=10.5,y =18,yend=24.5)) +
11.   annotate("text",x=11,y=21.5,label="***",size=6,angle=-90)
12.   ggprism::scale_fill_prism(palette = "waves") +
13.   annotate("text",x=35,y=-6,label="(a)",size=8,fontface='bold') +
14.   scale_x_continuous(limits = c(-5,40),breaks = seq(-5,40,5),
15.                      expand = c(0,0),guide = "prism_minor") +
16.   scale_y_continuous(limits = c(-10,30),breaks = seq(-10,30,5),
17.                      expand = c(0,0),guide = "prism_minor") +
18.   labs(x="Day", y = "Values Change") +
19.   guides(fill=guide_legend(override.aes = list(size=4))) +
20.   theme_prism(border = TRUE,base_line_size = 1) +
21.   coord_cartesian(clip = "off") +
22.   ggprism::annotation_ticks(sides = "tr", type = "both", size = 1,
23.                     tick.length = unit(6, "pt"),
24.                     minor.length=unit(4, "pt"),
25.                     outside = TRUE)+
```

（6）分组误差折线图

如果想要基于多组数据进行折线图的绘制，可根据分组变量数据直接绘制分组误差折线图。绘制误差线所需要的数据可直接通过完整的数据集获取。首先，使用 dplyr 包中的 group_by() 函数将数据按照特定变量进行分组；其次，使用 summarise() 函数自行计算标准差（sd）、平均值（mean）等指标；最后，以计算后的统计指标数据作为绘图数据，进行相关图层的绘制。需要指出的是，这里计算的标准差和平均值是分组误差折线图默认所需指标，如需展示其他指标，如标准误差、置信区间等指标，自行进行计算即可。若觉得上述计算步骤较为烦琐，可直接使用 ggpubr 包中的 ggline() 函数对原始数据进行绘图。图 4-2-6 所示为 ggplot2 使用计算后的统计指标数据和 ggpubr 包中 ggline() 函数绘制的分组误差折线图示例。

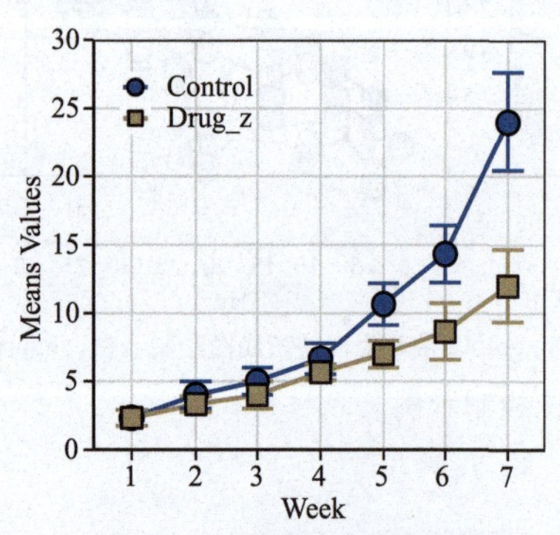

（a）ggplot2 分组误差折线图绘制示例

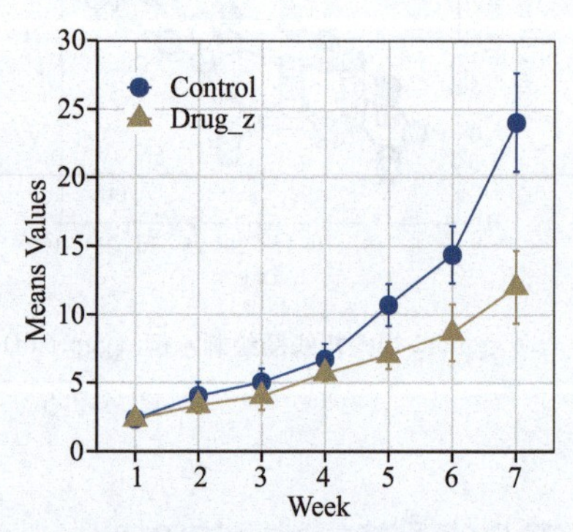

（b）ggplot2 分组误差折线图绘制示例（ggpubr）

图 4-2-6　分组误差折线图绘制示例

技巧：分组误差折线图的绘制

和之前直接提供绘图数据的案例不同，本案例的绘图数据为完整分组数据集，这是很多读者在实际科研任务中所面对的数据集样式。使用此类数据绘图的难点在于统计指标的计算，一般情况下，分组误差折线图的Y轴为多组数据的平均值，误差为标准差。这就需要首先对绘图数据按特定变量进行分组，然后进行统计指标计算，最后使用计算得到的统计指标数值进行绘图。也可以直接通过ggpubr包中的ggline()函数，使用原始数据进行绘制，而不需要进行数据预处理操作。图4-2-6（a）、图4-2-6（b）所示图形的核心绘制代码如下。

```
1. library(tidyverse)
2. library(readxl)
3. group_line = read_excel("line_plot_group.xlsx)
4. #图4-2-6(a)所示图形的核心绘制代码
5. group_line$Week <- as.factor(group_line$Week)
6. #统计指标计算
7. df.summary <- group_line %>%
8.   group_by(Week,Treatment) %>%
9.   summarise(
10.      sd = sd(Tumor_size, na.rm = TRUE),
11.      mean = mean(Tumor_size),
12.      .groups = 'drop')
13.colors <- c("#2E58A4","#B69D71")
14.ggplot(data = df.summary,aes(x = Week,y = mean,group=Treatment)) +
15.  geom_line(aes(color=Treatment),linewidth=1) +
16.  geom_errorbar(aes(color=Treatment,ymin=mean-sd,ymax=mean+sd),
17.                  linewidth=0.8,width = 0.5)+
18.  geom_point(aes(fill=Treatment,shape=Treatment),size=5.5,stroke=1) +
19.  annotate("text",x=7,y=3,label="(a)",size=8,family='times',
20.              fontface='bold') +
21.  scale_color_manual(values = colors) +
22.  scale_fill_manual(values = colors) +
23.  scale_shape_manual(values=c(21,22)) +
24.  guides(fill=guide_legend(override.aes = list(size=3.5))) +
25.  scale_y_continuous(limits = c(0,30),breaks = seq(0,30,5),
26.                         expand = c(0,0)) +
27.#图4-2-6(b)所示图形的核心绘制代码
28.ggpubr::ggline(data = group_line,x = "Week",y="Tumor_size",
29.      shape = "Treatment",color="Treatment",group = "Treatment",
30.      add = "mean_sd",palette=c("#2E58A4","#B69D71"),
31.      point.size=3.5) +
32. annotate("text",x=7,y=3,label="(a)",size=8,family='times',
33.        fontface='bold') +
34. scale_y_continuous(limits = c(0,30),breaks = seq(0,30,5),
35.                        expand = c(0,0)) +
```

提示：使用dplyr包中的group_by()和summarise()函数按照数据处理逻辑对数据进行统计计算是使用R语言进行数据分析的常规步骤，也是统计数据可视化必须掌握的技巧。如果需要计算出多个统计指标，可使用rstatix包中的get_summary_stats()函数对分组数据进行计算，该函数可一次性输出最大值、最小值、中位数、平均值、平均值标准差（standard deviation of the mean）、平均值标准误差（standard error of the mean）和平均值95%置信区间（95 percent confidence interval of the mean）等，为绘制更多统计图形提供绘图元数据。若上述统计计算使用get_summary_stats()函数进行，代码如下。

```
1. # 使用get_summary_stats()函数进行数据预处理
2. group_line_stat <- group_line %>% group_by(Treatment, Week) %>%
3.            rstatix::get_summary_stats(type = "mean_sd")
```

注意：上述代码设置了 type 参数值为 "mean_sd"，即只显示平均值标准差指标。

使用 ggpubr 包中的 ggline() 函数绘制分组误差折线图时，可以直接设置其 data 参数为原始数据，shape、color、group 参数为类别变量 Treatment，add 参数为 "mean_sd"；也可以设置 add 为 "mean_se" "mean_ci" 等参数。需要指出的是，由于 ggline() 函数是集成部分函数功能实现统计图形的快速绘制的，其在图层细节设置上还有所不足，如无法设置点的边框（stroke）属性。

由于每组数据在每个时间点都有多个样本数据，可以以每个时间点为参考，依次计算不同组数据间相关性 P 值。图 4-2-7 所示为添加 P 值的两种绘图主题下的分组误差折线图样式。可以看出，相较于单独分组误差折线图，带 P 值分组误差折线图在体现统计指标信息时更具有代表性。

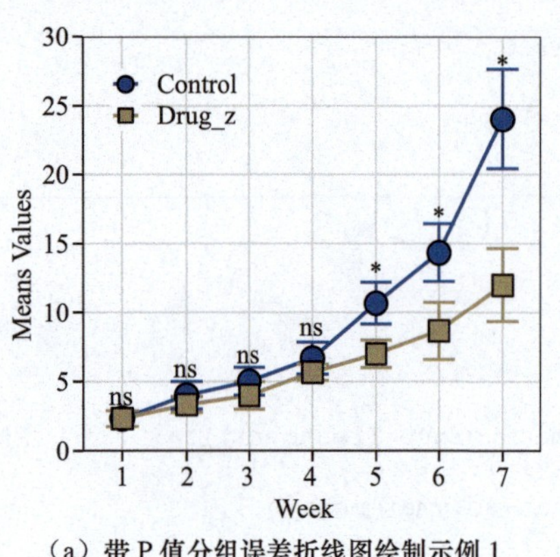

（a）带 P 值分组误差折线图绘制示例 1

（b）带 P 值分组误差折线图绘制示例 2

图 4-2-7　带 P 值分组误差折线图绘制示例

技巧：带 P 值分组误差折线图的绘制

使用 ggplot2 绘制带 P 值分组误差折线图的关键是计算根据时间点分组的显著性水平值。可使用 dplyr 包中的 group_by() 函数和 rstatix 包中的 t_test()、add_significance() 函数完成 P 值计算和显著性符号转换，然后基于计算后的 P 值结果使用 tibble() 函数单独构建绘图数据集，最后使用 geom_text() 函数完成绘制。图 4-2-7（a）所示图形的核心绘制代码如下。

```
1. library(tidyverse)
2. library(readxl)
3. group_line = read_excel("line_plot_group.xlsx)
4. #计算显著性水平
5. stat.test <- group_line %>% group_by(Week) %>%
6.    rstatix::t_test(data =.,Tumor_size ~ Treatment) %>%
7.    add_significance()
8. p_value <- tibble(x=stat.test$Week,y=c(4, 6, 7,9,13,17,28),
9.                   label=stat.test$p.signif)
10.ggplot(data = group_line_stat,aes(x = Week,y = mean)) +
11.  geom_line(aes(color=Treatment,group=Treatment),linewidth=1) +
12.  geom_errorbar(aes(color=Treatment,ymin=mean-sd,ymax=mean+sd),
13.               linewidth=0.8,width = 0.5)+
14.  geom_point(aes(fill=Treatment,shape=Treatment),size=5.5,stroke=1) +
15.  #添加显著性水平图层
16.  geom_text(data = p_value,aes(x = x,y = y,label=label),size=5.5,
17.          family='times',fontface='bold') +
18.  annotate("text",x=7,y=3,label="(a)",size=8,family='times',
```

```
19.                fontface='bold') +
20.     scale_color_manual(values = colors) +
21.     scale_fill_manual(values = colors) +
22.     scale_shape_manual(values=c(21,22)) +
23.     guides(fill=guide_legend(override.aes = list(size=3.5))) +
24.     scale_y_continuous(limits = c(0,30),breaks = seq(0,30,5),
25.                          expand = c(0,0))
```

提示：构建用于添加 P 值图层所需的数据集时，x、y 变量可根据数据集统计指标进行自定义设定，参考依据为分组计算后的平均值和平均值标准差的数值。读者可自行进行修改。

除了根据 X 轴的分组变量绘制 P 值的统计图形结果外，还可以可视化类别变量间的 P 值，其指标计算方式和图形绘制方式与上文介绍的方法相似，不同的是 P 值位置选定和相关绘图主题选定。图 4-2-8 所示为根据另一组数据集用 ggplot2 绘制的分组误差折线图、用 ggpubr 包 ggline() 函数绘制的分组误差线，以及两种组间 P 值图层的可视化结果。从中可以看出，图 4-2-8(c)、图 4-2-8（d）中的 P 值样式为两组数据之间的计算结果的 P 值标签和 P 值数值样式。

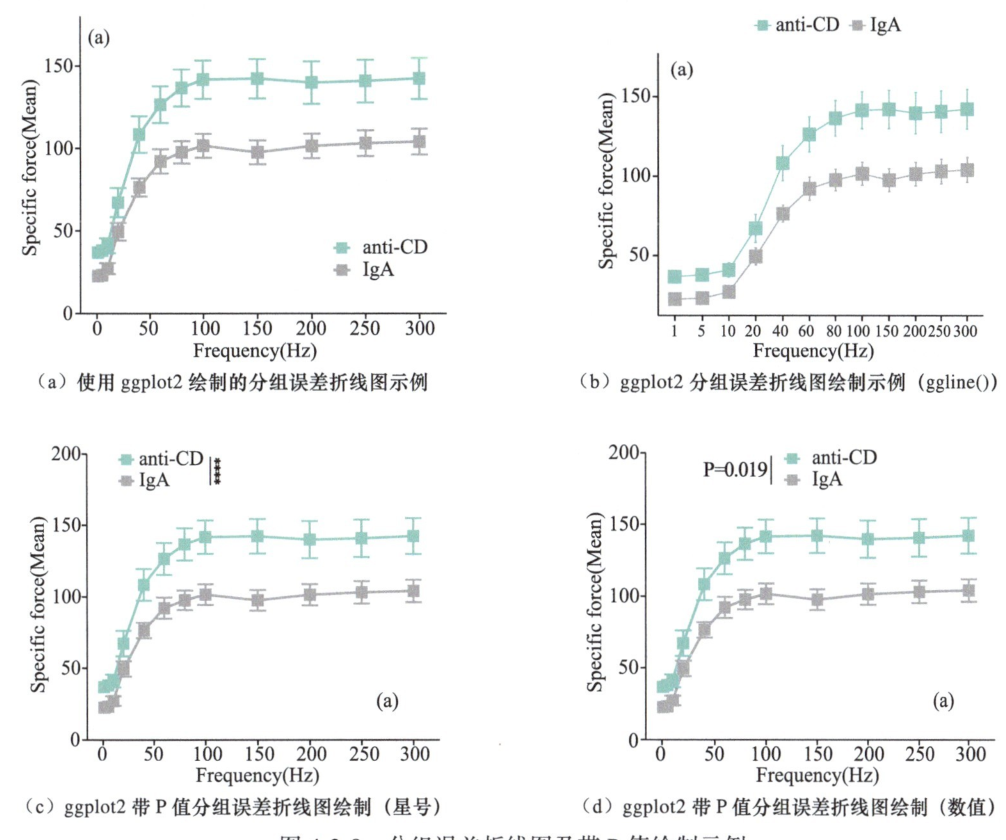

（a）使用 ggplot2 绘制的分组误差折线图示例

（b）ggplot2 分组误差折线图绘制示例（ggline()）

（c）ggplot2 带 P 值分组误差折线图绘制（星号）

（d）ggplot2 带 P 值分组误差折线图绘制（数值）

图 4-2-8　分组误差折线图及带 P 值绘制示例

技巧：带 P 值分组数据集误差折线图的绘制

绘制分组数据集的误差折线图的方法和上面介绍的方法基本一样，但不同组数据之间的显著性 P 值图层所涉及的计算和图层绘制方法不同。由于给定的原始绘图数据为统计学中常见的“宽”数据，绘图之前需要对其进行转换和必要的新变量构建，涉及 tidyr 包中的 pivot_longer() 函数、dplyr

包中的 mutate() 函数和 case_when() 函数组合，以及 rstatix 包中的 get_summary_stats()、t_test()、add_significance() 函数等的使用。绘制图 4-2-8（a）、图 4-2-8（b）所示图形时使用 get_summary_stats() 对转换得出的“长”数据进行统计分析，计算出平均值标准误差指标，用于绘图；绘制图 4-2-8（c）、图 4-2-8（d）所示图形时则使用 geom_segment() 绘制 P 值横线，并使用 geom_text() 函数绘制 P 值计算结果。图 4-2-8（a）和图 4-2-8（d）所示图形的核心绘制代码如下。

```
1. library(tidyverse)
2. library(readxl)
3. library(rstatix)
4. group_line2 = read_excel("line plot other width.xlsx)
5. #数据处理
6. group_line2_df <- group_line2 %>% pivot_longer(cols = !"Frequency",
7.    names_to = "type", values_to = "value",cols_vary="slowest") %>%
8.    mutate(all_type = case_when(
9.                            str_detect(type,"IgA") ~ "IgA",
10.                           str_detect(type,"anti-CD") ~ "anti-CD"))
11.#计算统计指标
12.group_line2_stat <-  group_line2_df %>%
13.                         group_by(Frequency, all_type) %>%
14.                         rstatix::get_summary_stats(type = "mean_se")
15.colors <- c("#87D0BF","gray60")
16.#图4-2-8(a)所示图形的核心绘制代码
17.ggplot(data = group_line2_stat,aes(x = Frequency,y = mean)) +
18.  geom_line(aes(color=all_type,group=all_type),linewidth=1) +
19.  geom_errorbar(aes(color=all_type,ymin=mean-se,ymax=mean+se),
20.                linewidth=0.8,width = 16)+
21.  geom_point(aes(color=all_type),shape=15,size=4,stroke=1) +
22.  annotate("text",x=8,y=170,label="(a)",size=8,fontface='bold') +
23.  scale_color_manual(values = colors) +
24.  guides(color=guide_legend(override.aes = list(size=3.5))) +
25.  scale_y_continuous(limits = c(0,180),breaks = seq(0,150,50),
26.                     expand = c(0,0)) +
27.  scale_x_continuous(limits = c(0,310),breaks = seq(0,300,50)) +
28.  labs(x="Frequency(Hz)",y="Specific force(Mean)") +
29.  ggpubr::theme_pubr() +
30.#图4-2-8(d)所示图形的核心绘制代码
31.ggplot(data = group_line2_stat,aes(x = Frequency,y = mean)) +
32.  geom_line(aes(color=all_type,group=all_type),linewidth=1) +
33.  geom_errorbar(aes(color=all_type,ymin=mean-se,ymax=mean+se),
34.             linewidth=0.8,width = 16)+
35.  geom_point(aes(color=all_type),shape=15,size=4,stroke=1) +
36.  geom_segment(aes(x = 105,xend=105,y =178,yend=198)) +
37.  #添加显著性水平图层
38.  geom_text(aes(x = 70,y = 188,label="P=0.019"),size=5,
39.               fontface="italic") +
40.  annotate("text",x=280,y=30,label="(a)",size=8,fontface='bold')+
41.  scale_color_manual(values = colors) +
42.  guides(color=guide_legend(override.aes = list(size=3.5))) +
43.  scale_y_continuous(limits = c(0,200),breaks = seq(0,200,50),
44.                      expand = c(0,0)) +
45.  scale_x_continuous(limits = c(0,310),breaks = seq(0,300,50)) +
46.  labs(x="Frequency(Hz)",y="Specific force(Mean)") +
47.  ggpubr::theme_pubr()
```

提示： 由于图 4-2-8（b）所示图形是直接使用 ggpubr 包中的 ggline() 函数绘制的，其 X 轴刻度间隔为不等距效果，是为了更好地展示数据集；此外，在每幅子图中都有图形序号“(a)”，其只是代表一个字母顺序符号，用于演示如何添加多子图图形序号图层。

2. 使用场景

折线图作为学术研究中常用的一种图形类型，它在各个学科领域中都有大量使用案例。折线图常用于和时间等有序自变量相关的研究任务中，如在社会学、经济学中，折线图用于展示研究目标（经济指标等）随时间变化的趋势；在气象学、地理科学中，折线图用于展示某一区域气温、降水量等在不同年份的变化及趋势；在生态学、生物学、临床医学中，折线图用来对比研究目标与不同对照组的数值差异、在不同实测中的数值变化情况。此外，在近几年的研究报告中，还将使用不同机器学习算法所得的结果和实测结果用不同折线图进行对比，作为测试模型精度的一个衡量指标。

4.2.2 面积图

1. 介绍和绘制方法

面积图（area chart）又称区域图，其绘制原理和折线图的绘制原理类似，是一种数值随着有序变量（一般是时间变量）的变化而变化的统计图形。和折线图不同的是，面积图很好地利用了空间或者区域，即将折线与横轴之间的区域进行填充，不但可以反映数值的总体变化趋势，而且可以反映数值总量的变化。当在同一坐标系中绘制多个面积图时，能对不同数据间的差距进行对比，但为了避免数据间的“遮挡”，此时应对填充区域进行透明度的设置。此外，为了更好地对比不同组数据的整体趋势，也可以对数据进行插值，将插值结果进行绘制。图 4-2-9 所示为使用 ggplot2 绘制的面积图示例，其中图 4-2-9（a）所示为 geom_area() 函数默认绘制结果，图 4-2-9（b）所示为设置参数 position = "identity" 后的面积图绘制结果。

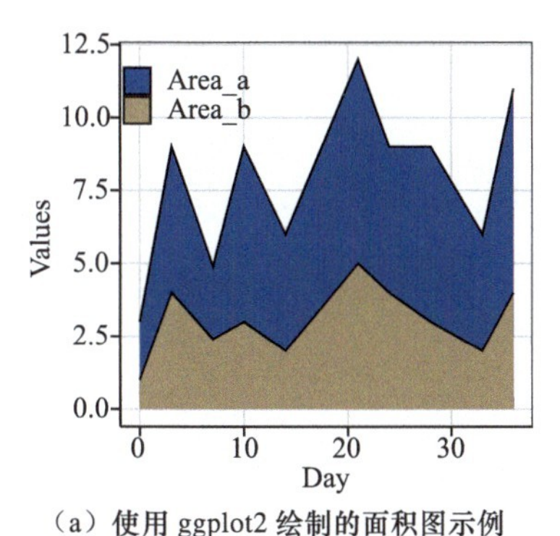

（a）使用 ggplot2 绘制的面积图示例

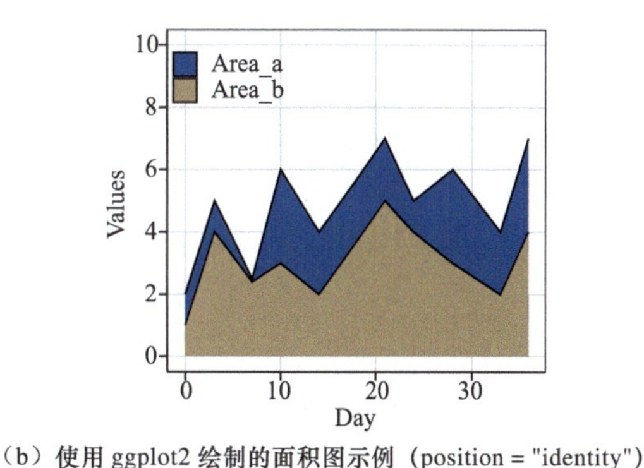

（b）使用 ggplot2 绘制的面积图示例（position = "identity"）

图 4-2-9 不同样式面积图绘制示例对比

技巧：面积图的绘制

可以直接使用 R 语言的 ggplot2 包中的 geom_area() 函数进行面积图的绘制，正确选择对应的映射变量数据即可。需要指出的是，geom_area() 函数中位置参数 position 的默认值为 "stack"，即绘制多个面积图时，图层是堆积样式的，可修改参数值为 "identity"，使每组数据的面积图绘制都是从纵轴 0 刻度处开始的。

图 4-2-9（b）所示图形的核心绘制代码如下。

```
1. library(tidyverse)
2. library(readxl)
3. area_data = read_excel("面积图构建.xlsx")
```

```
4. #数据处理
5. area_df <-  area_data %>% pivot_longer(cols = starts_with("Area"),
6.      names_to = "type", values_to = "value",cols_vary="slowest")
7. ggplot(data = area_df,aes(x=day, y=value, fill=type)) +
8.   geom_area(colour="black",position = "identity") +
9.   ggprism::scale_fill_prism(palette = "waves") +
10.  scale_y_continuous(limits = c(0,10),breaks = seq(0,10,2)) +
11.  labs(x="Day", y = "Values") +
12.  theme_bw() +
```

平滑 / 交叉面积图

除了直接根据绘图变量数据进行面积图绘制，还可以在绘图过程中进行统计计算，绘制平滑样式的面积图；也可使用 ggplot2 包中的 stat_smooth() 函数，通过设置几何对象 geom 为 "area"、method 参数为 'loess' 绘制另类面积图。普通的面积图能较好地体现多组数据值的整体变化情况，但当需要在数据组间进行不同时间段的数据值对比时，普通的面积图显然不能很好地满足需求，这时可以使用交叉面积图（cross area chart）满足绘制要求。交叉面积图不但包含数值变化的曲线，而且能够很好地展现不同时段对比组数据的优劣情况。图 4-2-10 所示为使用 ggplot2 绘制的平滑面积图和使用 ggbraid 包中 geom_braid() 函数绘制的交叉面积图示例。

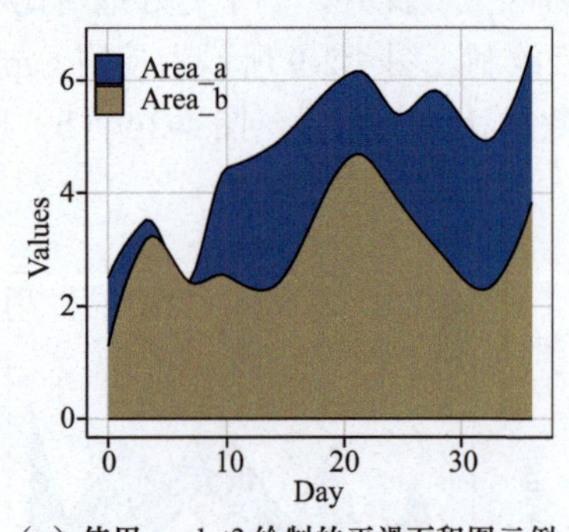

（a）使用 ggplot2 绘制的平滑面积图示例

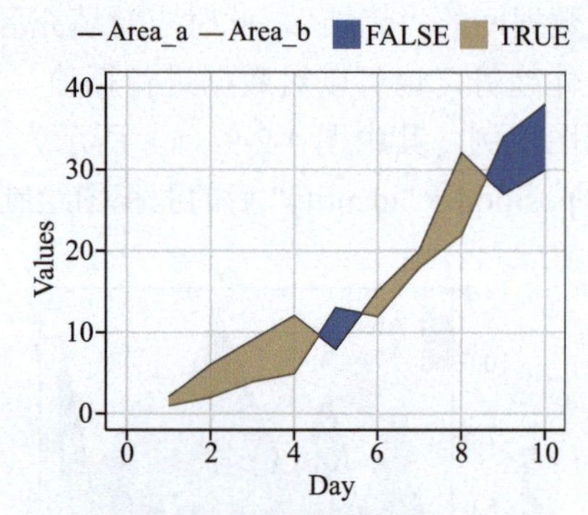

（b）使用 ggbraid 绘制的交叉面积图示例

图 4-2-10　平滑 / 交叉面积图示例

技巧：平滑 / 交叉面积图的绘制

R 语言的 ggplot2 包中的 stat_smooth() 函数用于在图形中添加平滑曲线，当设置 geom 参数为 "area" 时，该函数将会在图形中添加一条平滑曲线，并将平滑曲线下方的区域填充上颜色，即完成平滑面积图的绘制。使用 stat_smooth() 函数绘制统计图形时，除了必要的 X、Y 轴数值映射外，还可以通过修改 method 参数选择不同的平滑方法，同时，通过调整相关参数来控制曲线和区域的颜色、透明度、线型等属性，以满足不同的数据可视化需求。在绘制交叉面积图时，则需要使用第三方拓展工具包 ggbraid 中的 geom_braid() 函数，并设置 x、ymin、ymax 和 fill 等参数选择具体绘制交叉面积图的数据。图 4-2-10 所示图形的核心绘制代码如下。

```
1. library(tidyverse)
2. library(readxl)
3. library(ggbraid)
4. area_data = read_excel("面积图构建.xlsx")
5. area_data2 = read_excel("交叉面积图构建.xlsx")
6. #图4-2-10(a)所示图形的核心绘制代码
7. ggplot(data = area_df,aes(x=day, y=value, fill=type)) +
```

```
8.    #平滑曲线样式
9.    stat_smooth(geom = "area",method = 'loess',span = 0.5,colour="black") +
10.   ggprism::scale_fill_prism(palette = "waves") +
11.   labs(x="Day", y = "Values")
12.#图4-2-10(b)所示图形的核心绘制代码
13.#数据处理
14.area_df2 <-  area_data2 %>% pivot_longer(cols = starts_with("Area"),
15.         names_to = "type", values_to = "value",cols_vary="slowest")
16.ggplot() +
17.   geom_line(data = area_df2,aes(x = day,y=value,group=type,colour=type),
18.            linewidth=0.5) +
19.   ggbraid::geom_braid(data = area_data2,aes(x=day,ymin = Area_b,
20.                            ymax = Area_a,fill=Area_b<Area_a),alpha=0.8) +
```

提示： 在使用 ggbraid 包中的 geom_braid() 函数绘制交叉面积图时，其使用的绘图数据集样式不是常见的 ggplot2 中的 dataframe 样式，而是常见的每一列为对应变量数值的样式，这样的数据样式是为了方便 geom_braid() 函数选择对应的变量数值。使用 geom_line() 绘制交叉面积图的外围边框线时需要对绘图数据进行转换。本案例还给出使用 ggplot2 包中的 geom_ribbon() 函数绘制交叉面积图的示例，详细绘制代码可查看本书配套代码文件。

2. 使用场景

面积图在大多情况下表示某一监测值随时间的变化趋势。特别是在经济学和社会学中，如果想要观察一组或者多组研究数据随时间变化的趋势，则可使用面积图进行展示。此外，面积图展示的面积的大小还可以直接体现对应时段的数值大小。在地理学、气象学等与 GIS（Geographic Information System，地理信息系统）领域相关的学科中，在对降水量、污染指标数值变化进行监测时，也可以使用面积图进行展示。

4.2.3 相关性散点图系列

1. 介绍和绘制方法

散点图又称 X-Y 点图，是在直角坐标系中使用点来显示两个变量（连续变量）数值的一种统计图形，其横、纵坐标的变量数值共同决定点在坐标系中的位置，而相关性散点图（correlation scatter plot）则是使用散点图的形式来表达变量间相关性（correlation）的一种统计图形。

在相关性散点图中，如果变量之间不存在相关关系，则变量数据点会随机分布；如果存在某种相关性，如正相关（positive correlation），则表现为两个变量值同时增长；如果存在负相关（negative correlation），则表现为一个变量值随着另一个变量值的增加而减少。当然，还可以根据变量数据点的密集程度来确定相关性的强弱程度。图 4-2-11 展示了常见的正相关、负相关和不相关散点图示例。

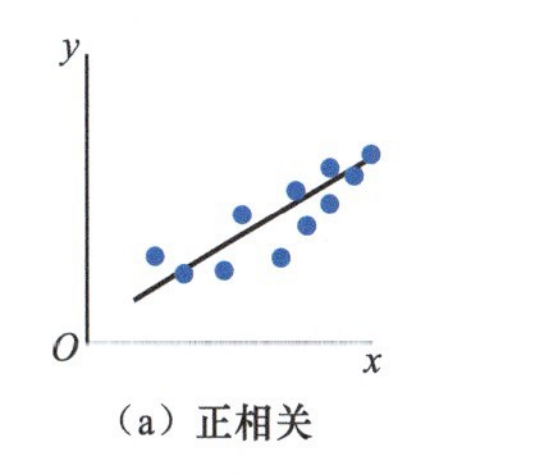

（a）正相关

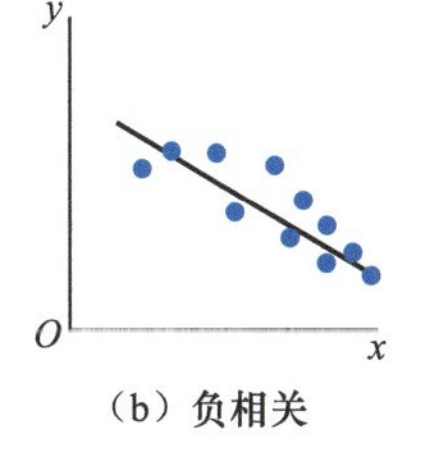

（b）负相关

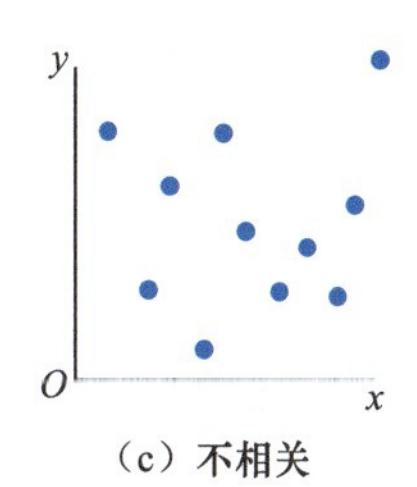

（c）不相关

图 4-2-11　不同类型的相关性散点图示例

在常见的科研论文配图类型中，连续变量数据值散点图的绘制主要涉及相关性分析、线性回归分析和曲线拟合分析等研究，其中多以相关性散点图和线性回归散点图为主。在某种程度上，相关性分析可以看作线性回归分析之前的操作步骤，即明确数据有相关性之后才进行变量数据间关系（回归拟合）的判定，且相关性的强弱在绝大程度上决定着回归拟合程度的好坏，二者的关系可通过如下 3 种指标进行阐述。

- 目的。相关性分析的主要目的是量化两个变量相关联的程度，主要用于描述和推断统计；线性回归分析则是对因变量和自变量（一个或者多个）进行拟合，得出回归方程以用于未知因变量的预测，多用于模型预测和实验拟合数据等。
- 变量情况。相关性分析和线性回归分析所使用的数据变量类型都为连续型，其中相关性分析是对两个变量进行分析，而线性回归分析则可涉及多个变量，如一元线性回归分析和多元线性回归分析。
- 统计量。在相关性分析中，通常会使用相关系数 R 和 P 值等统计指标进行量化表示，相关系数 R 的取值范围为 $[-1,1]$，正值表示正相关，负值表示负相关。当相关系数 $R > 0.6$ 时，可认定两变量之间强相关；当 $0.3 \leqslant R \leqslant 0.6$ 时，可认定为两变量之间中等相关；当 $R < 0.3$ 时，可认定为两变量之间弱相关；当 $R = 0$ 时，则表示两变量之间不相关。需要指出的是，相关系数仅表示两个变量相关程度的大小和方向，既无法表示因果关系，又无法表示两个变量间的具体关系。

线性回归分析使用均方根误差（Root Mean Square Error，RMSE）、判定系数 R^2 进行统计结果的量化表示，二者被广泛应用于回归模型预测准确性的评估方法中。RMSE 用于对比指定数据集不同模型的预测误差，其值越小，表示回归拟合模型预测值和真实值之间的误差越小，拟合模型就越好；而判定系数 R^2 又称为判断系数，是相关系数 R 的平方，它可以更好地表示参数相关的密切程度。R^2 的值越接近 1，相关性越高，拟合模型预测效果越好；它的值越接近 0，即相关性越低，拟合模型预测效果越差。相关系数、均方根误差和判定系数的具体表达公式如下：

$$R_{xy} = \frac{\mathrm{Cov}(X,Y)}{\sigma_X \sigma_Y} = \frac{\sum_{n-1}^{n}(x_i - \overline{x})(y_i - \overline{y})}{\sqrt{\sum_{n-1}^{n}(x_i - \overline{x})^2} \bullet \sqrt{\sum_{n-1}^{n}(y_i - \overline{y})^2}}$$

$$\mathrm{RMSE} = \sqrt{\frac{\sum_{i=1}^{n}(y_i' - y_i)^2}{n}}$$

$$R^2 = \frac{\mathrm{SSR}}{\mathrm{SST}} = \frac{\sum_{i=1}^{n}(y_i' - \overline{y})^2}{\sum_{i=1}^{n}(y_i - \overline{y})^2}$$

在上述公式中，Cov (X,Y) 为 X 和 Y 的协方差，σ_X、σ_Y 为 X 和 Y 的标准差，n 为样本个数，x_i、y_i 为索引 i 的各个数据，y_i'为索引 i 的各个数据对比值，$\overline{x}$、$\overline{y}$则为x、y 的样本平均值，SSR（Regression Sum of Squares）为回归平方和，SST（Total Sum of Square）为总平方和。

（1）基础相关性散点图

在散点图中，可加入回归线（直线或曲线）来进行辅助分析，这是绘制相关性散点图时经常用到的一个辅助技巧，主要用于观察所有数据样本点间的关系。散点图可以很好地展现两组数据中一组数据是否对另一组数据存在影响及影响的大小，但两组数据间的相关性并不等同于确定的因果关系，还需要考虑其他变量或者因素对结果的影响。图 4-2-12（a）、图 4-2-12（b）所示为利用 R 语言中 ggplot2 包和 ggpubr 包完成的带有相关统计指标（拟合公式、R^2、P 值等）的正、负相关散点图绘制示例，图 4-2-12（c）、图 4-2-12（d）所示为使用 ggpmisc 包添加相关性统计信息的正、负相关散点图绘制示例。

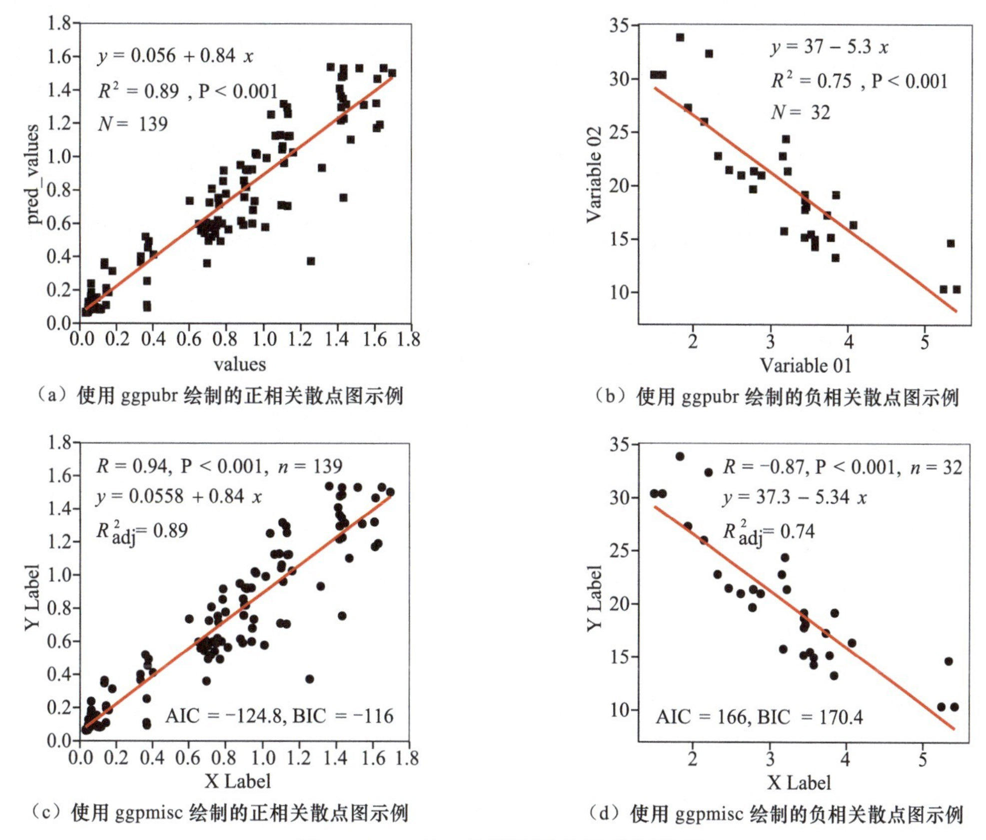

（a）使用 ggpubr 绘制的正相关散点图示例　　（b）使用 ggpubr 绘制的负相关散点图示例

（c）使用 ggpmisc 绘制的正相关散点图示例　　（d）使用 ggpmisc 绘制的负相关散点图示例

图 4-2-12　正、负相关散点图绘制示例

技巧：正、负相关散点图的绘制

可使用 R 语言基础绘图工具包 ggplot2 中的 geom_point() 函数绘制相关性散点图的数据点（以点和小方块为主），使用 stat_smooth() 统计分析函数并设置参数 method 为 "lm"、参数 se 为 FALSE，从而使用线性回归方法和设置拟合线置信区间不显示。而添加统计信息则是分别使用 ggpubr 包中的 stat_regline_equation()、stat_cor() 和 ggpmisc 包中的 stat_correlation()、stat_poly_eq() 函数完成的。图 4-2-12（a）、图 4-2-12（c）所示图形的核心绘制代码如下。

```
1. #图4-2-12(a)所示图形的核心绘制代码
2. library(tidyverse)
3. library(ggpubr)
4. library(readxl)
5. scatter_data <- read_excel("散点图样例数据.xlsx")
6. num <- nrow(scatter_data)
7. ggplot(data = scatter_data,aes(x = values,y = pred_values)) +
8.   geom_point(shape=22,size=2.5,fill="black") +
9.   stat_smooth(method = "lm", se=FALSE, color="red", formula = y ~ x) +
10.  ggpubr::stat_regline_equation(label.x = .1,label.y = 1.6,size=6,
11.                                family="times",fontface="bold") +
12.  ggpubr::stat_cor(aes(label = paste(..rr.label.., ..p.label..,
13.             sep = "~`,`~")),label.x = .1, label.y = 1.4,
```

```
14.              p.accuracy = 0.001,size=6,family='times',fontface='bold') +
15.   annotate("text",x=0.1,y=1.2,label=paste("N = ",num),size=6,
16.                family='times',hjust = 0)
17.#图4-2-12(c)所示图形的核心绘制代码
18.library(ggpmisc)
19.ggplot(data = scatter_data,aes(x = values,y = pred_values)) +
20.   geom_point(shape=21,size=2.5,fill="black") +
21.   ggpmisc::stat_poly_line(formula = y ~ x, color = "red",se = FALSE) +
22.   ggpmisc::stat_correlation(mapping = use_label(c("R","P", "n")),
23.                          family = "times",fontface='bold',size=6) +
24.   ggpmisc::stat_poly_eq(mapping = use_label(c("eq"),sep = "*\", \"*"),
25.                      formula = y ~ x,family = "times",fontface='bold',
26.                      size=6,label.x = .05, label.y = .85) +
27.   ggpmisc::stat_poly_eq(mapping = use_label("adj.R2"),
28.                      formula = y ~ x,family = "times",fontface='bold',
29.                      size=6,label.x = .05, label.y = .75) +
```

提示：在使用 ggpmisc 包进行相关统计指标的添加时，可以使用 stat_poly_eq() 函数完成 AIC、BIC 指标的添加。AIC 即赤池信息量准则（Akaike Information Criterion），是衡量统计模型拟合优度（goodness of fit）的一种标准。BIC 为贝叶斯信息准则（Bayesian Information Criterion），和 AIC 相似，主要用于模型选择，其考虑了样本数量，样本数量过多时，可有效防止模型精度过高造成的模型复杂度过高。

通常情况下，在绘制相关性散点图时，其涉及的线段除拟合线（fitted line），还有最佳拟合线（best fitted line），如 1:1 等值线，用于在视觉上直观对比模型拟合效果。在绘制的图形结果中，拟合线一般不需要用单独的图例进行表示，如图 4-2-12 所示。但为了更好地表达图形信息，拟合线的图例需要进行单独添加。另外，在涉及具有多组数据的统计计算时，在绘制相关性散点图时就需要考虑误差这一变量指标。图 4-2-13 所示为使用 R 语言的 ggplot2 包绘制的带拟合线图例和添加误差信息指标的相关性散点图示例。

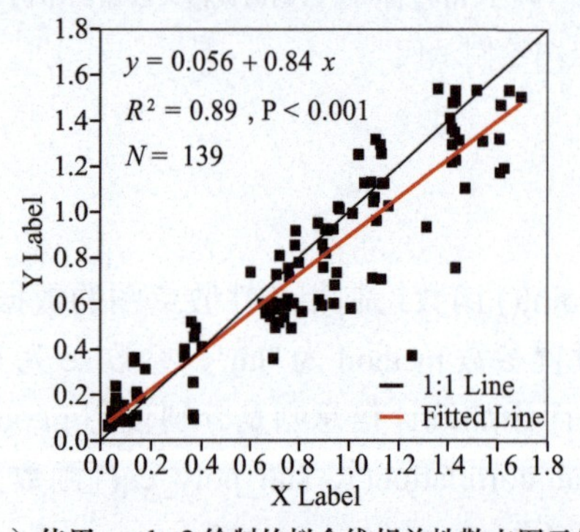

（a）使用 ggplot2 绘制的拟合线相关性散点图示例

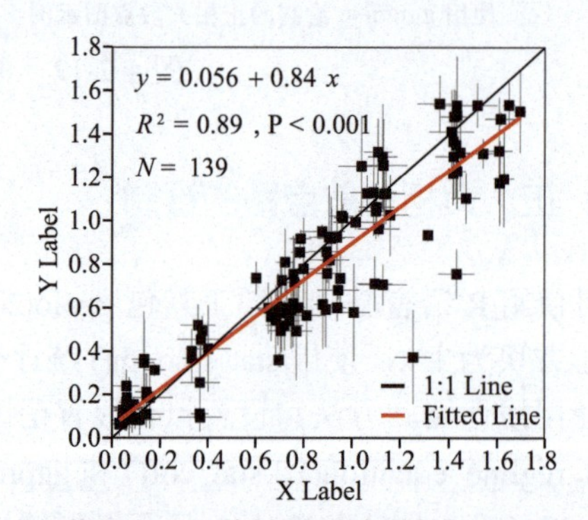

（b）使用 ggplot2 绘制的误差相关性散点图示例

图 4-2-13　使用 ggplot2 绘制的拟合线、误差相关性散点图示例

技巧：拟合线、误差相关性散点图的绘制

使用 R 语言的 ggplot2 包时，凡是涉及数据图例的绘制，都需要进行数据映射（aes()）才可以，这里可通过单独设置绘制 1:1 等值线和拟合线的绘图函数中的 aes 参数值，完成对应图例的添加。图 4-2-13（b）所示图形的核心绘制代码如下。

```
1. library(tidyverse)
2. library(ggpubr)
```

所示是使用 ggprism 包中的 scale_colour_prism()、scale_fill_prism()、scale_shape_prism() 和主题函数 theme_prism() 绘制的可视化图形结果。其核心绘制代码如下。

```
1. library(tidyverse)
2. library(ggpubr)
3. library(readxl)
4. library(ggprism)
5. class_data <- read_excel("多类别相关性（误差）散点图.xlsx")
10. geom_errorbarh(aes(xmin = Variable_01-x_error,
11.          xmax = Variable_01+x_error),colour="gray40",linewidth=.2) +
14.          formula = y ~ x) +
15. stat_regline_equation(
17.     sep = "~~~~")),formula = y ~ x,size=4.5,fontface="bold",
20.          label.x = .1, label.y = 1.45,size=6,
22.          family='times',fontface='bold') +
24. scale_colour_manual(name="", values=c("black","red")) +
25. guides(colour = guide_legend(override.aes = list(alpha = 0)))+
```

提示：在绘制图 4-2-13(b) 所示误差相关性散点图时，大多数情况下需要将其误差绘制成“+”字样式，使其在较多重叠数据点的相关性散点图中更容易展示，避免信息混乱等问题。同时需要注意的是，绘图所使用的误差数据为虚构数据，在真实的科研环境中，图 4-2-13（b）中所有的数据均为多组数据统计计算所得，相应地，其误差数据也就更容易获取。

在面对多组数据时，绘制相关性散点图的方法和单组数据的类似，唯一不同的是，为了区分不同对比数据，选择不同颜色进行数据点、拟合公式、统计信息等属性的绘制。图 4-2-14 所示为利用 ggplot2 绘制的多类别相关性（误差）散点可视化结果示例，其中，图 4-2-14（b）使用 R 语言中可视化……

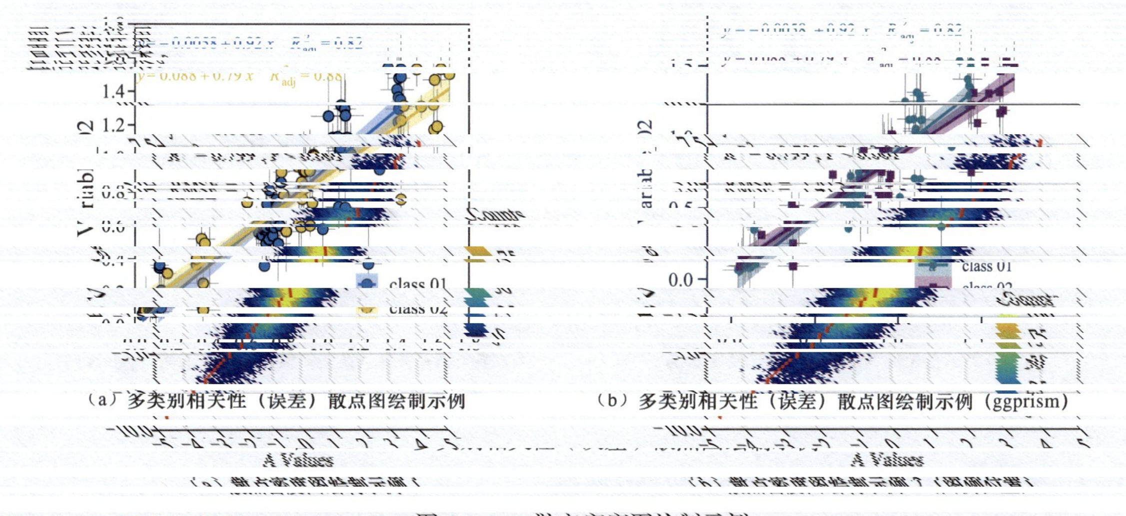

（a）多类别相关性（误差）散点图绘制示例 （b）多类别相关性（误差）散点图绘制示例（ggprism）

图 4-2-14 多类别相关性（误差）散点图绘制示例

技巧：多类别相关性（误差）散点图的绘制

使用 ggplot2 绘制多类别相关性（误差）散点图时，只需将用于区分数据的类别变量数据直接映……

射到绘图函数 geom_point() 的 fill 和 shape 参数，即可完成数据点填充颜色和形状的设置。图 4-2-14（b）所示是使用 ggprism 包中的 scale_colour_prism()、scale_fill_prism()、scale_shape_prism() 和主题函数 theme_prism() 绘制的可视化图形结果。其核心绘制代码如下。

```
1. library(tidyverse)
2. library(ggpubr)
3. library(readxl)
4. library(ggprism)
5. class_data <- read_excel("多类别相关性（误差）散点图.xlsx")
6. ggplot(data = class_data,aes(x = Variable_01,y = Variable_02,
7.                                    color = type)) +
8.   geom_errorbar(aes(ymin = Variable_02-y_error, ymax =
9.                Variable_02+y_error),colour="gray40",linewidth=.2) +
10.   geom_errorbarh(aes(xmin = Variable_01-x_error,
11.          xmax = Variable_01+x_error),colour="gray40",linewidth=.2) +
12.   geom_point(aes(fill=type,shape=type),size=2.5) +
13.   stat_smooth(aes(fill = type, color = type), method = "lm",
14.               formula = y ~ x) +
15.   stat_regline_equation(
16.     aes(label =  paste(after_stat(eq.label), ..adj.rr.label..,
17.       sep = "~~~~")),formula = y ~ x,size=4.5,fontface="bold",
18.       label.y = c(1.75,1.55)) +
19.scale_colour_prism(palette = "winter_bright")+
20.   scale_fill_prism(palette = "winter_bright") +
21.   scale_shape_prism()+
22.   theme_prism(palette = "winter_bright", base_size = 16)+
23.   theme(legend.position = c(.8,.15))
```

（3）散点密度图

当涉及的双变量数据较多（通常个数大于或等于 5000）时，坐标系中的散点会重叠在一起，互相遮挡覆盖，增大理解难度，这时可引入“密度”概念，即以特定的区域为单位，统计出这个区域散点出现的频次（密度），然后使用颜色表示频数的高低。在绘制这种散点图时，可添加颜色条用于表示散点图中点的密度值（density of point）或者每个像素点位置点的数量（number of point）。这种图称为散点密度图（scatter density plot），它是一种经常出现在学术期刊中的统计图形。图 4-2-15 展示了基于 ggplot2 的散点密度图绘制示例，其中图 4-2-15（a）所示为结合 ggpubr 包进行相关统计指标信息（拟合公式、R^2、P 值等）添加后的结果，图 4-2-15（b）所示为调整数值映射图例的位置后的结果。

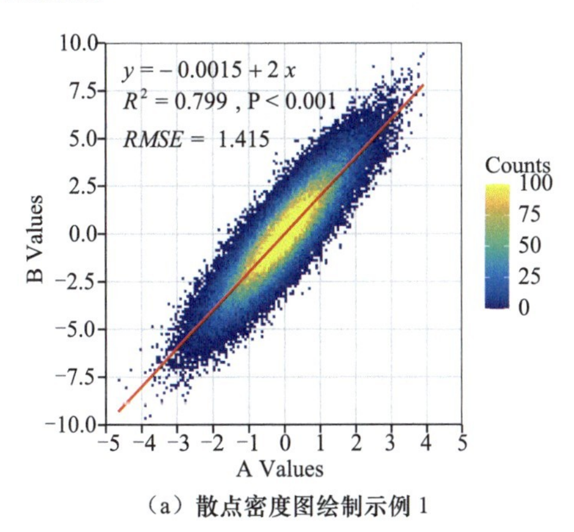

（a）散点密度图绘制示例 1

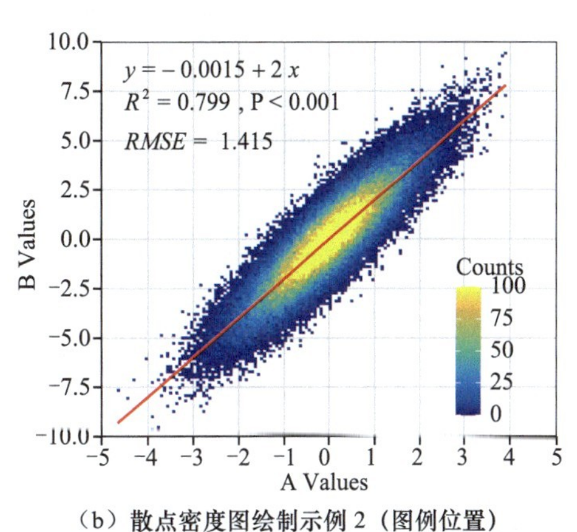

（b）散点密度图绘制示例 2（图例位置）

图 4-2-15　散点密度图绘制示例

技巧：散点密度图的绘制

使用 ggplot2 绘制散点密度图的关键是使用其中的 geom_bin_2d() 或者 stat_bin_2d() 函数计算两个变量数据间的关系，即将平面划分为矩形，计算每个矩形中的点数量，然后将点数量映射到每个矩形的颜色填充上。使用 geom_smooth() 函数进行变量间的拟合线绘制；设置 geom_abline() 函数中的参数 intercept 为 0、参数 slope 为 1，绘制最佳拟合线。在使用 annotate() 函数添加绘图统计指标 RMSE 信息时，其参数 label 的赋值为经过规范化（round()）处理后的样式，即保留小数点后 3 位。图 4-2-15（b）所示图形的核心绘制代码如下。

```
1.  library(tidyverse)
2.  library(ggpubr)
3.  library(readxl)
4.  library(pals)
5.  denity_data <- read_excel("散点密度图.xlsx")
6.  #计算RMSE
7.  rmse = sqrt(mean((denity_data$A - denity_data$B)^2))
8.  ggplot(data = denity_data,aes(x = A,y = B)) +
9.    geom_bin_2d(bins = 150) +
10.   geom_smooth(method = "lm", colour="red",se=FALSE,
11.               formula = y ~ x,linewidth=.8) +
12.   #绘制对角线（最佳拟合线）
13.   #geom_abline(aes(intercept=0, slope=1),alpha=1, linewidth=.8) +
14.   ggpubr::stat_regline_equation(label.x = -4.5,label.y = 8.5,
15.                                 size=6,family="times",fontface="bold") +
16.   ggpubr::stat_cor(aes(label = paste(after_stat(rr.label),
17.       after_stat(p.label), sep = "~`,`~")),
18.                    label.x = -4.5, label.y = 7,size=6,
19.                    r.accuracy = 0.001,p.accuracy = 0.001,
20.                    family='times',fontface='bold') +
21.   annotate("text",x=-4.5,y=5,label=paste("RMSE = ",round(rmse,3)),
22.            size=6,family='times',fontface="italic",hjust = 0) +
23.   #修改坐标轴刻度
24.   scale_x_continuous(limits = c(-5,5),breaks = seq(-5,5,1),
25.                      expand = c(0,0)) +
26.   scale_y_continuous(limits = c(-10,10),breaks = seq(-10,10,2.5),
27.                      expand = c(0,0)) +
28.   labs(x="A Values", y = "B Values") +
29.   scale_fill_gradientn(name="Counts",limits=c(0,100),
30.                        na.value="#FBF90E",colours = parula(100))+
31.   theme_bw() +
```

提示： 使用 ggplot2 中的 geom_bin_2d() 函数时，需要设置 bins 参数，该参数主要控制两个变量（垂直和水平方向）上的分箱（bins）个数，默认值为 30，可以根据实际绘图数据进行修改，也可以通过设置映射函数 aes() 中的 fill 参数为 after_stat(density)（默认值为 after_stat(count)），以表示点的密度。在使用 scale_fill_gradientn() 函数对映射填充颜色值进行修改时，由于设置了 limits 参数，因此需要设置 na.value 参数值，用于控制超出范围之外的数据颜色值。

除上述方法以外，还可以使用 R 语言中优秀的拓展工具包 ggpointdensity 进行散点密度图的绘制，该工具包直接封装了相关函数，提供一种较为快速的绘制散点密度图的方法。图 4-2-16 所示为使用 ggpointdensity 包绘制的散点密度图示例，其中 4-2-16（b）绘制时使用密度估计样式。

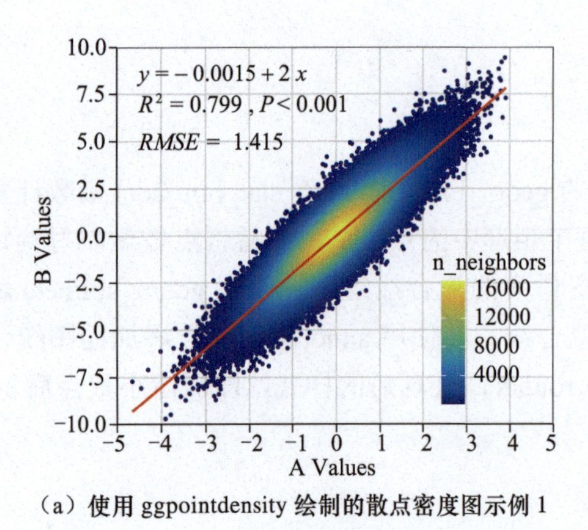

（a）使用 ggpointdensity 绘制的散点密度图示例 1

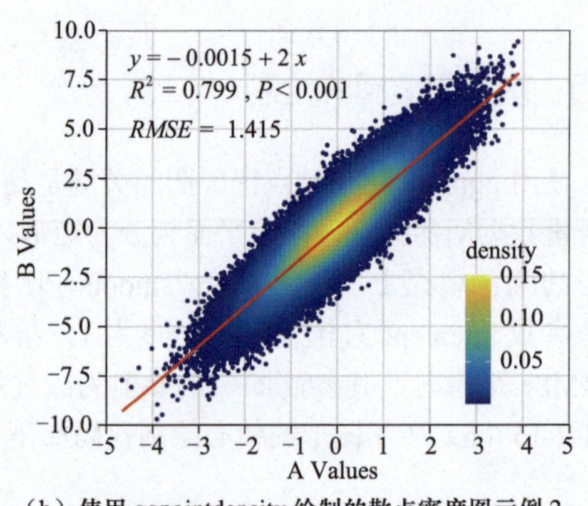

（b）使用 ggpointdensity 绘制的散点密度图示例 2

图 4-2-16　使用 ggpointdensity 包绘制的散点密度图示例

技巧：使用 ggpointdensity 包绘制散点密度图

直接使用 ggpointdensity 包中的 geom_pointdensity() 函数就可以快速绘制出散点密度图，设置其 adjust 参数为不同值，可绘制不同相临个数的可视化结果；设置 method 参数值为 "kde2d"，即使用二维核密度估计来估计点密度。此外，geom_pointdensity() 函数还支持常见的点属性修改，如大小（size）、形状（shape）等，图 4-2-16（b）所示图形的核心绘制代码如下。

```
1. library(tidyverse)
2. library(ggpubr)
3. library(readxl)
4. library(pals)
5. library(ggpointdensity)
6. denity_data <- read_excel("散点密度图.xlsx")
7. #计算RMSE
8. rmse = sqrt(mean((denity_data$A - denity_data$B)^2))
9. ggplot(data = denity_data,aes(x = A,y = B)) +
10.   ggpointdensity::geom_pointdensity(adjust=0.1,size = 0.8)+
11.   geom_smooth(method = "lm", colour="red",se=FALSE,
12.               formula = y ~ x,linewidth=.8) +
13.ggpubr::stat_regline_equation(label.x = -4.5,label.y = 8.5,size=6,
14.                               family="times",fontface="bold") +
15.ggpubr::stat_cor(aes(label = paste(after_stat(rr.label),
16.                   after_stat(p.label), sep = "~`,`~")),
17.                   label.x = -4.5, label.y = 7,size=6,
18.                   r.accuracy = 0.001,p.accuracy = 0.001,
19.                   family='times',fontface='bold') +
20.annotate("text",x=-4.5,y=5,label=paste("RMSE = ",round(rmse,3)),
21.           size=6,family='times',fontface="italic",hjust = 0) +
```

提示：想要绘制图 4-2-16（b）所示的密度估计可视化效果，在安装 ggpointdensity 包时，必须使用 devtools 包中的 install_github() 函数安装，不要从 CRAN 上直接安装，步骤如下：

```
1. #如果在CRAN上安装了，卸载方法如下
2. remove.packages("ggpointdensity")
3. #直接安装最新版本
4. devtools::install_github("LKremer/ggpointdensity")
```

卸载后使用 devtools 包安装时可能会出现“*** 退出状态不为 0”等错误提示，只需在 R 安装

目录 library 文件中删除 ggpointdensity 相关的文件夹即可。

（4）二维直方图

二维直方图（2D histogram）也称为密度热力图（density heatmap），它是直方图的二维平面展示版本，通过将一组 X、Y 轴数据分类到设定好的 bins 中，并应用聚类函数（Density() 或者 Counts()）来计算每个 bins 中数据点出现的频次，再使用色块颜色映射数据点的出现频次，可以看作密度散点图的替代绘制方案。此外，bins 色块还可以使用六边形表示，即六边形分箱图（hexagonal binning）。六边形分箱图使用六边形作为 bins 色块，更加方便衔接，尤其是在面对大数据集时，能大幅减少散点或者方块带来的显示效果不好的结果。若色块较大，还可以将统计数值结果绘制在色块之上，利于读者获取图形信息。图 4-2-17 所示为使用 ggplot2 绘制的不同样式的二维直方图示例，其中图 4-2-17（d）将每个像素点上的数据量个数使用对应数字文本标记出来。

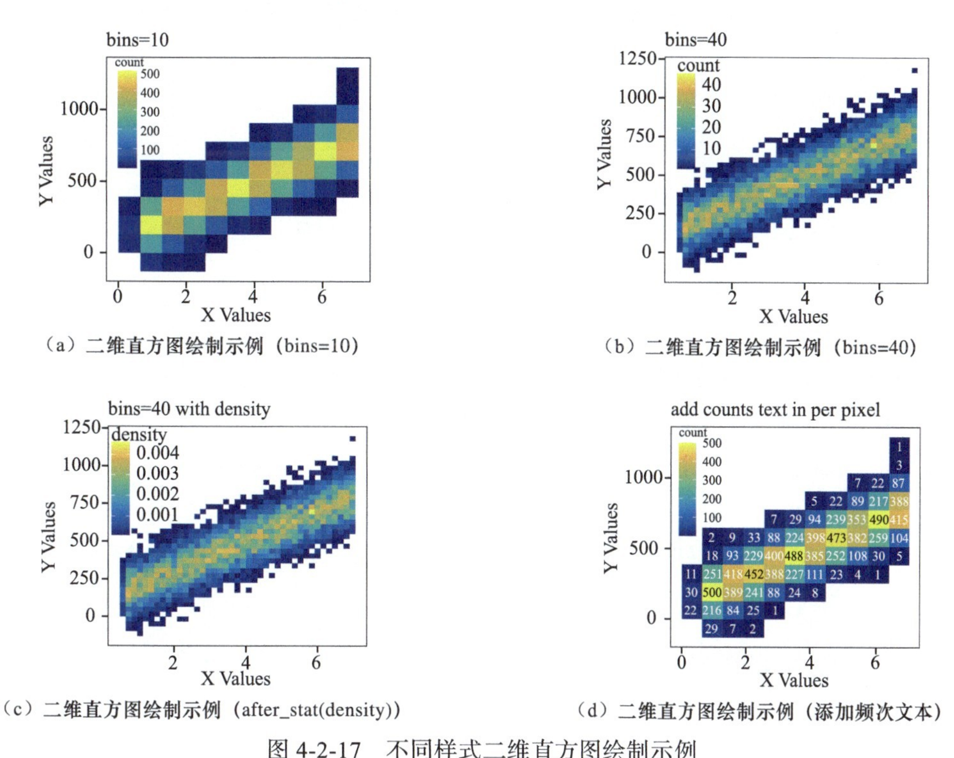

（a）二维直方图绘制示例（bins=10）

（b）二维直方图绘制示例（bins=40）

（c）二维直方图绘制示例（after_stat(density)）

（d）二维直方图绘制示例（添加频次文本）

图 4-2-17　不同样式二维直方图绘制示例

技巧：二维直方图的绘制

使用 ggplot2 包中的 geom_bin_2d() 函数并设置参数 bins 为不同值即可绘制不同样式（方块大小和频次不同）的二维直方图；设置 aes() 函数中 fill 参数为 after_stat(density)，即可绘制图 4-2-17（c）所示的结果；使用 stat_bin_2d() 图层函数并设置参数 geom 为 "text"、aes() 函数中参数 label 为 after_stat(count) 即可将每一个像素点上对应的数据量个数标出，即绘制图 4-2-17（d）所示的可视化结果，其核心绘制代码如下。

```
1. library(tidyverse)
2. library(ggpubr)
3. library(readxl)
4. hist2d_data <- readr::read_csv("hist2d_hexbin_data.csv")
```

```
5. ggplot(data = hist2d_data,aes(x = x_values,y = y_values)) +
6.   geom_bin_2d(bins=10) +
7.   #添加数据量个数文本
8.   stat_bin_2d(bins=10,geom = "text", aes(label = after_stat(count)),
9.               family = "times")+
10.  labs(title = "add counts text in per pixel",x="X Values",
11.       y = "Y Values") +
12.  scale_fill_gradientn(colours = parula(100)) +
13.  theme_bw() +
14.  theme(legend.position = c(.12,.76),
15.    legend.text=element_text(family = "times",face='bold',size = 13),
16.    legend.title=element_text(family = "times",face='bold',size = 13),
17.    legend.background =element_blank(),
18.    text = element_text(family = "times",face='bold',size = 18),
19.    axis.text = element_text(colour = "black",face='bold',size = 15),
20.    axis.ticks.length=unit(0.2, "cm"),
21.    panel.grid = element_blank(), #去除网格
22.    #显示更多刻度内容
23.    plot.margin = margin(10, 10.5, 10, 10),
24.    axis.ticks = element_line(linewidth = 0.4),
25.    axis.line = element_line(linewidth = 0.4))
```

提示：如图 4-2-17（d）所示，为每个色块添加对应的点个数（频次）文本，其目的是更好地展示对应颜色所代表的数值。和添加颜色条图例类似，在显示中面对较大数据集时，这种方法不可采用。

ggplot2 包中的 geom_hex() 函数可用于绘制六边形分箱图，其参数和 geom_bin_2d() 函数的参数一样，同样设置 bins 参数为不同值即可调整六边形大小。图 4-2-18 所示为使用 geom_hex() 函数绘制的不同样式六边形分箱图示例。

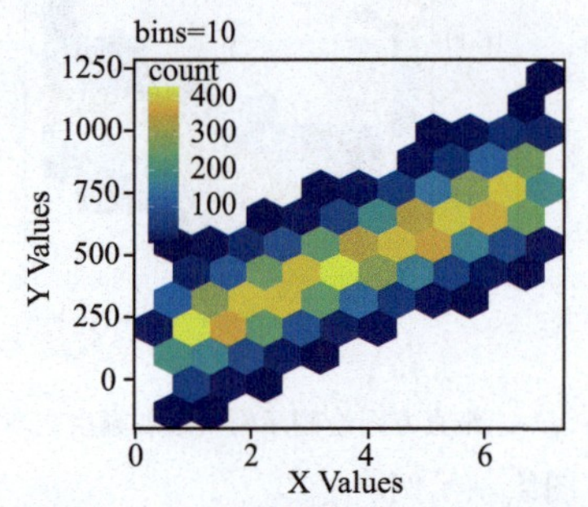

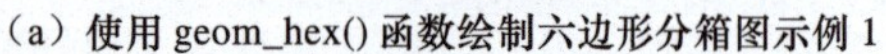

（a）使用 geom_hex() 函数绘制六边形分箱图示例 1

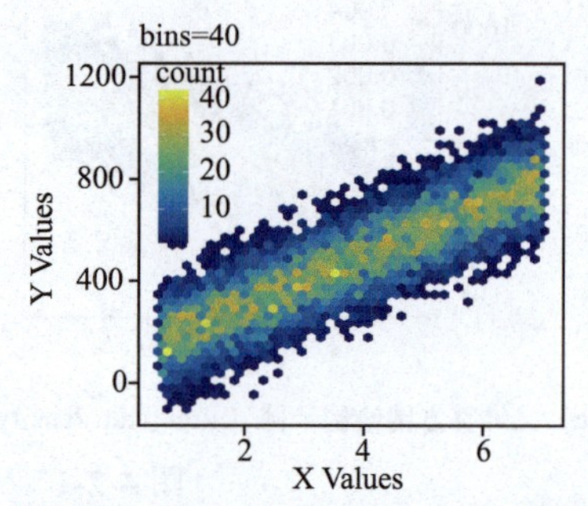

（b）使用 geom_hex() 函数绘制六边形分箱图示例 2

图 4-2-18　不同样式六边形分箱图绘制示例

技巧：六边形分箱图的绘制

图 4-2-18（b）所示图形的核心绘制代码如下。

```
1. library(tidyverse)
2. library(ggpubr)
3. library(readxl)
4. hist2d_data <- readr::read_csv("hist2d_hexbin_data.csv")
5. geom_hex(bins=40) +
6.   labs(title = "bins=40",x="X Values", y = "Y Values") +
7.   scale_fill_gradientn(colours = parula(100)) +
```

2. 使用场景

在大多数情况下，相关性散点图用在对多变量数据集进行数据选择的操作中，例如，在面对如何选择数据集变量进行新方法（或算法等）的构建时，较多的输入变量不但会造成计算成本加大，而且会对构建方法的准确性造成影响，这时可通过构建相关性散点图，删除相关性较高变量中的一个变量。此外，相关性散点图适用于对新构建方法或机器学习算法性能的评估，即将模型计算结果和对应真实值构建成相关性散点图，查看二者的相关性，进而实现对新构建方法或机器学习算法性能的评估，这类应用在生物学、物理学、化学、生态学、农学等理工类学科中经常出现。根据大数据集构建的散点密度图较常出现在大气科学、海洋科学、地球物理学等与 GIS 相关的学科中，这类学科中所使用的数据集一般较大。特别是在对气象数据、遥感数据等进行研究时，散点密度图、二维直方图或者六边形分箱图常出现在不同数据的对比分析中。

4.2.4 回归分析

1. 介绍和绘制方法

（1）线性回归分析

当我们知道两个变量之间的相关系数后，应该还想知道变量之间的具体相关关系，即如何利用其中一个变量预测另一个变量，对这个问题的探索称为线性回归分析。在线性回归分析中，常用的一种图为线性回归散点图。在 4.2.3 小节中，我们提到了它与相关性散点图的不同。线性回归散点图中的 X、Y 轴通常表示变量值（value）与线性模型根据变量值计算的模型估计值（estimated value）。此外，线性回归散点图中会添加诸如 R^2、均方根误差等表示回归模型优劣的量化指标。图 4-2-19 展示了利用 ggplot2 绘制的基本线性回归散点图、基本线性回归误差散点图，以及带置信区间和预测区间的线性回归散点图示例。

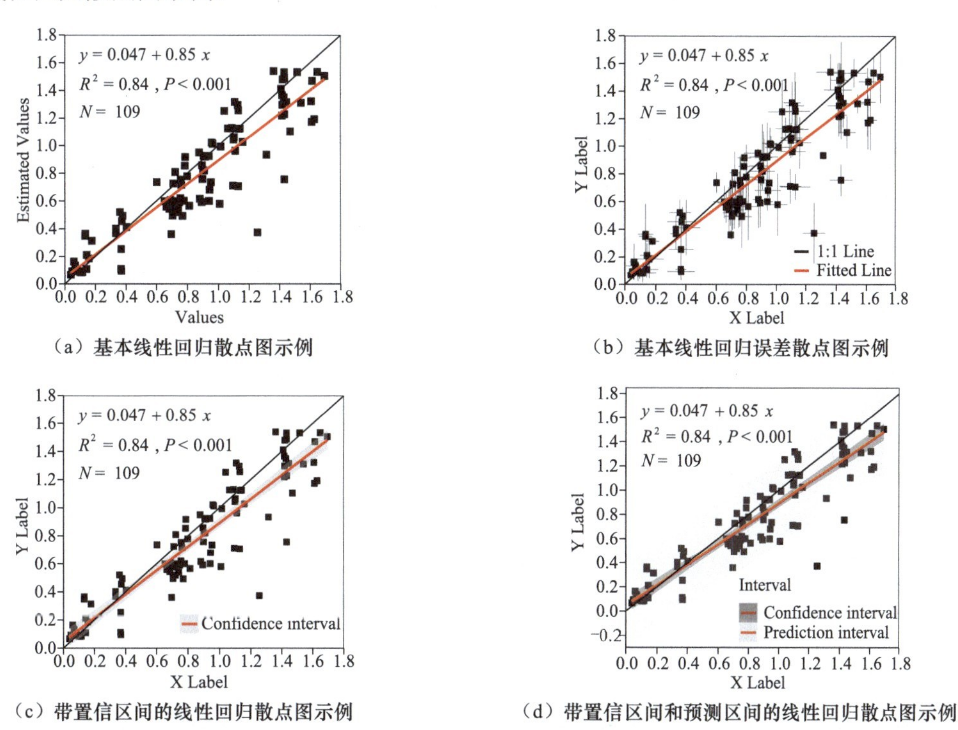

（a）基本线性回归散点图示例　（b）基本线性回归误差散点图示例

（c）带置信区间的线性回归散点图示例　（d）带置信区间和预测区间的线性回归散点图示例

图 4-2-19　线性回归散点图绘制示例

技巧：线性回归散点图的绘制

使用 R 语言中的 ggplot2 绘制线性回归散点图的关键是使用 geom_point() 函数完成数据点的绘制；使用 stat/geom_smooth() 函数并设置 method 参数为 "lm"，计算公式 formula 参数为 y~x 即可绘制出线性拟合回归线；使用 ggpubr 包中的 stat_regline_equation() 和 stat_cor() 函数分别用于添加拟合公式和一些必要的统计指标。设置 stat/geom_smooth() 函数中的 se 参数值为 TRUE 即可添加置信区间；通过 lm() 函数和 predict() 函数即可计算出绘制预测区间所需要的数据集，再使用 geom_ribbon() 函数就可以绘制预测区间。图 4-2-19（d）所示图形的绘制核心代码如下。

```
1. library(tidyverse)
2. library(readxl)
3. library(ggpubr)
4. regre_data <- read_excel("线性回归样例数据.xlsx")
5. num <- nrow(regre_data)
6. #数据计算
7. lm_fit  = lm(pred_values ~ values, data = regre_data)
8. data_with_pred = data.frame(regre_data,
9.                              predict(lm_fit, interval = 'prediction'))
10.ggplot(data = data_with_pred,aes(x = values,y = pred_values)) +
11.  geom_point(shape=22,size=2.5,fill="black") +
12.  geom_smooth(aes(fill="Confidence interval"),method = "lm",
13.                 formula = y ~ x,linewidth=1,color="red") +
14.  geom_ribbon(aes(y = fit, ymin = lwr, ymax = upr,
15.                fill = 'Prediction interval'),alpha = 0.2) +
16.  #绘制对角线：最佳拟合线
17.  geom_abline(aes(intercept=0, slope=1),alpha=1, size=.5) +
18.  ggpubr::stat_regline_equation(label.x = .1,label.y = 1.65,
19.                            size=6,family="times",fontface="bold") +
20.  ggpubr::stat_cor(aes(label = paste(..rr.label.., ..p.label..,
21.                 sep = "~`,`~")),
22.                 label.x = .1, label.y = 1.45,size=6,
23.                 r.accuracy = 0.01,p.accuracy = 0.001,
24.                 family='times',fontface='bold') +
25.  annotate("text",x=0.1,y=1.25,label=paste("N = ",num),size=6,
26.           family='times',hjust = 0) +
27.  #修改坐标轴刻度
28.  scale_x_continuous(limits = c(0,1.8),breaks = seq(0,1.8,0.2),
29.                   expand = c(0,0)) +
30.  scale_y_continuous(limits = c(-0.3,1.85),
31.                   breaks = seq(-0.2,1.8,0.2),expand = c(0,0)) +
```

提示：在 ggplot2 绘图图层之上添加单个文本信息时，建议使用 ggplot2 包中的 annotate() 函数，因为使用 geom_text() 函数添加单个文本信息时，会导致绘图时间延长，影响绘图效率。

（2）非线性回归分析（曲线拟合）

曲线拟合（curve fitting）是科研分析中经常使用的方法，对拟合结果的可视化展示至关重要。曲线拟合的目的和线性回归的类似，即检查一个或多个预测变量（自变量）和响应变量（因变量）的关系，找出变量间关系的最佳拟合（best fit）模型。不同非线性曲线拟合方式见表 4-2-1。

表 4-2-1　不同非线性曲线拟合方式

拟合方式	实现方式	描述
LOWESS 回归拟合	geom_smooth (method = "loess")	局部加权回归，非参数方法
Quadratic 回归拟合	geom_smooth (method = "lm",formula = y~poly(x,2))	二次回归

续表

拟合方式	实现方式	描述
Logarithmic 回归拟合	geom_smooth (method = "lm", formula = y ~ log(x))	对数回归
Exponential 回归拟合	geom_smooth (method = " nls", formula = y ~ a*exp(b*x))	指数回归

图 4-2-20 展示了使用 ggplot2 绘制的不同非线性曲线拟合方式的曲线拟合散点图。

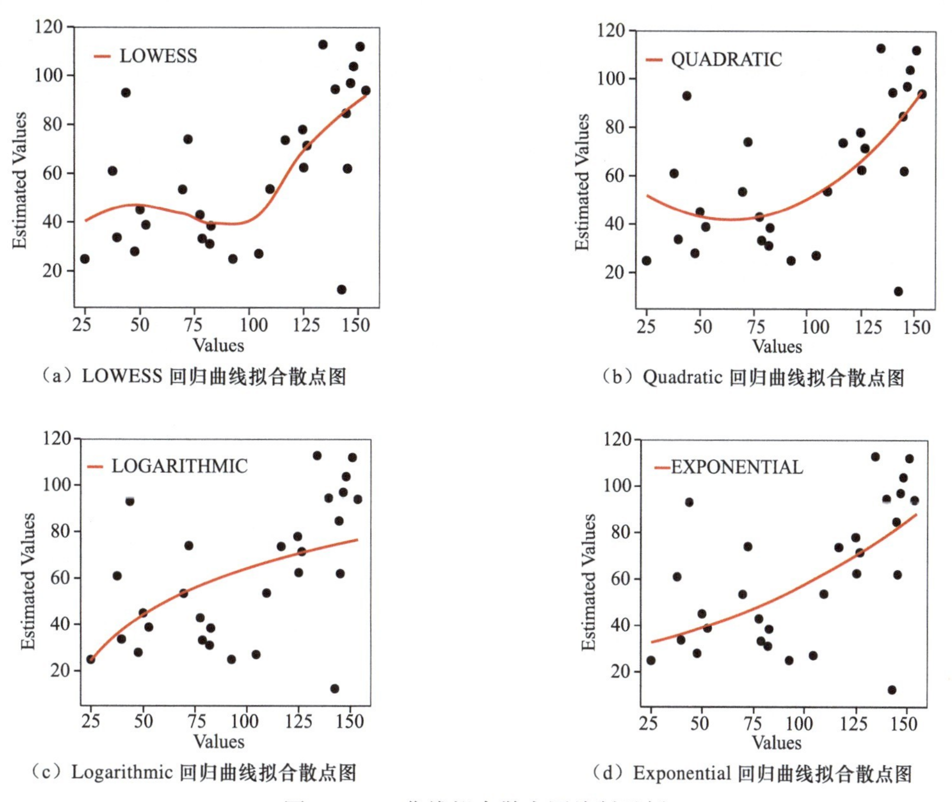

（a）LOWESS 回归曲线拟合散点图

（b）Quadratic 回归曲线拟合散点图

（c）Logarithmic 回归曲线拟合散点图

（d）Exponential 回归曲线拟合散点图

图 4-2-20　曲线拟合散点图绘制示例

技巧：曲线拟合散点图的绘制

使用 ggplot2 绘制不同曲线拟合散点图，其关键点是设置 stat/geom_smooth() 函数中的 method 和 formula 参数，基本上常见的拟合方式使用 ggplot2 包都是可以快速完成的。需要指出的是，在涉及复杂的拟合公式时，需要将 stat/geom_smooth() 函数的 method、formula 以及 method.args 等参数设定为指定的数值。图 4-2-20（d）所示图形的核心绘制代码如下。

```
1. library(tidyverse)
2. library(readxl)
3. cure_data <- read_excel("Curve_Fitting_Methods.xlsx")
4. ggplot(data = cure_data,aes(x = x,y = y)) +
5.   geom_point(size=3) +
6.   stat_smooth(aes(fill="EXPONENTIAL"),
7.               method = 'nls', formula = y ~ a*exp(b*x),
8.               method.args = list(start=c(a=0.1646, b=9.5e-8)),
9.               se=FALSE,linewidth=1,color="red") +
```

提示：无论是绘制线性还是非线性曲线拟合散点图，使用 R 语言的 ggplot2 包中的 stat/geom_smooth() 函数就可以绘制完成，不必像 Python 语言中需要进行相关拟合函数的自定义和数值映射计算后再绘图。

2. 使用场景

从严格意义上来说，线性回归散点图和相关性散点图在多个方面存在相同之处，二者的使用场景也有所重合，但线性回归散点图着重于构建变量间的拟合关系、发掘变量间的对等关系，使用场景多为对新构建模型的评估和应用，如在社会学或经济学领域中，使用新构建的线性模型预测某一研究指标（如销售量、商品价格等）的具体数值时，在前期的线性方法构建分析中，需要使用线性回归散点图进行分析。但需要注意的是，随着近几年机器学习方法的普及以及在各学科中的大量使用，特别是在一些理工类的研究任务中，线性回归方法经常作为基本的对比方法，用于对新算法性能的评估上。

4.2.5 相关性矩阵热力图

1. 介绍和绘制方法

相关性分析通常用于确定两个变量间的相关程度，但在判断一组数据中多个变量间是否存在因果关系，即判断多个变量两两之间的相关性强弱程度时，可使用相关性矩阵热力图（correlation matrix heatmap）。相关性矩阵热力图是一种可视化数值变量之间关系强度的图形，它不但可以确定密切相关的两组变量，而且可以对不明显相关的两组变量进行高效表示。相关性矩阵热力图通常包含多个数值变量，每个变量由一列数据值表示，每一行则表示两两变量间的关系，图中的单元格数值的大小表示变量间的相关性，正值表示正相关，负值表示负相关，通常使用不同颜色表示相关性数值的大小，这使得辨别变量间的相关性变得更加容易。此外，相关性矩阵热力图还可以用于识别变量间相关性异常值，以及线性和非线性关系。

（1）使用 ggplot2 绘制

在常见的科研论文配图中，相关性矩阵热力图存在诸如上三角、下三角、相关性数值和颜色块组合多个样式。图 4-2-21 所示为使用 ggplot2 包绘制的不同样式相关性矩阵热力图示例，其中图 4-2-21（a）所示为常见样式，图 4-2-21（b）、图 4-2-21（c）所示分别为下三角和上三角样式，图 4-2-21（d）所示为相关性数值和颜色块组合样式。

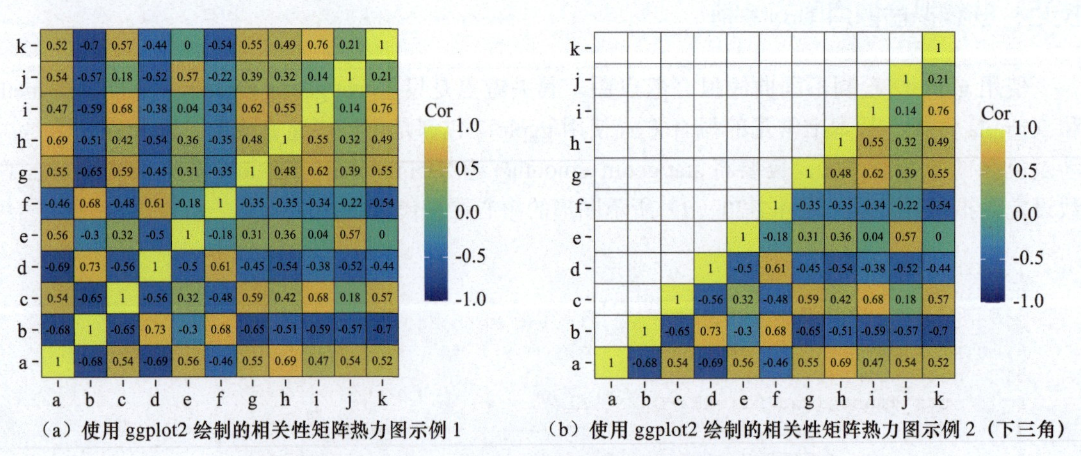

（a）使用 ggplot2 绘制的相关性矩阵热力图示例 1　　（b）使用 ggplot2 绘制的相关性矩阵热力图示例 2（下三角）

图 4-2-21　使用 ggplot2 绘制的相关性矩阵热力图示例

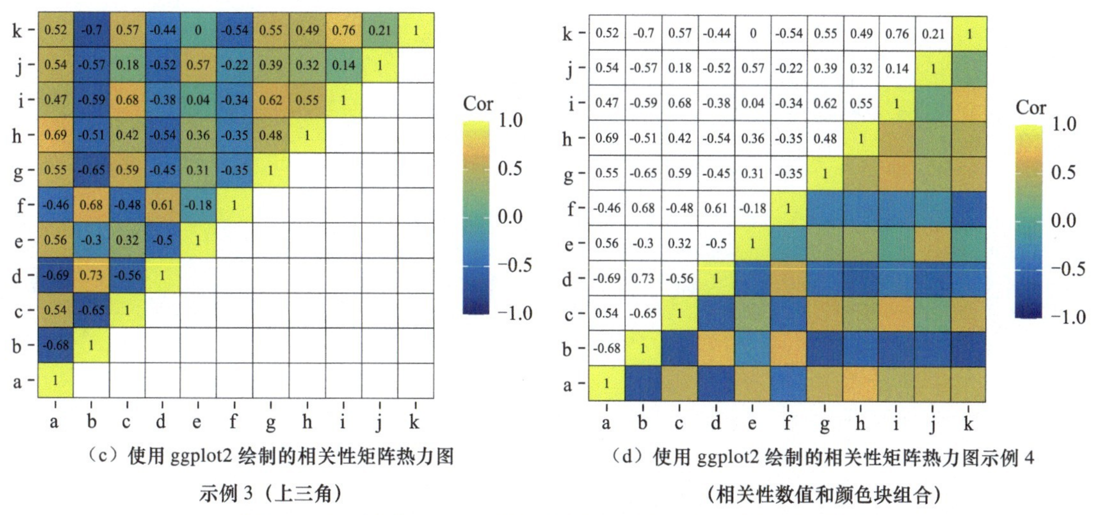

（c）使用 ggplot2 绘制的相关性矩阵热力图示例 3（上三角）

（d）使用 ggplot2 绘制的相关性矩阵热力图示例 4（相关性数值和颜色块组合）

图 4-2-21　使用 ggplot2 绘制的相关性矩阵热力图示例（续）

技巧：使用 ggplot2 绘制相关性矩阵热力图

要想绘制不同样式的相关性矩阵热力图，首先，需要使用 read_excel() 对绘图数据进行读取，并使用 round()、cor() 函数对相关性结果进行计算和处理，得到相关性矩阵结果（矩阵类型，matrix）。然后使用 melt() 将结果转换成“长”数据样式（data.frame 类型），以便利用 ggplot2 进行绘图。最后通过自定义函数将相关性矩阵结果的上、下半部分分别设置为 NA 值后再转换成 data.frame 数据类型，即可完成上三角、下三角样式的相关性矩阵热力图绘制。图 4-2-21（a）、图 4-2-21（b）和图 4-2-21（d）所示图形的核心绘制代码如下。

```
1. library(tidyverse)
2. library(readxl)
3. library(reshape2)
4. heatmap_data <- read_excel("相关性矩阵热力图_P值.xlsx")
5. #计算相关性
6. corr <- round(cor(heatmap_data), 2)
7. #使用reshape2包的melt()函数将corr转换成“长”数据
8. melted_comatx <- reshape2::melt(corr)
9. #图4-2-21(a)所示图形的核心绘制代码
10.ggplot(data = melted_comatx,aes(x = Var1, y=Var2, fill=value)) +
11.  geom_tile(colour="black",linewidth=.2) +
12.  geom_text(aes(label=value),size=3,family = "times",
13.            fontface="bold") +
14.  labs(x="", y = "") +
15.  scale_fill_gradientn(name="Cor",limit = c(-1,1),
16.                       colours = parula(100))+
17.  theme_minimal()
18.#自定义函数计算上三角、下三角样式数据结果
19.get_lower_tri<-function(cormat){
20.    cormat[upper.tri(cormat)] <- NA
21.    return(cormat)}
22.get_upper_tri <- function(cormat){
23.    cormat[lower.tri(cormat)]<- NA
24.    return(cormat)}
```

```
25.lower_tri <- get_lower_tri(corr)
26.lower_tri_melt <- reshape2::melt(lower_tri)
27.#图4-2-21(b)所示图形的核心绘制代码
28.ggplot(data = upper_tri_melt,aes(x = Var1, y=Var2,fill=value)) +
29.   geom_tile(colour="black",size=.2) +
30.   geom_text(aes(label=value),size=3,family = "times",
31.             fontface="bold") +
32.   labs(x="", y = "") +
33.   scale_fill_gradientn(name="Cor",limit = c(-1,1),
34.              colours = parula(100),na.value="NA")+
35.   theme_minimal()
36.#图4-2-21(d)所示图形的核心绘制代码
37.ggplot(data = lower_tri_melt,aes(x = Var1, y=Var2,fill=value)) +
38.   geom_tile(colour="black",size=.2) +
39.   geom_text(data = upper_tri_melt,aes(x = Var1, y=Var2,label=value),
40.            size=3,family = "times",fontface="bold") +
41.   labs(x="", y = "") +
42.   scale_fill_gradientn(name="Cor",limit = c(-1,1),colours =
43.                          parula(100),na.value="NA")+
44.   theme_minimal()
```

提示：在以上相关性矩阵热力图绘制过程中，除了使用 reshape2 包的 melt() 函数将相关性矩阵结果（matrix 类型）转换成“长”数据样式（data.frame 类型）外，还可以直接使用 as.data.frame.table(corr) 语句进行操作。此外，当需要将 data.frame 类型的“长”数据和“宽”数据进行互相转换时，可使用 tidyr 包中的 pivot_longer()、pivot_wider() 函数高效处理。在计算相关性矩阵结果的上三角、下三角样式的数据结果时，除使用自定义函数设置 NA 值，还可以通过 correlation 包中的 cor_lower() 函数和 rstatix 包中的 pull_upper_triangle()、pull_lower_triangle() 函数计算数据结果。

在一些常见的科研论文配图中，相关性矩阵单元格多以显著性标注信息（P 值）样式出现，用于更好地展示绘图数据之间的统计信息。图 4-2-22 所示为不同样式的带显著性标注信息的相关性矩阵热力图示例，其中，图 4-2-22(b) 所示图形在矩阵色块中同时添加了 P 值和显著性标注信息，图 4-2-22（c）、图 4-2-22（d）则为选择 scico 包中不同数值映射色系后的绘制结果。

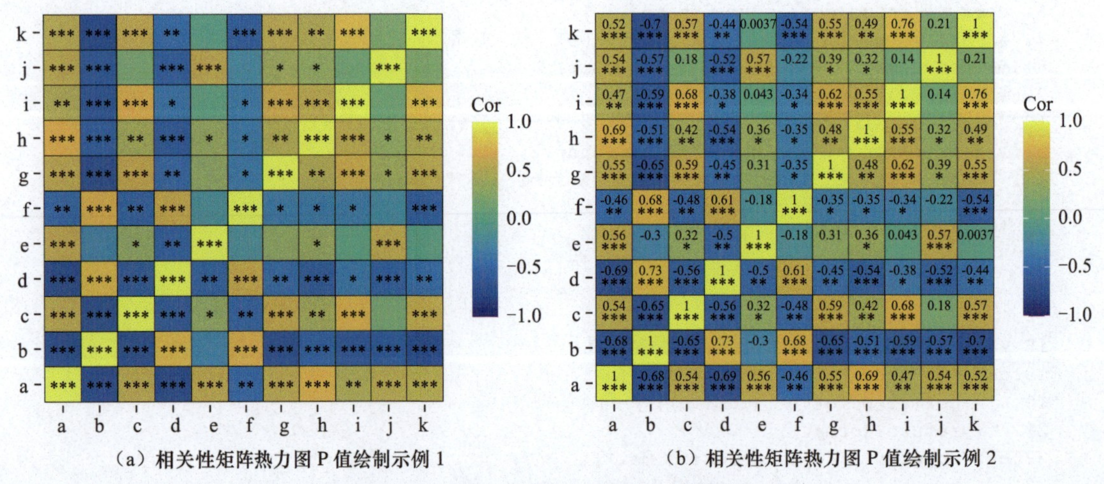

（a）相关性矩阵热力图 P 值绘制示例 1　　（b）相关性矩阵热力图 P 值绘制示例 2

图 4-2-22　相关性矩阵热力图 P 值绘制示例

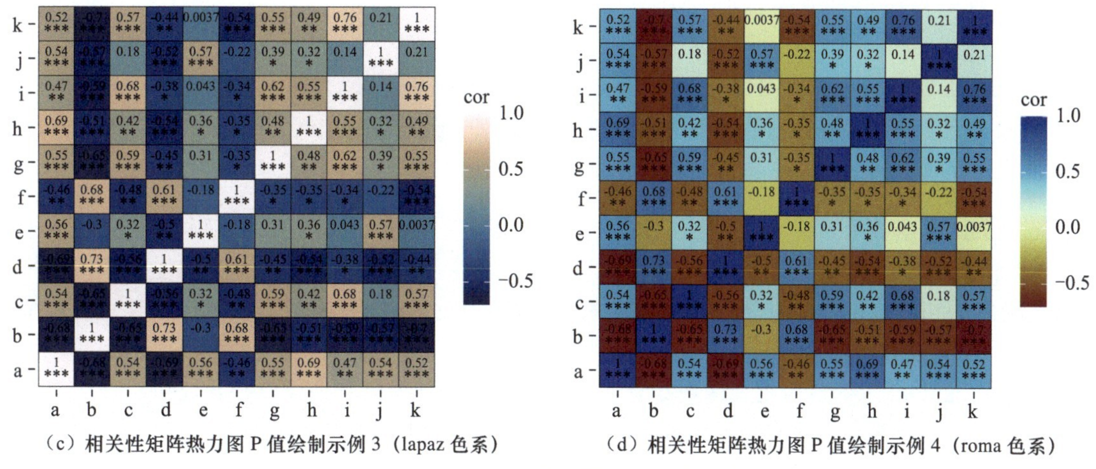

（c）相关性矩阵热力图 P 值绘制示例 3（lapaz 色系）

（d）相关性矩阵热力图 P 值绘制示例 4（roma 色系）

图 4-2-22　相关性矩阵热力图 P 值绘制示例（续）

技巧：使用 ggplot2 绘制带 P 值的相关性矩阵热力图

想要在相关性矩阵热力图的色块中添加显著性标注信息，首先，需要使用 R 语言的 rstatix 包中 cor_mat() 和 cor_gather() 函数计算相关性矩阵和 tibble 样式的带相关性值和 P 值的数值结果；然后，通过 dplyr 包中的 mutate() 函数根据 P 值与星号（*）之间的关系构建新的数据列；最后，通过 geom_text() 函数对数值结果进行添加，完成带显著性标注信息的相关性矩阵热力图的绘制。图 4-2-22（a）、图 4-2-22（b）所示图形的核心绘制代码如下。

```
1. library(rstatix)
2. heatmap_data <- read_excel("相关性矩阵热力图_P值.xlsx")
3. cor.mat <- heatmap_data %>% rstatix::cor_mat()
4. cor_df <- cor.mat %>% cor_gather()
5. #生成新变量
6. cor_df <-  cor_df %>% mutate(p_sym = case_when((p <= 0.001) ~ "***",
7.                                               (p > 0.001 & p <= 0.01) ~ "**",
8.                                               (p > 0.01 & p <= 0.05) ~ "*",
9.                                               (p > 0.05) ~ "",
10.                                              FALSE ~ as.character(p)))
11.# 图4-2-22(a)所示图形的核心绘制代码
12.ggplot(data = cor_df,aes(x = var1, y=var2, fill=cor)) +
13.  geom_tile(colour="black",linewidth=.2) +
14.  #添加显著性水平数值
15.  geom_text(aes(label=p_sym),size=4,fontface="bold",
16.            position=position_nudge(y=-0.1),family = "times") +
17.  labs(x="", y = "") +
18.  scale_fill_gradientn(name="Cor",limit = c(-1,1),
19.                       colours = parula(100),na.value="NA")+
20.  theme_minimal()
21.# 图4-2-22(b)所示图形的核心绘制代码
22.ggplot(data = cor_df,aes(x = var1, y=var2, fill=cor)) +
23.  geom_tile(colour="black",size=.2) +
24.  geom_text(aes(label=cor),size=3,fontface="bold",family = "times",
25.              position=position_nudge(y=0.2)) +
26.  #添加显著性水平数值
27.  geom_text(aes(label=paste0(sprintf("%1.2f", p))),colour="gray50",
28.              size=3,fontface="bold",family = "times",
```

```
29.             position=position_nudge(y=-0.2)) +
30.   labs(x="", y = "") +
```

提示： 上述案例中计算显著性 P 值所使用的工具为 rstatix，该工具为 R 语言中的基本统计检验数据处理包，其提供一个简单直观的管道友好框架（pipe-friendly framework），设计理念和 tidyverse 设计理念相一致，主要用于执行基本的统计检验计算。

cor_gather() 函数可直接将相关性矩阵结果转换成可供 ggplot2 绘图的“长”数据 data.frame 类型。P 值和“*”之间的转换可通过案例中的方法进行。注意：不同值范围的 P 值对应的星号个数，在自定义方法和集成函数中默认的设置可能有所不同，读者可根据绘图需求进行调整（设置 add_significance() 函数的 cutpoints 和 symbols 参数即可）。

除使用 ggplot2 包结合自定义函数绘制各种样式的相关性矩阵热力图以外，还可以使用 R 语言中优质的第三方可视化绘图包 ggcorrplot、ggcorrplot2、corrplot 以及 ggstatsplot 包进行绘制，这些可视化包中涉及的基本底层绘图函数大致相同，但每个包绘制的结果又独具特色，绘制的结果可直接使用在特定的条件中。

（2）使用 ggcorrplot 包绘制

使用 R 语言中的 ggcorrplot 包绘制相关性矩阵热力图主要依赖其提供的 ggcorrplot() 函数，该函数集成了 ggplot2 的绘图语法，可实现对相关性矩阵的绘制，其绘图对象结果依然可以使用 ggplot2 包中众多的图层属性设置函数。图 4-2-23 所示为使用 ggcorrplot 包绘制的相关性矩阵热力图示例，其中图 4-2-23（b）添加了 P 值属性和自定义颜色系。

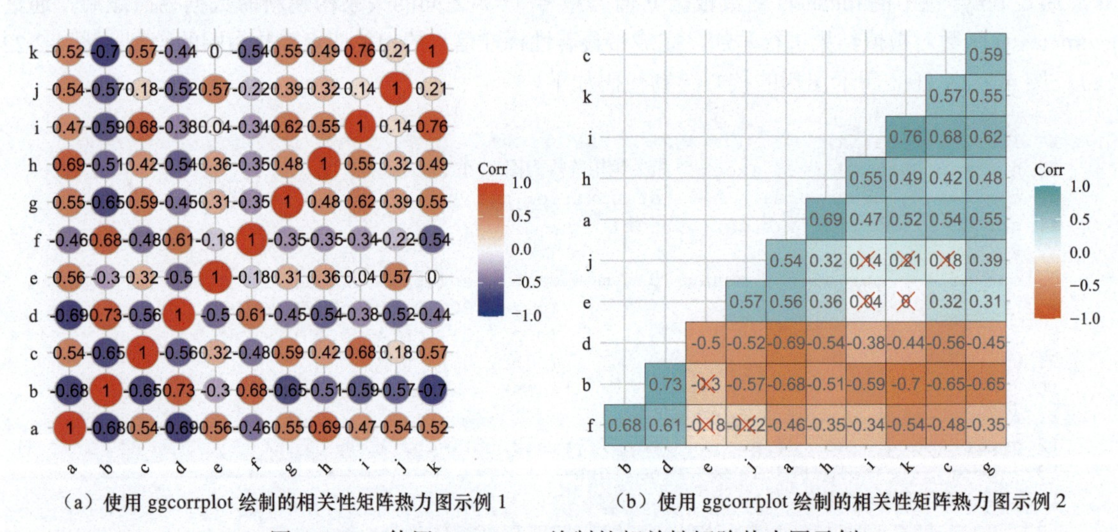

（a）使用 ggcorrplot 绘制的相关性矩阵热力图示例 1　　（b）使用 ggcorrplot 绘制的相关性矩阵热力图示例 2

图 4-2-23　使用 ggcorrplot 绘制的相关性矩阵热力图示例

技巧：使用 ggcorrplot 绘制相关性矩阵热力图

R 语言的 ggcorrplot 包提供的 ggcorrplot() 函数专门用于绘制相关性矩阵热力图，其参数 method 提供 "square" 和 "circle" 两个选项，分别用于绘制方形和圆形样式的图形结果；参数 type 提供 "full"、"lower" 和 "upper" 3 个选项，分别用于控制相关性矩阵热力图的类型；参数 color 用于设置数值映射的颜色变化；参数 p.mat 为对应的 P 值矩阵结果，用于控制 P 值在图层中的显示效果。ggcorrplot() 函数返回的绘图对象是 ggplot2 对象，可结合 ggplot2 图层函数完成定制化图形结果设置。

图 4-2-23（b）所示图形的核心绘制代码如下。

```
1. library(ggcorrplot)
2. heatmap_data <- read_excel("相关性矩阵热力图_P值.xlsx")
3. corr <- round(cor(heatmap_data), 2)
4. #计算显著性水平值
5. p.mat <- ggcorrplot::cor_pmat(heatmap_data)
6. ggcorrplot::ggcorrplot(corr,lab = TRUE,lab_col = "gray40",
7.                outline.color = "black", p.mat=p.mat,insig="pch",
8.                pch = 4, pch.col = "red",hc.order = TRUE,
9.                color = c("#FC4E07", "white", "#00AFBB"),
10.               type = "lower") +
11.   theme(text = element_text(face='bold',size = 12),
12.        plot.background = element_rect(fill = "white",colour="white"),
13.        axis.text = element_text(colour = "black",face='bold',
14.        size = 15))
```

（3）使用 ggcorrplot2 包绘制

如果使用 ggcorrplot 包绘制的相关性矩阵热力图无法满足特定的绘图需求，如矩阵块无法表示为椭圆或者椭圆和文本的混合，这时可使用 R 语言中的 ggcorrplot2 包绘制更多样式的相关性矩阵热力图。图 4-2-24 所示为使用 ggcorrplot2 包绘制的各种样式的相关性矩阵热力图，其中图 4-2-24（j）所示为自定义颜色样式的绘制结果。

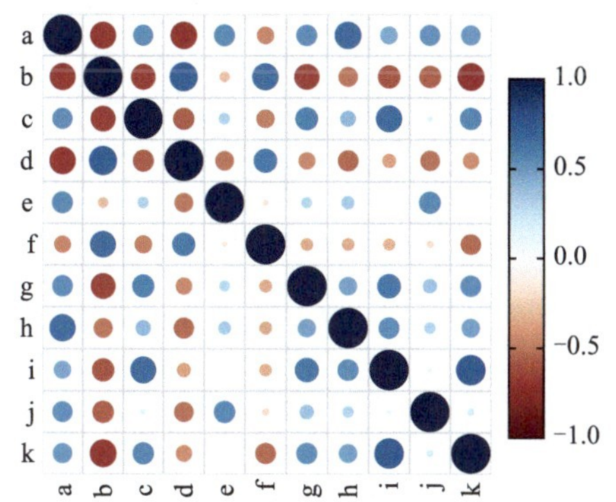

（a）使用 ggcorrplot2 绘制的相关性矩阵热力图示例（circle）

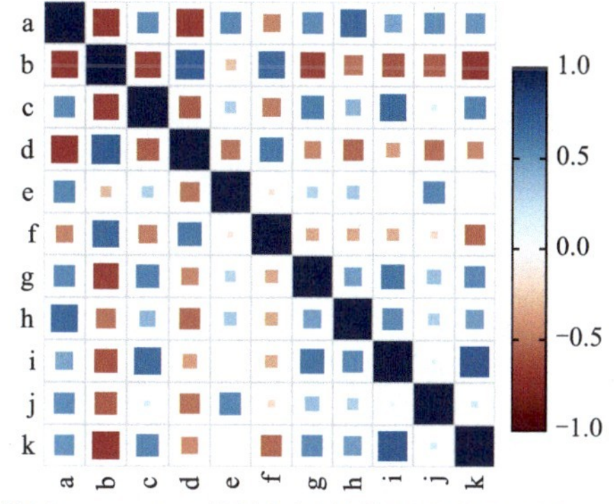

（b）使用 ggcorrplot2 绘制的相关性矩阵热力图示例（square）

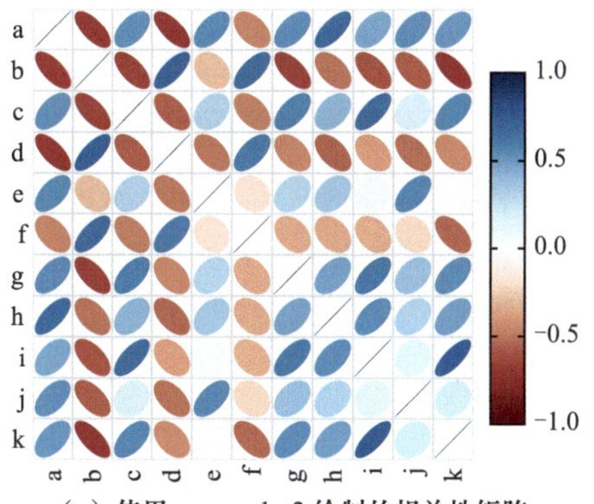

（c）使用 ggcorrplot2 绘制的相关性矩阵热力图示例（ellipse）

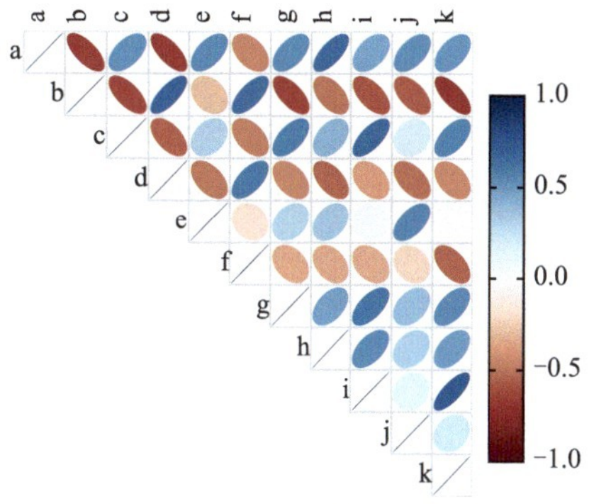

（d）使用 ggcorrplot2 绘制的相关性矩阵热力图示例（ellipse+upper）

图 4-2-24　使用 ggcorrplot2 绘制的相关性矩阵热力图示例

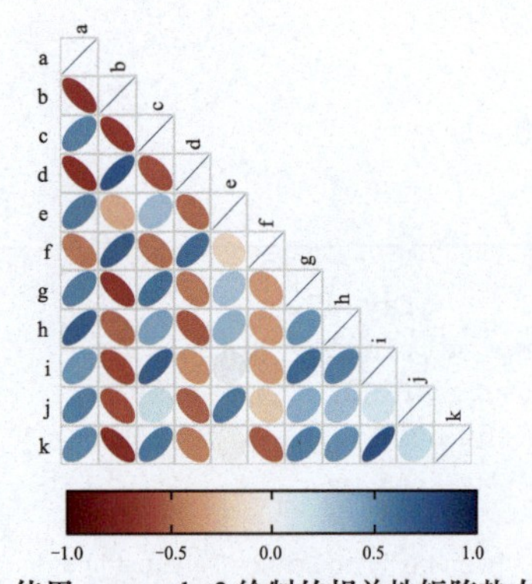

（e）使用 ggcorrplot2 绘制的相关性矩阵热力图示例（ellipse+lower）

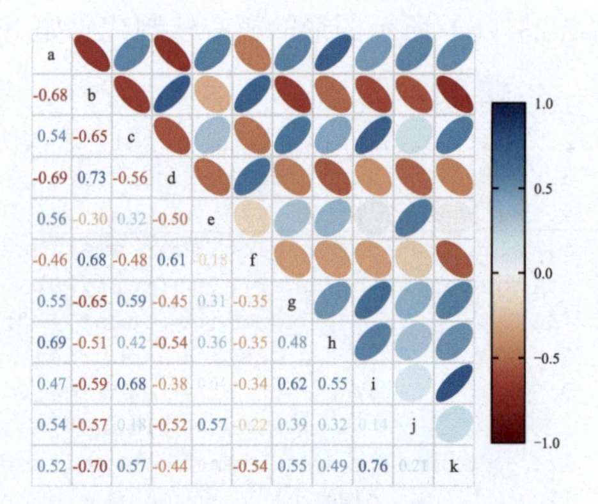

（f）使用 ggcorrplot2 绘制的相关性矩阵热力图示例（ellipse+number）

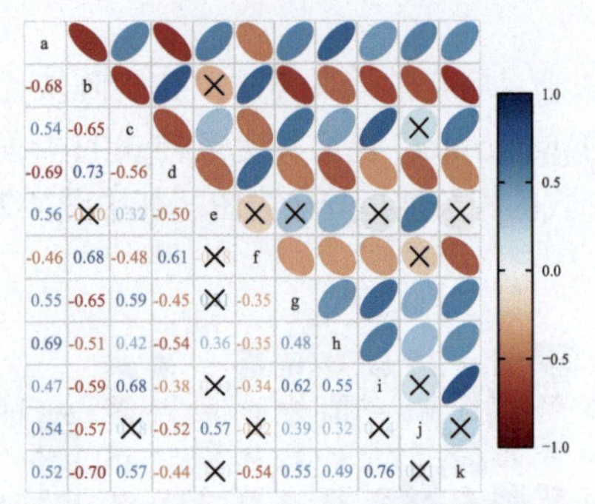

（g）使用 ggcorrplot2 绘制的相关性矩阵热力图示例（ellipse+number+P）

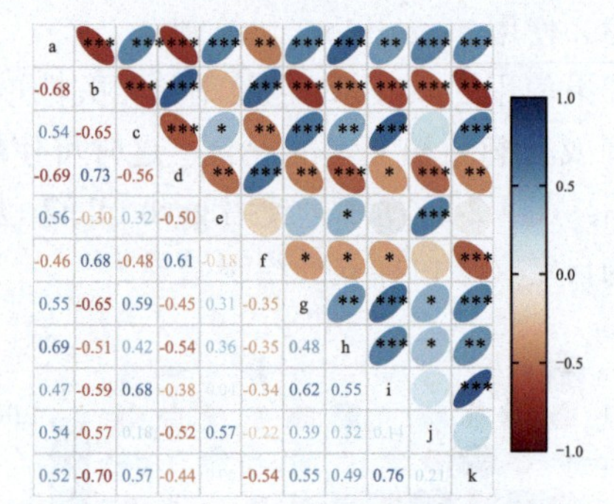

（h）使用 ggcorrplot2 绘制的相关性矩阵热力图示例（ellipse+number+P_sig）

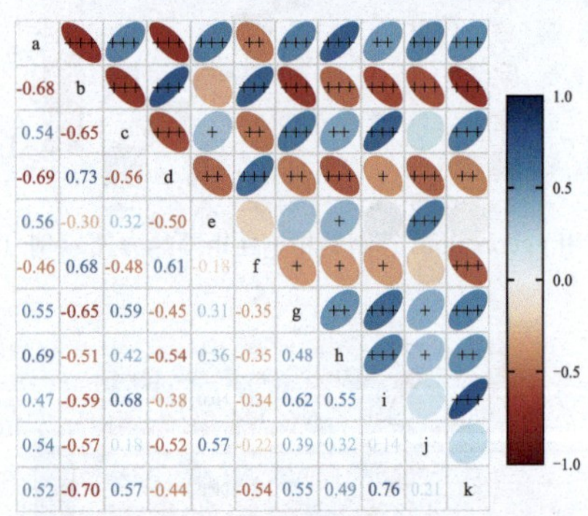

（i）使用 ggcorrplot2 绘制的相关性矩阵热力图示例（ellipse+number+P_sig+“+”）

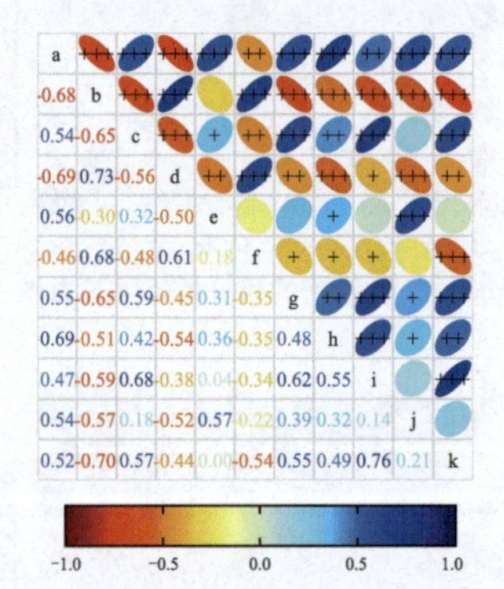

（j）使用 ggcorrplot2 绘制的相关性矩阵热力图示例（ellipse+number+color）

图 4-2-24　使用 ggcorrplot2 绘制的相关性矩阵热力图示例（续）

技巧：使用 ggcorrplot2 绘制相关性矩阵热力图

使用 ggcorrplot2 包完成各种样式的相关性矩阵热力图的绘制，关键是使用其中的 ggcorrplot() 函数的 method 参数值（"circle"、"square"、"ellipse"、"number"）、type 参数值（"upper"、"lower"），以及 upper、lower 参数值进行特定样式绘图结果的绘制；通过 p.mat、insig、sig.lvl、pch 等参数设置统计图层（P 值样式）的添加；此外，ggcorrplot2 包还可以使用 ggplot2 映射函数，使用如 scale_ fill/colour_gradientn() 函数完成数值的颜色映射。图 4-2-24（j）所示图形的核心绘制代码如下。

```
1. library(ggcorrplot2)
2. library(psych)
3. heatmap_data <- read_excel("相关性矩阵热力图_P值.xlsx")
4. corr <- round(cor(heatmap_data), 2)
5. ct <- corr.test(heatmap_data, adjust = "none")
6. p.mat <- ct$p
7. p <- ggcorrplot.mixed(corr, upper = "ellipse", lower = "number",
8.      p.mat = p.mat, insig = "label_sig",
9.      sig.lvl = c(0.05, 0.01, 0.001), pch = "+", pch.cex = 4)
10.col1 <- colorRampPalette(c("#7F0000", "red", "#FF7F00", "yellow",
11.         "white","cyan", "#007FFF", "blue", "#00007F"))
12.p <- p + scale_fill_gradientn(colours = col1(10),
13.                                limits = c(-1, 1),
14.                                guide = guide_colorbar(
15.                                direction = "horizontal",
16.                                title = "",
17.                                nbin = 1000,
18.                                ticks.colour = "black",
19.                                frame.colour = "black",
20.                                barwidth = 15,
21.                                barheight = 1.5)) +
22.  scale_colour_gradientn(colours = col1(10),
23.                         limits = c(-1, 1),
24.                         guide = guide_colorbar(
25.                         direction = "horizontal",
26.                         title = "",
27.                         nbin = 1000,
28.                         ticks.colour = "black",
29.                         frame.colour = "black",
30.                         barwidth = 15,
31.                         barheight = 1.5)) +
```

（4）使用 corrplot 包绘制

如果需要在已有的相关性矩阵热力图图层上再添加其他的图层属性，可使用 corrplot 包完成绘制，该工具包不仅可以实现更多样式的相关性矩阵热力图的绘制，而且在颜色系的更改、已有图层上添加矩形和置信区间等操作上也更加灵活。需要注意的是，corrplot 包采用的绘图系统为 R 语言基本的绘图体系，无法像 ggplot2 那样灵活实现绘制结果的保存，可使用 Cairo 包和基本图片保存函数实现 PNG、PDF 格式结果的保存。图 4-2-25 所示为使用 corrplot 包绘制的相关性矩阵热力图示例，其中图 4-2-25（a）所示为其特有的饼图样式，图 4-2-25（e）、图 4-2-25（f）所示为添加置信区间绘制结果。

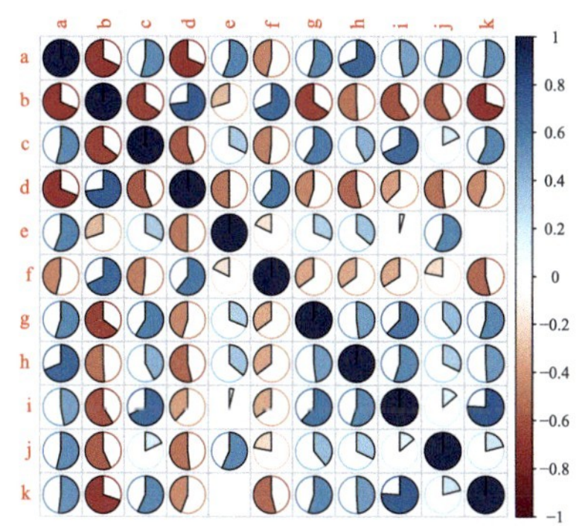

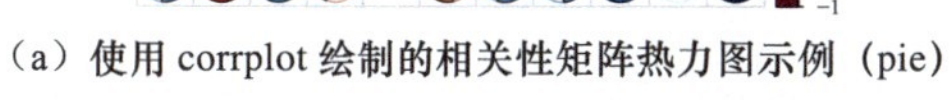
（a）使用 corrplot 绘制的相关性矩阵热力图示例（pie）

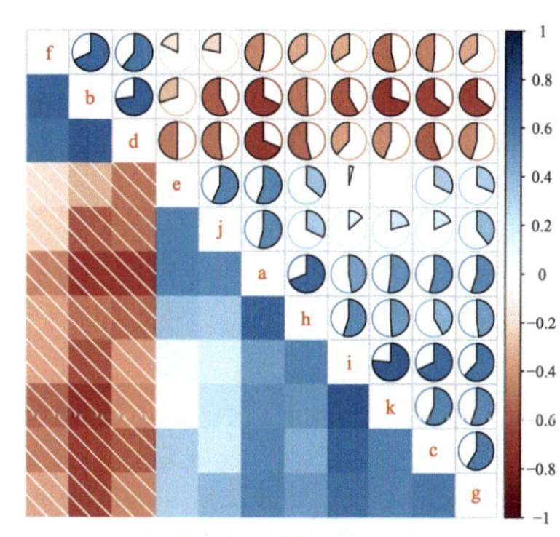

（b）使用 corrplot 绘制的相关性矩阵热力图示例（pie+shade）

图 4-2-25 使用 corrplot 绘制的相关性矩阵热力图示例

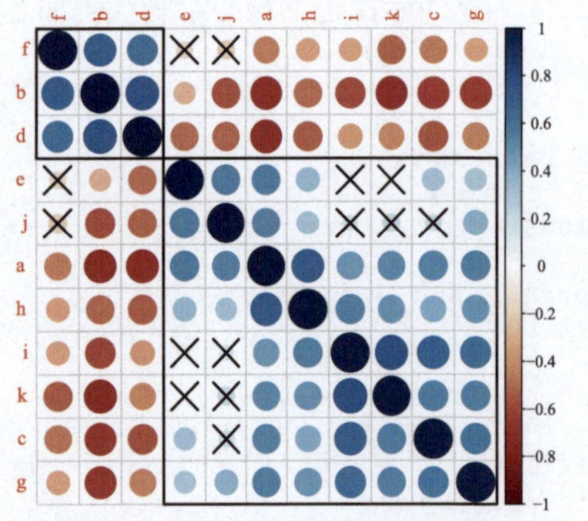

（c）使用 corrplot 绘制的相关性矩阵热力图示例（P+order）

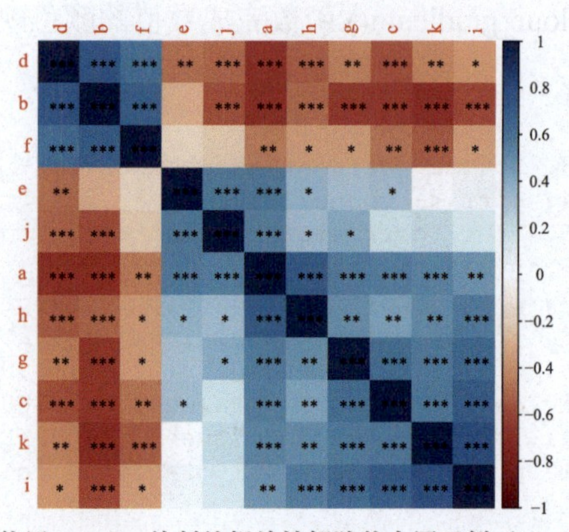

（d）使用 corrplot 绘制的相关性矩阵热力图示例（label_sig）

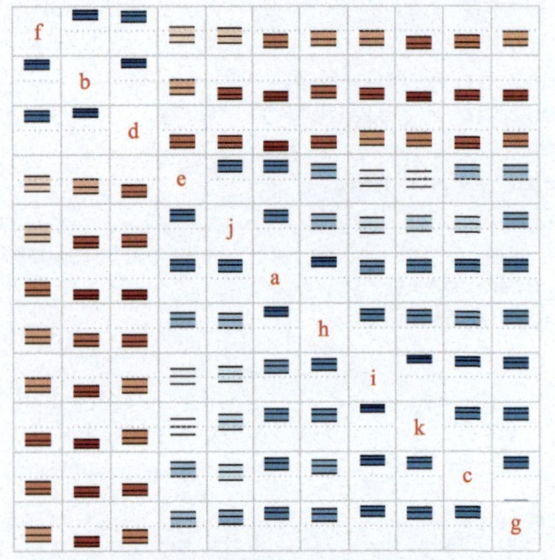

（e）使用 corrplot 绘制的相关性矩阵热力图示例

(confidence interval)

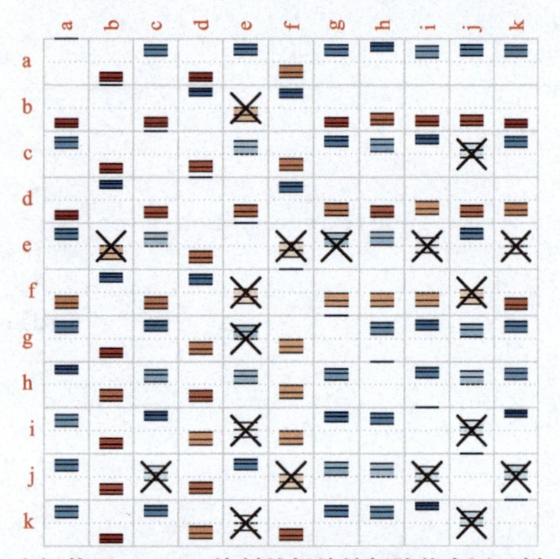

（f）使用 corrplot 绘制的相关性矩阵热力图示例

(confidence interval+ p.mat)

图 4-2-25　使用 corrplot 绘制的相关性矩阵热力图示例（续）

技巧：使用 corrplot 包绘制相关性矩阵热力图

使用 corrplot 包绘制相关性矩阵热力图主要是使用其中的 corrplot() 和 corrplot.mixed() 函数完成的，可设置 method、lower、upper、order、p.mat、insig、sig.level、lowCI、uppCI 等参数完成不同样式的相关性矩阵热力图的绘制。保存结果则是通过基础 R 方法和 Cairo 包的 CairoPNG() 函数搭配使用完成的。图 4-2-25（b）和图 4-2-25（f）所示图形的核心绘制代码如下。

```
1. library(corrplot)
2. heatmap_data <- read_excel("相关性矩阵热力图_P值.xlsx")
3. corr <- round(cor(heatmap_data), 2)
4. #图4-2-25(b)核心绘制代码
5. Cairo::CairoPNG(filename = "cor_heatmap_corrplot_pie_shade.png",
6.                  width = 5.2, height = 4.2, units = "in",dpi = 300)
7. corrplot.mixed(corr, lower = 'shade', upper = 'pie', order = 'hclust')
8. dev.off()
9. #图4-2-25(f)核心绘制代码
10.corrplot(corr, lowCI = testRes$lowCI, uppCI = testRes$uppCI,
11.     order = 'hclust',tl.pos = 'd', rect.col = 'navy', plotC = 'rect',
12.     cl.pos = 'n')
```

（5）使用 ggstatsplot 包绘制

如果想在相关性矩阵热力图图层上添加必要的统计文本信息，可使用 ggstatsplot 包中的 ggcorrmat() 函数完成，该包的主要功能是绘制常见的统计图形，也可完成统计文本信息的添加。图 4-2-26 所示为使用 ggstatsplot 包默认参数值和修改参数值之后的相关性矩阵热力图绘制结果。

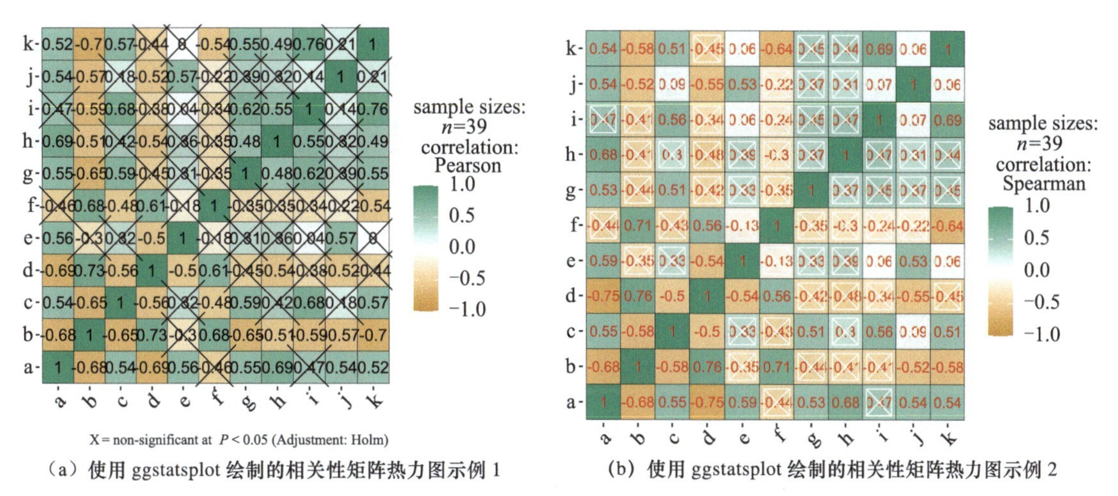

（a）使用 ggstatsplot 绘制的相关性矩阵热力图示例 1　（b）使用 ggstatsplot 绘制的相关性矩阵热力图示例 2

图 4-2-26　使用 ggstatsplot 绘制的相关性矩阵热力图示例

技巧：使用 ggstatsplot 包绘制相关性矩阵热力图

可通过设置 ggcorrmat() 函数的 matrix.type、sig.level、colors、ggtheme 等参数完成相关性矩阵热力图的绘制，ggcorrplot.args 参数表明 ggcorrmat() 函数是基于 ggcorrplot 包集成而来的。图 4-2-26（b）所示图形的核心绘制代码如下。

```
1. library(ggstatsplot)
2. heatmap_data <- read_excel("相关性矩阵热力图_P值.xlsx")
3. ggcorrmat(heatmap_data,matrix.type = "full",type = "spearman",
4.                          pch = "square cross",
5.                          ggcorrplot.args = list(outline.color = "black",
6.                                                 lab_col = "red",
7.                                                 lab_size = 3.5,
8.                                                 pch.col = "white",
9.                                                 pch.cex = 8))
```

提示： 以上所介绍的绘制相关性矩阵热力图的拓展工具包中，有几个包中的绘图函数是基于其他包集成而来的，读者可根据自己实际的绘图需求选择合适的绘图工具包。

（6）使用 linkET 包绘制

在绘制相关性矩阵图形系列时，大部分图形描述的都是两列数据之间的相关性关系，而当涉及对两个矩阵进行相关性分析检验时，常规的相关性矩阵图形则无法展示分析结果，需要绘制复杂的相关性矩阵热力图。对两个矩阵相关关系的检验也叫作 Mantel 检验（Mantel test），由 Nathan Mantel（内森 • 曼特尔）于 1976 年提出，这种方法多用于临床医疗、生态学等领域，不同的样本案例对应不同的变量，而不同的变量又可以分属不同的类别，对案例有着不同角度的描述。其生态学领域的意义是验证环境相似的地方是否物种也相似，环境不相似的地方物种是否不相似。比如微

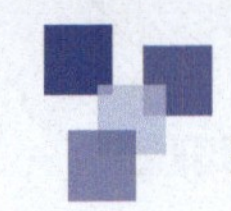

生物群落与生态环境变量（如温度、湿度、pH 或者地理位置等）之间的相关性；人体内中的微生物与某疾病程度的相关性；不同药物组合治疗疾病后，人体内的微生物组成结构与病情改善之间的相关性等。就微生物群落与生态环境变量而言，Mantel 检验的相关系数越大，P 值越小，说明环境变量对微生物群落的影响越大。同时，Mantel 检验的偏分析（partial Mantel test）可排除环境变量自相关的干扰。

R 语言中的拓展可视化工具包 linkET 可提供专门的绘图函数用于可视化 Mantel 检验分析结果，图 4-2-27 所示为使用 linkET 包绘制的不同样式 Mantel 检验相关性矩阵热力图示例，可以看出，Mantel 检验相关性矩阵热力图的本质是常规相关性矩阵热力图（上 / 下三角）和其他图层的组合，同时包含对应的映射数值图例。

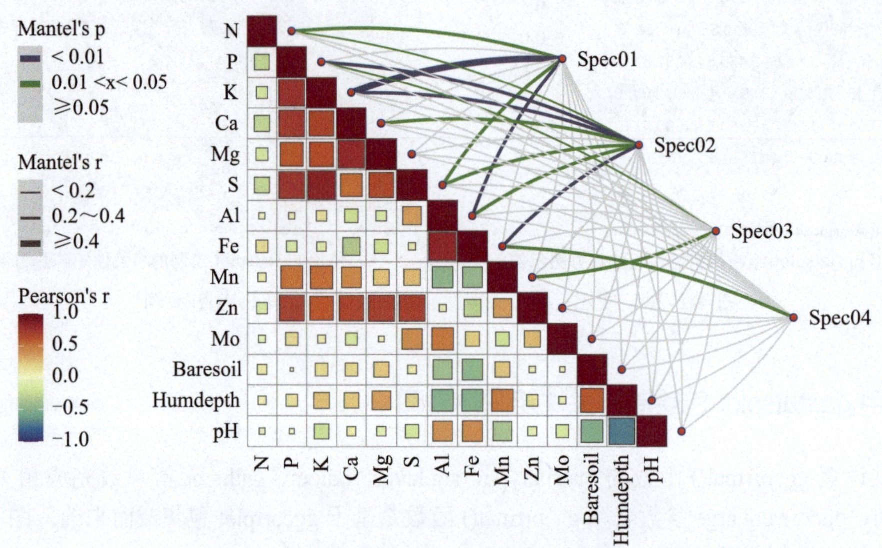

（a）使用 linkET 包绘制的 Mantel 检验相关性矩阵热力图示例 1

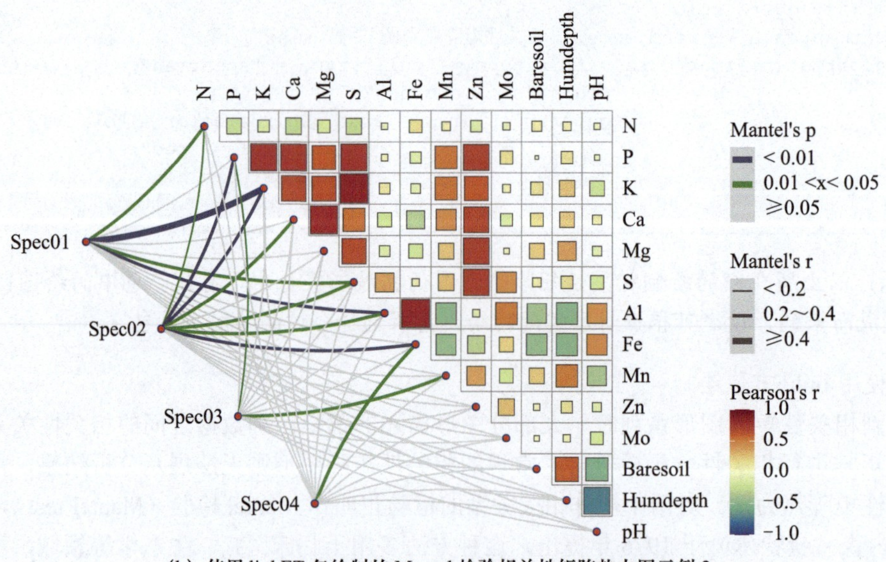

（b）使用 linkET 包绘制的 Mantel 检验相关性矩阵热力图示例 2

图 4-2-27 Mantel 检验相关性矩阵热力组合图示例

技巧：使用 linkET 包绘制 Mantel 检验相关性矩阵热力组合图

使用 R 语言中的 linkET 包绘制 Mantel 检验相关性矩阵热力组合图的关键是使用其中的 mantel_test() 函数进行 Mantel 检验，并根据计算的 R 值和 P 值结果，使用 dplyr 包中的 mutate() 函数进行新变量数值的构建；使用 qcorrplot() 函数绘制相关性矩阵热力图（为上三角或者下三角样式）部分；使用 geom_couple() 函数在相关性矩阵热力图之上绘制 Mantel 检验图，可修改参数 label.size、label.family 等以修改字体属性，图 4-2-27（b）所示图形的核心绘制代码如下。

```
1. library(linkET)
2. library(tidyverse)
3. library(vegan)
4. #进行Mantel检验并新增连线数据
5. mantel <- linkET::mantel_test(spec = varespec, env = varechem,
6.                               spec_select = list(Spec01 = 1:7,
7.                                                  Spec02 = 8:18,
8.                                                  Spec03 = 19:37,
9.                                                  Spec04 = 38:44))  %>%
10.   dplyr::mutate(rd = cut(r, breaks = c(-Inf, 0.2, 0.4, Inf),
11.                     labels = c("< 0.2", "0.2 - 0.4", ">= 0.4")),
12.                 pd = cut(p, breaks = c(-Inf, 0.01, 0.05, Inf),
13.                     labels = c("< 0.01", "0.01 <x< 0.05", ">= 0.05")))
14.colors <- rev(RColorBrewer::brewer.pal(11, "Spectral"))
15.line_color <- c("#665D86","#499440","#CDCDCA")
16.qcorrplot(correlate(varechem), type = "upper", diag = FALSE) +
17.  geom_square() +
18.  geom_couple(aes(colour = pd, size = rd),
19.              data = mantel, label.family="times",label.size=5,
20.              label.fontface="bold",
21.              curvature = nice_curvature()) +
22.  scale_fill_gradientn(colours = colors,limit=c(-1,1)) +
23.  scale_size_manual(values = c(0.5, 1, 2)) +
24.  scale_colour_manual(values = line_color) +
25.  guides(size = guide_legend(title = "Mantel's r",
26.                    override.aes = list(colour = "grey35"), order = 2),
27.         colour = guide_legend(title = "Mantel's p",
28.                    override.aes = list(linewidth = 2), order = 1),
29.         fill = guide_colorbar(title = "Pearson's r", order = 3))+
```

提示：在使用 ggplot2 绘制统计图形时可能有多个数值映射图例，图例位置的合理布局对整个绘图结果至关重要，可使用 guides() 函数对大小（size）、线条颜色（color/colour）以及填充颜色（fill）进行个性化设置，使用 guide_legend() 或者 guide_colorbar() 函数进行修改标题、图例排列顺序、图例符号大小等个性化设置。

（7）科研案例

相关性矩形热力图在科研论文中经常出现，但相较于常见的样式，一般在论文中出现的样式都会在已有的图层基础之上再进行一些统计图层的添加，这一做法的目的是显示更多的变量数据信息和一些统计指标。图 4-2-28 所示为在科研论文中常见的一种复杂相关性矩阵热力图示例，可以看出，其不仅将变量间的相关性数值作为颜色变量进行数值映射，还将相关性数值的绝对值作为数据点的大小变量进行映射，此外，还将 P 值作为每个数据点的背景填充，用类别变量数值进行映射。

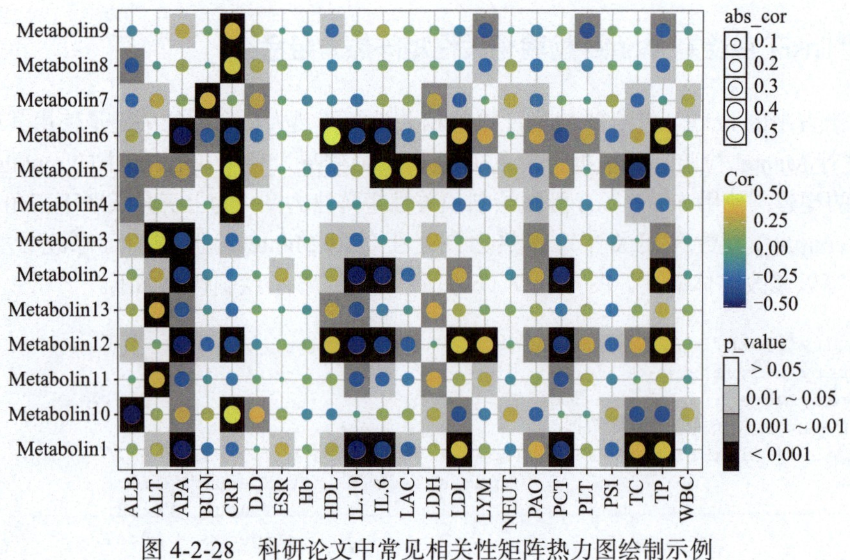

图 4-2-28 科研论文中常见相关性矩阵热力图绘制示例

技巧：科研论文中常见相关性矩阵热力图的绘制

绘制上述较为复杂的相关性矩阵热力图的关键是构建所需要的绘图变量和选择正确的映射数值变量。相关性检验使用 R 语言中的 psych 包，其 corr.test() 函数可以对两个数据框（dataframe）和数据矩阵（matrix）进行相关性分析，提供必要的绘图指标。通过 tibble 包中的 rownames_to_column() 函数、tidyr 包中的 pivot_longer() 函数以及 dplyr 包中的 mutate() 函数进行可用于 ggplot2 的数据集构建。最后使用 ggplot2 包中的 geom_tile()、geom_point() 等函数进行变量数值的绘制。图 4-2-28 所示图形的核心绘制代码如下。

```
1. library(tidyverse)
2. library(psych)
3. library(pals)
4. df01 <- read.csv("cor_data_01.csv")
5. df02 <- read.csv("cor_data_02.csv")
6. cor_result<-corr.test(df01,df02)
7. cor_p <- cor_result$p %>% as.data.frame() %>%
8.          rownames_to_column() %>%
9.          pivot_longer(!rowname) %>%
10.         mutate(p_value=case_when(
11.             value > 0.05 ~ " > 0.05",
12.             value > 0.01 & value <= 0.05 ~ "0.01 ~ 0.05",
13.             value > 0.001 & value <= 0.01 ~ "0.001 ~ 0.01",
14.             value <= 0.001 ~ " < 0.001"))
15.cor_r <- cor_result$r %>% as.data.frame() %>%
16.         rownames_to_column() %>%
17.         pivot_longer(!rowname) %>%
18.         mutate(abs_cor=abs(value))
19.#改变绘图属性顺序
20.cor_p$p_value <- factor(cor_p$p_value,
21.                          levels=c(' > 0.05','0.01 ~ 0.05',
22.                                   '0.001 ~ 0.01',' < 0.001'))
23.ggplot()+
24.  geom_tile(data=cor_p,aes(x=rowname,y=name,fill=p_value,alpha=p_value))+
25.  geom_point(data=cor_r,aes(x=rowname,y=name,size=abs_cor,color=value)) +
```

```
26. scale_fill_manual(values = c("white","#c0c0c0","#808080","#3f3f3f"))+
27.   scale_color_gradientn(colours = parula(100)) +
28.   scale_alpha_manual(values = c(0,1,1,1))+
29.   labs(x="",y="") +
30.   guides(alpha=FALSE,
31.          color=guide_colorbar(title = "Cor"),
32.          fill = guide_legend(keywidth = unit(0.8, "lines"),
33.                                keyheight = unit(1.5, "lines")))+
```

提示：在构建关于 P 值的类别变量时，其在绘图过程中默认的顺序和数值大小顺序不同，可通过 factor() 函数设置成指定的分类数值顺序。

2. 使用场景

相关性矩阵热力图的使用场景是数据预处理阶段，即查看实验数据集中各变量之间的相关程度，如在植物学、农学、生态学和临床医学领域，我们需要对研究目标影响因素进行对比分析，以及探讨各变量间关系等时，会使用到相关性矩阵热力图。在理工类学科中，对于新方法（模型算法）构建前期的特征选择，经常需要将较多变量特征进行可视化表示，为删除不必要的导入特征提供依据，可使用相关性矩阵势热力图。

4.2.6 热力图系列

1. 介绍和绘制方法

热力图是指在绘图坐标系中，用横轴（X 轴）和纵轴（Y 轴）表示的两个分类字段确定数值点的位置，通过相应位置的矩形颜色去反映数值的大小，一般情况下，矩形颜色越深，代表的数值就越大。热力图适用于比较多个变量之间的差异，如检测变量之间是否具有相关性。

通常情况下，热力图中的所有水平行都属于同一个数据集类别，在左侧或右侧显示对应变量标签；而所有垂直列将被分配到另一个数据集类别，在顶部或底部显示对应变量标签。

（1）常规热力图

常规热力图的绘制方法一般是将具体的绘图数值映射到对应的矩形中，其绘制方法和 4.2.5 小节介绍的相关性矩阵热力图的绘制方法一致，这里将通过一个绘图案例介绍其基本的绘制方法。图 4-2-29 所示为使用 ggplot2 绘制的常规热力图示例。

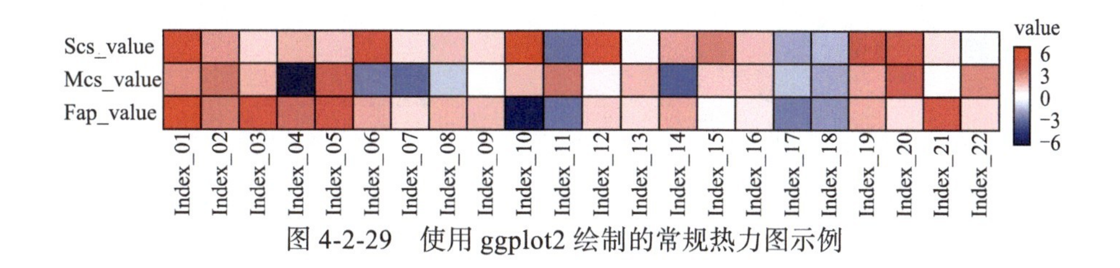

图 4-2-29　使用 ggplot2 绘制的常规热力图示例

技巧：使用 ggplot2 绘制常规热力图

使用 ggplot2 进行常规热力图绘制的关键是使用其中的 geom_tile() 函数绘制数据矩形，再选择合理的数值变量对其填充颜色（fill）进行映射。需要指出的是，在读取完绘图数据集后，如果数据样式为不符合绘图需求的“宽”数据样式，可使用 tidyr 包中的 pivot_longer() 函数转换成“长”数据样式，方便 geom_tile() 函数选择对应的位置和数值变量。图 4-2-29 所示图形的核心绘制代码如下。

```
1. library(tidyverse)
2. library(readxl)
3. heat_data_01 <- read_excel("热力图数据01.xlsx")
4. color_set <- colorRampPalette(c("navy", "white", "red"))(50)
5. #数据处理
6. heat_data_01_long  <- heat_data_01 %>%
7.         tidyr::pivot_longer(!Index,cols_vary = "slowest")
8. ggplot(data = heat_data_01_long,aes(x = Index, y=name, fill=value)) +
9.   geom_tile(colour="black",linewidth=0.2) +
10.   scale_fill_gradientn(colours = color_set) +
11.   labs(x="",y="")+
12.   theme_void()
```

提示：由于常规热力图绘制方法和 4.2.5 小节介绍的绘制方法基本上相同，这里就不再赘述，本小节将重点介绍科研论文中常见的聚类热力图。

（2）聚类热力图

除了常规的热力图系列外，在科研论文中经常出现一种将每个变量对象使用树状图（dendrogram）进行类别划分的热力图，即聚类热力图（cluster heatmap）。聚类热力图的绘制原理是将绘图数据中的个体样品或者变量对象按相似程度高低划分类别，使得同一类中元素之间的相似性比与其他类元素的相似性更高，其主要依据是聚到同一个数据集中的样本应该彼此相似，而属于不同组的样本应该足够不相似。体现在可视化图形上，聚类热力图展现的样式是具有明显分层聚类的矩阵热力图，并且会对行数据和列数据进行聚类，得到数据样本间聚类的远近关系。

在 R 语言中，绘制聚类热力图的方法较多，可以使用 ggplot2 包中的 geom_tile() 绘制聚类热力图中的常规热力图部分，使用 ggtree 包中的 geom_tiplab() 函数或者 ggdendro 包绘制树状图部分，但这种绘制方法需要将两种图形进行拼接，其在绘图便捷性上有所不足。图 4-2-30 所示为使用 ggplot2 和 ggdendro 包绘制的聚类热力图示例，图中上方为树状图，下方为常规热力图。

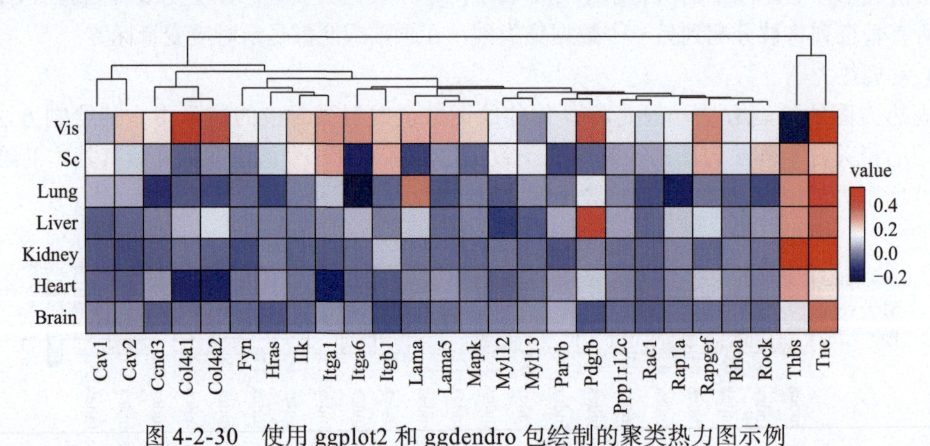

图 4-2-30　使用 ggplot2 和 ggdendro 包绘制的聚类热力图示例

技巧：使用 ggplot2 和 ggdendro 包绘制聚类热力图

使用 ggplot2 绘制聚类热力图的关键是单独绘制出聚类热力图中的主要图形部分，即使用 geom_tile() 函数绘制出热力图部分，使用 ggdendro 包中的 segment() 函数和 ggplot2 包中的 geom_segment() 函数绘制出聚类树状图，最后使用 patchwork 包中的拼图功能，将绘制出的热力图和聚类树图进行合理拼接即可。图 4-2-30 所示图形的核心绘制代码如下。

```
1. library(tidyverse)
2. library(ggdendro)
3. library(patchwork)
4. library(readxl)
5. color_set <- colorRampPalette(c("navy", "white", "red"))(50)
6. cluster_01 <- read_excel("cluster_heatmap_01.xlsx")
7. #数据处理
8. cluster_01_long  <- cluster_01 %>%
9.        tidyr::pivot_longer(!Index,cols_vary = "slowest")
10.#绘制热力图
11.heatmap_gg <- ggplot(data = cluster_01_long,aes(x = Index, y=name,
12.                         fill=value)) +
13.  geom_tile(colour="black",linewidth=0.2) +
14.  scale_fill_gradientn(colours = color_set,
15.   guide = guide_colorbar(frame.colour = "black",ticks.colour=NA)) +
16.  theme_void()
17.#将数据转换成可供ggdendro包处理的“宽”数据
18.cluster_01_wider <- cluster_01_long %>% pivot_wider()  %>%
19.   column_to_rownames(var = "Index")
20. #聚类模型
21.model <- cluster_01_wider %>% dist() %>% hclust()
22.# 矩形线
23.ddata <- dendro_data(model, type = "rectangle")
24.dendrogram <- ggplot(segment(ddata)) +
25.  geom_segment(aes(x = x, y = y, xend = xend, yend = yend),
26.                linewidth=0.3) +
27.  scale_x_continuous(expand = c(0, 0.5)) +
28.  theme_void()
29.#拼接图形
30.dendrogram / heatmap_gg + plot_layout(heights = c(1,3))
```

提示：在使用 ggdendro 包绘制聚类树状图的时候，一定要设置横坐标的边界聚类，即设定 scale_x_continuous() 函数中的 expand 参数值，其目的是在拼接图形过程中使聚类树状图的每个类别和绘制的热力图的每个类别能够正确对应，不发生偏移等问题。在使用 patchwork 包进行拼接时，使用其中的 plot_layout() 函数可以很好地调整各个子图的拼接布局和间距。

使用 pheatmap 包绘制

使用 ggplot2 绘制聚类热力图难免会造成绘图效率过低的问题，我们还可以使用 R 语言中的 pheatmap 包来绘制聚类热力图，其提供的 pheatmap() 函数专门用于绘制聚类热力图，但需要注意的是，其绘图所需的数据类型为矩阵（matrix）类型。图 4-2-31 所示为使用 pheatmap 包绘制的聚类热力图示例。

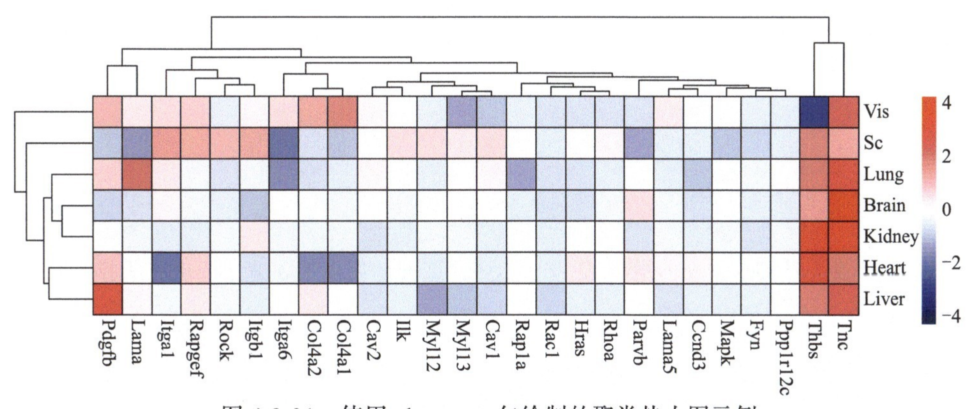

图 4-2-31　使用 pheatmap 包绘制的聚类热力图示例

技巧：使用 pheatmap 绘制聚类热力图

使用 pheatmap 包绘制聚类热力图的关键就是将绘图数据转换成其 pheatmap() 函数支持的数据类型。若绘图数据为“宽”数据样式，可使用 tibble 包中的 column_to_rownames() 函数将指定列（一般为第一列）转换成行名称；再使用 as.matrix.data.frame() 函数将绘图数据转换成矩阵类型。此外，还可以使用 t() 函数对矩阵数据进行转置，绘制不同样式的图形结果。图 4-2-31 所示图形的核心绘制代码如下。

```
1. library(pheatmap)
2. cluster_01 <- read_excel("cluster_heatmap_01.xlsx")
3. #数据处理
4. cluster_01 <- cluster_01 %>% column_to_rownames(var = "Index")
5. cluster_01_mat <- as.matrix.data.frame(cluster_01)
6. #转置矩阵
7. cluster_01_mat <- cluster_01_mat %>% t()
8. pheatmap(cluster_01_mat,scale="row",border_color="black",
9.          color=colorRampPalette(c("navy", "white", "red"))(50))
```

注意：使用 pheatmap 包绘制聚类热力图的优点之一是其提供 scale 参数，可以对绘图数据按照行或者列进行缩放，能让读者更容易观察到每个变量值的差异。而在保存绘图结果时，可以使用基础 R 方法进行保存，也可以使用 ggplotify 包中的 as.ggplot() 函数将 pheatmap 绘图对象转换成 ggplot2 图形对象，再使用 ggsave() 函数进行绘图结果保存。

pheatmap 包中的 pheatmap() 还支持通过设置 annotation_row/col 参数在行、列位置上添加注释行、列信息。注释信息和热力图中的行、列数据使用相应的行、列名称进行匹配，图 4-2-32 所示为设置 annotation_row 参数后的热力图样式，注意，这里设置了 annotation_legend 参数值为 FALSE，即不生成对应的注释信息图例。绘制代码如下。

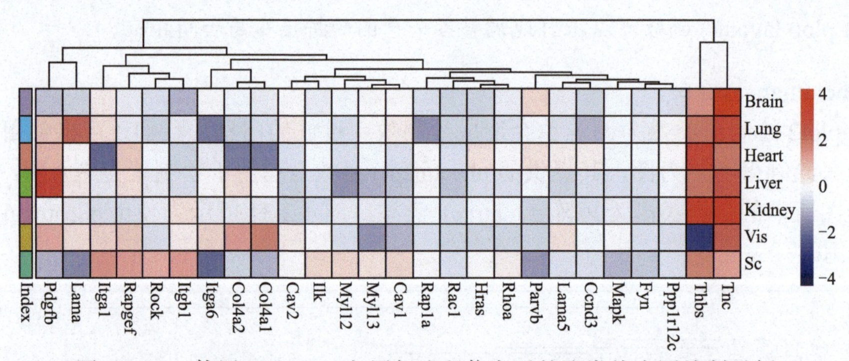

图 4-2-32　使用 pheatmap 包添加注释信息后的聚类热力图绘制示例

```
1. pheatmap(cluster_01_mat,scale="row",border_color="black",
2.          annotation_row = dfv,annotation_legend=FALSE,
3.          cluster_rows=FALSE,
4.          color=colorRampPalette(c("navy", "white", "red"))(50))
```

提示：由于设置了 cluster_rows 参数值为 FALSE，因此绘图结果在行方向上并没有出现聚类效果。

此外，还可以通过设置 pheatmap() 函数中的 cutree_cols 或者 cutree_rows 参数，将绘图结果在行、列方向上进行聚类数（number of clusters）的划分。图 4-2-33 所示为设置 cutree_cols=5 的可视化效果。绘制代码如下。

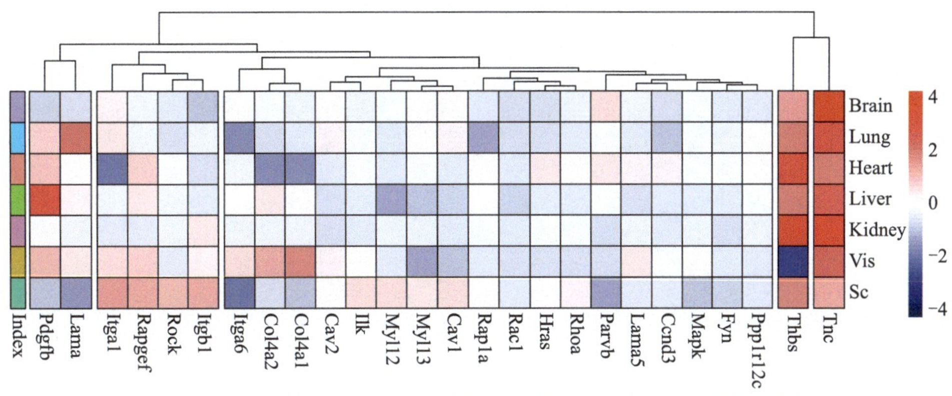

图 4-2-33　使用 pheatmap 包划分聚类数后的聚类热力图绘制示例

```
1. pheatmap(cluster_01_mat,scale="row",border_color="black",
2.          annotation_row = dfv,annotation_legend=FALSE,
3.          cluster_rows=FALSE,cutree_cols=5,
4.          color=colorRampPalette(c("navy", "white", "red"))(50))
```

使用 ComplexHeatmap 包绘制

除了使用上述介绍的 ggplot2 和 pheatmap 包绘制聚类热力图外，还可以使用 R 语言中另一个强大的拓展工具包 ComplexHeatmap 来绘制热力图系列，该拓展包不仅可以绘制出 pheatmap 包支持的所有图形类型，还可以绘制更加复杂的聚类热力图。图 4-2-34 所示为使用 ComplexHeatmap 包中的 Heatmap() 函数绘制的聚类热力图示例，其中图 4-2-34（b）、图 4-2-34（c）所示为设置聚类种类的聚类热力图，图 4-2-34（d）所示为设置每个子类间间距后的聚类热力图结果。

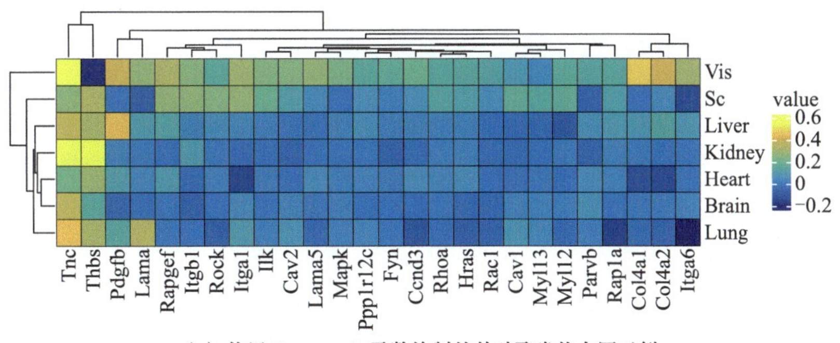

（a）使用 Heatmap() 函数绘制的基础聚类热力图示例

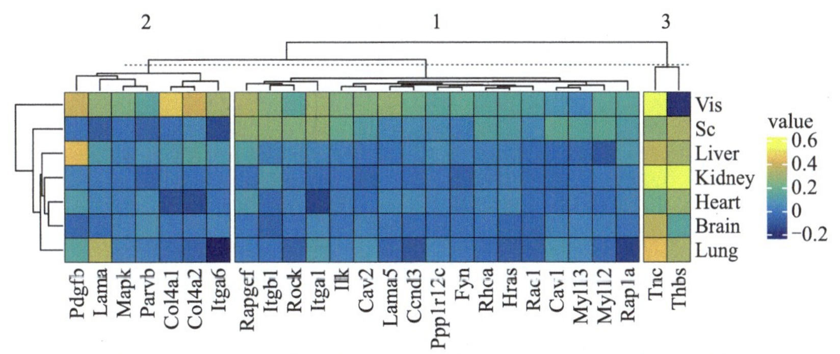

（b）在 Heatmap() 函数中设置 column_km 参数绘制的聚类热力图示例

图 4-2-34　使用 Heatmap() 函数绘制的聚类热力图示例

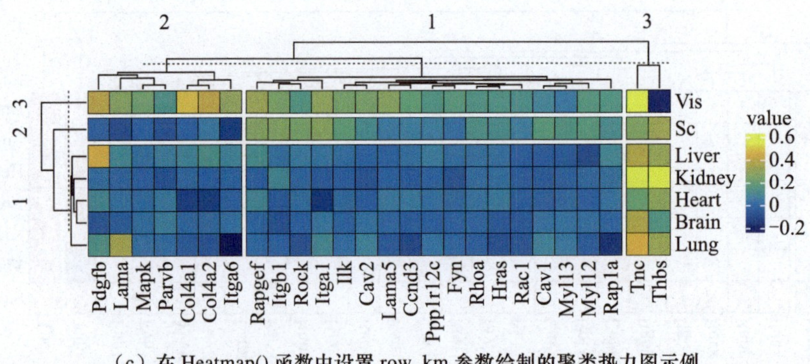

（c）在 Heatmap() 函数中设置 row_km 参数绘制的聚类热力图示例

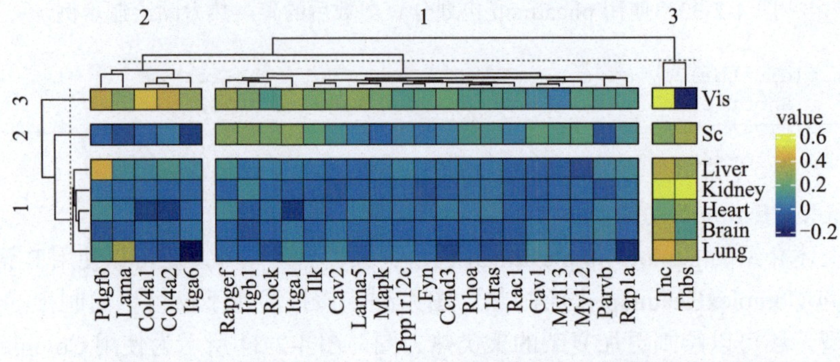

（d）在 Heatmap() 函数中设置 row/column_gap 参数绘制的参数聚类热力图示例

图 4-2-34　使用 Heatmap() 函数绘制的聚类热力图示例（续）

技巧：使用 ComplexHeatmap 绘制聚类热力图

使用 ComplexHeatmap 包中的 Heatmap() 函数进行聚类热力图绘制的关键是绘图数据符合方形矩阵样式，其数据处理操作步骤和 pheatmap 包的一致。绘制不同样式的聚类热力图可通过设置 Heatmap() 函数中的 rect_gp（用于控制每个单元格的边框颜色、线宽等属性）、row/column_km（用于控制行、列方向上的聚类个数）和 row/column_gap（用于控制划分后的聚类模块间的间距）等参数完成，图 4-2-34（d）所示图形的核心绘制代码如下。

```
1. library(pals)
2. library(readxl)
3. library(ComplexHeatmap)
4. cluster_01 <- read_excel("cluster_heatmap_01.xlsx") %>%
5.       column_to_rownames(var = "Index")
6. #转置矩阵
7. cluster_01_mat <- as.matrix.data.frame(cluster_01) %>% t()
8. Heatmap(cluster_01_mat,col = col2,name = "value",border = TRUE,
9.          row_km = 3,column_km = 3,column_gap = unit(3, "mm"),
10.         row_gap = unit(3, "mm"),
11.         rect_gp = gpar(col = "black", lwd = 0.5))
```

提示：Heatmap() 函数绘图结果为基础 R 图形对象，可通过 ggplotify 包中的 as.ggplot() 函数将其转换为 ggplot2 图形对象，然后进行绘图结果的保存。同时还需注意的是，ComplexHeatmap 包中也提供 pheatmap() 函数，其功能完全继承 pheatmap 包中的 pheatmap() 函数，但也新增了其他参数，用于绘制更加丰富的热力图样式。若需要修改字体属性，可通过设置 Heatmap() 函数中关于字体属性的参数（以 _gp 为后缀）值为 gpar(fontsize = 5, fontfamily = "sans", fontface = "bold") 等操作实现。当然，也可以通过 pushViewport(viewport(gp = gpar(fontfamily = "sans "))) 操作进行全局字体的修改。

注释信息添加

注释部分是热力图的重要组成部分，其可显示与热力图中行或列相关的附加信息。ComplexHeatmap 包为设置注释和定义新注释图形提供了非常灵活的支持，可通过 Heatmap() 函数中的 top_annotation、bottom_annotation、left_annotation 和 right_annotation 参数将注释图形添加在热力图的 4 个面上。4 个参数的值应位于 HeatmapAnnotation 类中，并且应由 HeatmapAnnotation() 函数构造，如果是行注释，则应由 rowAnnotation() 函数构造。此外，ComplexHeatmap 包支持多种样式的注释图形，图 4-2-35 所示为使用 HeatmapAnnotation() 函数绘制的带注释部分的聚类热力图示例，其中图 4-2-35（d）有 P 值注释且有 draw() 函数添加的主图和图例样式。

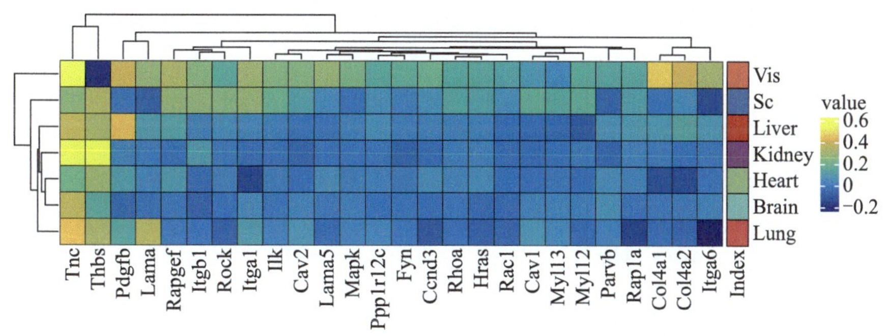

（a）使用 HeatmapAnnotation() 函数（注释类别）绘制的聚类热力图示例

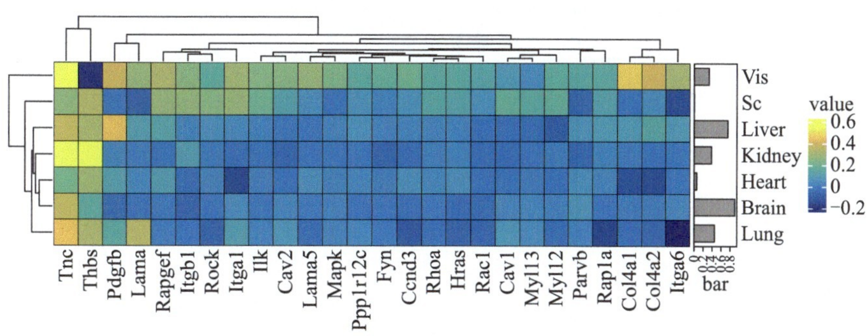

（b）使用 HeatmapAnnotation() 函数（注释柱形图）绘制的聚类热力图示例

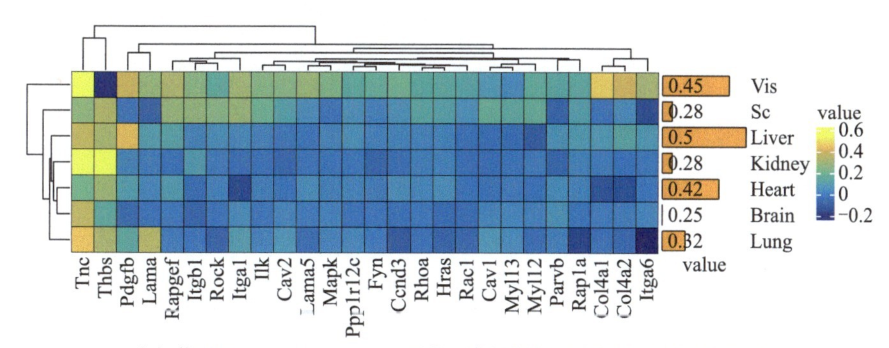

（c）使用 HeatmapAnnotation() 函数（注释数值）绘制的聚类热力图示例

图 4-2-35　使用 HeatmapAnnotation() 函数绘制的聚类热力图示例

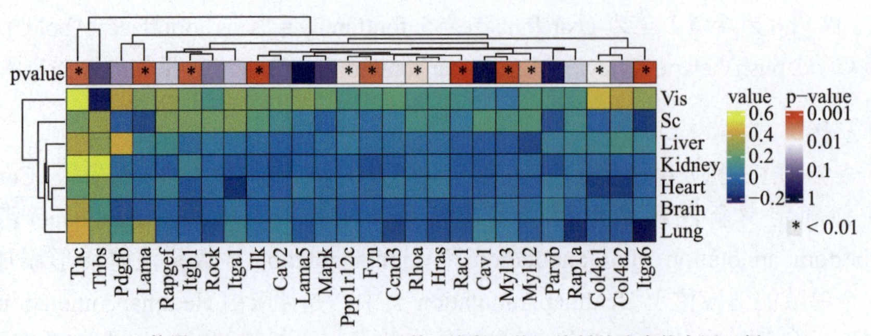

（d）使用 HeatmapAnnotation() 函数（注释 P 值）绘制的聚类热力图示例

图 4-2-35　使用 HeatmapAnnotation() 函数绘制的聚类热力图示例（续）

技巧：使用 ComplexHeatmap 绘制注释聚类热力图

使用 ComplexHeatmap 包绘制注释聚类热力图的关键是使用其中的 HeatmapAnnotation() 函数进行注释内容的构建，然后赋值给 Heatmap() 函数中 left/right/top/bottom_annotation 参数。需要指出的是，不仅可以使用 HeatmapAnnotation() 函数构建注释内容，还可以使用 row/columnAnnotation() 函数进行行、列方向上注释信息的添加。此外，在进行多个图层对象的组合绘制时，可使用 ComplexHeatmap 包中的 draw() 函数进行拼接组合。图 4-2-35（d）所示图形的核心绘制代码如下。

```
1. library(readxl)
2. library(circlize)
3. library(ComplexHeatmap)
4. cluster_01 <- read_excel("cluster_heatmap_01.xlsx") %>%
5.        column_to_rownames(var = "Index")
6. #转置矩阵
7. cluster_01_mat <- as.matrix.data.frame(cluster_01) %>% t()
8. #构建虚拟P值数据
9. set.seed(123)
10.pvalue = 10^-runif(26, min = 0, max = 3)
11.is_sig = pvalue < 0.01
12.pch = rep("*", 26)
13.pch[!is_sig] = NA
14.# color mapping for -log10(pvalue)
15.pvalue_col_fun =  colorRamp2(c(0, 2, 3), c("navy", "white", "red"))
16.ha_p = HeatmapAnnotation(
17.    pvalue = anno_simple(-log10(pvalue),
18.                         col = pvalue_col_fun,
19.                         pch = pch,which="column",
20.                         pt_size = unit(1, "snpc")*1,
21.                         gp = gpar(col="black",lwd = 0.5)),
22.    annotation_name_side = "left")
23.ht_p = Heatmap(cluster_01_mat,col = col2,name = "value",
24.        rect_gp = gpar(col = "black", lwd = 0.5),
25.        row_dend_side = "left",
26.        top_annotation = ha_p)
27.#构建P值图例
28.lgd_pvalue = Legend(title = "p-value",
29.                    col_fun = pvalue_col_fun,
30.                    at = c(0, 1, 2, 3),
31.                    labels = c("1", "0.1", "0.01", "0.001"))
32.#构建单个P值文本图例
33.lgd_sig = Legend(pch = "*", type = "points", labels = "< 0.01")
34.draw(ht_p, annotation_legend_list = list(lgd_pvalue, lgd_sig))
```

提示：使用 draw() 函数进行多个图形对象的组合时，其绘制结果无法使用 ggplotify 包中的 as.ggplot() 函数转换成 ggplot2 图形对象后进行保存。可使用基础 R 图形保存方法 png() 和 pdf() 进行 PNG 和 PDF 文件的保存。

如果对绘制结果中的图例属性有着较高的要求，可使用 ComplexHeatmap 包中的 Legend() 函数、Heatmap() 函数中的 heatmap_legend_param 参数或者 HeatmapAnnotation() 函数中的 comment_legend_param 参数来控制。Legend() 函数中的大部分参数都可以直接设置在具有相同参数名的上述两个实参中。图 4-2-36 所示为修改图例属性的聚类热力图绘制示例，绘制代码如下。

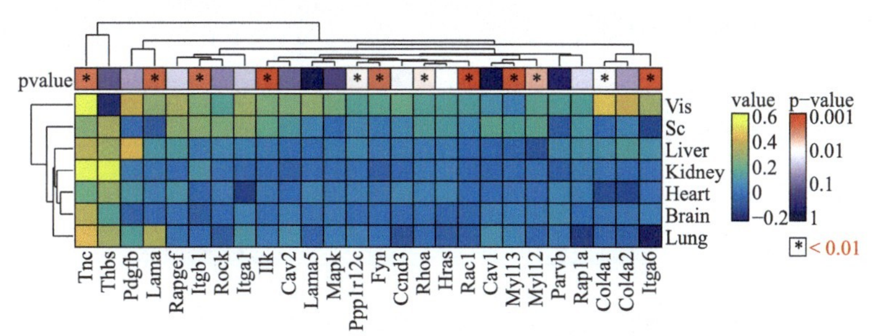

图 4-2-36 修改图例属性的聚类热力图绘制示例

```
1. ha_p = HeatmapAnnotation(
2.     pvalue = anno_simple(-log10(pvalue),
3.                          col = pvalue_col_fun,
4.                          pch = pch,which="column",
5.                          pt_size = unit(1, "snpc")*1,
6.                          gp = gpar(col="black",lwd = 0.5)),
7.     annotation_name_side = "left")
8. lgd_pvalue = Legend(title = "p-value",
9.                     col_fun = pvalue_col_fun,
10.                    at = c(0, 1, 2, 3),
11.                    labels = c("1", "0.1", "0.01", "0.001"),
12.                    border = "black",
13.                    legend_height = unit(2.5, "cm"),
14.                    tick_length = unit(0, "mm"))
15.lgd_sig = Legend(pch = "*", type = "points", labels = "< 0.01",
16.                 border = "black",
17.                 background = "white",
18.                 labels_gp = gpar(fontsize = 11,col="red"))
19.draw(ht_p, annotation_legend_list = list(lgd_pvalue, lgd_sig))
```

提示：ComplexHeatmap 包是一个非常强大的绘图工具包，其涉及的绘图函数和图形细节设置参数非常多且较为繁杂，笔者在本小节只介绍在科研论文中常见的聚类热力图和比较常用的热力图绘制技巧，ComplexHeatmap 包中的更多其他功能，读者可自行探索。此外，在绘制热力图时，除了上述介绍的两个绘图工具包外，还可以使用 R 语言中的 superheat 包进行绘制，该工具包的具体使用方法，这里就不再赘述。

2. 使用场景

热力图或者聚类热力图在科研论文中经常出现，热力图用颜色深浅表示数值大小，让数据呈现更加直观、数据对比更加明显，可以表示多个样本之间的全局数值变化；聚类热力图则可以根据多组样本数据之间的差异程度或者相似程度，对多组数据进行聚类分析，获取样本数据集之间的远近关系。在学术研究中，聚类热力图常用于生物领域多数据表和多变量数据间的关系比较。除了生物领域外，医疗、生态、气象、地质、医学、经济、社会等多个学科中，都可以合理选择合适的热力图，对复杂、多组或者多变量分析的样本数据进行高效的可视化展示。

4.2.7 边际组合图

1. 介绍和绘制方法

两个连续变量的边际组合图（bivariate distribution plot）主要是指在现有的绘图对象的右、上轴脊上分别根据对应的 X、Y 轴坐标数据进行单独图形的绘制，所绘制图形的类型一般为密度图、直方图等，其主要目标是在图形主体显示双变量数据关系的同时，还能显示单个变量的数据分布情况。图 4-2-37 所示为使用 R 语言中的 ggside 包绘制的两个连续变量的不同样式边际组合图，其中，图 4-2-37（a）所示为添加密度图样式，图 4-2-37（b）、图 4-2-37（c）所示分别为添加统计箱线图和小提琴图样式，图 4-2-37（d）所示则为添加图例 colorbar 样式。

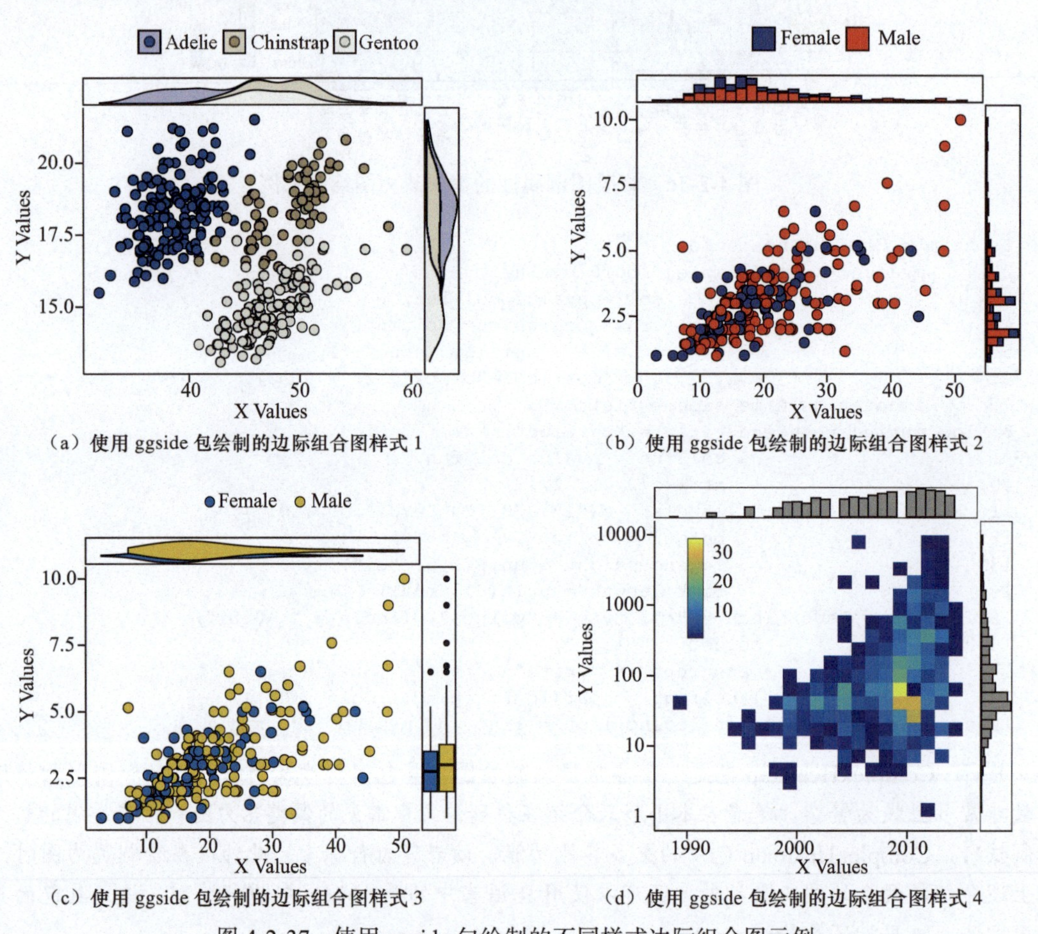

（a）使用 ggside 包绘制的边际组合图样式 1

（b）使用 ggside 包绘制的边际组合图样式 2

（c）使用 ggside 包绘制的边际组合图样式 3

（d）使用 ggside 包绘制的边际组合图样式 4

图 4-2-37　使用 ggside 包绘制的不同样式边际组合图示例

技巧：使用 ggside 绘制边际组合图

使用 R 语言中的 ggside 包就可以快速地在 ggplot2 绘图对象的上、右轴脊上绘制出不同的统计图形，具体包括密度图、直方图、箱线图以及小提琴图。同时，ggside 包也提供了对应的绘图函数，如 geom_xsidedensity() 和 geom_ysidehistogram() 函数等，这些函数详细的语法和 ggplot2 中大部分函数的语法相同。此外，还可以在绘图主题函数 theme() 中对添加的边际图使用对应参数以进行个性化设置（如 ggside.axis.text、ggside.panel.border 等）。图 4-2-37（a）、图 4-2-37（c）所示图形的核心绘制代码如下。

```
1. library(tidyverse)
2. library(ggside)
3. penguins <- read.csv("penguins.csv")
4. tips <- read.csv("tips.csv")
5. #图4-2-37(a)所示图形的核心绘制代码
6. ggplot(data = penguins,aes(x=bill_length_mm,y=bill_depth_mm,fill=species)) +
7.   geom_point(shape=21,size=3,stroke=0.5) +
8.   ggside::geom_xsidedensity(alpha = 0.4, position = "stack",
9.                                 show.legend = FALSE) +
10.  ggside::geom_ysidedensity(alpha = 0.4,position = "stack") +
11.  ggprism::scale_fill_prism(palette = "waves") +
12.  labs(x="X Values",y="Y Values") +
13.  theme_classic() +
14.  theme(legend.position = "top",
15.        legend.title = element_blank(),
16.        ggside.panel.border = element_rect(NA, "black",
17.                                           linewidth = 0.5),
18.        ggside.axis.text = element_blank(),
19.        ggside.axis.ticks = element_blank(),
20.        text = element_text(family = "times",face='bold',size = 14),
21.        axis.text = element_text(colour = "black",face='bold',
22.                                 size = 12),
23.        axis.ticks.length=unit(0.2, "cm"),
24.        #显示更多刻度内容
25.        plot.margin = margin(rep(5,4)))
26.#图4-2-37(c)所示图形的核心绘制代码
27.ggplot(data = tips,aes(x=total_bill,y=tip,fill=sex)) +
28.  geom_point(shape=21,size=3,stroke=0.5) +
29.  ggside::geom_ysideboxplot(orientation = "x",show.legend = FALSE) +
30.  ggside::geom_xsideviolin(orientation = "y",show.legend = FALSE) +
31.  ggsci::scale_fill_jco() +
32.  labs(x="X Values",y="Y Values") +
33.  theme_classic() +
```

提示： 在 R 语言中，除使用 ggside 包对 ggplot2 绘图对象添加边际组合图，还可以使用第三方拓展工具包 ggstatsplot 中的 ggscatterstats() 函数绘制带有更多统计信息的散点边际组合图，这里不赘述，读者可自行探索该函数和 ggstatsplot 包中其他优秀的统计绘图函数。

2. 使用场景

在绝大多数情况下，边际组合图用于对实验数据集进行分布情况的可视化探索和展示，如算法模型输出结果分布的多角度展示，特别是在对比多个算法结果的使用场景中。此外，在一些理工类研究课题的数据探索过程中，若有多角度展示实验数据基本情况的需求，也可使用边际组合图进行实现。

4.3 其他双变量图形类型

除上文（见 4.1 节和 4.2 节）介绍的两种类型的双变量图形以外，本节将再介绍几种在科研论文中常见的双变量图形。之所以没有将它们归类到上述两种类型中，是因为接下来所要介绍的图形的使用条件较为固定，或是特定学科中的常见图形类型，涉及的专业背景知识较多，对初学者有着较高的要求。

4.3.1 ROC曲线

1. 介绍和绘制方法

ROC曲线（Receiver Operating Characteristic curve）即“受试者操作特征曲线”，又称感受性曲线（sensitivity curve），是以假阳性率（False Positive Rate，FPR）为横轴，真阳性率（True Positive Rate，TPR）为纵轴绘制的曲线。ROC曲线常用于不同分类算法的性能评估，是一种检验模型方法准确性的方式。ROC曲线常与AUC（Area Under Curve，曲线下的面积）一起用于分类算法性能优劣的评价。在绘制ROC曲线之前，需要了解以下关键指标。

（1）AUC

AUC被定义为ROC曲线下的面积的值，其取值范围一般为0.5～1。AUC可辅助ROC曲线实现对分类算法的评价，即AUC值更大的分类器的效果更好。

AUC数值的意义如下。

- AUC=1，在采用这个预测模型时，存在至少一个阈值能得出完美预测。
- 0.5<AUC<1，合理设置分类模型阈值时，模型有预测价值。
- AUC=0.5，与随机猜测一样，模型没有预测价值。
- AUC<0.5，比随机猜测更差；但用模型预测的反结果，效果就优于随机猜测。

（2）4种分类

真阳性（True Positive，TP）被模型预测为正的正样本；假阴性（False Negative，FN）被模型预测为负的正样本；假阳性（False Positive，FP）被模型预测为正的负样本；真阴性（True Negative，TN）被模型预测为负的负样本。针对ROC曲线的横轴，FP是指真实负样本中被分类器预测为正样本的个数；针对ROC曲线的纵轴，TP则是指真实正样本中被分类器预测为正样本的个数。

（3）混淆矩阵

对于二分类问题，可将样本根据其真实类别与学习器预测类别的组合划分为TP、FP、TN、FN这4种情况，且TP、FP、TN、FN样本个数和为样本总数。混淆矩阵（confusion matrix）中的4个区域则分别表示TP、FP、TN、FN这4个值。混淆矩阵示意图如图4-3-1所示。

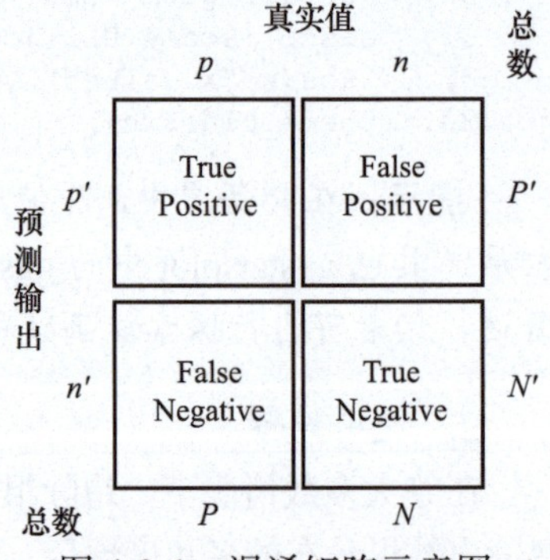

图4-3-1　混淆矩阵示意图

表示分类正确的类别如下。

- TP：本来是正样本，识别结果也为正样本。
- TN：本来是负样本，识别结果也为负样本。

表示分类错误的类别如下。

- FP：本来是负样本，识别结果为正样本。
- FN：本来是正样本，识别结果为负样本。

ROC曲线绘制所需的计算结果都可通过sklearn.metrics中的roc_curve()函数和auc()函数计算得到。此外，准确率、精确度、召回率和F1得分等可分别通过accuracy_score()、precision_score()、recall_score()和f1_score()函数获取。图4-3-2所示为使用R语言中拓展工具包plotROC绘制的不同样式的ROC曲线示例，其中，M1～M4为症状对应的指标变量，图4-3-2（c）、图4-3-2（d）

所示为多 ROC 曲线样式，图 4-3-2（b）、图 4-3-2（d）所示为添加置信区间的可视化结果。

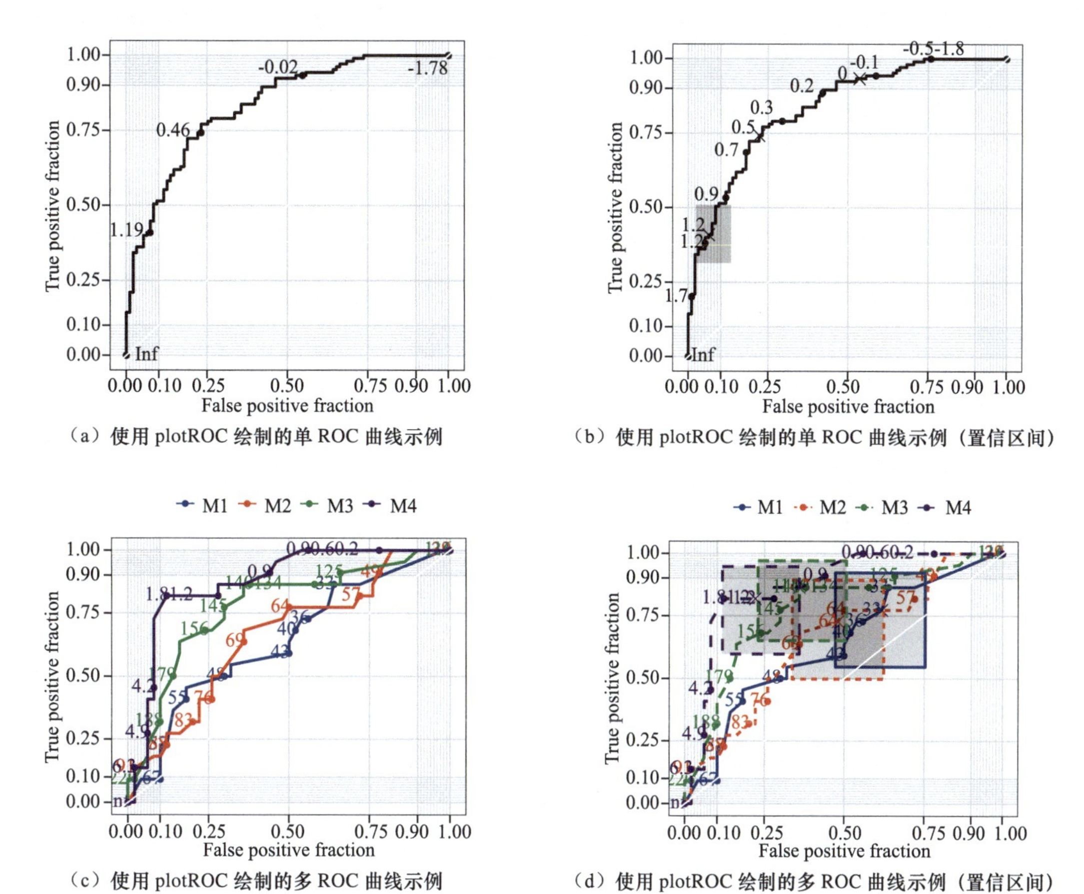

（a）使用 plotROC 绘制的单 ROC 曲线示例

（b）使用 plotROC 绘制的单 ROC 曲线示例（置信区间）

（c）使用 plotROC 绘制的多 ROC 曲线示例

（d）使用 plotROC 绘制的多 ROC 曲线示例（置信区间）

图 4-3-2 使用 plotROC 包绘制的不同样式 ROC 曲线示例

技巧：使用 plotROC 绘制 ROC 曲线

使用 R 语言中的 plotROC 包进行 ROC 曲线的绘制，关键是使用其中的 geom_roc() 和 geom_rocci() 函数，前者用于绘制 ROC 曲线，后者则用于在 ROC 曲线上添加置信区间图层。绘制多 ROC 曲线样式，则需要使用 plotROC 包中的 melt_roc() 函数，将具有单一维度变量的“宽”数据样式转换成多维度变量的“长”数据样式。上述函数的基本语法与 ggplot2 包中绘图函数的类似，使用方法较为简单。图 4-3-2（d）所示图形的核心绘制代码如下。

```
1. library(tidyverse)
2. library(plotROC)
3. roc_data <- read.csv("roc_data.csv")
4. roc_data_long <- plotROC::melt_roc(roc_data, "D", c("M1",
5.                                   "M2","M3","M4"))
6. ggplot(roc_data_long, aes(d = D, m = M, linetype = name,color=name)) +
7.   geom_roc(labelsize = 4,family="times") +
8.   geom_rocci(alpha.box = 0.2)+
9.   style_roc() +
10.   ggsci::scale_color_aaas() +
11.   #ggprism::scale_color_prism(palette = "waves") +
12.   theme(legend.position = "top",
```

```
13.         legend.title = element_blank(),
14.         text = element_text(family = "times",face='bold',size = 14),
15.         axis.text = element_text(colour = "black",face='bold',
16.                                  size = 12),
17.         axis.ticks.length=unit(0.2, "cm"),
18.         #显示更多刻度内容
19.         plot.margin = margin(rep(5,4)))
```

2. 使用场景

ROC 曲线多应用于对分类算法结果精度的评价，即对同一组测试数据采用分类算法，通过 ROC 曲线进行直观上的优劣判定。此外，ROC 曲线还广泛应用于医学统计中，用来比较疾病诊断方法，即评价基于某个指标对两类测试者（如患者和正常人）进行分类或诊断的效果。

4.3.2 洛伦兹曲线

1. 介绍和绘制方法

洛伦兹曲线（Lorenz curve）又称提升图或者收益曲线，是经济学中用来衡量收入或财富分配不平等程度的一种图形工具。它是由意大利经济学家 Max O. Lorenz（麦克斯 • O. 洛伦兹）于 1905 年提出的，被广泛应用于研究社会经济不平等和贫富差距等问题。洛伦兹曲线的绘制是基于累积分布函数（cumulative distribution function）的，在绘制过程中，首先需要按照从小到大的顺序对收入或财富进行排序，然后计算每个收入或财富占总收入或总财富的累积百分比。横轴表示按收入水平从低到高排序的个体或劳动者数量的累计百分比，纵轴表示与个体或劳动者数量相对应的总收入的累计百分比，将每一个百分比的个体或劳动者所对应的收入百分比描绘成点并连线，即为洛伦兹曲线。

在洛伦兹曲线上，对角线代表完全均等的分配情况，即个体或劳动者数量与收入或财富的比例完全一致。当收入或财富分配更为不平等时，洛伦兹曲线位于对角线以下，呈现出下凹的形状。曲线越偏离对角线，不平等程度就越大。此外，还可以使用基尼系数（Gini coefficient）来衡量洛伦兹曲线的不平等程度。基尼系数是一个 0 到 1 的值，数值越大表示不平等程度越大。图 4-3-3 所示为使用 R 语言中 gglorenz 包绘制的不同样式洛伦兹曲线示例。

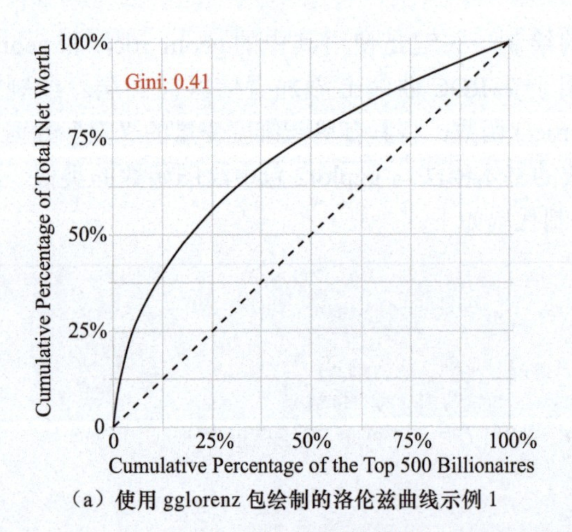

（a）使用 gglorenz 包绘制的洛伦兹曲线示例 1

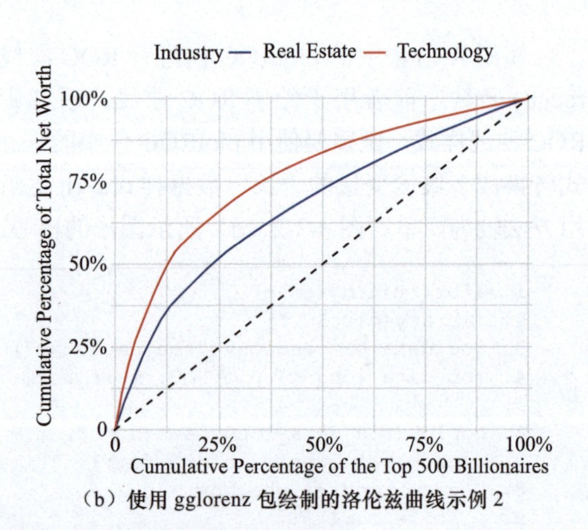

（b）使用 gglorenz 包绘制的洛伦兹曲线示例 2

图 4-3-3　使用 gglorenz 包绘制的不同样式洛伦兹曲线示例

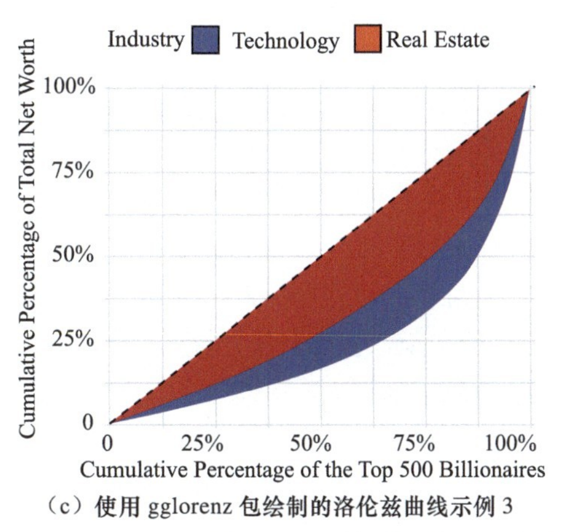

（c）使用 gglorenz 包绘制的洛伦兹曲线示例 3

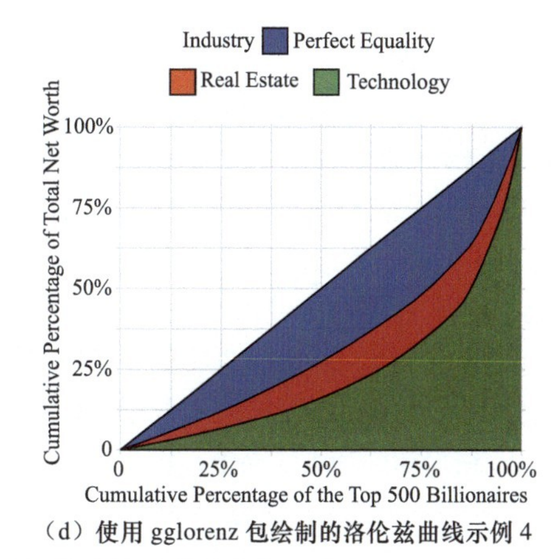

（d）使用 gglorenz 包绘制的洛伦兹曲线示例 4

图 4-3-3 使用 gglorenz 包绘制的不同样式洛伦兹曲线示例（续）

技巧：使用 gglorenz 绘制洛伦兹曲线图

使用 R 语言中的 gglorenz 包绘制洛伦兹曲线的关键是使用其中的 stat_lorenz() 函数，其参数 geom 可以设置成 "path"（默认）、"polygon" 或者 "area" 等值，用于绘制不同样式的洛伦兹曲线。此外，还可以使用 annotate_ineq() 函数为图形结果添加文本注释信息，文本指标可使用来自 ineq 包中 ineq() 函数中的任何不平等度量指标，具体包括 Gini（基尼系数）、RS（Ricci-Schutz coefficient，里奇 - 舒茨系数）等。图 4-3-3（d）所示图形的核心绘制代码如下。

```
1. library(tidyverse)
2. library(gglorenz)
3. data2 <- billionaires %>% filter(Industry %in%
4.             c("Technology", "Real Estate")) %>%
5.             add_row(Industry = "Perfect Equality", TNW = 1)
6. ggplot(data = data2,aes(x = TNW, fill = Industry)) +
7.     stat_lorenz(geom = "area", alpha = 0.8,colour="black") +
8.     ggsci::scale_fill_aaas() +
9.     labs(x = "Cumulative Percentage of the Top 500 Billionaires",
10.          y = "Cumulative Percentage of Total Net Worth") +
11.     hrbrthemes::scale_x_percent() +
12.     hrbrthemes::scale_y_percent() +
13.     hrbrthemes::theme_ipsum_rc(base_family = "times",
14.                                axis_title_size = 10,
15.                                axis_title_face = "bold",
16.                                plot_margin = margin(rep(10,4))) +
17.     theme(legend.position = "top",
18.          axis.text = element_text(colour = "black",face='bold',
19.                                   size = 10))
```

2. 使用场景

洛伦兹曲线是用来描述收入或财富分配不平等程度的一种图形工具。它常被应用于经济学、社会学和统计学等学科中，用以分析和评估一个国家、地区或群体内部收入或财富的分布情况。如在经济学中，洛伦兹曲线被广泛用于研究不同社会群体之间的收入不平等情况。通过绘制洛伦兹曲线，可以直观地展示不同收入阶层的收入占总收入的比例，并对不平等问题进行定量分析。在社会学中，可以使用洛伦兹曲线来研究社会不平等现象。通过分析洛伦兹曲线，可以衡量社会中不同群体之间的财富或收入差距，并了解不同群体的社会经济地位。在统计学中，可以使用洛伦兹曲线来衡量数据的集中程度和分散程度，从而更好地理解数据的特征。

4.3.3 生存曲线

1. 介绍和绘制方法

生存曲线（survival curve）又称存活曲线，最初由美国生物学家雷蒙·普尔于 1928 年提出，是生态学中描述同期出生的同种个体的存活率与其年龄关系的阶梯状曲线，是生存分析（survival analysis）中最重要的统计图形之一。在生存曲线中，横轴为观察（随访）时间，纵轴为生存概率（survival probability）。生存曲线是一条下降的曲线，其中平缓的生存曲线表示高生存概率或较长生存期；相反，陡峭的生存曲线则表示低生存概率或较短生存期。

在生存曲线的绘制过程中，较为重要的为生存概率的计算。生存概率，即观察对象存活时间 T 大于某一时间 t 的概率。生存概率随时间而变化，是关于时间 t 的函数，其估算方法分为参数法和非参数法。非参数法又分为 Kaplan-Meier 法（K-M 法，又称乘积极限法）和寿命表法，两种方法均基于定群寿命表（cohort life table）的基本原理，首先求出各个阶段的生存概率，然后根据概率乘法定理计算最终的生存概率，二者的差别在于所适用的样本量大小不同。寿命表法适用于大样本研究资料，Kaplan-Meier 法则适用于小样本研究资料。图 4-3-4 所示为使用 R 语言拓展工具包 survminer 中的 ggsurvplot() 函数绘制的不同样式生存曲线，其中，图 4-3-4（a）、图 4-3-4（b）所示为添加置信区间前后的对比图，图 4-3-4（c）、图 4-3-4（d）所示则为添加不同样式统计文本信息的示例。

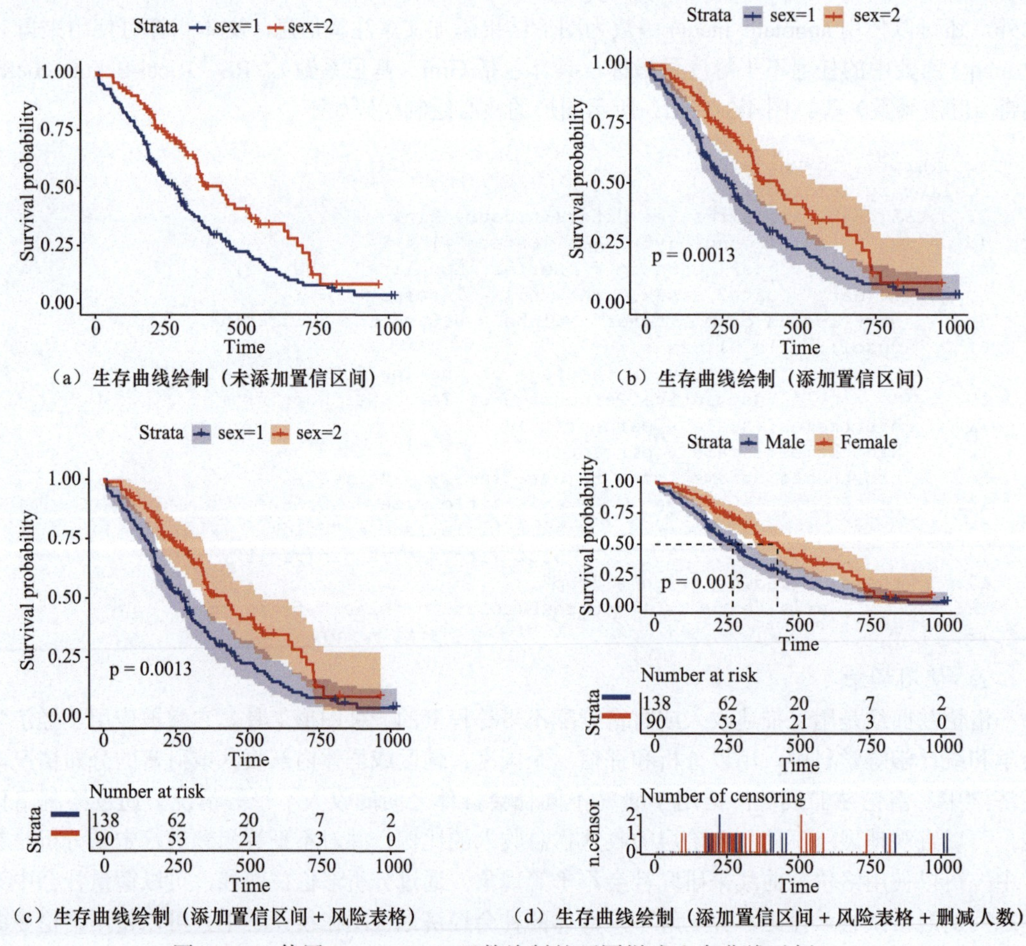

（a）生存曲线绘制（未添加置信区间）

（b）生存曲线绘制（添加置信区间）

（c）生存曲线绘制（添加置信区间 + 风险表格）

（d）生存曲线绘制（添加置信区间 + 风险表格 + 删减人数）

图 4-3-4　使用 ggsurvplot() 函数绘制的不同样式生存曲线示例

技巧：使用 survminer 包绘制生存曲线

使用 R 语言中的 survminer 包中的 ggsurvplot() 函数就可以绘制出常见的生存曲线，其本质为一个集成函数，支持一些 ggplot2 包的基本绘图函数及其语法。单个图形对象的结果保存方式和 ggplot2 绘图对象的结果保存相似，都可以使用 ggsave() 函数保存，但需要指出的是，由于添加了风险表格（risk table）等图层元素，其本质是一个组合图形，在使用 ggsave() 进行结果保存时，会保留最后一个绘图对象，导致保存结果出错，这时，可使用 R 语言基础图形保存方法进行绘图结果的保存。图 4-3-4（d）所示图形的核心绘制代码如下。

```
1. library(tidyverse)
2. library(survminer)
3. png(file="survplot_04.png",width = 4500, height = 5500,res=1000)
4. #保存为PDF文件
5. pdf(file="survplot_04.pdf",width = 4.5, height = 5.5)
6. ggsurvplot(fit, data = lung,conf.int = TRUE,pval = TRUE,
7.            risk.table = TRUE,risk.table.y.text.col = T,
8.            risk.table.height = 0.25,risk.table.y.text = FALSE,
9.            ncensor.plot = TRUE, ncensor.plot.height = 0.25,
10.           surv.median.line = "hv",  # add the median survival pointer.
11.           legend.labs =c("Male", "Female"),
12.           palette = ("aaas"))
13.dev.off()
```

提示：除了使用 survminer 包进行生存曲线的绘制，还可以使用 R 语言中的 ggsurvfit 包进行生存曲线的绘制，该包为生存曲线、风险表格、P 值等图层属性的绘制提供了专门的绘图函数以及绘图主题样式，读者可自行进行探索。

2. 使用场景

生存曲线是对生存分析过程中的某一环节统计结果的展示，主要应用于生物医学、流行病学、生物信息学和临床实验等，如分析不同组疾病患者在一种或者一种以上的变量作用下，其生存概率随记录时间而发生的变化或者出现的走势；或者在预测生存分析中，基于已有的数据，预测个体或群体未来的生存概率；在药物研发过程中，生存曲线可以用于监测药物的疗效和安全性。除了上述使用场景外，生存曲线还可以在其他领域中使用，如工程可靠性分析、经济学研究等，主要用于描述和分析随时间变化的事件发生率或生存概率。

4.3.4 经济学图形

1. 介绍和绘制方法

微观经济学图形和宏观经济学图形是经济学中用于可视化和数据分析的重要图表工具，主要用于表示经济现象、关系或数据，帮助经济学家和决策者更好地理解和解释经济现象。微观经济学研究单个经济主体（如消费者、生产者或市场等）的行为和决策，常见的微观经济学图形包括供给 / 需求曲线、边际效用曲线、成本曲线等。而宏观经济学研究整个经济体的总体现象，如国家的总产出、失业率、通货膨胀等，常见的宏观经济学图形包括 GDP（Gross Domestic Product，国内生产总值）时间序列图、通货膨胀走势图等。微观经济学图形与宏观经济学图形的绘制原理有所不同，微观经济学图形通常基于特定的数学模型或理论进行绘制，如供给 / 需求曲线通常基于市场需求和供给函数、边际效用曲线基于消费者的效用函数等；而宏观经济学图形涉及大量的经济数据，通常是时间序列数据。绘制宏观经济学图形需要对数据进行处理和整理，如计算 GDP 的变化率、通货膨胀率等。

在 R 语言中，如果有对应的绘图数据或者对应的计算模型，将计算结果传递给 ggplot2 包中的各种绘图函数，就可以快速地绘制出不同的经济学图形，而在本小节中，将介绍利用 R 语言中的 econocharts 包来进行经济学中各种常见图形的绘制。图 4-3-5 所示为使用 econocharts 包绘制的常见经济学图形。

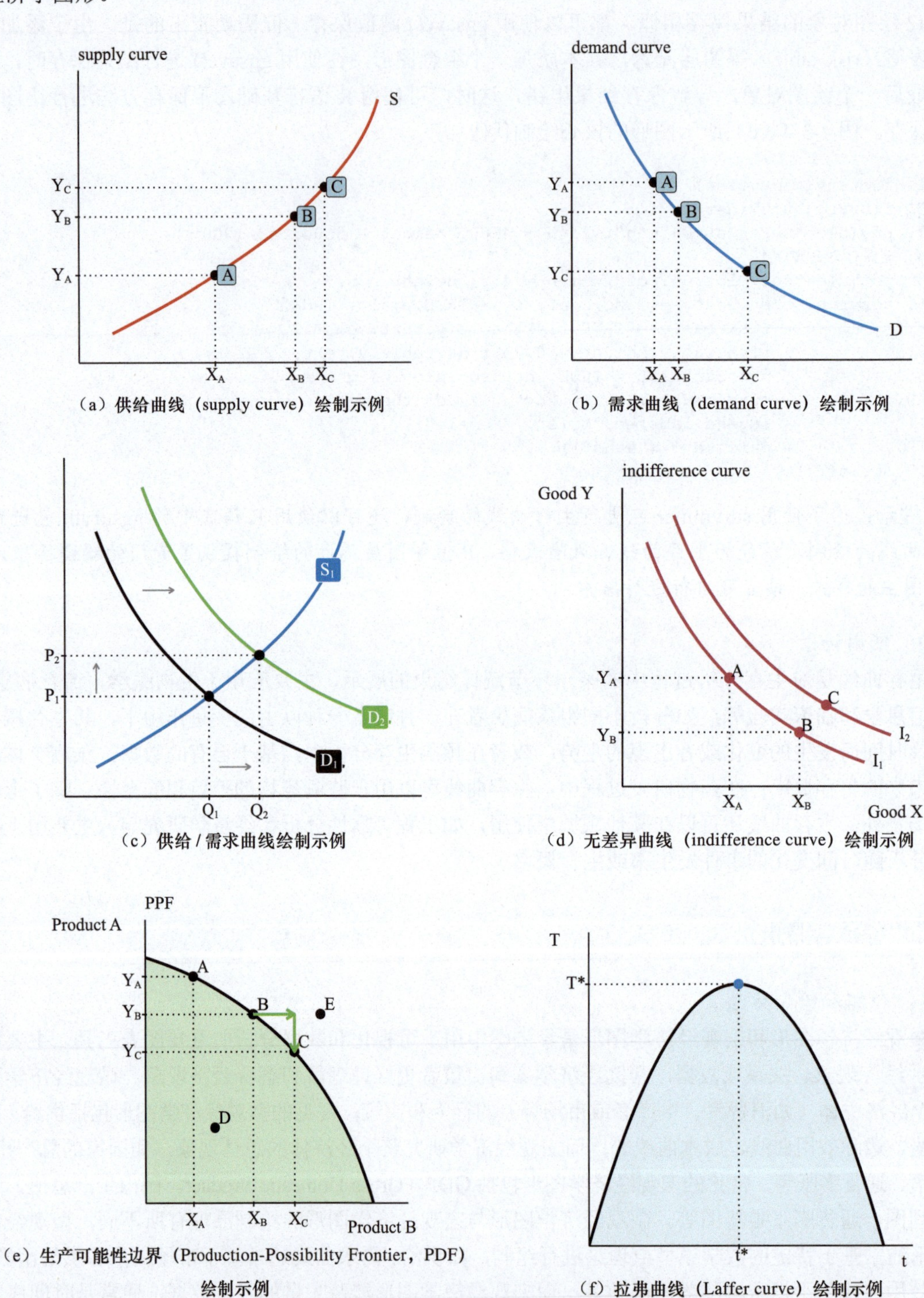

（a）供给曲线（supply curve）绘制示例

（b）需求曲线（demand curve）绘制示例

（c）供给 / 需求曲线绘制示例

（d）无差异曲线（indifference curve）绘制示例

（e）生产可能性边界（Production-Possibility Frontier，PDF）绘制示例

（f）拉弗曲线（Laffer curve）绘制示例

图 4-3-5　使用 econocharts 包绘制的常见经济学图形示例

技巧：使用 econocharts 包绘制经济学图形

使用 R 语言中的 econocharts 包绘制常见经济学图形非常方便，只需使用其内置的 supply()、demand()、sdcurve()、indifference()、ppf() 以及 laffer() 函数就可以绘制出图 4-3-5 所示的可视化结果。需要指出的是，读者可以使用绘图函数中默认的数据集（数据框），也可以自行构建对应的样式数据集，导入绘图函数中即可，此外，每个函数绘制的结果都为 ggplot2 对象，可进行绘图主题的自定义和额外统计图层的添加。图 4-3-5（c）、图 4-3-5（d）、图 4-3-5（e）所示图形的核心绘制代码如下。

```
1. library(tidyverse)
2. library(econocharts)
3. #图4-3-5(c)所示图形的绘制代码
4. # 构建自定义曲线数据
5. supply1 <- data.frame(Hmisc::bezier(c(1, 3, 9),
6.                                     c(9, 3, 1)))
7. supply2 <- data.frame(Hmisc::bezier(c(2.5, 4.5, 10.5),
8.                                     c(10.5, 4.5, 2.5)))
9. demand1 <- data.frame(Hmisc::bezier(c(1, 8, 9),
10.                                    c(1, 5, 9)))
11.sdcurve_cus <- sdcurve(supply1, demand1, supply2, demand1,
12.        names = c("D[1]", "S[1]","D[2]", "S[1]")) +
13.  annotate("segment", x = 2.5, xend = 3.5, y = 7, yend = 7,
14.        arrow = arrow(length = unit(0.3, "lines")), colour = "grey50") +
15.  annotate("segment", x = 1, xend = 1, y = 3.5, yend = 4.5,
16.       arrow = arrow(length = unit(0.3, "lines")), colour = "grey50") +
17.  annotate("segment", x = 5, xend = 6, y = 1, yend = 1,
18.       arrow = arrow(length = unit(0.3, "lines")), colour = "grey50")
19.#图4-3-5(d)所示图形的绘制代码
20.p <- indifference(ncurves = 2,  # Two curves
21.                  x = c(2, 4),  # Intersections
22.                  main = "Indifference curves",
23.             xlab = "Good X", ylab = "Good Y",linecol = 2,  pointcol = 2)
24.# Add a new point
25.int <- bind_rows(curve_intersect(data.frame(x = 1:1000,
26.                     y = rep(3, nrow(p$curve))), p$curve + 1))
27.p$p + geom_point(data = int, size = 3, color = 2) +
28.annotate(geom = "text", x = int$x + 0.25,
29.           y = int$y + 0.25, label = "C")
30.#图4-3-5(e)所示图形的绘制代码
31.p <- ppf(x = 4:6,   # 交叉点
32.         main = "PPF",    # 标题
33.         geom = "text",    # 交叉点文本样式
34.         generic = TRUE,    # 生存刻度标签
35.         labels = c("A", "B", "C"),
36.         xlab = "Product B",
37.         ylab = "Product A",
38.         acol = 3)
39.# 添加额外图层
40.p$p + geom_point(data = data.frame(x = 5, y = 5), size = 3) +
41.  geom_point(data = data.frame(x = 2, y = 2), size = 3) +
42.  annotate(geom = "text", x = 2.25, y = 2.25, label = "D") +
43.  annotate(geom = "text", x = 5.25, y = 5.25, label = "E") +
44.  annotate("segment", x = 3.1, xend = 4.25, y = 5, yend = 5,
45.   arrow = arrow(length = unit(0.5, "lines")), colour = 3, lwd = 1) +
46.  annotate("segment", x = 4.25, xend = 4.25, y = 5, yend = 4,
47.   arrow = arrow(length = unit(0.5, "lines")), colour = 3, lwd = 1)
```

提示：图 4-3-5 中所包含的图形在经济学中经常出现，其具体含义，读者可自行查阅相关资料。当然，读者也可将上面介绍到的函数应用在自己的数据集上，计算出绘图数据集，再使用 ggplot2 进行个性化绘制。

2. 使用场景

顾名思义，由于 econocharts 包中函数绘制的结果都是与经济学有关的，其使用场景也多在社会学、经济学等领域，文史类学科的同学可以重点阅读此小节内容。

4.3.5 火山图

1. 介绍和绘制方法

火山图（volcano plot）作为散点图的一种，用于比较两个或多个组之间的差异，其将统计检验中的显著性水平度量值（如 P 值）和变化幅度相结合，辅助识别那些变化幅度较大且具有统计学意义的测试数据点（如基因等）。火山图可以方便地展示两个样本间基因差异表达的分布情况，其横轴数据通常用 FC（Fold Change，差异倍数）表示，差异大的基因数据点分布在两端；纵轴数据通常用 $-\log_{10}$(Pvalues) 表示，即 T 检验显著性 P 值的负对数，一般情况下，差异倍数越大的基因，其 T 检验显著性 P 值越大，在火山图上体现为左上角和右上角的数据点，即越靠近火山图顶部的点，差异越显著，也更具生物学研究意义。火山图中的数据点颜色一般对应基因上调（significant up）、下调（significant down）或无差异（no significant）。此外，还可以使用单系列渐变色表示某一变量的连续值变化。图 4-3-6 展示了使用 ggplot2 和 ggVolcano 包绘制的火山图示例，其中，图 4-3-6（a）、图 4-3-6（c）所示为使用 ggplot2 绘制的简单、渐变火山图示例，图 4-3-6（b）、图 4-3-6（d）所示则是使用 ggVolcano 包绘制的火山图示例。

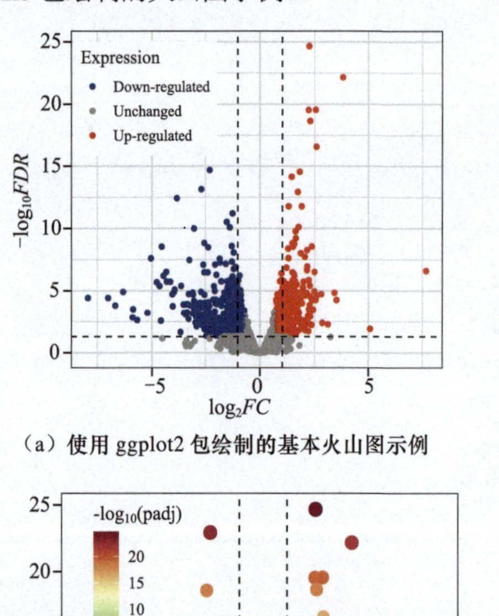

（a）使用 ggplot2 包绘制的基本火山图示例

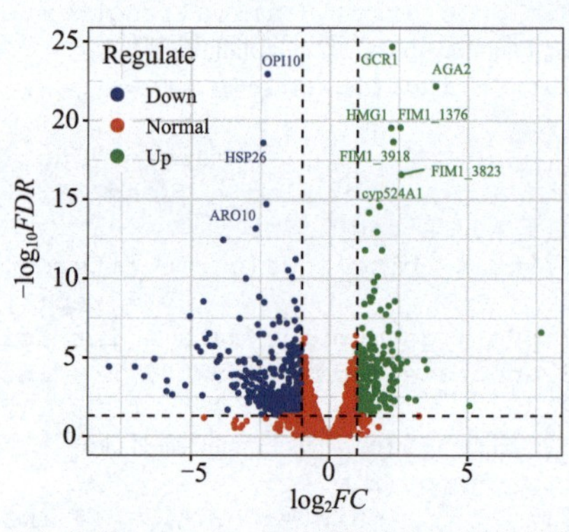

（b）使用 ggVolcano 包绘制的基本火山图示例

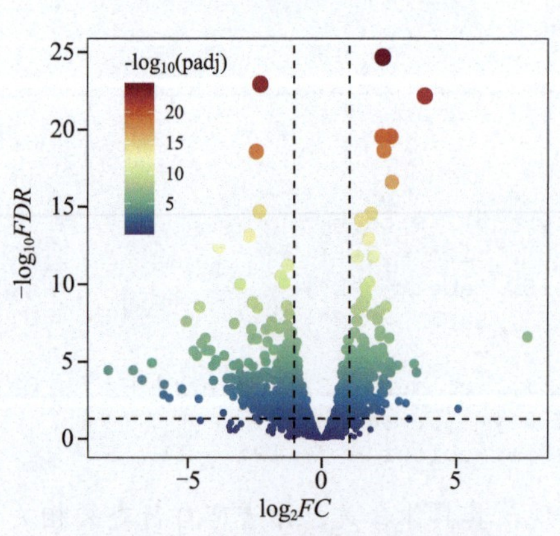

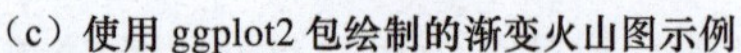

（c）使用 ggplot2 包绘制的渐变火山图示例

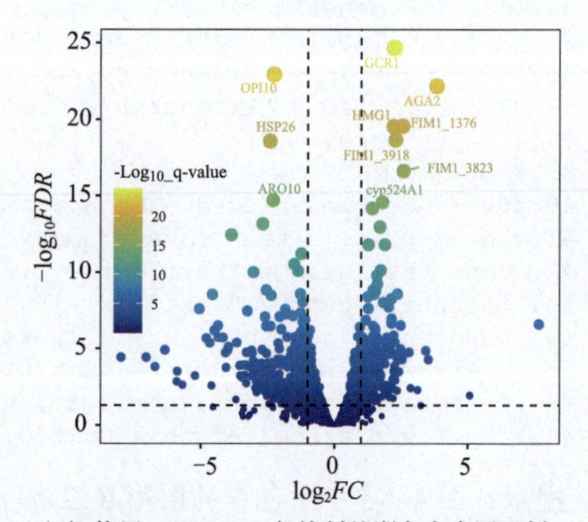

（d）使用 ggVolcano 包绘制的渐变火山图示例

图 4-3-6　不同样式火山图绘制示例

技巧：火山图的绘制

使用 R 语言进行火山图绘制的关键是对映射数据进行必要的数据处理操作，根据火山图的定义和绘制方法可知，只需要对绘图数据进行 log() 和 log10() 函数操作以及根据变量数值范围进行类别变量的构建即可。图 4-3-6（a）所示图形便采用这样的操作，使用 ggplot2 中的 geom_point() 函数完成火山图的绘制，此外，还可以将连续数值映射到数据点的大小和颜色上，如图 4-3-6（c）所示。ggVolcano 包直接提供了绘图函数（ggvolcano() 和 gradual_volcano()）和数据规整函数（add_regulate()），在绘图便捷性上非常有优势。图 4-3-6 所示图形的核心绘制代码如下。

```
1. library(tidyverse)
2. library(ggVolcano)
3. data(deg_data)
4. #图4-3-6(a)所示图形的核心绘制代码
5. #数据处理
6. deg_data <- deg_data %>%
7.   mutate(Expression = case_when(
8.        log2FoldChange >= log(2) & padj <= 0.05 ~ "Up-regulated",
9.        log2FoldChange <= -log(2) & padj <= 0.05 ~ "Down-regulated",
10.       TRUE ~ "Unchanged"))
11.ggplot(data=deg_data,aes(x = log2FoldChange,y = -log10(padj))) +
12.  geom_point(aes(color = Expression)) +
13.geom_hline(yintercept = -log10(0.05),linetype = "dashed") +
14.geom_vline(xintercept = c(log2(0.5), log2(2)),linetype = "dashed") +
15.  xlab(expression("log"[2]*"FC")) +
16.  ylab(expression("-log"[10]*"FDR")) +
17.  scale_color_manual(values = c("#3B4992", "gray50", "#EE0000")) +
18.#图4-3-6(c)所示图形的核心绘制代码
19.colors <- rev(RColorBrewer::brewer.pal(11, "Spectral"))
20.ggplot(data=deg_data,aes(x = log2FoldChange,y = -log10(padj),)) +
21.  geom_point(aes(color=-log10(padj),size=-log10(padj))) +
22.   scale_color_gradientn(colors = colors) +
23.   scale_size(range = c(0.5, 4)) +
24.   guides(size="none")
25.#图4-3-6(b)所示图形的核心绘制代码
26.#数据规整
27.data <- add_regulate(deg_data, log2FC_name = "log2FoldChange",
28.                     fdr_name = "padj",log2FC = 1, fdr = 0.05)
29.ggvolcano(data, x = "log2FoldChange", y = "padj",
30.          label = "row", label_number = 10, output = FALSE) +
31.   ggsci::scale_color_aaas()+
32.   ggsci::scale_fill_aaas()
33.#图4-3-6(d)所示图形的核心绘制代码
34.gradual_volcano(deg_data, x = "log2FoldChange", y = "padj",
35.                label = "row", label_number = 10, output = FALSE) +
36.  scale_color_gradientn(colours = parula(100)) +
37.  scale_fill_gradientn(colours = parula(100))
```

提示： 本案例中所使用的绘图数据为 ggVolcano 包中的 deg_data 数据集，读者在单独练习 ggplot2 绘制方法时，需要导入 ggVolcano 包并引入 deg_data 数据集。ggplot2 绘制结果和 ggVolcano 绘制结果的细节有所不同，主要是因为 ggVolcano 包内部计算方式和自定义计算方法与 ggplot2 的存在些许不同，读者可忽略或根据自己的实际数据进行值范围设定。此外，还可以使用 R 语言中的 EnhancedVolcano 拓展绘图包进行更加复杂的火山图绘制，读者可自行探索此绘图包的使用方法。

2. 使用场景

在生物信息分析中，火山图是常见的一种数据展示方式。火山图可以方便地可视化一些观测数据不同样本间差异显著性的数据，因此，在医疗、临床等研究中，常应用于转录组、基因组、蛋白

质组、代谢组等研究统计数据的可视化展示。

4.3.6　子弹图

1. 介绍和绘制方法

子弹图（bullet chart）的功能和柱形图的功能类似，用于显示目标变量的数据，但前者可表现的信息更多，图表元形也更加丰富。子弹图可用来取代里程表或时速表这类图形仪表，不但能够解决图形显示信息不足的问题，而且能有效节省空间，以及除掉仪表盘上一些不必要的信息。在子弹图中，主要数据值由图中间主条形的长度表示，称为功能度量（feature measure）；与图方向垂直的竖线标记称为比较度量（comparative measure），用来与功能度量所得数值进行比较。如果主条形的长度超过比较度量标记的位置，则表示数据达标。

功能度量背景的分段颜色用来显示定性范围得分，每种颜色（通常为 3 种不同颜色或同色系渐变色）表示不同表现范围等级，如欠佳、平均和良好，建议最多使用 5 个等级。图 4-3-7 所示为子弹图示例。

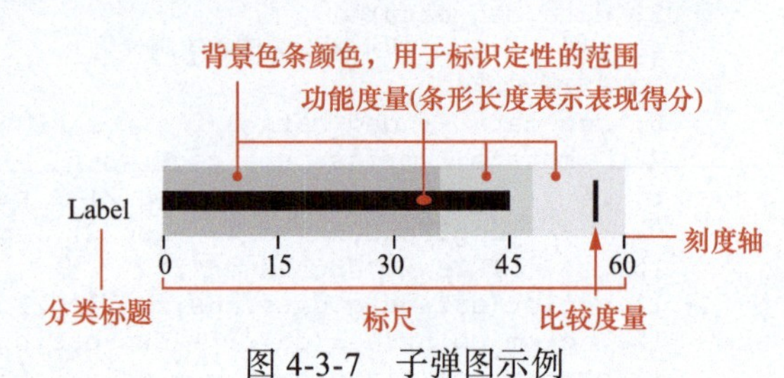

图 4-3-7　子弹图示例

子弹图具有以下特点。

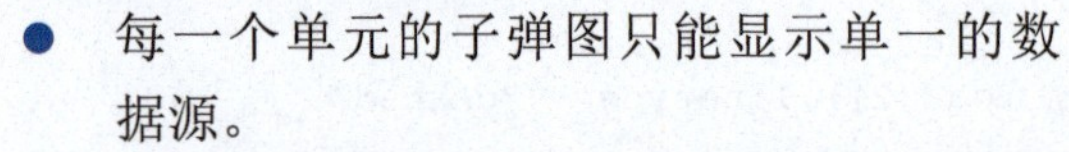

- 每一个单元的子弹图只能显示单一的数据源。
- 合理的度量标尺可以显示更精确的阶段性数据信息。
- 优化设计子弹图后能够进行多项同类数据的对比。
- 可以表达一项数据与不同目标的校对结果。

图 4-3-8 所示为使用 R 语言中的拓展绘图工具 bulletchartr 包绘制的子弹图示例。

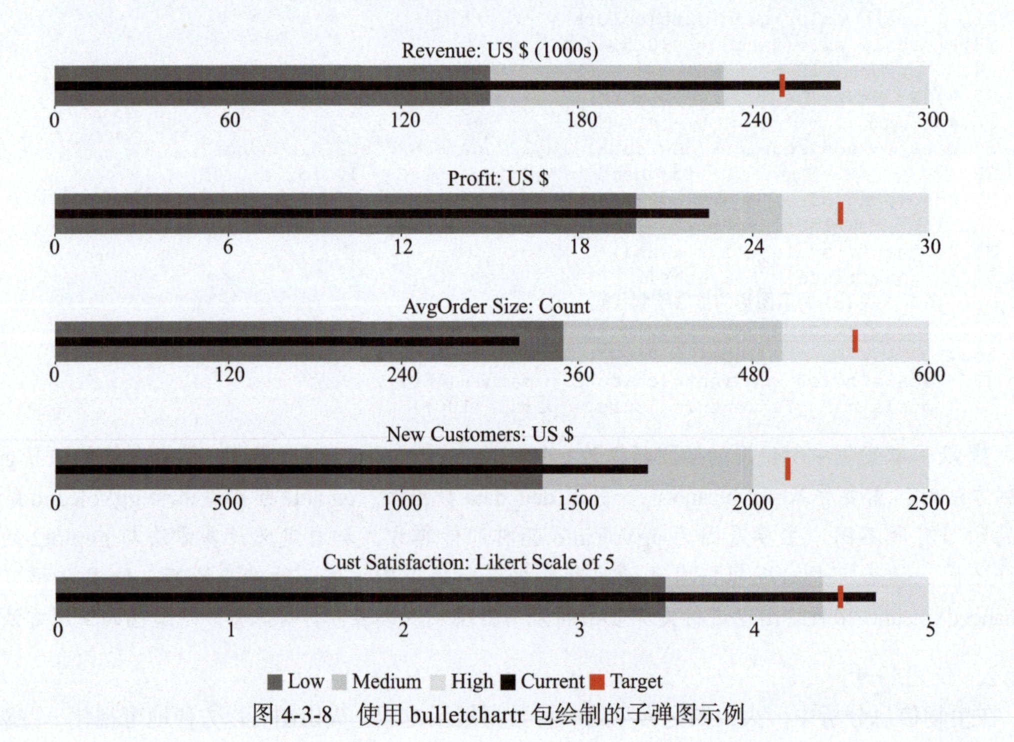

图 4-3-8　使用 bulletchartr 包绘制的子弹图示例

技巧：子弹图的绘制

使用 R 语言基础绘图工具包 ggplot2 绘制子弹图的过程较为烦琐，且需要满足数据刻度范围统一的要求，这就造成绘制结果在美观性上有所不足。使用 bulletchartr 包绘制子弹图的优点是，其直接封装好了绘制函数 bullet_chart()，直接给定符合绘图要求格式的数据集即可。图 4-3-8 所示图形的绘制代码如下。

```
1. library(bulletchartr)
2. library(readxl)
3. bullet <- read_excel("bullet chart data.xlsx")
4. bullet_chart(dataframe = bullet,indicator_name="type",
5.            current="value",low="poor",medium="average",
6.            high="good",target="target",info = "info")
```

提示：使用 bulletchartr 包绘制子弹图时，需严格按照其绘图函数要求进行相关变量特征的构建。此外，在保存绘图结果时，可使用基础 R 图形保存方式进行保存，笔者建议先将结果保存成 PDF 格式，再使用 PS 或 AI 等工具进行 PNG、JEPG 文件的转换。如果读者想使用 ggplot2 绘制子弹图，可使用其中的 geom_col() 函数进行多次图层绘制。

2. 使用场景

子弹图常用于显示阶段性数据值信息，如在社会科学、经济学等领域的研究中，对某一研究目标（如 GDP、生活水平指数、财政收入等）进行不同时段的数据值与既定目标、平均值等的对比展示。

4.4　本章小结

在本章中，笔者介绍了常见双变量图形的 R 语言绘制方法，包括变量类型的介绍以及分别使用不同类型变量数据组合绘制的双变量图形的方法，此外，还介绍了每种图形常见的使用场景，帮助读者更好地理解图形的含义、绘制方法以及使用范围。在对本章的双变量图形类型进行介绍后，还对特定研究领域的双变量图形进行了介绍并给出了绘制代码。需要注意的是，笔者主要关注的是图形的绘制技巧，如果本章中对特定领域专有名词的解释和对图形类型的命名不够准确，请读者发现后及时联系笔者，以便笔者更改。

第 5 章 多变量图形绘制

在常见的科研论文插图绘制过程中，科研工作者不但需要绘制单变量、双变量图形，而且需要考虑的问题是，在研究目标或目标数据转换等操作的过程中，会面对多变量数据集，随着变量个数或需要表示的指标维度的增加，如何有效地展示数据。

多变量图形就是含有 3 个或 3 个以上变量的可视化图形。它是应对多个变量维度绘制需求时常用的图形类型。在该类图形中，每个变量维度都有对应的数据（数值大小、数值颜色等）映射。在常见的科研论文配图中，变量多为实验观测值、模型结果值、多组对照分析对比值和数据处理中间过程结果值等。常见的多变量图形可分为以下两类：一类为在常见单变量图形或双变量图形基础上衍生加强的高级统计分析类图，如主成分分析图（维度变化）、多变量相关性散点图、多变量回归图和气泡图系列等；另一类为一些具有特定名称的常见多变量图形，如等值线图、三元相图等。

本章将介绍学术研究中常见的多变量统计图形及其对应的绘制方法，需要使用 R 语言中的基础绘图工具包 ggplot2 和一些第三方拓展绘图工具包，如 plot3D（1.4）和 ggtern（3.4.2）等。

5.1 等值线图

等值线图（contour plot）有时也称为水平图（level plot），它是一种在二维平面上显示三维曲面的图。等值线图将刻度轴上的两个预测变量 X、Y 和一个响应变量 Z 绘制为轮廓（contour），这些轮廓也称为 Z 切片（Z-slices）或响应值。

在常见的学术研究中，等值线图的使用场景较多，涉及不同的研究领域，如等高（深）线用于展示区域整体地势情况，等温线用于显示一个地区整体的温度范围分布，等压线用于反映一个地区的气压分布与高低，等降水量线（等雨量线、等雨线）用于表示一定区域内降水的多少，等等。此外，等值线图可以表示密度、亮度和电势值。需要注意的是，在绘制等值线图时，为了便于观察数值变化，通常会在每条等值线上添加对应的数值标签。

在 R 语言中，可使用 ggplot2 包中的 geom_tile() 和 geom_contour() 函数完成等值线图的绘制，其中 geom_contour() 函数用于绘制等值线图边界处的轮廓，而 geom_tile() 则用于实现相邻轮廓之间（即等高区域）的颜色填充效果。图 5-1-1 所示为使用 ggplot2 绘制的两种基础等值线图。

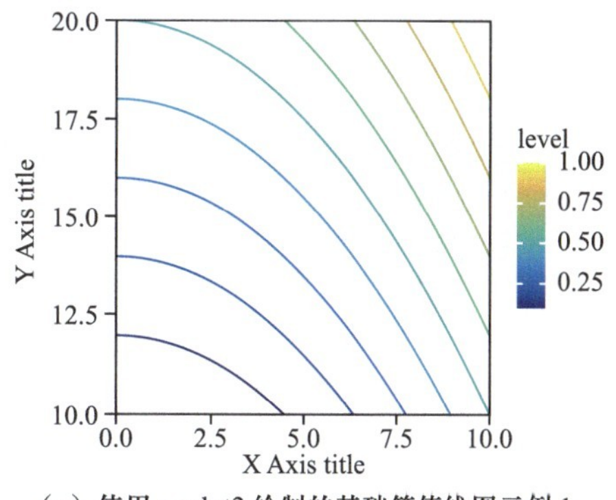

（a）使用 ggplot2 绘制的基础等值线图示例 1

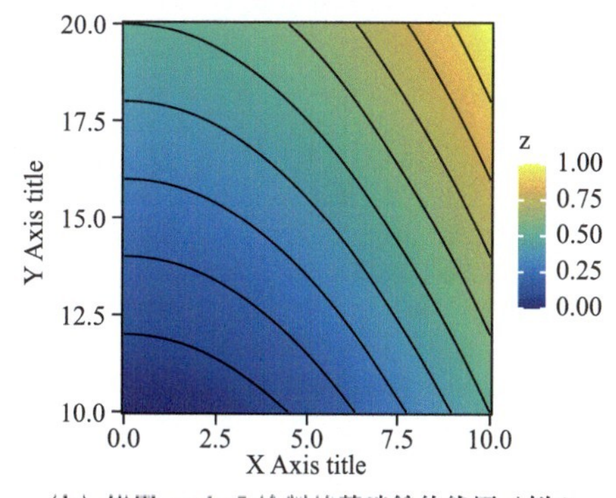

（b）使用 ggplot2 绘制的基础等值线图示例 2

图 5-1-1 使用 ggplot2 绘制的基础等值线图示例

技巧：使用 ggplot2 绘制等值线图

使用 ggplot2 绘图工具包中的 geom_contour() 和 geom_tile() 函数绘制等值线图的关键是选择正确的映射数值变量，等值线图需要由位置变量（x、y）和对应数值变量（z）共同确定，所以对绘图数据集就有着基本的变量个数要求，当然，前提是绘图数据集为“长”数据样式。由于图 5-1-1 所示图形为直接构建虚拟数据绘制所得，因此选择合适的映射变量即可。图 5-1-1 所示图形的核心绘制代码如下。

```
1. library(tidyverse)
2. library(pals)
3. #构建绘图数据集
4. df <- data.frame(x=rep(seq(0,10,by=.1),each=101),
5.                  y=rep(seq(10,20,by=.1),times=101))
6. df$z <- ((0.1*df$x^2+df$y)-10)/20
7. #图5-1-1(a)所示图形的核心绘制代码
8. ggplot(df, aes(x, y, z = z))+
9.   geom_contour(aes(colour = after_stat(level))) +
10.  labs(x='X Axis title', y='Y Axis title') +
11.  scale_colour_gradientn(colours = parula(100)) +
12.  scale_x_continuous(expand = c(0,0)) +
13.  scale_y_continuous(expand = c(0,0)) +
14.  theme_bw() +
15.#图5-1-1(b)所示图形的核心绘制代码
16.ggplot(df, aes(x, y, z = z))+
17.  geom_tile(aes(fill=z))+
18.  geom_contour(colour="black") +
19.  labs(x='X Axis title', y='Y Axis title') +
20.  scale_fill_gradientn(colours = parula(100)) +
21.  scale_x_continuous(expand = c(0,0)) +
22.  scale_y_continuous(expand = c(0,0)) +
23.  theme_bw() +
```

在绘制完基础等值线图后，我们可以发现，无法在第一时间发现对应等值区域的具体数值，可使用 metR 包中的 geom_text/label_contour() 函数快速为等值线图添加对应等值区域的数值文本。图 5-1-2 所示为添加数值文本和使用 metR 包的 geom_contour_fill() 函数绘制的等值线图。

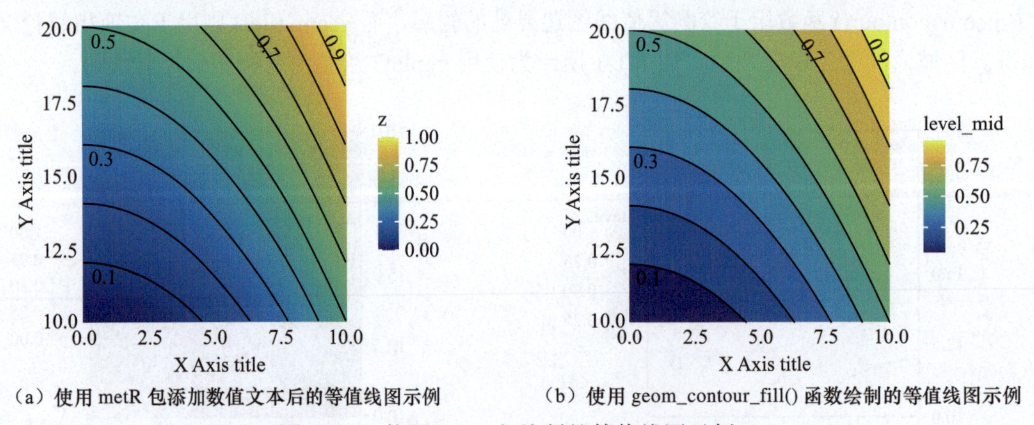

（a）使用 metR 包添加数值文本后的等值线图示例　（b）使用 geom_contour_fill() 函数绘制的等值线图示例

图 5-1-2　使用 metR 包绘制的等值线图示例

技巧：使用 metR 绘制等值线图

使用 metR 包中的 geom_text/label_contour() 和 geom_contour_fill() 函数绘制等值线图的方法非

常简单，其所支持的参数和 ggplot2 包中相似函数所支持的类似。图 5-1-2 所示图形的核心绘制代码如下。

```
1. library(tidyverse)
2. library(pals)
3. library(metR)
4. #图5-1-2(a)所示图形的核心绘制代码
5. ggplot(df, aes(x, y, z = z))+
6.   geom_tile(aes(fill=z))+
7.   stat_contour(colour="black") +
8.   metR::geom_text_contour(nudge_x = 0.5,nudge_y = -0.5,size=5,
9.                           family="times") +
10.#图5-1-2(b)所示图形的核心绘制代码
11.ggplot(df1, aes(x, y, z = z))+
12.  metR::geom_contour_fill() +
13.  geom_contour(color = "black", linewidth = 0.5) +
14.  metR::geom_text_contour(nudge_x = 0.5,nudge_y = -0.5,size=5,
15.                          family="times") +
```

除了添加基本的数值文本外，可以设置 geom_text/label_contour() 函数中的 stroke 和 stroke.colour 参数，完成对文本描边的宽度和颜色的修改。此外，还可以使用 geomtextpath 包中的 geom_textcontour/labelcontour() 函数，实现更多样式的数值文本效果。图 5-1-3 所示为设置 stroke 等参数和用 geomtextpath 包绘制的等值线图，可以看出，绘制的文本在阅读便利性上有着很大的优势，特别是在等值线数值较多的情况下。

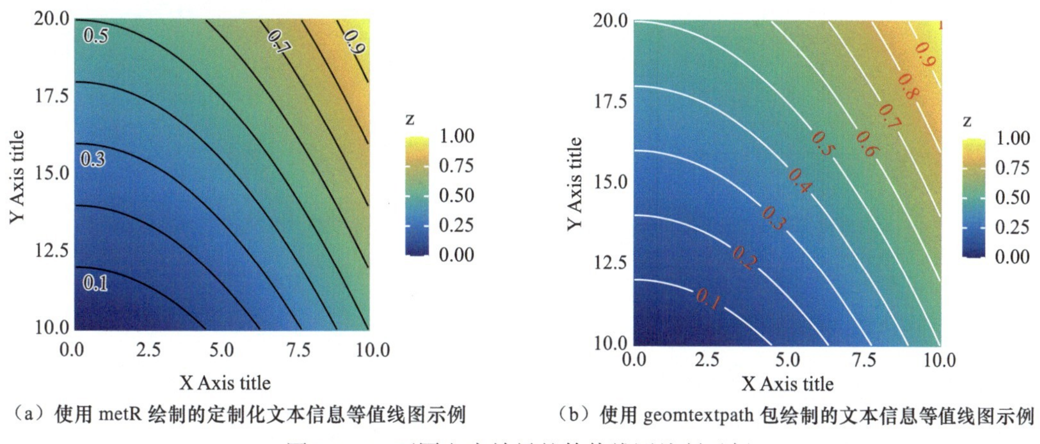

（a）使用 metR 绘制的定制化文本信息等值线图示例　（b）使用 geomtextpath 包绘制的文本信息等值线图示例

图 5-1-3　不同文本效果的等值线图绘制示例

技巧：使用 geomtextpath 绘制数值文本等值线图

使用 geomtextpath 包中的 geom_textcontour/labelcontour() 函数就可以快速绘制个性化的数值文本，其提供的 linecolour、textcolour、boxcolour、boxlinewidth 等参数可以实现对添加的文本 / 标签的颜色、粗细等属性的修改。图 5-1-3（b）所示图形的核心绘制代码如下。

```
1. library(tidyverse)
2. library(pals)
3. library(geomtextpath)
4. ggplot(df, aes(x, y, z = z))+
5.   geom_tile(aes(fill=z))+
6.   geomtextpath::geom_textcontour(linecolour="white",size=5,
```

```
7.                                     textcolour="red",family="times") +
8.    labs(x='X Axis title', y='Y Axis title') +
9.    scale_fill_gradientn(colours = parula(100)) +
10.   scale_x_continuous(expand = c(0,0)) +
11.   scale_y_continuous(expand = c(0,0)) +
12.   theme_minimal() +
```

提示： 除了使用metR包中的geom_text/label_contour()函数对等值线图添加基本的数值文本外，还可以使用其中的geom_contour_tanaka()函数绘制具有阴影效果的等值线图，但此函数一般用于地理数值的展示，如绘制等高线图。

在实际的科研任务中，绘制等值线图的原始数据集往往为“宽”数据样式，在面对“宽”数据样式时，需要对其进行转换操作，例如，使用tidyr包中的pivot_longer()函数或者reshape2包中的melt()函数对其进行“长”数据转换。此外，还需根据原始矩阵数据的行、列个数进行数字型矩阵行、列名的重新赋值。图5-1-4所示为使用“宽”数据构建的等值线图示例，图5-1-4（b）所示图形的核心绘制代码如下。

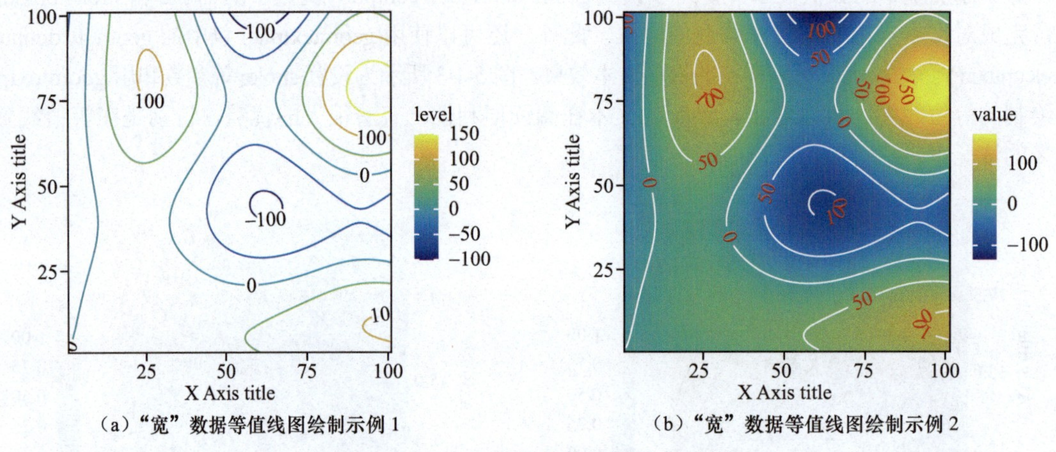

（a）“宽”数据等值线图绘制示例1　（b）“宽”数据等值线图绘制示例2

图5-1-4 “宽”数据等值线图绘制示例

```
1. #图5-1-4(b)所示图形的绘制代码
2. library(readxl)
3. file <- "coutour_data.xlsx"
4. contour_data_matrix <- read_excel(file) %>%
5.         tibble::column_to_rownames("index") %>% as.matrix()
6. #构建位置变量
7. colnames(contour_data_matrix) <-
8.                    seq(1,ncol(contour_data_matrix),by=1) #列名设置
9. rownames(contour_data_matrix) <-
10.                   seq(1,ncol(contour_data_matrix),by=1) #行名设置
11.转换成“长”数据样式
12.mtrx.melt <- reshape2::melt(contour_data_matrix)
13.ggplot(mtrx.melt, aes(x=Var1,y=Var2,z=value))+
14.  geom_tile(aes(fill=value))+
15.  geomtextpath::geom_textcontour(size=4.5,linecolour="white",
16.                                     textcolour="red",family="times") +
17.  labs(x='X Axis title', y='Y Axis title') +
18.  scale_fill_gradientn(colours = parula(100)) +
19.  scale_x_continuous(expand = c(0,0)) +
20.  scale_y_continuous(expand = c(0,0)) +
21.  theme_bw() +
```

5.2 点图系列

科研论文配图中的点图系列包括常见的双变量相关性散点图、线性回归散点图等。在涉及多个变量的数值映射时，如在相关性散点图中添加第三个或第四个变量的数值大小、颜色映射时，双变量图形就变成了稍复杂的多变量图形，这类图形不仅保留了基础的双变量图形的含义，还在其基础上拓展了数据转换、统计分析等数据处理操作，丰富了图形表达的含义，同时加大了绘制难度。点图系列中的多变量图形以相关性散点图系列和气泡图系列为主。

5.2.1 相关性散点图

在 4.2.3 小节介绍的相关性散点图系列中，只对简单的两个变量进行比较，即分析一个变量对另一个变量的影响程度或者实验结果（算法、模型等）与真实值的相关程度。但在有些科研论文中，还需要将获取实验数据的时间或其他变量数值在相关性散点图中表现出来，如使用散点的颜色来映射数值变化。图 5-2-1 所示为添加注释文本（拟合公式、线性指标等）前后的多变量相关性散点图绘制示例，其中每个点上的误差线是为了模拟真实测试情况而添加的。

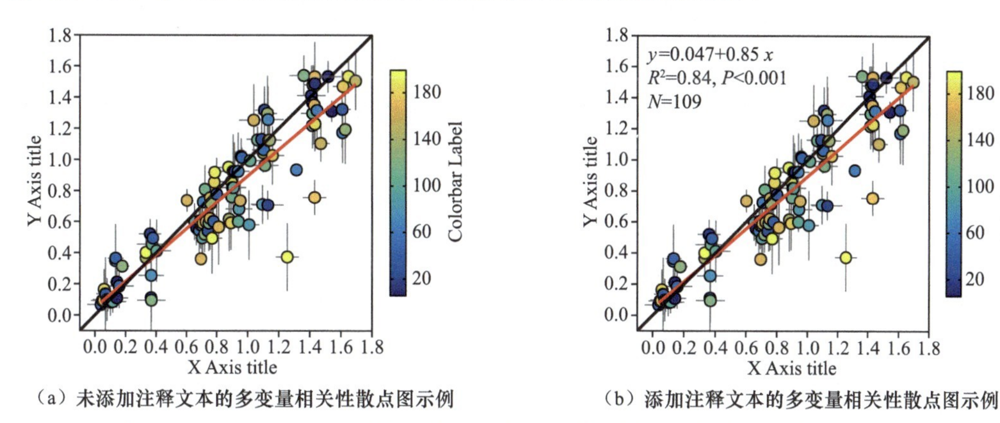

（a）未添加注释文本的多变量相关性散点图示例　（b）添加注释文本的多变量相关性散点图示例

图 5-2-1　使用 ggplot2 绘制的多变量相关性散点图（添加注释文本前后）示例

技巧：多变量相关性散点图的绘制

使用 ggplot2 绘制多变量相关性散点图的方法和 4.2.3 小节介绍的方法类似，需要指出的是，使用 R 语言中的 ggpubr 包中的 stat_regline_equation() 和 stat_cor() 等函数可以快速添加统计文本信息。图 5-2-1（b）所示图形的核心绘制代码如下。

```
1. library(tidyverse)
2. library(readxl)
3. cor_line <- read_excel("散点图样例数据2.xlsx",sheet = "data02")
4. num <- nrow(cor_line)
5. ggplot(data = cor_line,aes(x=values,y=pred_values)) +
6.   geom_errorbar(aes(ymin = pred_values-y_error,
7.                     ymax = pred_values+y_error),
8.                     colour="gray40",linewidth=0.2) +
9.   geom_errorbarh(aes(xmin = values-x_error,
```

```
10.               xmax = values+x_error),
11.               colour="gray40",linewidth=0.2) +
12.     geom_point(shape=21,size=4.5,aes(fill=value_3)) +
13.     geom_smooth(method = "lm", se=FALSE, colour="red",
14.                 formula = y ~ x) +
15.     #绘制对角线：最佳拟合线
16.     geom_abline(aes(intercept=0, slope=1),alpha=1, size=.5) +
17.     ggpubr::stat_regline_equation(label.x = .02,
18.        label.y = 1.65,size=6,family="times",fontface="bold") +
19.     ggpubr::stat_cor(aes(label = paste(after_stat(rr.label),
20.        after_stat(p.label), sep = "~`,`~")),
21.                  label.x = .02, label.y = 1.45,size=6,
22.                  r.accuracy = 0.01,p.accuracy = 0.001,
23.                  family='times',fontface='bold') +
24.     annotate("text",x=0.02,y=1.25,label=paste("N = ",num),size=6,
25.              family='times',hjust = 0,fontface="italic") +
26.     scale_fill_gradientn(colours =
27.              parula(100),breaks=seq(20,180,40),
28.              guide = guide_colorbar(frame.colour = "black",
29.                                   ticks.colour = "black",
30.                                   title = "Colorbar Label",
31.                                   title.hjust = 0.5,
32.                                   title.position = "right",
33.                                   barwidth = 1, barheight = 14,
34.                       )) +
```

在涉及较少数据时，绘制多变量相关性散点图需要对诸如刻度范围、颜色条位置等图层元素进行调整，使绘制结果布局更加美观。图 5-2-2 展示了涉及较少数据时绘制的默认布局和调整颜色条位置之后的可视化布局。这种绘制调整在针对可视化单组多次实验数据的科研绘图中较为常见。

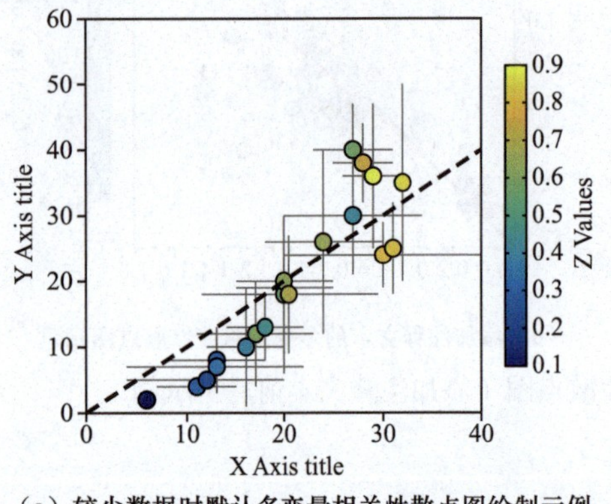

（a）较少数据时默认多变量相关性散点图绘制示例

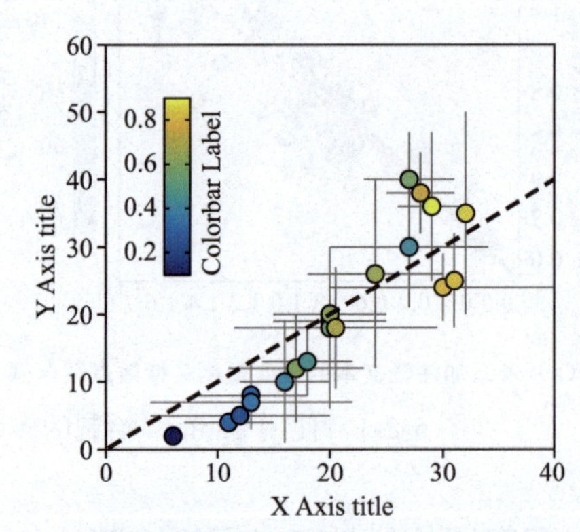

（b）较少数据时多变量相关性散点图图层调整绘制示例

图 5-2-2　涉及较少数据时绘制的默认布局和调整颜色条位置之后的可视化布局

技巧：较少数据对应的多变量相关性散点图的绘制

较少数据时多变量相关性散点图的绘制方法与图 5-2-1 所示图形的类似，唯一不同之处是对颜色条位置的设置，设置 ggplot2 中的绘图主题函数 theme() 中的图例位置参数 legend.position 为数组样式即可，图 5-2-2（b）所示图形的核心绘制代码如下。

```
1. library(tidyverse)
2. library(readxl)
3. cor_line_01 <- read_excel("散点图样例数据2.xlsx",sheet = "data03")
4. ggplot(data = cor_line_01,aes(x=x,y=y)) +
```

```
5.   geom_errorbar(aes(ymin = y-y_err, ymax = y+y_err),
                 colour="gray40",linewidth=0.2,width = 0) +
7.   geom_errorbarh(aes(xmin = x-x_err, xmax = x+x_err),
                 colour="gray40",linewidth=0.2,height = 0) +
9.   geom_point(aes(fill=values),shape=21,size=5) +
10.  #绘制对角线：最佳拟合线
11.  geom_abline(aes(intercept=0, slope=1),linetype=5,
12.                 alpha=1, size=.5) +
13.  labs(x='X Axis title', y='Y Axis title') +
14.  theme_bw() +
15.  theme(legend.position = c(0.15,0.65),
16.        legend.title = element_text(size = 14, angle = 90),
17.        text = element_text(family = "times",size = 18),
18.        axis.text = element_text(colour = "black",size = 16),
19.        ...
20.        )
```

可以看出，使用 theme 方式添加颜色条的操作，不但在图层属性布局上更加灵活，而且更易在图层中添加文本注释（如标题、轴标签等），使绘制对象更具解释性。

5.2.2 气泡图系列

气泡图（bubble chart）是一种将数值大小映射为气泡大小的多变量图形。它是散点图的变体，可以被看作散点图和百分比面积图的结合。气泡图一般使用 3 个值来确定每个数据序列。和常规的散点图相似，气泡图将两个维度的变量值映射为直角坐标系上的坐标点，其中 X 和 Y 轴分别表示不同的两个维度的变量数据，气泡的面积则使用第三个维度的变量值表示。此外，还常将气泡的颜色用于其他维度数值的映射，即使用不同的颜色来区分类别数据或者其他的数值数据。在表示有时间维度的数据时，可将时间维度作为直角坐标系中的一个维度，或者结合动态变化来表现数据随时间的变化情况。需要注意的是，在气泡图中绘制较多数据点时，气泡个数太多会导致图形的可读性降低，可通过设置透明度等属性进行弥补。

在常见的科研绘图中，与其他图形相比，气泡图的使用场景较少，且使用时所涉及的气泡图也仅限于维度变量的数值与数据点大小和颜色的映射。气泡图还常与地图结合，用于展示研究区域观察变量的区域变化，具体案例可参考第 6 章。图 5-2-3 展示了气泡图维度变量数据对气泡大小、颜色属性的数值映射。

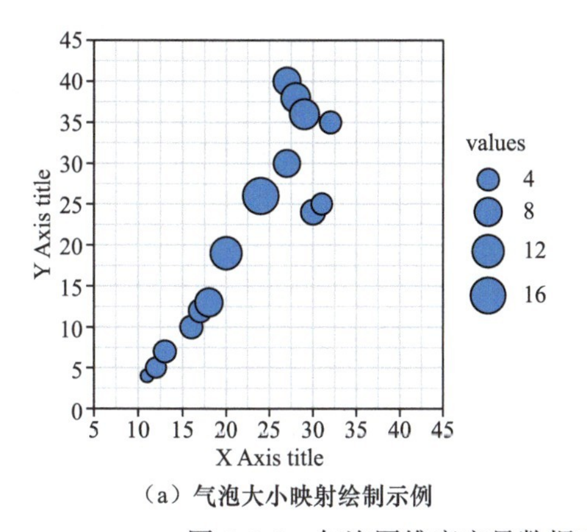

（a）气泡大小映射绘制示例

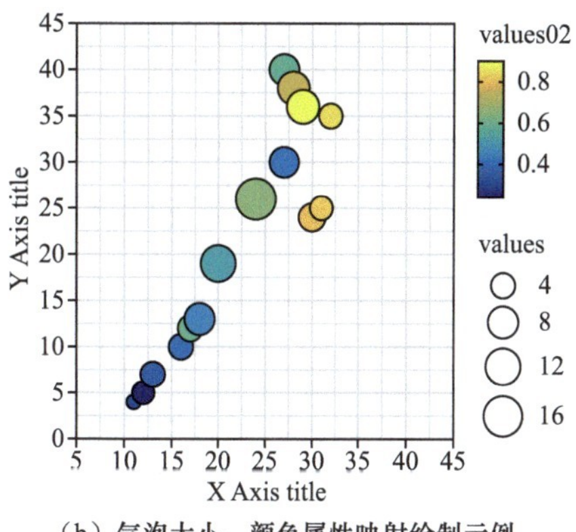

（b）气泡大小、颜色属性映射绘制示例

图 5-2-3 气泡图维度变量数据对气泡大小、颜色属性的数值映射示例

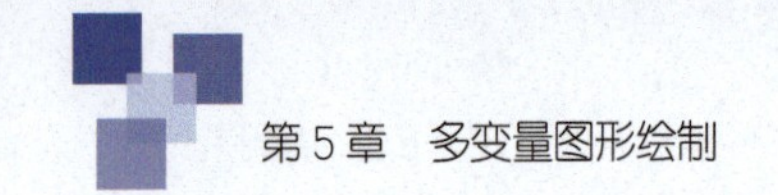

技巧：气泡图的绘制

使用R语言中基础绘图工具包ggplot2绘制气泡图的方法非常简单，只需设置geom_point()函数中正确的数值映射变量即可，具体为大小变量size和填充变量fill或者颜色变量color。由于ggplot2默认的大小变量使绘图结果的气泡大小无法较好地展示数据，这里使用ggplot2中的scale_size()函数并设置range参数，实现气泡大小映射的自定义操作。图5-2-3（b）所示图形的核心绘制代码如下。

```
1. library(tidyverse)
2. library(readxl)
3. library(pals)
4. pubble_data <- read_excel("pubble_data.xlsx")
5. ggplot(data = pubble_data,aes(x=x,y = y)) +
6.   geom_point(aes(size=values,fill=values02),shape=21,
7.                              stroke=0.5)+
8.   scale_size(range = c(4,12)) +
9.   scale_fill_gradientn(colours = parula(100),
10.                     breaks=seq(0.2,0.8,0.2),
11.      guide = guide_colorbar(frame.colour = "black",
12.                                     ticks.colour = "black")) +
13.   scale_y_continuous(expand = c(0, 0),limits = c(0, 45),
14.                              breaks = seq(0,45,5)) +
15.   scale_x_continuous(expand = c(0,0),limits = c(5,45),
16.                              breaks = seq(5,45,5)) +
17.   labs(x='X Axis title', y='Y Axis title') +
18.   theme_bw() +
```

矩阵气泡图

将气泡图按照矩阵形状进行排列就可以绘制出矩阵气泡图（matrix bubble chart），矩阵气泡图结合了热力图的特点，不但使用颜色深浅映射数值大小，而且使用数据点标记大小映射数据值。图5-2-4展示了使用两种点样式（圆点和方块）绘制的矩阵气泡图示例。

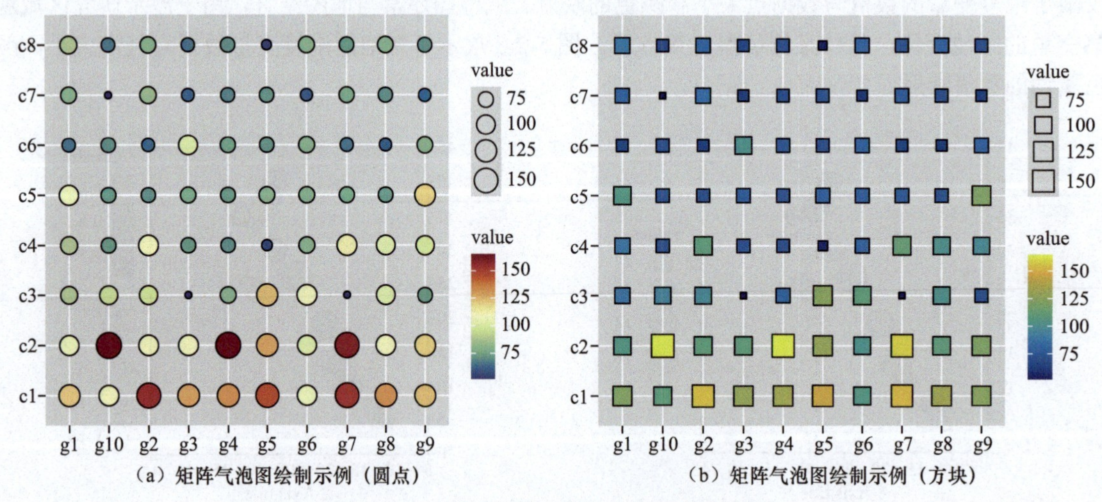

（a）矩阵气泡图绘制示例（圆点） （b）矩阵气泡图绘制示例（方块）

图5-2-4 两种点样式矩阵气泡图绘制示例

技巧：矩阵气泡图的绘制

使用 R 语言基本绘图工具包 ggplot2 的 geom_point() 函数即可绘制矩阵气泡图，但一般绘图数据为矩阵类型，即行、列名皆表示变量名称的“宽”数据类型，需要使用 reshape2 包中的 melt() 函数将绘图数据转换成“长”数据类型。要修改绘制数据点的形状，只需设置 geom_point() 函数中的 shape 参数即可。图 5-2-4（a）所示图形的核心绘制代码如下。

```
1. library(tidyverse)
2. library(readxl)
3. library(reshape2)
4. library(pals)
5. matrix = read_excel("矩阵气泡图数据.xlsx")
6. #数据处理
7. matrix_long <- matrix %>% reshape2::melt()
8. colors <- rev(RColorBrewer::brewer.pal(11, "Spectral"))
9. ggplot(data = matrix_long,aes(x=columns,y=variable)) +
10.   geom_point(aes(size=value,fill=value),shape=21) +
11.   scale_size(range = c(2,8)) +
12.   scale_fill_gradientn(colours = colors) +
13.   labs(x='', y='') +
14.   theme(text = element_text(family = "times",size = 13),
15.         axis.text = element_text(colour = "black",size = 12))
```

提示：在对“宽”数据进行“长”数据样式转换时，笔者建议首先考虑使用 tidyr 包中的 pivot_longer() 函数进行操作。如果对新构建的数据变量没有其他特殊要求，再考虑使用 reshape2 包中的 melt() 函数进行快速转换。

5.3 三元相图

三元相图（ternary phase diagram）又称为三元图、三角图，是一种广泛用于 3 组数据比较与分析的图形。三元相图通过在二维平面上展现数据在 3 个分组上的分布情况以及两两分组数据间的相关关系，高效地进行数据筛选、数据表达和相关统计分析。三元相图常用于生物学、材料学、矿物学和物理学等研究领域，是众多学术期刊中常见的一种统计分析图形。

三元相图形状一般为等边三角形。等边三角形的每个顶点各自对应变量或组元 *A*、*B*、*C*，每一条边表示一个刻度轴，轴上数值表示对应分组的占比，而轴本身又表示 3 个二元系（*A*-*B*、*B*-*C* 和 *C*-*A*）的成分坐标，数据点在三元相图中的位置由该数据在 3 个分组中的数据占比决定，点越靠近某个顶点，说明该数据在对应成分中的占比越大。

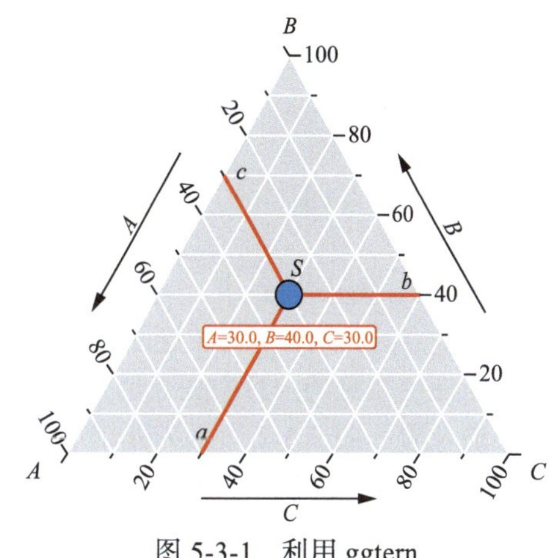

图 5-3-1　利用 ggtern 包绘制的三元相图

在三元相图中，数据点在对应成分中的具体占比的确定方法：如图 5-3-1 所示，由点 *S* 分别向 *A*、*B*、

C 这 3 个顶点所对应的 CB、AC、BA 边绘制平行线 Sc、Sb 和 Sa，3 条平行线相交于 3 条边的点分别为 c、b、a，则 A、B、C 组元的比例 W 分别为 $W_A = Sa = bC$，$W_B = Sb = cB$，$W_C = Sc = aA$，其中，$Sa + Sb + Sc = 100\%$，$bC + cB + aA=100\%$。

技巧：三元相图的绘制

可使用 R 语言中优秀的第三方拓展绘图工具包 ggtern 进行三元相图的绘制。ggtern 包基于 ggplot2 包，包括一套直观绘制三元相图的绘图语法，同时提供丰富的数据处理和转换函数，可以对三元数据进行排序、筛选、聚合等操作。使用 ggtern 包中的 geom_crosshair_tern() 函数就可以快速绘制出三元相图，使用 ggplot2 的 geom_label() 和 annotate() 函数完成相关文本的添加。图 5-3-1 所示图形的核心绘制代码如下。

```
1. library(ggtern)
2. library(tidyverse)
3. df = data.frame(x=30,y=40,z=30)
4. ggtern(df,aes(x,y,z)) +
5.     #绘制连接线
6.     geom_crosshair_tern(size=1,colour="red") +
7.     geom_point(shape=21,size=8,fill="#459DFF",stroke=1) +
8.     geom_label(aes(y = y-15,label=sprintf("A=%.1f, B=%.1f, C=%.1f",
9.                                            x,y,z)),
10.               family = "times",colour="red")+
11.    labs(x="A", y = "B",z="C") +
12.    annotate("text",x=25,y=50,z = 30,label="S",size=8,
13.             family = "times",fontface="italic") +
14.    annotate("text",x=65,y=8,z = 22,label="a",size=8,
15.             family = "times",fontface="italic") +
16.    annotate("text",x=5,y=50,z = 55,label="b",size=8,
17.             family = "times",fontface="italic") +
18.    annotate("text",x=25,y=80,z = 6,label="c",size=8,
19.             family = "times",fontface="italic") +
20.    #ggplot2::theme_bw() +
21.    theme_showarrows()+
```

提示： ggtern 包为 ggplot2 绘图体系提供了一个三元相坐标系（Ternary Coordinates），专门绘制三元相图，同时设置 ggtern() 函数取代 ggplot2 中的 ggplot() 函数，还引入 scale_T/L/R_continuous() 函数对三元刻度进行定制化操作，以及可在 theme() 主题函数中使用的多个新图层属性修改参数，如 tern.axis 属性等。

5.3.1　三元相散点图系列

在三元相绘图体系中，一般出现在科研论文配图中的样例以散点图系列和等值线图系列为主，三元相散点图就是在三元相绘图体系中绘制各种散点图系列图形。在三元相坐标系中绘制散点图是三元相图中常见的一种数据表达形式，通过坐标系中的 3 个变量值共同确定数据点在三元相坐标系中的位置。图 5-3-2 所示为使用 ggtern 包绘制的各种三元相散点图示例，需要注意的是，在绘制类别散点图时，需要根据某一特征变量的值范围进行不同颜色的赋值，进而构建出新的类别特征变量。

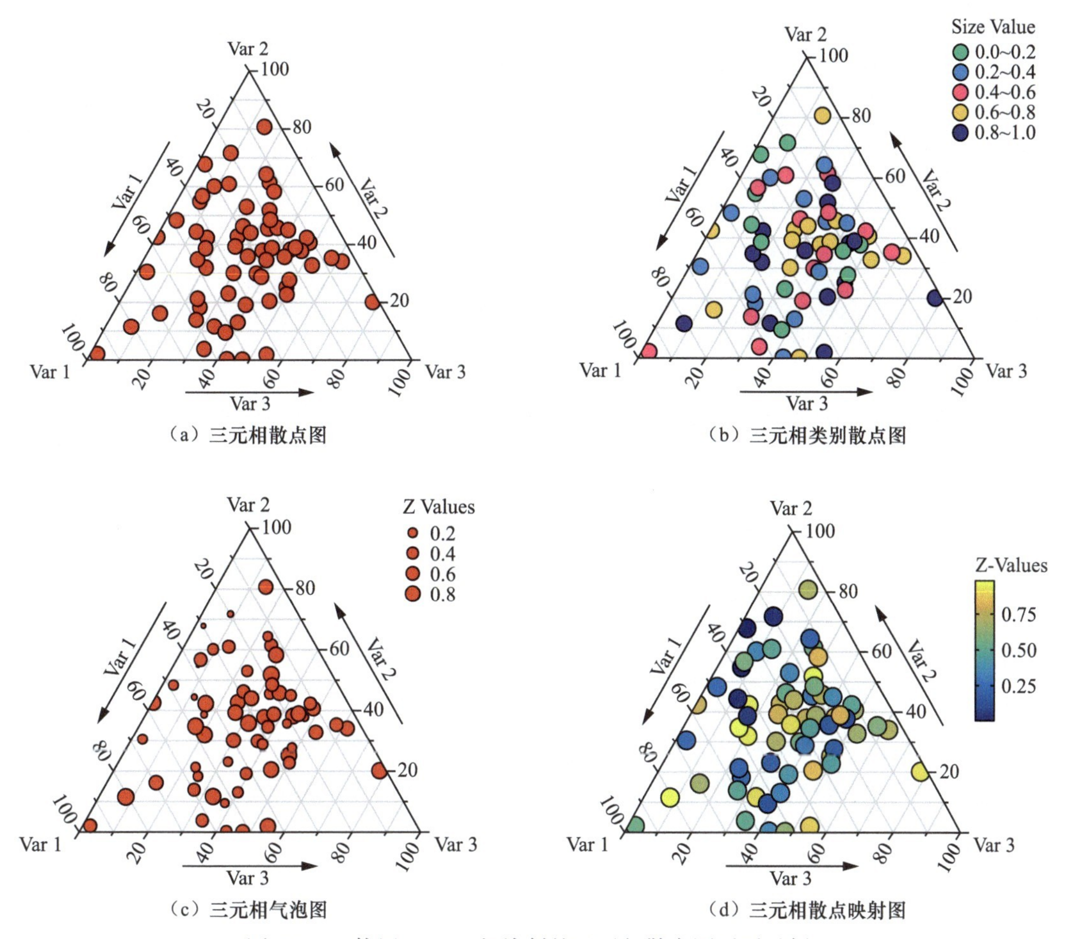

（a）三元相散点图

（b）三元相类别散点图

（c）三元相气泡图

（d）三元相散点映射图

图 5-3-2　使用 ggtern 包绘制的三元相散点图系列示例

技巧：使用 ggtern 包绘制三元相散点图

使用 ggtern 包绘制三元相散点图系列统计图形的逻辑和使用 ggplot2 包绘制散点图的逻辑相似，和 ggplot2 包不同的是，ggtern 包提供了 ggtern() 函数，其可以映射 3 个位置变量，实现数据点在三元相绘图体系中位置定位，颜色（fill/color/colour）、大小（size）等映射操作和用 ggplot2 包绘制散点图相似，选择合适的变量进行映射即可。图 5-3-2 所示图形的核心绘制代码如下。

```
1. library(ggtern)
2. library(tidyverse)
3. library(readxl)
4. tern_scatter = read_excel("ternary_scatter.xlsx")
5. #图5-3-2(a)所示图形的核心绘制代码
6. ggtern(data = tern_scatter,aes(x = Variable_1,
7.                                 y = Variable_2,z = Variable_3))+
8.   geom_point(shape=21,size=6,fill="red") +
9.   labs(x="Var 1", y = "Var 2",z="Var 3") +
10.  theme_bw() +
11.  theme_showarrows() +
12.#图5-3-2(b)所示图形的核心绘制代码
13.#构建新列用于绘制三元相类别散点图
```

```
14.tern_scatter <- tern_scatter %>% mutate(data_color = case_when(
15.                    (Size > 0 & Size<= 0.2) ~ "0.0~0.2",
16.                    (Size > 0.2 & Size <= 0.4) ~ "0.2~0.4",
17.                    (Size > 0.4 & Size <= 0.6) ~ "0.4~0.6",
18.                    (Size > 0.6 & Size <= 0.8) ~ "0.6~0.8",
19.                    (Size > 0.8) ~ "0.8~1.0",
20.                   FALSE ~ as.character(Size)))
21.ggtern(data = tern_scatter,aes(x = Variable_1,y = Variable_2,
22.                              z = Variable_3))+
23.  geom_point(aes(fill=data_color),shape=21,size=6,stroke=.8) +
24.  scale_fill_manual(name="Size Value",values = c("#2FBE8F",
25.                  "#459DFF", "#FF5B9B","#FFCC37","#751DFE"))+
26.#图5-3-2(c)所示图形的核心绘制代码
27.ggtern(data = tern_scatter,aes(x = Variable_1,y = Variable_2,
28.                              z = Variable_3))+
29.  geom_point(aes(size=Size),fill="red",shape=21,stroke=.8) +
30.  labs(x="Var 1", y = "Var 2",z="Var 3") +
31.  scale_size(name = "Z Values",breaks = seq(0, 1, by = .2))+
32.#图5-3-2(d)所示图形的核心绘制代码
33.ggtern(data = tern_scatter,aes(x = Variable_1,y = Variable_2,
34.                                     z = Variable_3))+
35.  geom_point(aes(fill=Size),size=7,shape=21,stroke=.8) +
36.  scale_fill_gradientn(name="Z-Values",colours = parula(100),
37.                  guide = guide_colorbar(ticks.colour = "black",
38.                                         frame.colour = "black",))+
39.labs(x="Var 1", y = "Var 2",z="Var 3") +
40.  theme_bw() +
41.  theme_showarrows() +
```

除了绘制单一的数值变量映射图例，还可以同时映射多个变量数据，即绘制多个图例，图 5-3-3 所示为使用 ggtern 包绘制的多图例三元相散点图示例。

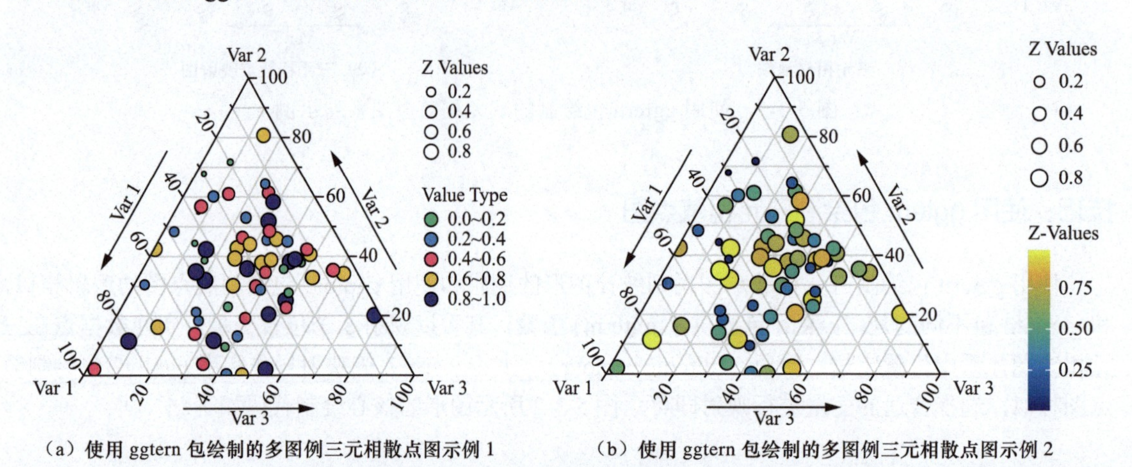

（a）使用 ggtern 包绘制的多图例三元相散点图示例 1　　（b）使用 ggtern 包绘制的多图例三元相散点图示例 2

图 5-3-3　使用 ggtern 包绘制的多图例三元相散点图示例

技巧：使用 ggtern 包绘制多图例三元相散点图

绘制多图例三元相散点图的关键是同时映射多个数值变量，笔者将不进行赘述，图 5-3-3 所示图形的核心绘制代码如下。

```
1. library(ggtern)
2. library(tidyverse)
```

```
3. library(readxl)
4. tern_scatter = read_excel("ternary_scatter.xlsx")
5. #图5-3-3(a)所示图形的核心绘制代码
6. ggtern(data = tern_scatter,aes(x = Variable_1,y = Variable_2,
7.                               z = Variable_3))+
8.   geom_point(aes(fill=data_color,size=Size),shape=21,stroke=.8) +
9. scale_size(name = "Z Values",breaks = seq(0, 1, by = .2)) +
10.  scale_fill_manual(name="Value Type",values = c("#2FBE8F",
11.                    "#459DFF", "#FF5B9B","#FFCC37","#751DFE"),
12.         guide = guide_legend(override.aes = list(size = 5)))+
13.  labs(x="Var 1", y = "Var 2",z="Var 3") +
14.  theme_bw() +
15.  theme_showarrows() +
16.#图5-3-3(b)所示图形的核心绘制代码
17.ggtern(data = tern_scatter,aes(x = Variable_1,y = Variable_2,
18.                                      z = Variable_3))+
19.  geom_point(aes(fill=Size,size=Size),shape=21,stroke=.8) +
20.  scale_size(name = "Z Values",breaks = seq(0, 1, by = .2)) +
21.  scale_fill_gradientn(name="Z-Values",colours = parula(100))+
22.  labs(x="Var 1", y = "Var 2",z="Var 3") +
23.  theme_bw() +
24.  theme_showarrows() +
```

当在三元相散点图中绘制多个（$N > 5000$）数据点时，各数据点不可避免地会重叠在一起，导致数据点互相遮挡且无法有效辨别趋势，这时可通过绘制三元相散点密度图来解决。三元相散点密度图也称为三元密度图（ternary density plot），它使用“密度”概念，以特定区域为单位，统计出每个区域散点出现的频数，然后使用颜色深浅表示频数的大小，这样一来，可帮助用户有效观察散点在三元相坐标系中的分布以及特定区域中散点密集情况。图 5-3-4 所示为两种颜色条位置的三元密度图绘制示例，如图 5-3-4（a）所示，表示数值颜色映射的颜色条的位置在图中的右上角，适合单个三元密度图；图 5-3-4（b）所示的颜色条的位置则在图下方，比较适合多个三元密度图共用一个颜色条的绘制要求。在多个三元密度图共用一个颜色条的绘制过程中，需要注意数值映射情况。

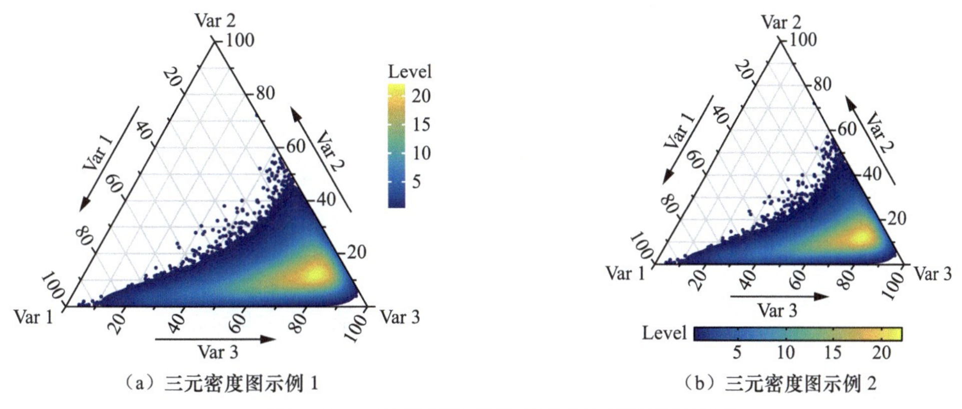

图 5-3-4　两种颜色条位置的三元密度图示例

技巧：使用 ggtern 包绘制三元密度图

使用 ggtern 包绘制三元密度图与使用 Python 语言的包绘制相比，相对容易一些，只需要合理使用 ggtern 包中的 stat_density_tern() 函数绘制即可，即正确设置 stat_density_tern() 函数中的 geom、n、bins 等参数，同时由于单独数据点颜色结果和三元密度图颜色存在误差，还需设置 geom_point()

函数中的 color 参数值为映射色系最小值对应的颜色系值。而图例位置和排列方式的修改则只需修改 theme() 函数中 legend.position 和 legend.direction 参数值即可。图 5-3-4（b）所示图形的核心绘制代码如下。

```
1. library(ggtern)
2. library(tidyverse)
3. library(pals)
4. ternary_den = read_csv("Ternary Density Scatter.csv")
5. ggtern(data=ternary_den, aes(x=MgO, y=SiO2, z=TiO2)) +
6.     geom_point(size=1,color="#352A87")+
7.     stat_density_tern(geom='polygon',
8.                       aes(fill=..level..),
9.                       base = "identity",
10.                      n=200,
11.                      bins=50,
12.                      inherit.aes=TRUE) +
13.labs(x="Var 1", y = "Var 2",z="Var 3") +
14.scale_fill_gradientn(name="Level",colours = parula(100),
15.        guide=guide_colorbar(title.position="left",
16.                                               title.vjust=1,
17.                                               ticks.colour = "black",
18.                                               frame.colour = "black"))+
```

提示： 在上述代码中，使用 geom_point() 函数设置数据点样式时，其颜色设置为所选色系的第一个颜色值，其目的是更好地展示密度计算之后的数值映射，即单个或较少数据点的密度估计值为较小值，对应颜色值也是色系中表示最小值的颜色值。

5.3.2　三元相等值线图

除了基本的三元相散点图系列，三元相基础绘图体系中还有等值线类型。在常见的科研论文配图中，经常出现三元相等值线图。图 5-3-5 所示为使用 ggtern 包绘制的三元相等值线图示例。

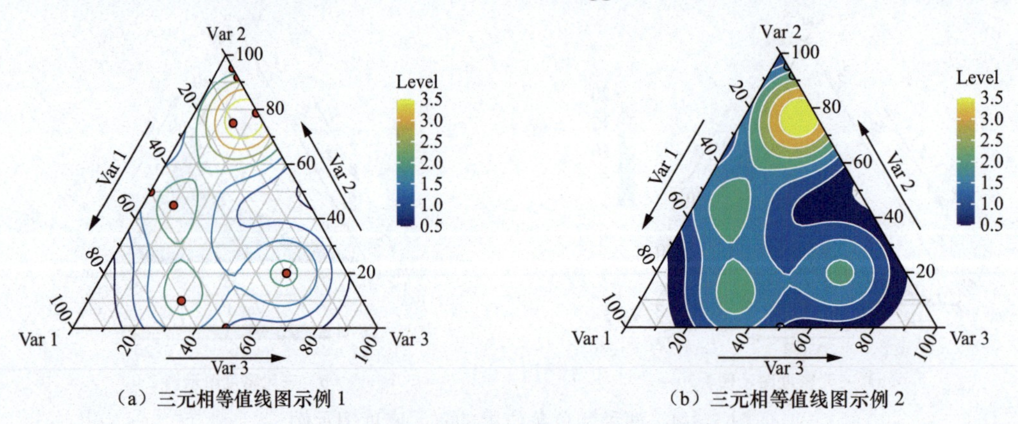

（a）三元相等值线图示例 1　　（b）三元相等值线图示例 2

图 5-3-5　使用 ggtern 包绘制的三元相等值线图示例

技巧：使用 ggtern 包绘制三元相等值线图

使用 ggtern 包绘制三元相等值线图，只需使用其中的 stat_density_tern() 函数绘制即可，设置其参数 geom 为 'polygon' 即可绘制面积填充样式，图 5-3-5 所示图形的核心绘制代码如下。

```
1. library(ggtern)
2. library(tidyverse)
3. contour_data <- read.csv("Ternary_contour_data_01.csv")
4. #图5-3-5(a)所示图形的核心绘制代码
5. ggtern(data=contour_data, aes(x=a, y=b, z=c)) +
6.     geom_point(shape=21,fill="red",size=3,stroke=.8)+
7.     stat_density_tern(aes(colour=after_stat(level)),
8.                       base = "identity") +
9.    labs(x="Var 1", y = "Var 2",z="Var 3") +
10.   scale_colour_gradientn(name="Level",colours = parula(100))+
11.   theme_bw() +
12.   theme_showarrows() +
13.#图5-3-5(b)所示图形的核心绘制代码
14.ggtern(data=contour_data, aes(x=a, y=b, z=c)) +
15.    geom_point(shape=21,fill="red",size=3,stroke=.8)+
16.    stat_density_tern(geom='polygon',
17.                      aes(fill=after_stat(level)),
18.                      base = "identity",
19.                      colour="white") +
20.   labs(x="Var 1", y = "Var 2",z="Var 3") +
21.   scale_fill_gradientn(name="Level",colours = parula(100))+
22.   theme_bw() +
23.   theme_showarrows() +
```

图 5-3-6 所示为使用其他数据绘制的三元相等值线图示例，其对绘图主题进行了修改，方法和上文介绍的方法相同，且数据点在等值线图层之上。这里不再赘述，详细绘制代码可查阅本书附带的完整绘图代码。

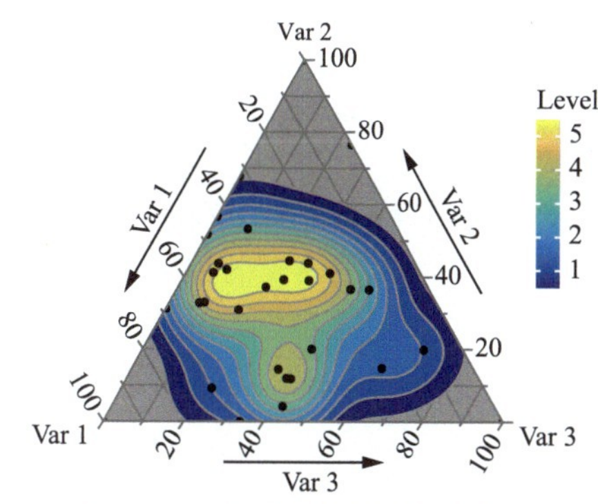

图 5-3-6　使用其他数据绘制的三元相等值线图示例

除了使用 R 语言的 ggtern 包绘制科研论文中常见的三元相图，还可以使用 R 语言中的 Ternary 包进行三元相图的绘制。该工具包使用基础 R 绘图语法且提供多个绘制不同样式的三元相图的绘图函数，这里只给出该工具包绘制的部分可视化示例，更多该工具包绘制的图形示例，读者可自行查阅学习。图 5-3-7 所示为使用 Ternary 包绘制的部分三元相图可视化示例。

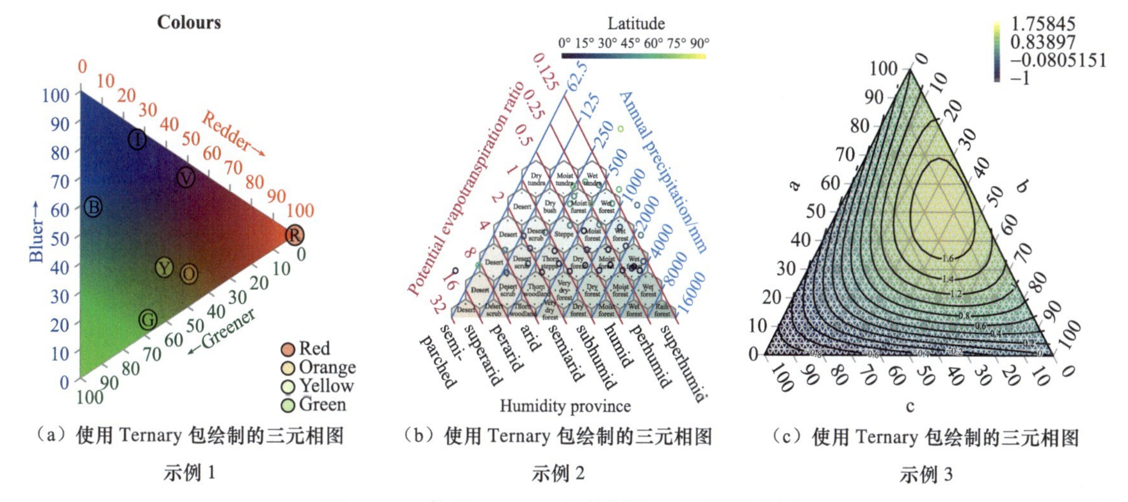

（a）使用 Ternary 包绘制的三元相图示例 1　（b）使用 Ternary 包绘制的三元相图示例 2　（c）使用 Ternary 包绘制的三元相图示例 3

图 5-3-7　使用 Ternary 包绘制的三元相图示例

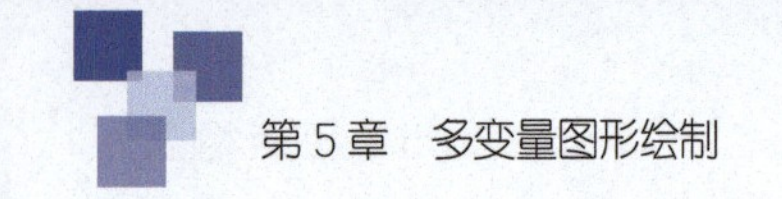

5.4 3D 图系列

3D 图（three dimensional chart）系列越来越受到用户的欢迎，特别是在需要展示较多维度数据时。相比常规的 2D 图，3D 图往往更能体现数据的变化趋势和特定使用场景下的数值变化。在学术研究中，3D 图在科研论文中出现的频率越来越高，特别是在地理、工程和金融等研究领域中。一个基础的 3D 图主要包含 3 个坐标轴，分别为 X、Y 和 Z 轴。3 个坐标轴上的值共同决定了所要展示的数据在 3D 坐标系中的位置。其他诸如刻度轴标签、文本旋转角度、标题等属性则和 2D 图的相似，依次添加即可。需要注意的是，在 3D 图的绘制过程中，合适的视角对最终呈现的可视化效果以及数据所要展示的内容都至关重要。

本节将介绍学术研究中常见的 3D 图类型及其 R 语言绘制方法，具体包括 3D 散点图系列、3D 柱形图、3D 曲面图等。

5.4.1 3D 散点图系列

3D 散点图是指在 2D 散点图的基础上添加一个刻度轴数值，使散点在 3D 坐标系中展示。常见的 3D 散点图的绘制主要涉及常规的固定散点的大小，X、Y、Z 刻度轴数值定位，以及除 3 个刻度轴数值以外，使用第 4 个或第 5 个维度变量数值对散点的大小、颜色进行映射。图 5-4-1 所示为使用 R 语言中的 plot3D 和 scatterplot3d 包绘制的各种 3D 散点图示例，其中，图 5-4-1（a）所示为 plot3D 包绘制的常见的 3D 散点图，图 5-4-1（b）所示为设置 type 参数值为 "h" 样式后的 3D 散点图，图 5-4-1（c）所示为 scatterplot3d 包绘制的 3D 气泡图。

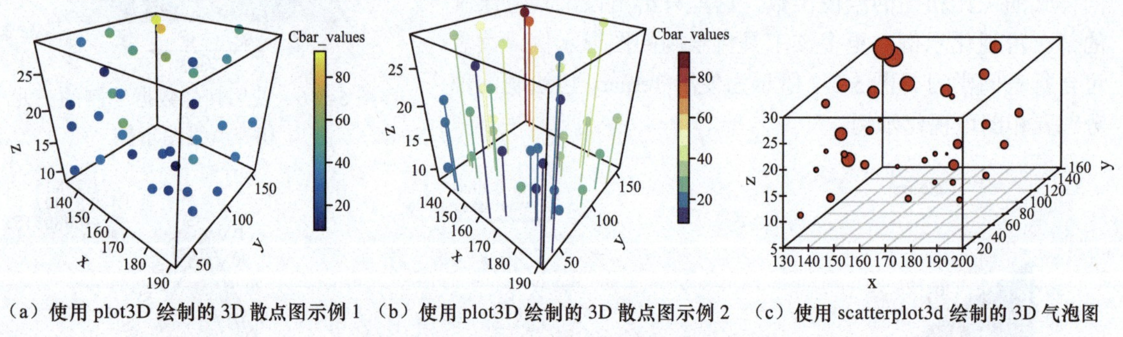

（a）使用 plot3D 绘制的 3D 散点图示例 1 （b）使用 plot3D 绘制的 3D 散点图示例 2 （c）使用 scatterplot3d 绘制的 3D 气泡图

图 5-4-1 R 语言 3D 散点图系列绘制示例

技巧：3D 散点图的绘制

使用 R 语言的 plot3D 包中的 scatter3D() 函数和 scatterplot3d 包中的 scatterplot3d() 函数就可以快速绘制相关的 3D 散点图，绘制方法相对简单，只需设置对应的 x、y、z 位置参数和散点颜色映射参数即可，其余参数的设置和基础 R 绘图参数一致。使用 scatterplot3d() 函数绘制 3D 气泡图，还需先设置类型参数 type 为 "n"，再使用 symbols() 函数添加气泡图层。图 5-4-1 所示图形的核心绘制代码如下。

```
1. library(tidyverse)
2. library(plot3D)
3. library(scatterplot3d)
4. scatter_3d <- read_excel("scatter_3d.xlsx")
5. # x, y and z 坐标
6. x <- scatter_3d$x
7. y <- scatter_3d$y
8. z <- scatter_3d$z
9. color_var <- scatter_3d$d
10.color <- parula(100)
11.colors <- rev(RColorBrewer::brewer.pal(11, "Spectral"))
12.#图5-4-1(a)所示图形的核心绘制代码
13.par(family = "times",mar = rep(4, 4))
14.scatter3D(x, y, z,colvar=color_var,col = color,bty = "f",pch = 16,
15.   ticktype = "detailed",colkey = list(length = 0.65),phi = 30,
16.   cex = 2,xlab = "X",ylab ="Y", zlab = "Z",clab="Cbar_values")
17.#图5-4-1(b)所示图形的核心绘制代码
18.scatter3D(x, y, z,colvar=color_var,col = colors,bty = "f",pch = 16,
19.    ticktype = "detailed",colkey = list(length = 0.6),type = "h",
20.    phi = 30,cex = 2,clab="Cbar_values")
21.#图5-4-1(c)所示图形的核心绘制代码
22.s3d <- scatterplot3d(x, y, z, type="n")
23.# 添加气泡
24.symbols(x = s3d$xyz.convert(x, y, z)$x,
25.          y = s3d$xyz.convert(x, y, z)$y, circles = color_var,
26.inches = 0.15, add = TRUE, fg = "black", bg = "#E80809", xpd = TRUE)
```

5.4.2 3D 柱形图

相比常见的 2D 柱形图，3D 柱形图展示的数据更为立体，用户可通过单独观察 Z 轴进行每个柱子的数值判断，也可以通过数值映射到每个柱子上的颜色来判断数值。由于 3D 柱形图绘制所需要的数据格式较为复杂，这里直接使用绘图数据集或者构建虚拟数据集进行图形展示，图 5-4-2 展示了单一颜色 3D 柱形图和渐变色 3D 柱形图。

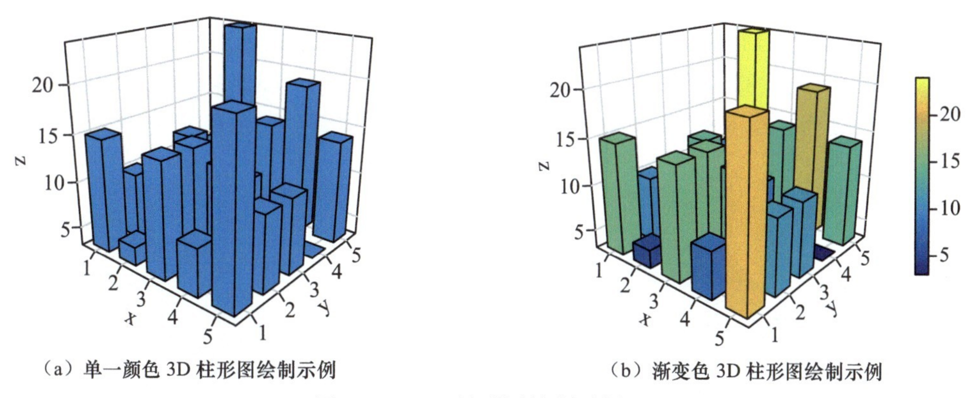

（a）单一颜色 3D 柱形图绘制示例　　（b）渐变色 3D 柱形图绘制示例

图 5-4-2　3D 柱形图绘制示例

技巧：3D 柱形图的绘制

使用 plot3D 包中的 hist3D() 函数并设置正确的 x、y、z 参数值即可绘制 3D 柱形图，需要注意的是，参数 z 值为矩阵（matrix）数据类型，可使用 matrix() 函数进行构建；参数 col 可为单一值或颜色序列值；设置参数 space 值为 0.4，用于控制默认的 3D 柱子宽度。图 5-4-2（b）所示图形的核心绘制代码如下。

```
1. library(tidyverse)
2. library(plot3D)
3. #构建绘图数据集
4. x = c(1,2,3,4,5)
5. y = c(1,2,3,4,5)
6. zval = c(15, 10, 8, 11, 10,
7.            5,  6,  14, 6,  24,
8.            15, 15, 9,  9,  14,
9.            8,  14, 5,  6,  19,
10.           21, 11, 11, 3,  14 )
11.# 转换为矩阵
12.z = matrix(zval, nrow=5, ncol=5, byrow=TRUE)
13.par(family = "times",mar = rep(2, 4))
14.hist3D(x,y,z, bty = "b2", border = "black",col = color,
15.      cex.axis = 1.2,cex.lab = 1.5,shade = 0, ltheta = 90,
16.      phi = 20,space = 0.4, ticktype = "detailed", d = 2,
17.      colkey = list(length = 0.6))
```

提示：在使用 R 语言进行 3D 柱形图的绘制时，除了使用 plot3D 包中的函数进行绘制，还可以使用 R 语言中的另外一个拓展绘图工具包 barplot3d，由于该工具包原作者不再对其进行更新，且其安装较为烦琐，感兴趣的读者可自行查阅，笔者将不进行介绍。

5.4.3　3D 曲面图

3D 曲面图是重要的 3D 图类型，它主要用于表示研究所需的响应值（因变量）和操作条件（自变量）的关系。一个完整的 3D 曲面图包含 X 轴和 Y 轴上的预测变量值以及 Z 轴上的响应值组成的连续曲面。3D 曲面图可以很好地展示一个变量与另外两个变量的关系。当存在一个数据模型且想要了解该模型的拟合响应是如何影响两个连续变量的时候，除了得出的拟合公式，还可以使用 3D 曲面图展示拟合响应和变量的关系。

在科研工作中，3D 曲面图一般用于对多变量数据集的模型拟合进行的研究，即通过曲面图观察其他变量对目标变量的影响程度，辅助最佳拟合参数的选定。图 5-4-3 所示为利用 Matplotlib 绘制的 3D 曲面图示例，图 5-4-3（a）所示为单一颜色样式，图 5-4-3（b）所示为渐变色样式。

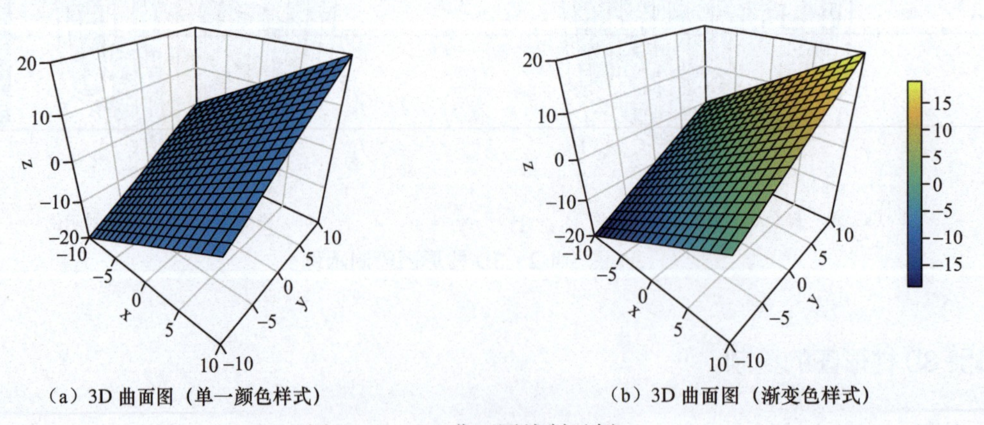

（a）3D 曲面图（单一颜色样式）　（b）3D 曲面图（渐变色样式）

图 5-4-3　3D 曲面图绘制示例

技巧：3D 曲面图的绘制

在 R 语言中，使用 plot3D 包中的 surf3D() 函数可以快速绘制出 3D 曲面图，但需要指出的是，该函数的参数 x、y、z 的值为矩阵（matrix）类型；若需构建虚拟数据集，可使用 seq() 函数和 plot3D 包中的 mesh() 函数实现。图 5-4-3（b）所示图形的核心绘制代码如下。

```
1. library(tidyverse)
2. library(plot3D)
3. library(pals)
4. #构建绘图数据集
5. xSeq = seq(-10, 10,length.out=20)
6. ySeq = seq(-10, 10,length.out=20)
7. Z <- outer(xSeq,ySeq,function(X,Y) X+Y)
8. M <- mesh(xSeq,ySeq)
9. x=M$x
10.y=M$y
11.color <- parula(100)
12.surf3D(x = x, y = y, z = Z,bty = "b2",col =color,border = "black",
13.    ticktype = "detailed",ltheta = 90,phi = 30,cex.axis = 1.2,
14.    cex.lab = 1.5,shade = 0,colkey = list(length = 0.6))
```

图 5-4-4 所示则是使用新构建的其他样式的矩阵数据集绘制的 3D 曲面图示例，需要指出的是，这里使用基础多子图绘制方式 par(mfrow = c(1, 2))，对于详细绘制代码，读者可查阅本书附带的完整代码，其绘制方法和上文所讲的方法类似，这里将不再介绍。

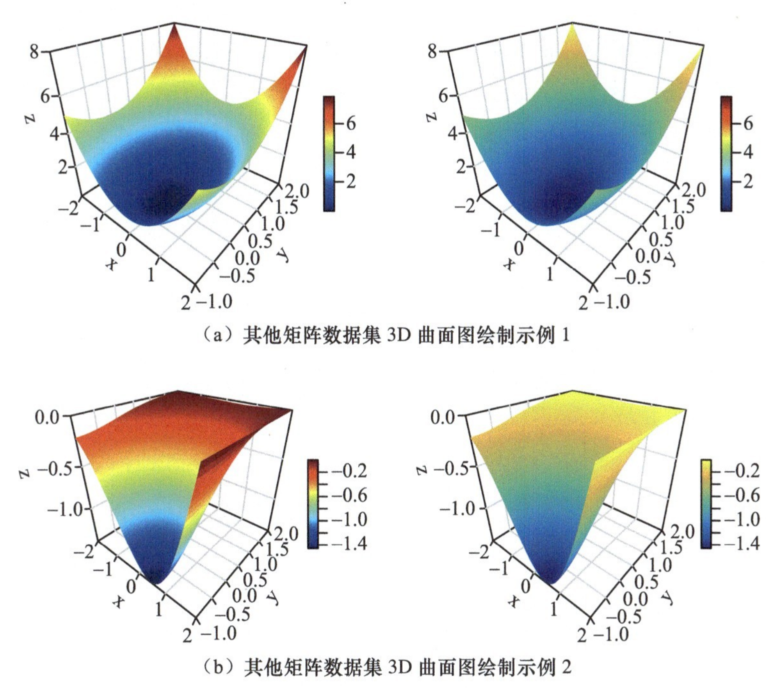

（a）其他矩阵数据集 3D 曲面图绘制示例 1

（b）其他矩阵数据集 3D 曲面图绘制示例 2

图 5-4-4 其他矩阵数据集 3D 曲面图绘制示例

5.4.4 3D 组合图系列

通过 plot3D 包，除可以绘制单一类型图以外，还可以绘制多图层的组合图。得益于 3D 坐标系视角的特点，多个图层在同一坐标系中能够很好地进行展示。3D 组合图可以实现同一坐标系下多图层属性的展示。在通常情况下，3D 组合图以曲面图和等值线图为主。图 5-4-5 所示为使用 plot3D 包绘制的包含等高线图和曲面图的 3D 组合图示例，其中图 5-4-5（a）使用工具包提供的数据集绘制，图 5-4-5（b）所示为读取样例数据并进行数据处理操作后绘制的结果。

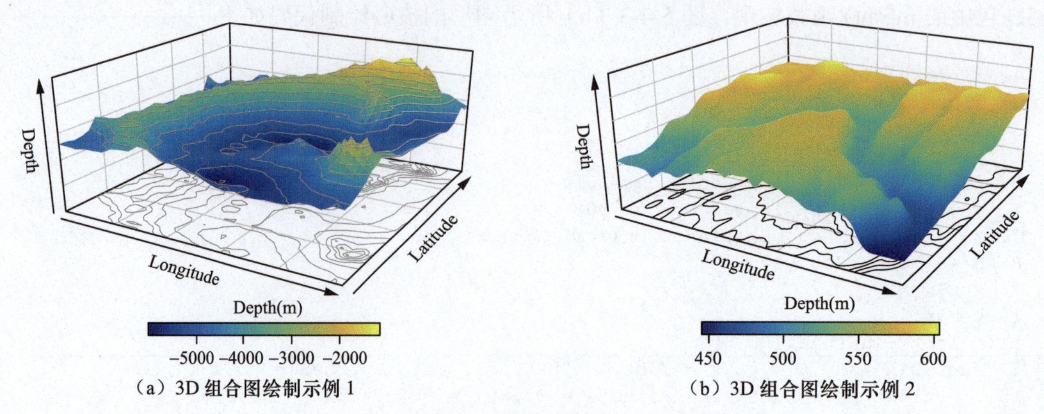

（a）3D 组合图绘制示例 1　　（b）3D 组合图绘制示例 2

图 5-4-5　使用 plot3D 包绘制 3D 组合图示例

技巧：3D 组合图的绘制

使用 plot3D 包绘制 3D 组合图的难点是无法较好地在同一个坐标系中绘制两个图层对象，此问题可通过其 perspbox() 函数解决，即首先自行构建一个 3D 坐标系，再在其上使用 persp3D() 函数绘制曲面图。需要注意的是，设置 contour 参数即可绘制等值线图，通过 list() 设置集合就可以修改等值线图的位置，进而可以在同一个坐标系中绘制出多个图层对象。图 5-4-5（b）所示图形的核心绘制代码如下。

```
1. library(tidyverse)
2. library(plot3D)
3. library(pals)
4. library(readxl)
5. mul_data = read_excel("Multiple Surfaces in Same Layer.xlsx")
6. contour_matrix <- mul_data %>%
7.         tibble::column_to_rownames("index") %>% as.matrix()
8. par(family = "times",mar = rep(2, 4))
9. zlim <- c(400, 700)
10.# 绘制图层坐标系
11.pmat <- perspbox(z = contour_matrix, bty = "b2",
12.         xlab = "Longitude", ylab = "Latitude", zlab = "Depth",
13.         expand = 0.5, d = 2, zlim = zlim, phi = 20, theta = 30,
14.         cex.axis = 1.2,cex.lab = 1.5,colkey = list(side = 1))
15. persp3D(z = contour_matrix, add = TRUE, resfac = 2,col = color,
16. contour = list(col = "black"), zlim = zlim, clab = "Depth(m)",
17. colkey = list(side = 1, length = 0.5, dist = -0.05))
```

提示： plot3D 在已有图层上添加其他图层的方法是，在现有图层绘制函数中设置 add 参数为 TRUE。

R 语言中可绘制 3D 图系列的可视化工具包并不像 Python 语言中那样多，除常用的 plot3D 和 rgl 包，还可以使用 plotly 包进行可交互 3D 图的绘制。当然，在科研论文配图的制作过程中，我们还需要将可交互 3D 图形保存成静态图片样式。需要指出的是，由于 plotly 包主要是为了实现交互和网页端可视化展示，笔者不建议将其作为科研论文的3D图以及其他图形的首选绘制工具。当然，感兴趣的读者可自行探索该工具包的使用方法，本小节将不进行介绍。

5.5 平行坐标图

平行坐标图（parallel coordinate plot）是多变量数据集中常用的一种统计可视化表示方法，它能显示多变量的数据值，适合用来对比同一时间段多个变量之间的关系。在平行坐标图中，每个变量都有自己的轴线，所有轴线彼此平行排列，各自有不同的刻度和刻度测量单位。

平行坐标图和折线图类似，但其功能又与之有较大不同，因为平行坐标图不表示数据趋势，且各个坐标轴之间没有因果关系，数据集的一行数据在平行坐标图中用一条折线表示，纵向是属性值，横向是属性类别（用索引表示），轴线排列顺序对数据的说明有着较大影响。需要注意的是，平行坐标图在面对数据较密集的情况时，容易变得混乱，此时，可通过设置线条透明度，或者突出显示所选的一条或多条线，同时淡化其他所有线条等操作进行调整。

平行坐标图常用于多维数据（尤其是维度大于3个时）的分析和比较，如在特定研究任务中对多个对比参数、研究指标等的分析，前提是这些用于对比的对象都具有需要比较的维度。典型的使用案例为汽车的比较，即使用平行坐标图对比各种汽车在性能上的差异，对比参数包括汽车的气缸数、每千克汽油行驶的里程、功率、重量等。

在R语言中，有多种方法或多个第三方可视化拓展工具包可以绘制平行坐标图，使用R语言中的GGally包绘制平行坐标图是最常用的方法之一，其提供的ggparcoord()函数可以用于快速地绘制出不同样式的平行坐标图。图5-5-1（a）所示为根据原始数据集绘制的平行坐标图示例，图5-5-1（b）所示为经过归一化缩放处理之后绘制的平行坐标图示例。

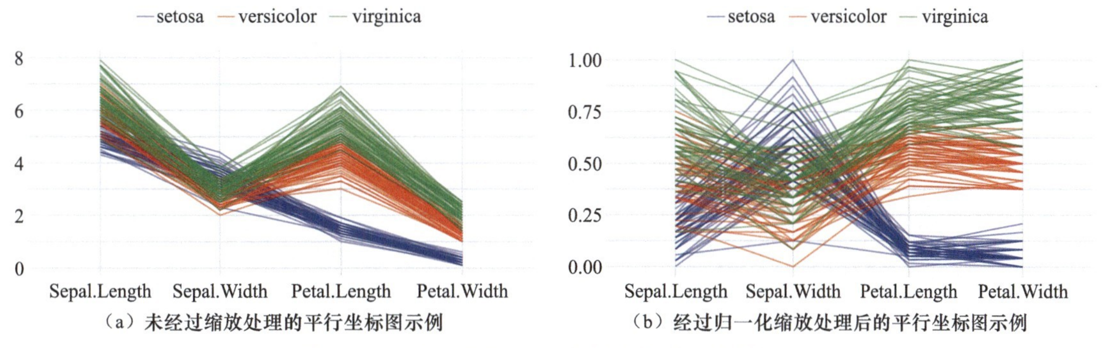

（a）未经过缩放处理的平行坐标图示例　　（b）经过归一化缩放处理后的平行坐标图示例

图5-5-1　使用GGally包绘制的平行坐标图示例

技巧：使用GGally包绘制平行坐标图

可以使用R语言中的GGally包进行平行坐标图的绘制，该包提供的ggparcoord()函数内置多个绘图参数，可用于绘制不同样式的平行坐标图。其中，scale参数用于控制绘图数据缩放方式，order参数用于对绘图变量顺序的设置。图5-5-1所示的两个图形中scale参数的设置不同。需要注意的是，归一化缩放处理方式是绘制平行坐标图时常用的一种数据预处理方式。图5-5-1（b）所示图形的核心绘制代码如下。

```
1. library(tidyverse)
2. library(GGally)
3. library(ggsci)
4. data <- iris
5. ggparcoord(data,columns = 1:4, groupColumn = 5,
6.           alphaLines = 0.5,scale = "uniminmax") +
7.  ggsci::scale_color_aaas() +
8.  labs(x="",y="") +
9.  theme_minimal() +
10. theme(legend.position = "top",
11.       legend.title = element_blank(),
12.       text = element_text(family = "times",size = 14),
13.       axis.text = element_text(colour = "black",size = 12),
14.        #显示更多刻度内容
15.       plot.margin = margin(5, 5 ,5, 5))
```

提示：ggparcoord() 函数中的 scale 和 order 参数设置不同值时，其绘制的可视化结果有所不同，其中，scale 参数支持的值包括 std、robust、uniminmax、center 等；order 参数支持的值包括 anyClass、allClass、skewness、Outlying 等。

5.6　Radviz 图

Radviz（Radial coordinate visualization，径向坐标可视化）图是一种径向投影型多维数据可视化图，Radviz 图的基本原理是将数据集各维度作为维度锚点分布在圆环上，各维度中具体的数据点分布在圆内，各数据点在圆中的位置由来自各维度锚点的弹簧张力共同决定，且稳定在合力为 0 的位置处。如图 5-6-1（a）所示，以四维度（DA1、DA2、DA3、DA4）数据集中的数据点（红色圆点）为例，数据点受 4 个维度变量的弹簧张力作用分布在圆内，数据点 *P* 展示了具体的受力情况，可以看出，由于 *P* 点受维度 DA2 的作用要大于其他 3 个维度，因此其位置更靠近这个维度。同时，从图 5-6-1（b）中可以看出，在 Radviz 的数据投影影响下，具有相似特征的数据点将被映射到圆内相近的位置处，形成数据点在视觉上的聚类效果，以便发现聚类信息。

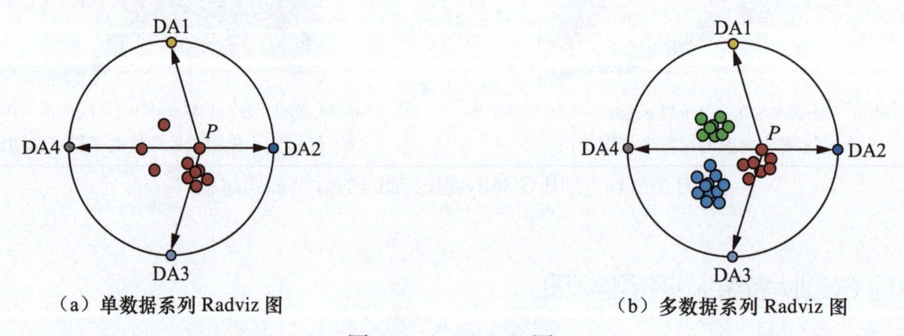

（a）单数据系列 Radviz 图　　（b）多数据系列 Radviz 图

图 5-6-1　Radviz 图

Radviz 图因其良好的数据原始特征保留能力、拓展性和较低的计算复杂度，被广泛应用于生物医学、故障分析和商业智能等领域。而在科研中，Radviz 图则用于分析高维数据的层次结构、数据集各维度指标在实验研究中的取值变化，以及与异常监测等算法结合，实现高效结果输出。Radviz

图采用多对一的数值映射输出，数据点在二维平面上容易出现遮挡和重叠问题，此外，圆环上维度锚点的位置和顺序对投影结果影响较大。

可使用 R 语言的拓展绘图工具包 Radviz 中的部分函数进行相关数据处理操作，再结合 ggplot2 包中的 geom_point() 函数以及其他绘图函数，完成不同样式的 Radviz 图绘制。图 5-6-2 所示为利用 R 语言绘制的 Radviz 图示例，其中图 5-6-2（a）所示为默认的绘图结果，图 5-6-2（b）所示为调整部分参数之后的绘制结果，图 5-6-2（c）所示则为将计算结果的某一变量映射到点的填充颜色之上绘制的结果。

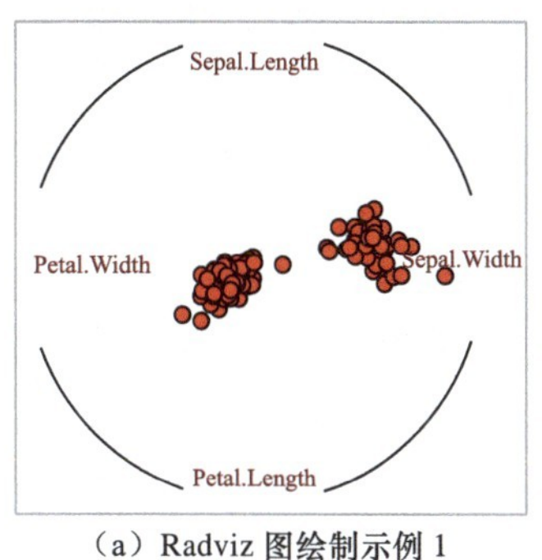

（a）Radviz 图绘制示例 1

（b）Radviz 图绘制示例 2

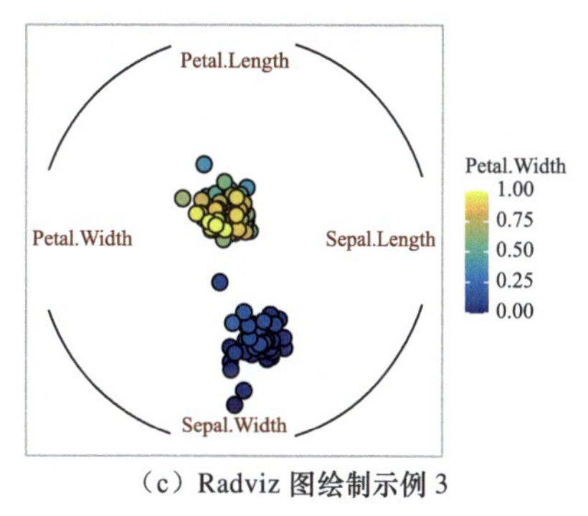

（c）Radviz 图绘制示例 3

图 5-6-2 利用 R 语言绘制的 Radviz 图示例

技巧：利用 R 语言绘制 Radviz 图

利用 R 语言中的 Radviz 包中的 do.optimRadviz()、make.S() 以及 do.radviz() 等函数就可以完成绘制 Radviz 图之前必要的数据处理操作，然后可使用 plot() 函数和 ggplot2 包中 geom_point() 函数完成个性化图形结果的绘制。需要注意的是，上述操作完成后并没有外围圆图层，这时，可通过自定义函数和 geom_path() 函数完成对应图层的添加。图 5-6-2（c）所示图形的核心绘制代码如下。

```
1. library(Radviz)
2. data(iris)
3. das <- c('Sepal.Length','Sepal.Width','Petal.Length',
4.              'Petal.Width')
5. S <- make.S(das)
6. scaled <- apply(iris[,das],2,do.L)
7. rv <- do.radviz(scaled,S)
8. sim.mat <- cosine(scaled)
9. in.da(S,sim.mat)
10.new <- do.optimRadviz(S,sim.mat,iter=10,n=100)
11.new.S <- make.S(get.optim(new))
12.new.rv <- do.radviz(scaled,new.S)
13.#构建外圆数据集
14.......
15.circleFun <- function(center = c(0,0),diameter = 1, npoints = 100){
16.    r = diameter / 2
17.    tt <- seq(0,2*pi,length.out = npoints)
18.    xx <- center[1] + r * cos(tt)
19.    yy <- center[2] + r * sin(tt)
20.    return(data.frame(x = xx, y = yy))
21.   }
22.circle_dat <- circleFun(c(0,0),2.3,npoints = 100)
23.#绘制
24.plot(new.rv) +
```

```
25.   geom_point(data=. %>% arrange(Petal.Width),
26.             aes(fill=Petal.Width),shape=21,size=5) +
27.   geom_path(data = dat,aes(x,y)) +
28.   scale_fill_gradientn(colours = parula(100))
```

提示：本案例绘制 Radviz 图所使用到的 Radviz 包中的部分函数仅展示了基本的用法，且本书重点关注数据可视化技巧的介绍，部分数据处理函数的原理和作用暂不进行解释和说明，读者可自行进行查阅和学习。

5.7 主成分分析图

主成分分析（Principal Component Analysis，PCA）用于分析一组数据的主要成分，其原理是利用降维思想将原数据中的多个原始变量（重复和关系紧密的变量）转换为尽可能多地反映原始变量信息、更具代表性和综合性的新变量。新变量由几个原始变量的线性组合构建而成，各变量之间互不相关。需要注意的是，主成分分析方法通过对原始变量进行转换，形成新的彼此独立的主成分，这样一来，在面对变量较多且杂乱的研究问题时，就可只考虑少量主成分，减少变量选择花费的精力，提高分析效率，更多地关注原始样本之间的相似和不同，这一方法常常用在计算模型构建前的指标筛选、关键因素筛选、数据降噪等研究中。主成分分析的缺点也显而易见，即由于对原始变量进行了转换，它不具有明显的现实意义，且对变量的分解在某些场景下具有一定的局限性，比如面对非线性数据集时。

在科研中，主成分分析方法常用于生物信息学领域，其中的高通量测序实验（如 RNA-seq 实验）通常会生成高维数据集（包含数百到数千个样本），可使用主成分分析方法进行降维操作。在 RNA-seq 实验中，主成分分析有助于了解高维 RNA-seq 数据集中的基因表达模式和生物变异等情况。图 5-7-1 所示为根据单组数据绘制的主成分分析图示例，图 5-7-2 所示为根据多组数据绘制的主成分分析图示例。

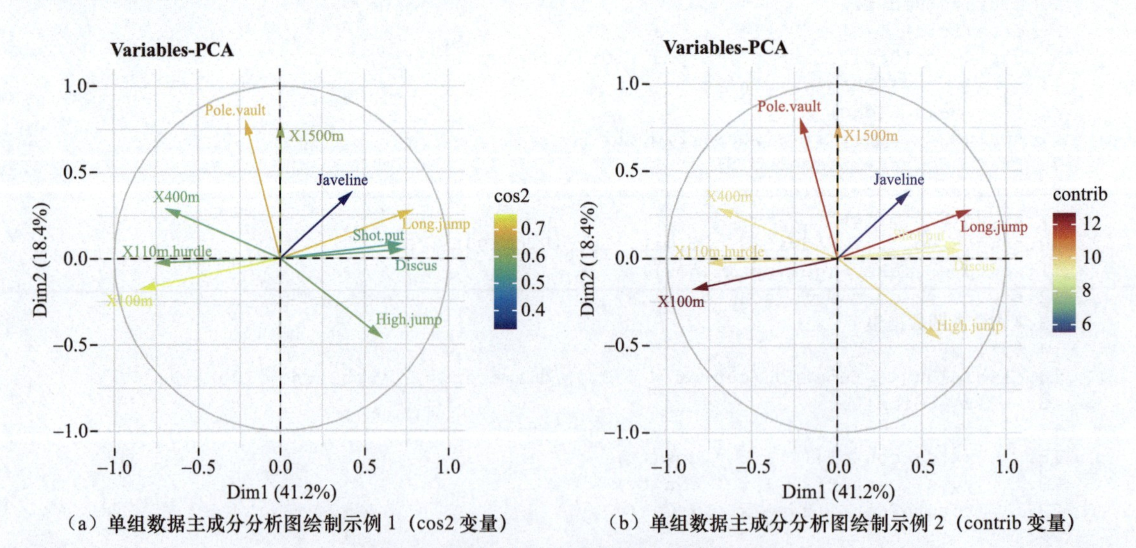

（a）单组数据主成分分析图绘制示例 1（cos2 变量）　（b）单组数据主成分分析图绘制示例 2（contrib 变量）

图 5-7-1 单组数据主成分分析图绘制示例

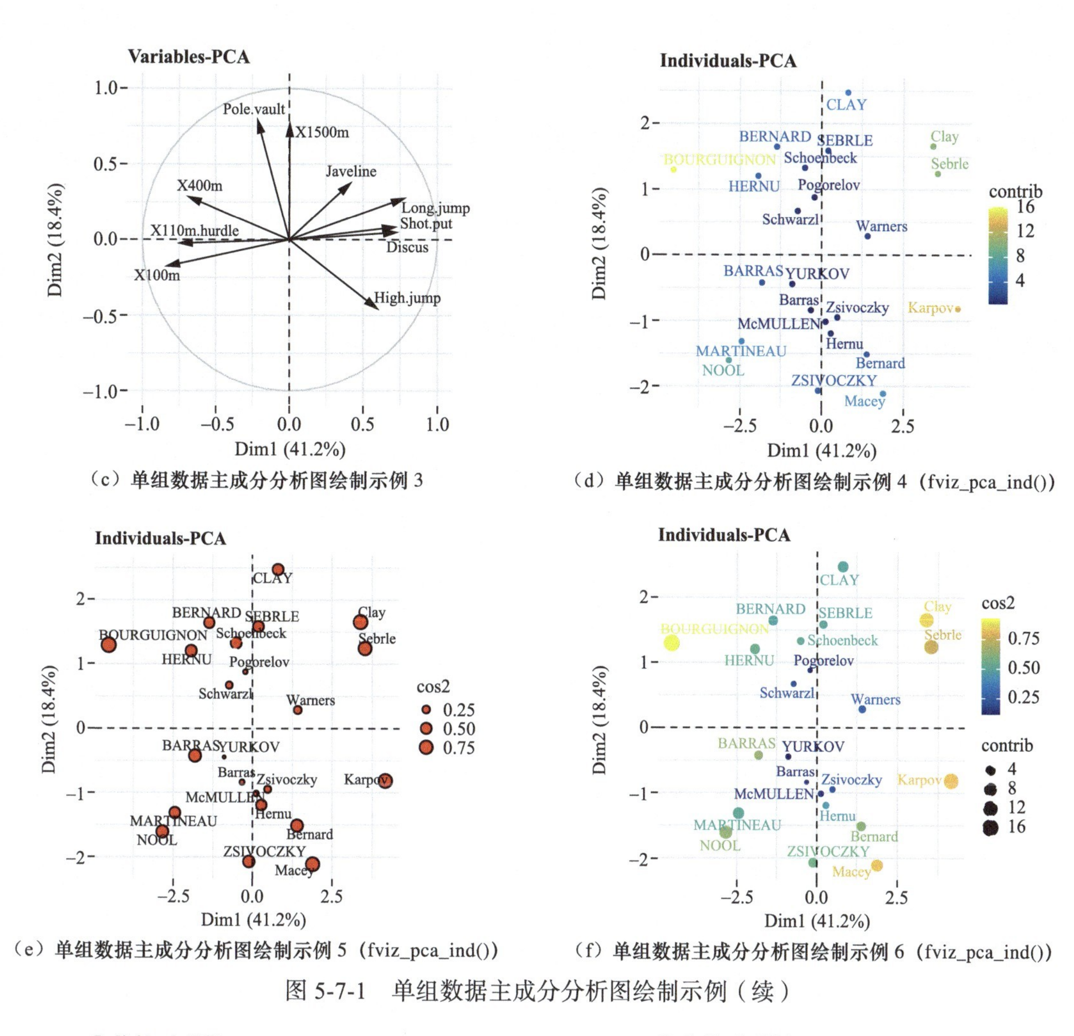

（c）单组数据主成分分析图绘制示例 3

（d）单组数据主成分分析图绘制示例 4（fviz_pca_ind()）

（e）单组数据主成分分析图绘制示例 5（fviz_pca_ind()）

（f）单组数据主成分分析图绘制示例 6（fviz_pca_ind()）

图 5-7-1　单组数据主成分分析图绘制示例（续）

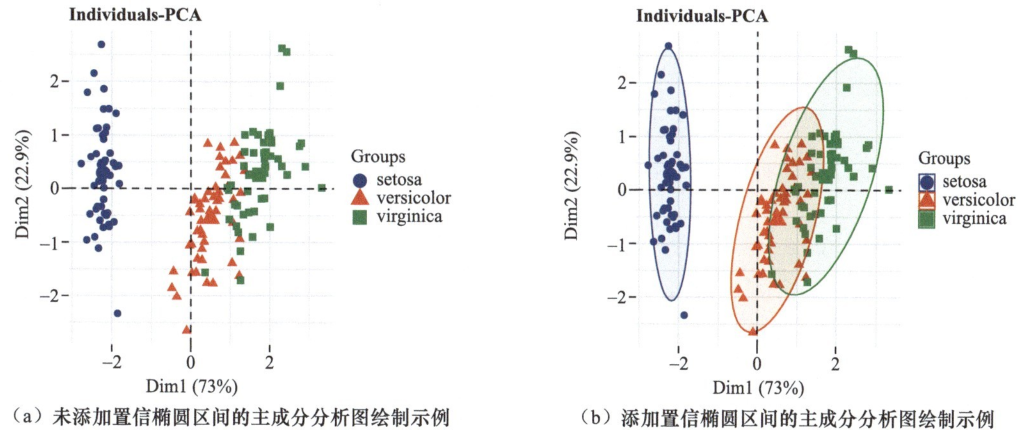

（a）未添加置信椭圆区间的主成分分析图绘制示例

（b）添加置信椭圆区间的主成分分析图绘制示例

图 5-7-2　多组数据主成分分析图绘制示例

技巧：主成分分析图的绘制

R 语言提供了专门的绘图工具包进行主成分分析和相应图形的绘制，首先，使用 FactoMineR

包中的 PCA() 函数对绘图数据集进行计算；然后使用 factoextra 包中的 fviz_pca_ind() 和 fviz_pca_var() 函数实现对 PCA() 函数计算结果的可视化展示；最后结合 ggplot2 包中的主题函数进行个性化图形结果设置。在上述过程中，较为重要的步骤是选定合适的映射变量数据，对图形结果进行颜色图层属性映射，较为常用的变量数据有用于构建数据点的坐标变量（$coord）、变量和维度之间的相关性（$cor）、因子图上变量的质量（$cos2）以及变量对主成分的贡献（$contrib）等。图 5-7-1（b）、图 5-7-1（e）、图 5-7-1（f）所示图形的核心绘制代码如下。

```
1. library(factoextra)
2. library(FactoMineR)
3. library(tidyverse)
4. #数据构建
5. data(decathlon2)
6. decathlon2.active <- decathlon2[1:23, 1:10]
7. single_data <- decathlon2.active
8. #PCA计算
9. res.pca <- FactoMineR::PCA(single_data, graph = FALSE)
10.#图5-7-1(b)所示图形的核心绘制代码
11.fviz_pca_var(res.pca, col.var = "cos2",font.family="times",
12.             gradient.cols = parula(100),
13.             repel = TRUE # 避免文本重叠
14.#图5-7-1(e)所示图形的核心绘制代码
15.fviz_pca_ind(res.pca, pointsize = "cos2", font.family="times",
16.             pointshape = 21, fill = "red",repel = TRUE )
17.#图5-7-1(f)所示图形的核心绘制代码
18.fviz_pca_ind(res.pca, col.ind = "cos2",pointsize = "contrib",
19.         gradient.cols = parula(100),
20.         font.family="times",repel = TRUE)
```

在面对多组数据时，绘制主成分分析图的步骤和上述步骤唯一的不同是设置 fviz_pca_ind() 函数中的 col.ind 参数为对应绘图数据集的类别变量列。此外，还可以通过设置 addEllipses 和 ellipse.level 参数添加椭圆置信区间。图 5-7-2（b）所示图形的核心绘制代码如下。

```
1. library(factoextra)
2. library(FactoMineR)
3. library(tidyverse)
4. #数据构建
5. data(iris)
6. iris.pca <- PCA(iris[,-5], graph = FALSE)
7. fviz_pca_ind(iris.pca,
8.              geom.ind = "point", # 只显示数据点
9.              col.ind = iris$Species, # 通过分组赋值颜色
10.             palette = "aaas",
11.             pointsize=3,
12.             addEllipses = TRUE, # 椭圆置信区间
13.             ellipse.level=0.95,
14.             legend.title = "Groups"
15.             ) +
```

主成分分析结果还可以使用主成分分析载荷图（loading plot）进行表示，载荷图显示从原点到每个特征对主成分的影响程度。载荷（loading）是原始特征和主成分之间的相关系数（correlation coefficient）。主成分分析散点图和主成分分析载荷图组成了主成分分析双标图（PCA biplot）。图 5-7-3 所示为使用 fviz_pca_biplot() 函数绘制的主成分分析双标图示例。其中，图 5-7-3（b）是对多系列数据进行绘制且按照组类别给个体着色、按变量对主成分的贡献值给变量着色，此外，还使用参数 alpha.var 来改变变量的透明度属性。

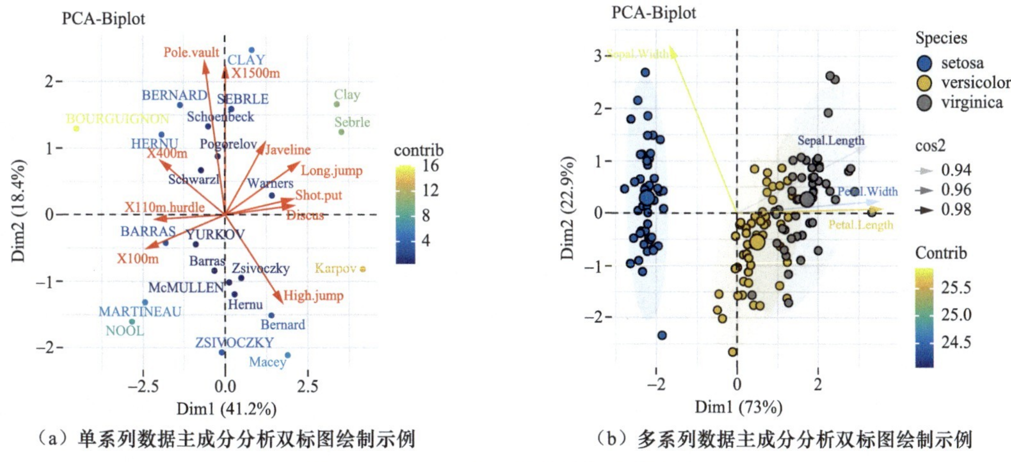

（a）单系列数据主成分分析双标图绘制示例　（b）多系列数据主成分分析双标图绘制示例

图 5-7-3　主成分分析双标图绘制示例

技巧：主成分分析双标图绘制

使用 factoextra 包中的 fviz_pca_biplot() 函数结合 PCA() 函数计算结果即可快速绘制出主成分分析双标图，图 5-7-3（b）所示图形的核心绘制代码如下。

```
1. iris.pca <- PCA(iris[,-5], graph = FALSE)
2. fviz_pca_biplot(iris.pca, font.family="times",
3.                 geom.ind = "point",
4.                 fill.ind = iris$Species, col.ind = "black",
5.                 pointshape = 21, pointsize = 3,
6.                 palette = "jco",repel = TRUE,
7.                 addEllipses = TRUE,
8.                 # 变量
9.                 alpha.var ="cos2", col.var = "contrib",
10.                gradient.cols = parula(100),
11.                legend.title = list(fill = "Species",
12.                color = "Contrib",alpha = "cos2")
13.                ) +
```

使用场景

主成分分析图主要是为了展示各主成分之间的关系，以二维主成分分析图的绘制为主，即以两个主成分进行二维图的展示。在学术研究中，主成分分析图多以主成分分析载荷图形式出现，且主要出现在数据探索阶段。

5.8　和弦图

和弦图（chord diagram）是一种可以表示不同实体之间的关系和彼此共享信息的图形。从视觉角度来看，和弦图由节点分段和连接弧的边构成，节点分段沿圆周排列，节点之间通过连接弧相互连接，每条连接弧会分配数值（以每个圆弧的大小比例表示）。此外，也可以用颜色（一般为渐变色）将数据分成不同类别，这有助于比较和区分不同类别的数据集。在绝大多数情况下，和弦图往往具备交互作用，这可以让读者更容易阅读图并进行自由探索。

在寻找人与其他物种的基因联系、可视化基因数据、研究目标数据（如某一市场产品的使用情况）的流动关系等任务中，都可以使用和弦图表示研究目标和研究变量的关系。图 5-8-1 展示了使用 R 语言绘制的和弦图样式，其中，图 5-8-1（b）所示图形使用自定义颜色系（parula）对每个节点分段和连接弧进行颜色修改。

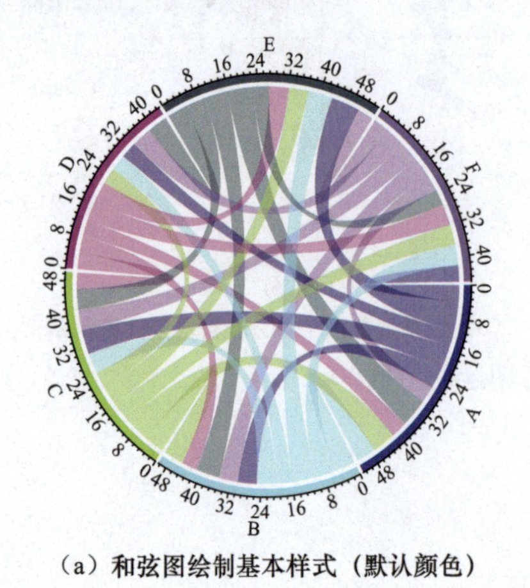

（a）**和弦图绘制基本样式（默认颜色）**

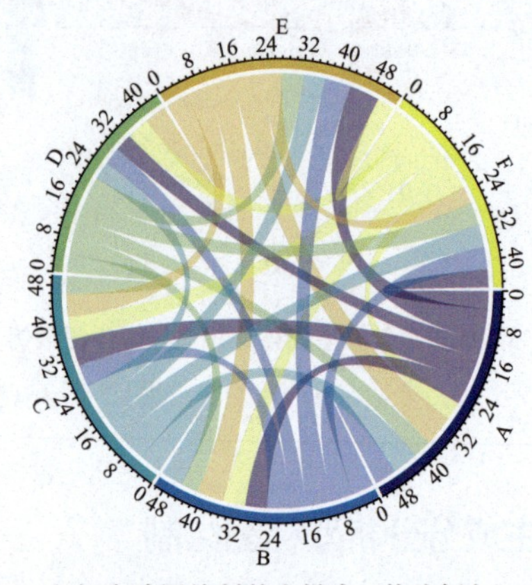

（b）**和弦图绘制基本样式（修改颜色）**

图 5-8-1　使用 circlize 包绘制和弦图示例

技巧：和弦图的绘制

常用的 ggplot2 绘图拓展工具包没有现成的函数可进行和弦图的绘制，可使用另外一个功能强大的绘图工具包 circlize 完成和弦图的绘制。需要指出的是，circlize 包提供的 chordDiagram() 可以实现根据矩阵（matrix）样式或者数据框（data.frame）样式数据集进行绘图，当然，也可以使用 chordDiagramFromMatrix() 函数和 chordDiagramFromDataFrame() 函数完成相应数据集和弦图的绘制，而修改和弦图的节点分段和连接弧的颜色，只需要设置其 grid.col 参数即可。图 5-8-1（b）所示图形的核心绘制代码如下。

```
1. library(circlize)
2. library(pals)
3. #构建虚拟数据集
4. data <- c(0, 5, 6, 4, 7, 4,
5.            5, 0, 5, 4, 6, 5,
6.            6, 5, 0, 4, 5, 5,
7.            4, 4, 4, 0, 5, 5,
8.            7, 6, 5, 5, 0, 4,
9.            4, 5, 5, 5, 4, 0)
10.mat = matrix(data, 6, 6)
11.rownames(mat) = c("A","B","C","D","E","F")
12.colnames(mat) = c("A","B","C","D","E","F")
13.#绘制
14.circlize::chordDiagramFromMatrix(mat,grid.col = parula(6))
```

利用 circlize 包绘制和弦图时所需的数据类型可以为矩阵（matrix）类型，也可以为数据框（data.frame）类型，图 5-8-2 所示为使用 circlize 包中的 chordDiagramFromDataFrame() 函数直接对“长”数据样式进行和弦图绘制的示例，其中图 5-8-2（c）所示图形修改了连接弧和连接点的样式，图 5-8-2（d）所示图形则是在已有图层之上添加了流向指示箭头，为数据指示提供直观视觉效果。

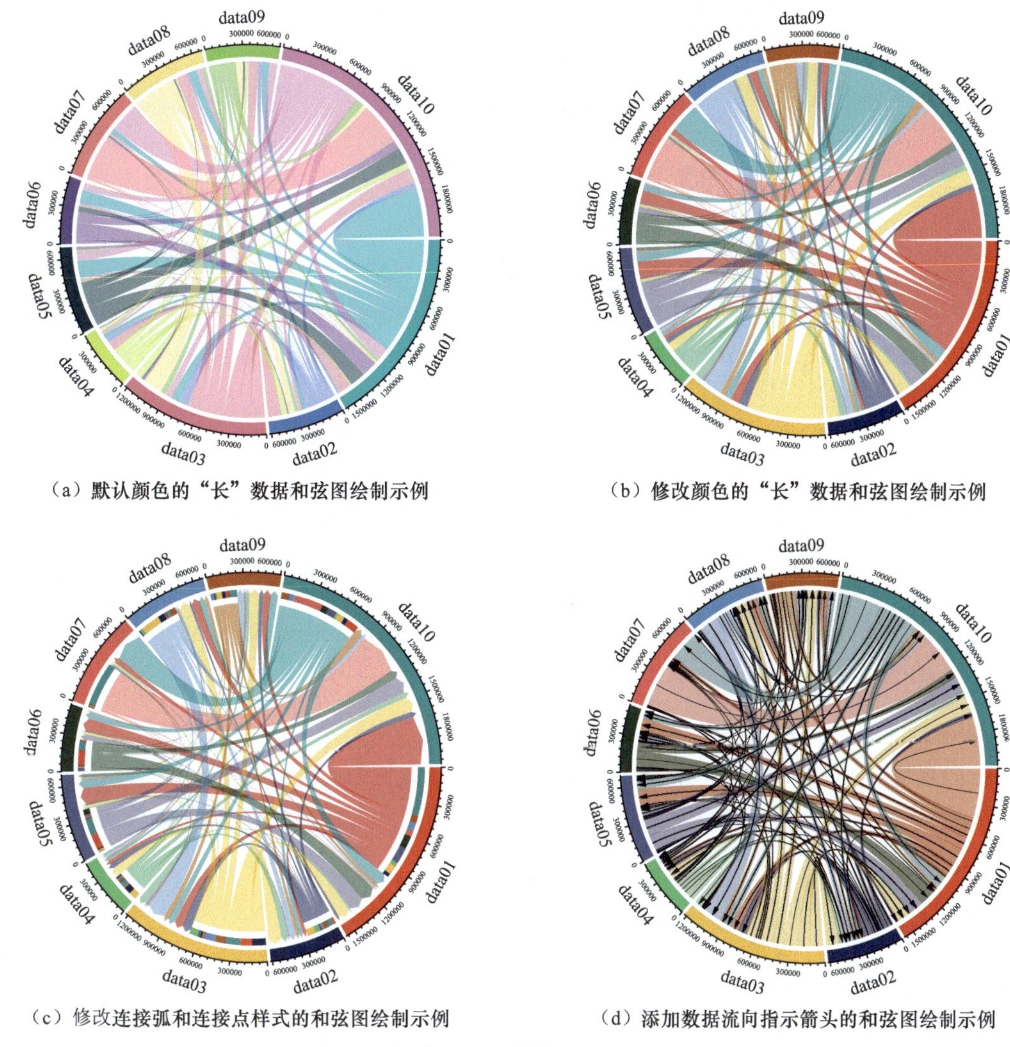

（a）默认颜色的“长”数据和弦图绘制示例

（b）修改颜色的“长”数据和弦图绘制示例

（c）修改连接弧和连接点样式的和弦图绘制示例

（d）添加数据流向指示箭头的和弦图绘制示例

图 5-8-2　R 语言“长”数据样式和弦图绘制示例

技巧：“长”数据样式和弦图绘制

在使用“长”数据进行和弦图绘制之前，首先需要对绘图数据进行必要的数据处理。用于绘图的“长”数据集一般包括 3 个绘图变量，分别为流向起、始对象和对应的数值，如数据集包含 A、B、Value 3 个变量，表示从 A 流向 B 且对应数值为 Value。要想绘制图 5-8-2（b）所示的可视化结果，只需指定颜色列表值即可，本案例中的数值结果较大，就会导致其显示为科学记数结果，非常不便于数值观测，设置 R 语言原生 options() 函数中的 scipen 参数值为 999 即可解决此问题。设置 chordDiagramFromDataFrame() 函数中的 direction.type、link.arr.type 以及 link.arr.lwd 等属性，即可绘制图 5-8-2（c）、图 5-8-2（d）所示可视化结果。图 5-8-2（b）、图 5-8-2（c）、图 5-8-2（d）所示图形的核心绘制代码如下。

```
1. library(circlize)
2. library(readxl)
3. #读取绘图数据集
```

```
4. chord_df01 <- readxl::read_excel("Chord Diagram data01.xlsx")
5. #图5-8-2(b)所示图形的核心绘制代码
6. color_list = c("#EF0000","#18276F","#FEC211","#3BC371",
7.      "#666699","#134B24","#FF6666","#6699CC","#CC6600","#009999")
8. par(family="times",cex = 1, mar = rep(1,4))
9. options(scipen=999)
10.chordDiagramFromDataFrame(chord_df01,grid.col = color_list)
11.#图5-8-2(c)所示图形的核心绘制代码
12.par(family="times",cex = 1, mar = rep(1,4))
13.options(scipen=999)
14.chordDiagramFromDataFrame(chord_df01,grid.col = color_list,
15.       directional = 1,
16.       direction.type = c("diffHeight", "arrows"),
17.       link.arr.type = "big.arrow")
18.#图5-8-2(d)所示图形的核心绘制代码
19.chordDiagramFromDataFrame(chord_df01,grid.col = color_list,
20.                          directional = 1, direction.type = "arrows",
21.                          link.arr.lwd =.05,link.arr.length = 0.2)
```

提示：在绘制具有多个类型数据集的和弦图时，可自定义合适的类别映射颜色集，这样可以帮助用户更好地观察和弦图中各数据之间的流动关系，避免因颜色较亮或相近而误判。针对 chordDiagram() 函数绘图所需的矩阵（matrix）和数据框（data.frame）数据类型之间的转换，可通过 reshape2 包中的 melt() 和 dcast() 函数或者 tidyr 包中的 pivot_longer() 和 pivot_wider() 函数完成。更多关于 circlize 包绘制和弦图的技巧，读者可自行探索。

使用场景

和弦图常用来展现研究目标间的复杂关系，如生态学研究中不同物种间的联系、社会学中观测目标的数据关系。此外，当数据为矩阵类型时，数据间的双向关系也可以用和弦图表示。

5.9　桑基图

桑基图（Sankey diagram）也称桑基能量平衡图，是一种用来显示一组数据与另一组数据之间流向和数量的关系图。桑基图主要由流量（数据值）、边和节点组成，其中，边表示流动的数据，流量表示流动数据的具体数值，节点表示不同数据类别。边的宽度和流量成正比例关系，即边越宽，流量越大。在数据流动的可视化过程中，桑基图遵循能量守恒，数据从开始到结束，总量都保持不变。

图 5-9-1 所示为使用 R 语言中 ggalluvial 包绘制的两种图层数量的桑基图示例。

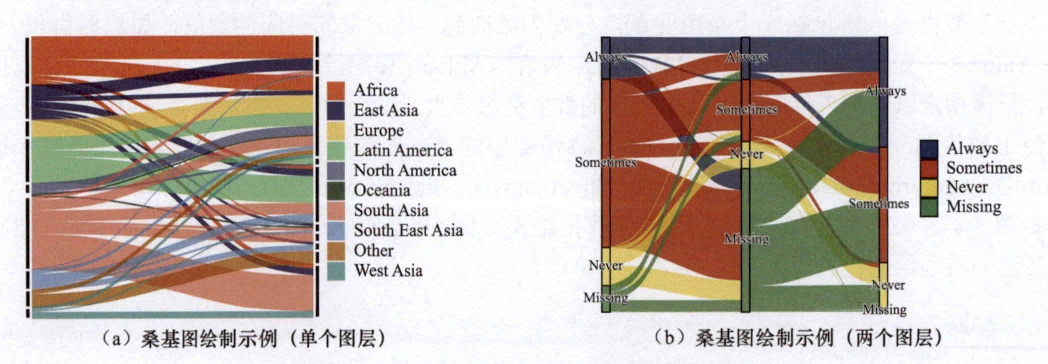

图 5-9-1　两种图层数量的桑基图绘制示例

技巧：桑基图的绘制

桑基图的绘制以交互式样式为主，即用鼠标单击后出现数值点等的展示。但在学术研究中，静态式桑基图更符合阅读要求，此时，我们可使用 R 语言中第三方工具包 ggalluvial 绘制静态式桑基图。在该工具包中，提供了 geom_flow()/geom_alluvium() 和 geom_stratum() 函数完成桑基图基本图层结构的绘制。其中 geom_alluvium()/geom_flow() 函数主要绘制桑基图的边，geom_stratum() 函数则主要绘制桑基图的节点［水平和垂直（y.min、y.max）］矩形框，以上函数所能接收的映射（aes）参数包括 x、y、ymin、ymax、axis1、axis2、fill 等。此外还有 stratum、alluvium 映射参数，分别对应 geom_stratum() 和 geom_alluvium() 函数。图 5-9-1 所示图形的核心绘制代码如下。

```
1. library(tidyverse)
2. library(ggalluvial)
3. data <- read.csv("sankey_data.csv")
4. #数据处理
5. data_long <- data %>%
6.   column_to_rownames("index") %>%
7.   rownames_to_column() %>%
8.   gather(key = 'key', value = 'value', -rowname) %>%
9.   filter(value > 0)
10.colnames(data_long) <- c("source", "target", "value")
11.data_long$target <- paste(data_long$target, " ", sep="")
12.color_list = c("#EF0000","#18276F","#FEC211","#3BC371","#666699",
13.               "#134B24","#FF6666","#6699CC","#CC6600","#009999")
14.#图5-9-1(a)所示图形的核心绘制代码
15.ggplot(data_long,aes(y = value, axis1 = source, axis2 = target)) +
16.  geom_flow(aes(fill = source),alpha=0.75,width = 0.01)+
17.  geom_stratum(color="white",fill="black",width = 0.02,size=0.5) +
18.  scale_x_discrete(expand = c(0, 0)) +
19.  scale_fill_manual(values = color_list) +
20.  theme_void()
21.#图5-9-1(b)所示图形的核心绘制代码
22.data(vaccinations)
23.vaccinations <- transform(vaccinations,
24.                 response = factor(response, rev(levels(response))))
25.color2 <- c("#223D6C","#D20A13","#FFD121","#088247")
26.ggplot(vaccinations,
27.       aes(x = survey, stratum = response, alluvium = subject,
28.           y = freq,fill = response, label = response)) +
29.  scale_x_discrete(expand = c(0.05, 0.05)) +
30.  scale_fill_manual(values = color2) +
31.  geom_flow(alpha=0.75,width = 0.05) +
32.  geom_stratum(alpha = 0.75,width = 0.06) +
33.  geom_text(stat = "stratum", size = 3,family = "times",
34.              show.legend = FALSE) +
```

提示：使用 ggalluvial 包绘制桑基图的重点是明确绘图数据的格式，可通过其 is_alluvia_form() 函数检验绘图数据集是否符合绘图需求，并通过 to_lodes_form() 函数快速完成绘图数据的构建，关于此工具包的其他用法和 R 语言中其他绘制桑基图的拓展工具包，如 ggsankey、easyalluvial 以及 networkD3 等，读者可自行探索。

使用场景

桑基图常用于展示资源流、能量流、人员流等复杂的数据流动情况。以下是一些桑基图的使用场景。

- 能源系统分析：桑基图可以用来展示电力系统、燃料供应链和天然气管道等复杂的能源系统中的能量流动情况，帮助我们了解整个系统的运行机制和能量利用效率。
- 人口迁移分析：桑基图可以用来展示人口迁移的来源地和目的地，以及在不同地区之间流动的人数。这在城市规划、交通规划和社会政策制定等领域非常有用。
- 产业结构分析：桑基图可以用来展示不同产业之间的关系和相互作用，特别是在复杂产业链上，它可以清晰地展示原材料、半成品和成品的流动情况。
- 标记追踪分析：桑基图可以用来追踪物品上的标签或标识符，以展示物品在不同阶段的流动情况。这在供应链管理、物流控制和质量管理等领域非常有用。

此外，新闻学相关的研究报告也常使用桑基图展示研究话题或关注对象不同时段的数据走势情况。需要注意的是，在新闻学相关的可视化结果中，其配色一般有固定的模式。

5.10　雷达图

雷达图（radar chart）又称蜘蛛图或者极坐标图，是一种用来比较多个定量变量的统计图形。雷达图可用于查看数据集中哪些变量具有相似数值，或者每个变量中有没有异常值。此外，雷达图也可用于查看数据集中变量得分的高低情况。

在雷达图中，绘图数据集中的每个变量都具有自己的轴（从中心开始），所有的轴都以径向排列，彼此之间的角度相等且具有相同的刻度。雷达图中的各个轴之间的网格线通常只做指引之用，每个变量的数值会画在其所属轴线之上，数据集内的所有变量将连在一起形成一个多边形。需要注意的是，如果在一个雷达图中展示多个多边形，会导致图层混乱且会发生遮挡；而过多变量的绘制会导致出现太多的轴线，使得图形结果更加复杂，所以雷达图最好用于展示简单且变量较少的数据集。图 5-10-1 所示为雷达图示意图。

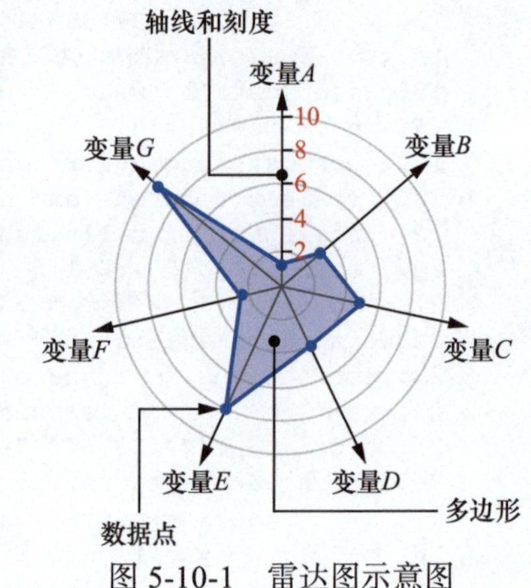

图 5-10-1　雷达图示意图

图 5-10-2 所示为使用 R 语言 ggradar 包绘制的偏科研风格的雷达图示例，可以看出，为了避免多变量图层互相遮挡，这里直接采用了多子图绘制方式。

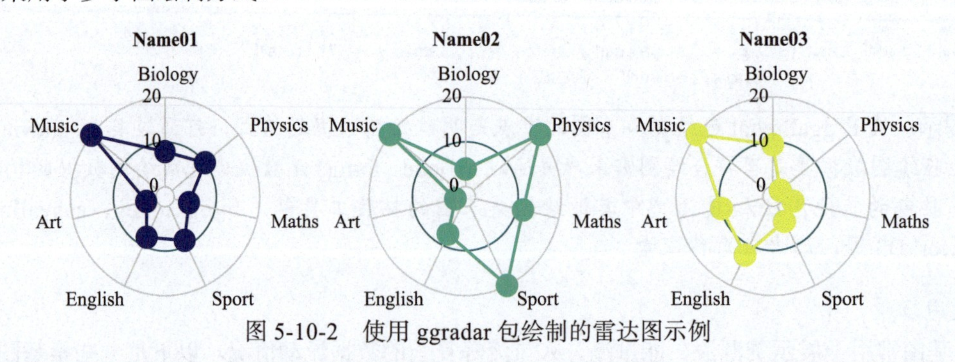

图 5-10-2　使用 ggradar 包绘制的雷达图示例

技巧：雷达图的绘制

在R语言中，雷达图可以使用多个可视化拓展工具包进行绘制，如fmsb包和ggradar包，鉴于ggradar包绘图十分便捷，允许对图层属性进行灵活的自定义，这里选择使用ggradar包进行绘制，其提供的ggradar()绘图函数中提供了多个雷达图属性修改参数，如字体修改参数font.radar、网格线颜色修改参数gridline.colour以及文本大小修改参数axis.label.size等。当然，绘图结果还可以通过ggplot2图层函数进行如分面（facet_wrap()）、绘图主题等属性的修改。图5-10-2所示图形的核心绘制代码如下。

```
1. library(tidyverse)
2. library(ggradar)
3. library(pals)
4. #构建绘图数据集
5. test_data <- data.frame(group = c('Name01','Name02','Name03'),
6.         Biology = c(7.9, 3.9, 9.4),Physics = c(10, 20, 0),
7.         Maths = c(3.7, 11.5, 2.5),Sport = c(8.7, 20, 4),
8.         English = c(7.9, 7.2, 12.4),Art = c(2.4, 0.2, 9.8),
9.         Music = c(20, 20, 20))
10.ggradar(test_data,font.radar = "times",values.radar = seq(0,20,10),
11.grid.min = 0, grid.mid = 10, grid.max = 20,group.colours = parula(3),
12.background.circle.colour="NA",axis.label.size = 4,grid.label.size=4,
13.     gridline.min.linetype = "solid",plot.legend=FALSE) +
14.     facet_wrap(~group,ncol = 3) +
```

使用场景

雷达图在科研论文配图中，一般应用于对比具有多个指标变量的数据集，如雷达图可以比较不同品牌在产品质量、价格、口碑等方面的表现；雷达图还可以将个人或团队的绩效指标以多维度的方式呈现，帮助评估绩效的优劣，如评估员工在工作能力、团队合作、创新能力等方面的表现；雷达图也可以将SWOT分析中的优势、劣势、机会和威胁以多维度的方式呈现，帮助进行战略分析和决策制定。综上所述，雷达图是一种在经济学、管理学以及市场营销学等偏文史类学科中较为常用的统计图形。

5.11　本章小结

在本章中，笔者详细介绍了涉及多个变量的图形及其绘制方法，在对每个多变量图形进行介绍时还进行了拓展（如5.2节），使用R语言中常见的ggplot2拓展包进行相关图形的绘制，并对这些图形可能的使用场景进行了介绍（如5.8节、5.9节）。需要强调的是，使用现有稳定的拓展工具包进行不同统计图形的绘制，是为了方便读者快速绘图，避免为了绘图而进行大量重复而烦琐的基础工作。笔者希望读者在今后的科研任务中，灵活使用开源工具，提高科研效率。

第 6 章　地理空间数据型图形的绘制

地理空间数据型图形（后文简称“地理空间图形”）作为科研论文配图中一种常见的类型，在地理学、气象学、环境科学、测绘学等学科领域中，被用于研究目标在空间尺度上的可视化分析。地理空间图形可视化的主要任务是将地图学方法和其他统计方法相结合，对研究目标进行多角度的探索、分析、合成和表达，具体包括：研究或监测目标在地图数据图层上的视觉元素类别展示，如不同类型研究目标的标记形状（散点、三角形等）；将柱形图、饼图等统计图形和地图相结合，多维度分析变量数值。

本章从常见的科研需求出发，介绍地理空间数据处理方法、常见地理空间数据绘图问题，以及学术研究中常见地理空间图形的类型及其绘制方法。此外，还对地理空间图形的图层属性（坐标轴、刻度范围、轴脊样式等）进行定制化设置，使它更加符合学术期刊的出版需求。需要注意的是，由于涉及地图绘制，特别是国家地图，在绘制之初，读者应严格按照《地图管理条例》规定进行地图审核，基于此，本章使用的所有地图文件均为虚构数据。

本章涉及的地理空间数据绘图的主要工具分别为 R 语言中的基础绘图包 ggplot2、地图数据处理工具包 sf、空间数据处理工具包 terra、栅格数据处理工具包 raster 以及空间栅格和空间向量规范化处理工具包 tidyterra 等。

6.1 地理空间数据可视化分析

6.1.1 地理空间数据处理方法及常见的地图投影

在地理空间数据分析领域，常见的空间分析工具主要有 GIS 和一些统计分析软件。GIS 不但可以实现对地理空间数据的存储、计算、展示等基础功能，而且能实现诸如拓扑分析、网络分析等定制化任务需求，以提高对地理空间数据的认知和分析效率。随着 GIS 技术的发展，其结构和分析功能日益复杂，让人难以理解；此外，在复杂的地理空间数据分析过程中，关键信息的表达结果具有较高的不确定性。将点、线、面等视觉元素，关键计算指标统计分析结果和特有的数据特征与地理空间数据相结合，使用可视化技术对它们进行展示，可高效发掘地理空间数据价值，进行关键指标的展现。

在常见的学术研究中，地理信息学以及与地理空间数据相关的交叉学科在展示研究区状况、研究区关键指数、研究区特定区域标注以及不同研究点统计信息等时，往往会使用地理坐标系进行地理空间数据地图的绘制。一般的地图绘制需要考虑地理坐标系（Geographic Coordinate System，GCS）和投影坐标系（Projected Coordinate System，PCS）的选择。GCS 是使用三维的球来表示地球表面位置，以通过经纬度实现地球表面点位引用的坐标系，即球坐标系。完整的 GCS 包括角度测量单位、本初子午线和参考椭球体 3 部分。在球坐标系中，水平线是等纬度线或纬线，垂直线是等经度线或经线。PCS 是平面坐标系，坐标单位通常为 m 或者 km，它使用基于 X、Y 轴的坐标系来描述地球上某个点所处的位置，而这个坐标系是从地球的近似椭球体投影得到的，它对应于某个地理坐标系。地理坐标转换到投影坐标的过程可理解为投影，即将不规则的球面转换成规则平面。可将投影方式归为 3 类，分别为圆柱投影（cylindrical projection）系列、圆锥投影（conic projection）系列和方位投影（azimuthal projection）系列。图 6-1-1 所示为这 3 类投影系列的绘制简图。

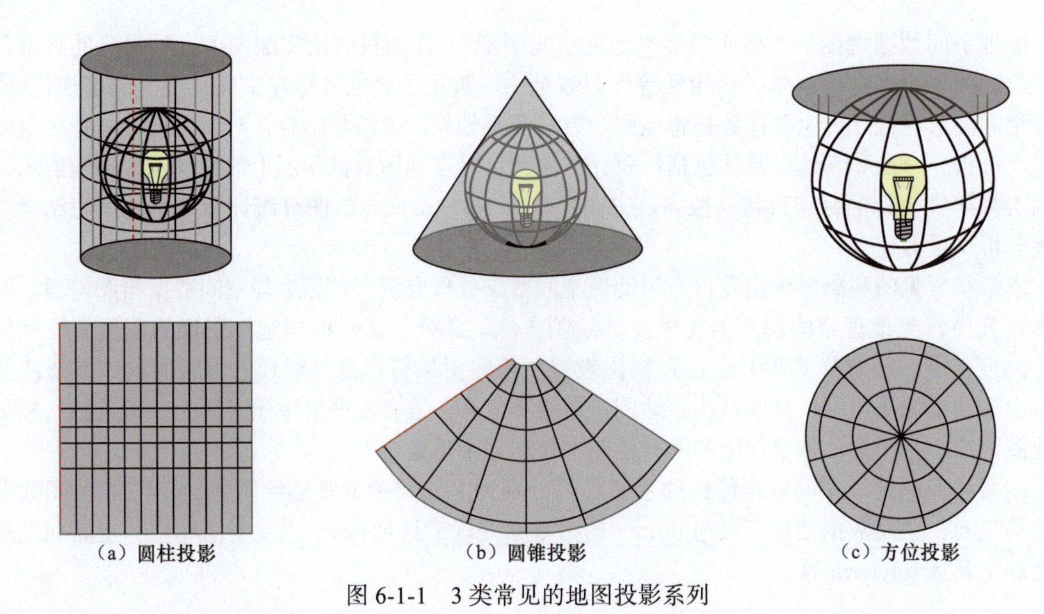

图 6-1-1 3 类常见的地图投影系列

在常见的地理科研绘图中，所绘制的地图类型大部分都是基于以上 3 种投影系列的。下面分别介绍投影系列中常见的地图投影。

1. 等距圆柱投影

等距圆柱投影（cylindrical equidistant projection）又称为方格投影或简易圆柱地图投影，是比较简单的圆柱投影方式。该投影方式假想球面与圆柱面相切于赤道，赤道为没有变形的线，将地球转换为笛卡儿格网，纬线和经线格网从东到西以及两极之间形成等积矩形，所有矩形格网像元在投影空间中的大小、形状和面积相同。在此投影中，各极点被表示为通过格网顶部和底部的直线，其长度与赤道相同。经纬网沿赤道和中央经线对称。

该投影方式用于以最少的地理空间数据进行简单的地图绘制，如城市地图或其他面积较小的研究区域地图。一些与气象、环境、遥感相关的公开数据集（多为 NetCDF 格式数据）就是以等距圆柱投影方式进行展示的。此外，在涉及全球尺度的地图绘制时，多采用此投影方式进行绘制。图 6-1-2 所示为等距圆柱投影示意简图。

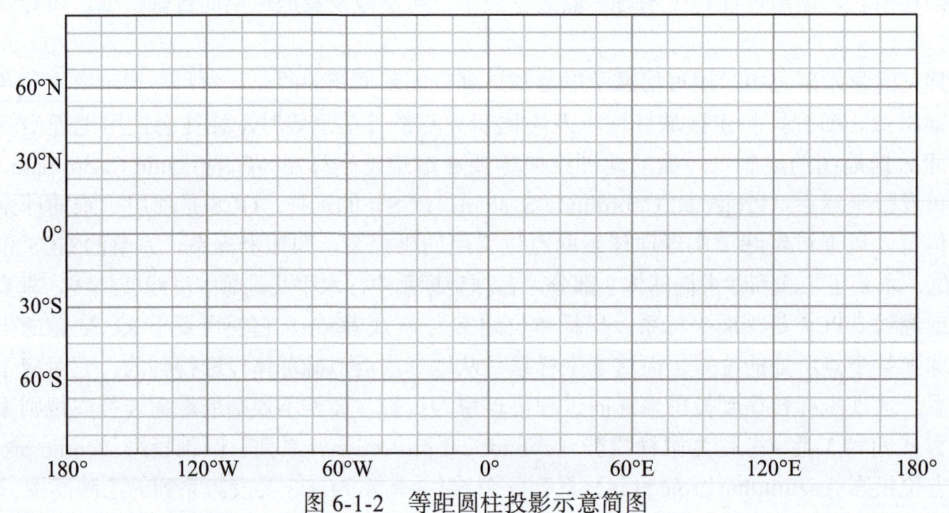

图 6-1-2 等距圆柱投影示意简图

注意： 由于印刷涉及陆地轮廓的地图需要到相关部门进行报备和审核，因此，这里只使用经纬度刻度进行基本样式的展示。

2. 墨卡托投影

墨卡托投影（Mercator projection）又称为正轴等角圆柱投影，是由荷兰地图学家 G. 墨卡托（G. Mercator）于 1569 年创立的。该投影方式假设一个与地轴方向一致的圆柱相切或相割于地球，并按照等角条件将经纬网投影到圆柱面上，将圆柱面展为平面后，即可获取投影转变后的平面经纬网地图，其中，经线（注意，这里的“经线”是投影后的经线，纬线同）是彼此平行且等距分布的垂直线，并且它在接近极点时无限延伸；纬线是垂直于经线的水平直线，其长度与赤道相同，但其间距越靠近极点越大，面的变形也是随着靠近两极地区而不断增大。该投影最初用于精确显示罗盘方位，为海上航行提供保障。

墨卡托投影的另一个功能是以最小比例精确而清晰地定义所有局部形状。墨卡托投影是目前实际使用较为广泛的一种地图投影方式，如绝大多数在线地图服务、海上航行、风向测定等。图 6-1-3 所示为墨卡托投影示意简图。

3. 阿伯斯投影

阿伯斯投影（Albers projection）又称为正轴等积割圆锥投影，是一种等积圆锥投影（等积是指没有面积变形），由德国人海因里希 • C. 阿伯斯（Heinrich C. Albers）于 1805 年提出。该投影方式使用两条标准纬线，相比仅使用一条标准纬线的投影，可在某种程度上减少畸变，且所有地区的面积均与地球上相同地区的面积成比例。

由于阿伯斯投影特有的等面积属性，它被广泛用于国家级别或较大面积区域的地图绘制，特别是沿东西方向延伸的中低纬度地区。图 6-1-4 所示为阿伯斯投影示意简图。

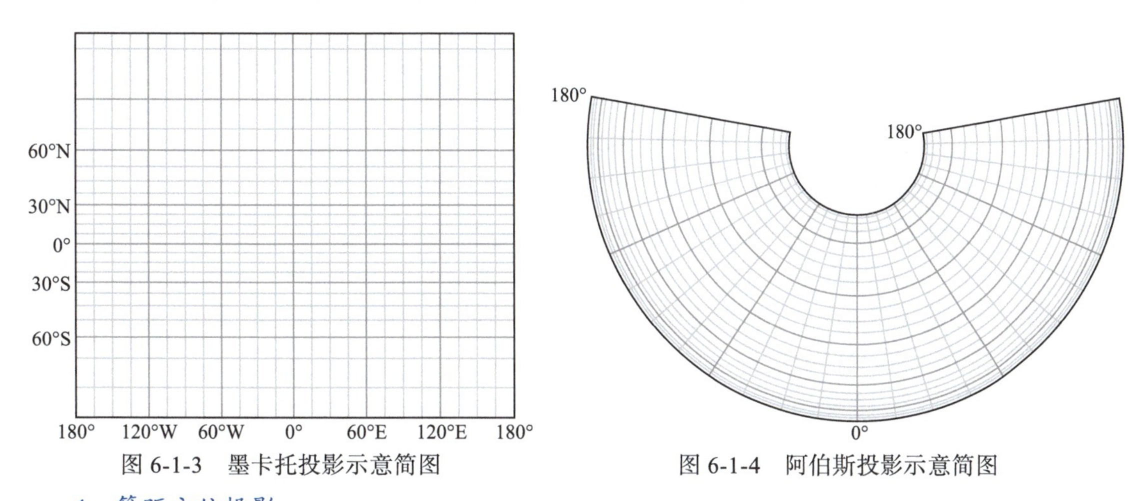

图 6-1-3 墨卡托投影示意简图

图 6-1-4 阿伯斯投影示意简图

4. 等距方位投影

等距方位投影（azimuthal equidistant projection）会将所有经线和纬线划分为相等的部分，以保持等距离属性。地图上任意一点沿着经纬线到该投影中原点的位置的距离都与在地球表面上的实际距离成比例。此投影方式常用于绘制具有适当纵横比的极地地图或空中和海上导航路线地图，也常用于表示地震影响范围的地图绘制。尽管等距方位投影可以用于显示整个地球，但其实际使用范围通常为半球。图 6-1-1（c）所示为等距方位投影示意简图。

5. 其他投影

除以上 3 类地图投影系列以外，在一些涉及全球范围的研究内容中，经常需要在全球范围的地

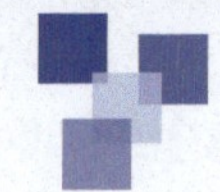

图上标记出研究点。针对这一需求，在一些常见的学术期刊或研究报告中，经常会出现使用诸如平等地球投影（equal earth projection）、正弦曲线投影（sinusoidal projection）等投影方式绘制的地图，用于数据的精准表达。图 6-1-5 展示了平等地球投影和正弦曲线投影的示意简图。

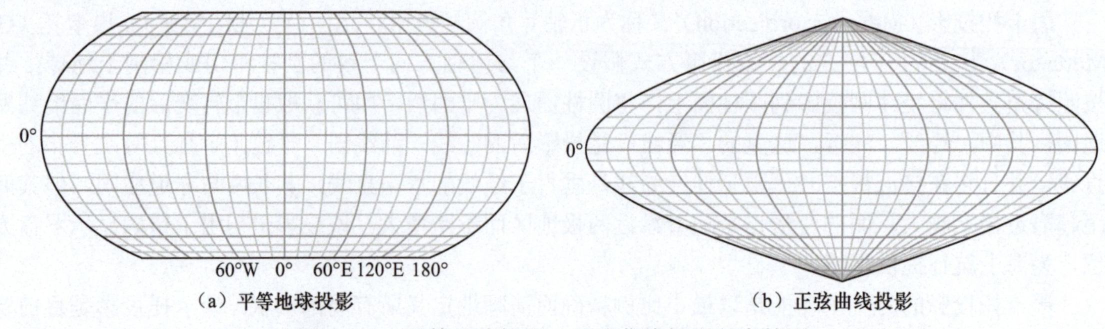

图 6-1-5　平等地球投影、正弦曲线投影示意简图

6.1.2　地理空间数据的文件格式

常见的地理空间数据的文件格式包括 Shapefile、GeoJSON、KML 和 GDB 等，Shapefile 和 GeoJSON 格式的地理空间数据的使用比较广泛。

1. Shapefile 文件格式

Shapefile 文件作为地理空间数据的一种存储方式，由多个文件组成，包含地图边界线段的经纬度坐标、行政单位名称和面积等众多信息。想要组成一个完整的 Shapefile 文件，3 种文件必不可少，分别为 .shp、.shx 和 .dbf 文件。其中，.shp 文件为图形格式，用于保存几何体文件；.shx 文件为几何体位置索引文件，用于记录每一个几何体在 .shp 文件中的位置，能够加快向前或向后搜索几何体的速度；.dbf 文件为数据属性文件，用于存储每个几何体的属性数据。另外，.prj 文件用于保存地理坐标系与投影信息，.shp.xml 文件以 XML（Extensible Markup Language，可扩展标记语言）格式保存元数据，等等。

在一般的学术研究中，由于研究区域的独特性，常使用 Shapefile 文件存储地图绘制结果。在大多数情况下，需要借助专业的地图绘制工具（如 QGIS 等）单独进行研究区域 Shapefile 文件的制作。在涉及较大范围和固定区域的研究时，在相应网站即可下载相关的 .shp 文件。在 R 语言中，可使用 sf 包中的 st_read () 和 st_write () 函数分别进行 .shp 文件的读取与写入。

2. GeoJSON 文件格式

GeoJSON 是一种对各种地理空间数据结构进行编码的格式，是基于 JavaScript 对象表示法（JavaScript Object Notation，JSON）的地理空间信息数据交换格式。GeoJSON 支持点、线、面、多点、多线、多面和几何集合对象。它定义了几种 JSON 对象及其组合方式，以表示有关地理要素及其属性和空间信息。

GeoJSON 格式的地图文件作为一种使用越来越普遍的地理空间数据文件，其优势在于可将多种地理信息存储在一个文件中，这种文件格式一般用来表示较大或者较完整的区域，如国家、省市。然而，如果学术研究中的区域具有独特性和自制性特点，则需要进行二次加工。在 R 语言中，可以使用 geojsonsf 包中的 geojson_sf() 和 sf_geojson() 函数对 GeoJSON 格式的地理空间信息数据进行读取和另存操作。

6.1.3 地理空间图形类型

地理空间数据种类繁多，使用场景多种多样，加上不同的绘图需求等因素，因此，在不同绘图任务中，绘制的地理空间图形各具特色，形成了不同的种类。然而，在常见的科研论文配图绘制过程中，地理空间数据涉及的图形类型较为固定，包括表示面积与定量目标变量关系的符号（圆形、方形等）地图、根据定量变量对面积区域进行着色的分级统计地图（choropleth map）、用于在地图上显示不同类别变量的类别地图，以及以上几种类型地图相互结合的组合地图。

6.2 常见地理空间图形的绘制

本节介绍如何使用 R 语言中的 sf 包结合 ggplot2 包中的 geom_sf() 图层函数进行基础地理空间数据的可视化展示，涉及的内容包括：sf 包中的 st_read() 读取地理空间数据、sf 地理空间数据对象基础绘图、地理空间数据绘图坐标系更改，以及常见的点地图（标记研究点）、区域地图（标记研究区域）和注释地图（带注释信息）等地理空间图形的绘制。

6.2.1 sf 包对象基础绘图

R 语言中的 sf 包可实现对不同格式（Shapefile、GeoJSON）地理空间数据的读取、操作和可视化展示。使用 sf 包中的 plot() 函数就可以对 sf 数据对象进行快速的可视化展示，而若有更加详细的设置要求，可将绘图结果传递给 ggplot2 中的 geom_sf() 图层函数，实现更加符合期刊出版要求的地理空间数据可视化结果。图 6-2-1 所示为利用 sf 包读取 Virtual_Map0.shp 文件后，使用 ggplot2 绘制的地理空间地图示例。

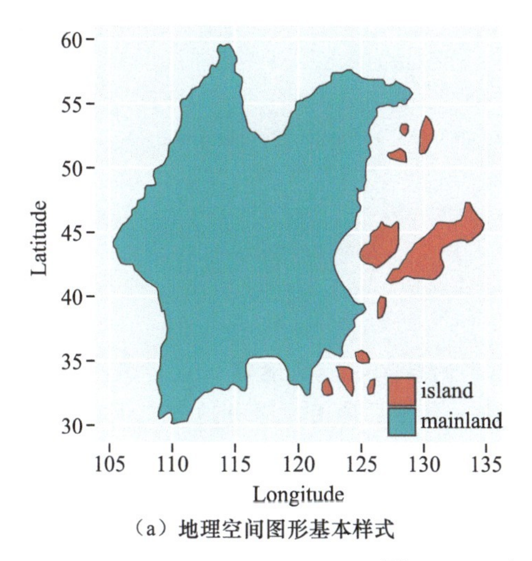

（a）地理空间图形基本样式

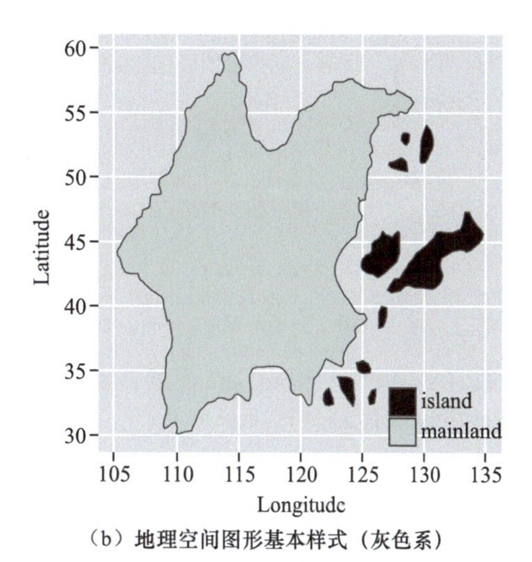

（b）地理空间图形基本样式（灰色系）

图 6-2-1　地理空间图形绘制示例

技巧：sf 包对象基础绘图

使用 R 语言进行地理空间图形的绘制，相对于使用 Python 语言绘制而言，其便捷性大大提高。使用 sf 包读取要绘制的地图文件并将文件转换成 sf 对象，再使用 ggplot2 包中的 geom_sf() 图层函数进行可视化展示即可。在 geom_sf() 函数中设置绘图数据为我们读取的 sf 数据对象，在映射参数 aes 的设置中，对图层填充颜色（fill）、线颜色（color/colour）等属性的设置和 ggplot2 包中的其他图层函数的设置一样。图 6-2-1 所示为利用 Virtual_Map0.shp 文件并根据数据变量 type（mainland 和 island 类型）映射到地图多边形填充颜色和修改颜色设置后的可视化效果。图 6-2-2 所示为利用 Virtual_Map1.shp 文件并根据多数据变量 country（如 PETER、JACK、EELIN 等）映射到地图多边形填充颜色和修改填充颜色后的绘制结果，图 6-2-1（b）和图 6-2-2（b）所示图形的核心绘制代码如下。

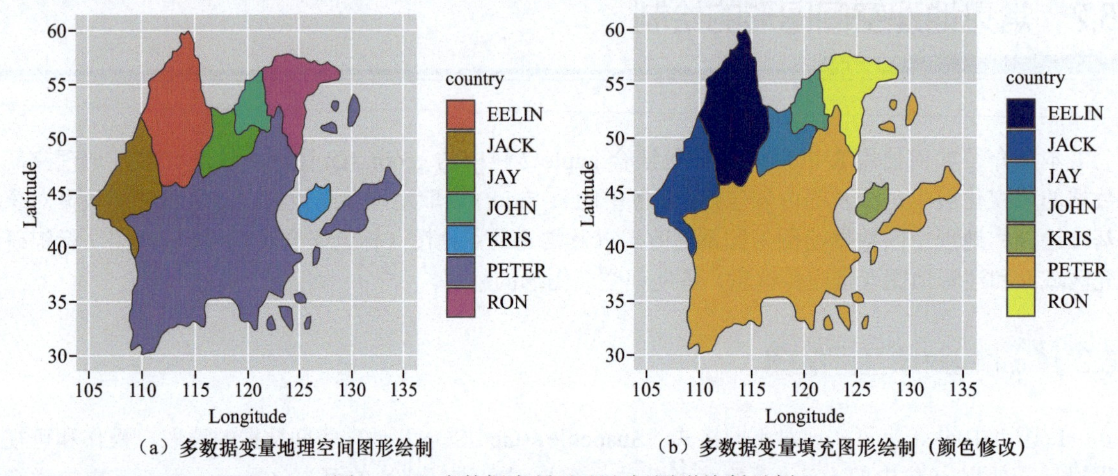

（a）多数据变量地理空间图形绘制　（b）多数据变量填充图形绘制（颜色修改）

图 6-2-2　多数据变量地理空间图形绘制示例

```
1. library(tidyverse)
2. library(sf)
3. library(pals)
4. map_fig01 <- sf::read_sf("Virtual_Map0.shp")
5. map_fig02 <- sf::read_sf("Virtual_Map1.shp")
6. #图 6-2-1(b) 所示图形的核心绘制代码
7. ggplot() +
8.   geom_sf(data = map_fig01,aes(fill=type)) +
9.   scale_fill_grey() +
10.  labs(x="Longitude",y="Latitude")+
11.# 图 6-2-2(b) 所示图形的核心绘制代码
12.ggplot() +
13.  geom_sf(data = map_fig02,aes(fill=country)) +
14.  scale_fill_manual(values = parula(7)) +
15.  labs(x="Longitude",y="Latitude")+
```

提示： 在使用 geom_sf() 图层函数进行地理空间图形的绘制时，笔者建议读者直接在某图层中选择绘图数据和对应的映射参数，使绘图数据只在这一个图层应用，避免地理空间数据在全局映射绘制时所产生的重复映射和变量选择不明等问题。

6.2.2 地理空间绘图坐标系样式更改

在一般的科研论文中，地理空间图形的绘制涉及研究点（监测点等）、研究区域标记、文本注释信息、特殊点注释信息等多种图形类型，这些图形在丰富地图信息的同时，会造成坐标系空间布局过于拥挤、关键信息展示不全等问题。此时，可考虑对空间绘图坐标系刻度（经纬度坐标）、坐标轴脊元素进行修改，即对刻度样式和轴脊边界范围进行个性化设置。图 6-2-3 展示了使用 ggplot2 包绘制的默认样式和修改轴脊图层属性（样式和刻度范围）后的地理空间图形，经过对比，我们可以发现：修改之后的绘图结果在地图文件排版布局和其他图层属性添加方面的可调整性明显提高，空间利用率更高。

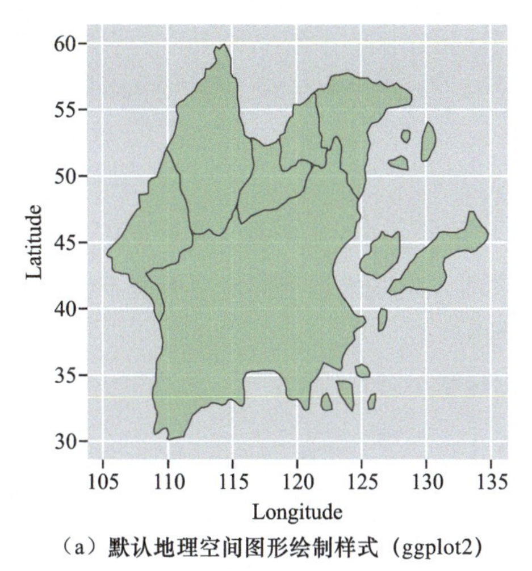

（a）默认地理空间图形绘制样式（ggplot2）

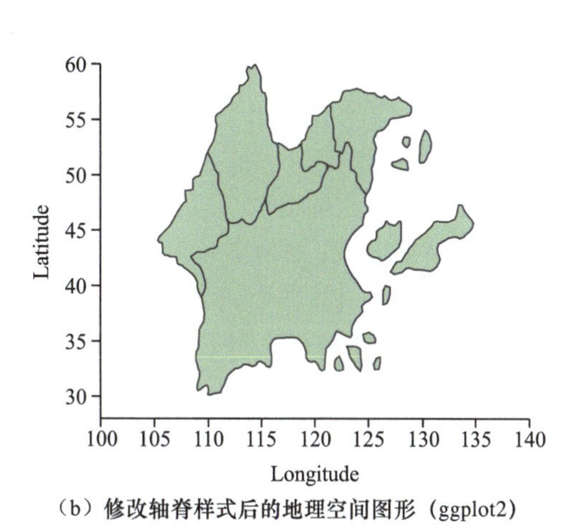

（b）修改轴脊样式后的地理空间图形（ggplot2）

图 6-2-3 不同坐标系样式的地理空间图形绘制示例

技巧：轴脊样式的绘制

使用 ggplot2 包绘制图形的轴脊样式的关键是设置 scale_x/y_continuous() 函数中的 expand、limits 以及 breaks 等参数值，limits 用于控制刻度范围，这是使地理空间图形显示更多图形内容的重要参数值，breaks 用于设置刻度数值。图 6-2-3（b）所示图形的核心绘制代码如下。

```
1. library(tidyverse)
2. library(sf)
3. map_fig02 <- sf::read_sf("Virtual_Map1.shp")
4. ggplot() +
5.   geom_sf(data = map_fig02,fill="#9CCA9C",alpha=0.8,linewidth=0.5) +
6.   labs(x="Longitude",y="Latitude")+
7.   theme_classic() +
8.   scale_x_continuous(expand = c(0, 0),limits = c(100,140)) +
9.   scale_y_continuous(expand = c(0, 0),limits = c(28,60)) +
10.  theme(
11.      legend.background = element_blank(),
12.      legend.text = element_text(size = 10),
13.      text = element_text(family = "times",face='bold',size = 15),
14.      axis.text = element_text(face='bold',size = 12),
15.      axis.ticks.length=unit(.2, "cm"),
16.      plot.margin = margin(10, 10, 10, 10),
17.      axis.ticks = element_line(colour = "black",linewidth = 0.4),
18.      axis.line = element_line(colour = "black",linewidth = 0.4))
```

提示：绘图对象刻度样式设置还可以使用一些拓展绘图工具包完成，如 ggprism 包和 ggh4x 包，它们都提供快速绘制轴脊外扩样式的功能。需要指出的是，使用这些功能需要用到 ggplot2 包的 guides() 函数或者在 scale_x/y_continuous() 函数中设置 guide 参数值。以 guides() 函数为例，使用 ggprism 包和 ggh4x 包设置轴脊外扩样式的代码如下。

```
1. #使用ggprism包设置
2. ...
3. guides(x = "axis_truncated", y = "axis_truncated") +
4. ...
5. #使用ggh4x包设置
6. ...
7. guides(x = "axis_truncated", y = "axis_truncated") +
8. ...
```

6.2.3 常见地理空间地图类型

在常见的地理空间地图（即地理空间图形）类型中，有在地图上添加数据研究点的点地图、标记出研究区域的区域 / 面地图和带有注释信息的注释地图等，这些地理空间地图类型不但能够丰富地图图层内容，而且有助于加深用户对地理空间地图的理解。

图 6-2-4 展示了科研绘图中常见的地理空间地图类型绘制示例。

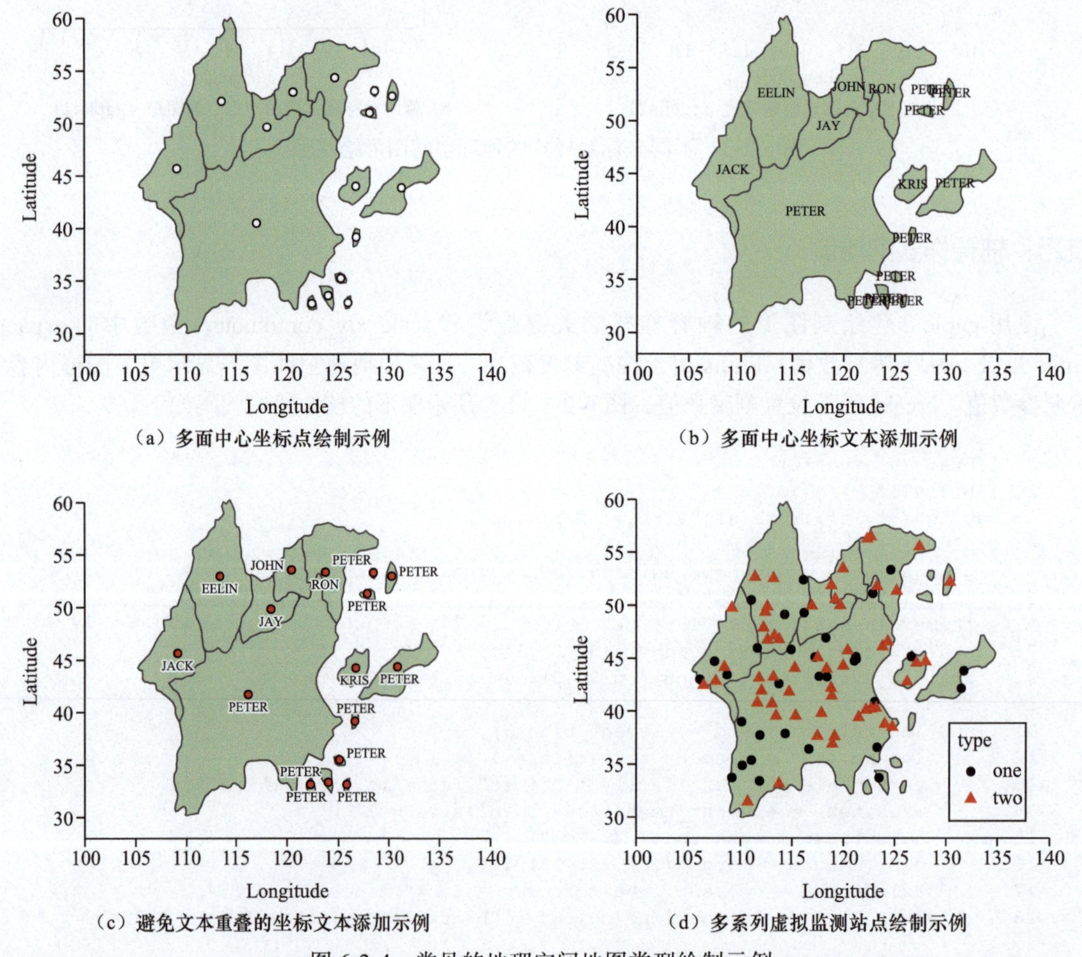

（a）多面中心坐标点绘制示例
（b）多面中心坐标文本添加示例
（c）避免文本重叠的坐标文本添加示例
（d）多系列虚拟监测站点绘制示例

图 6-2-4　常见的地理空间地图类型绘制示例

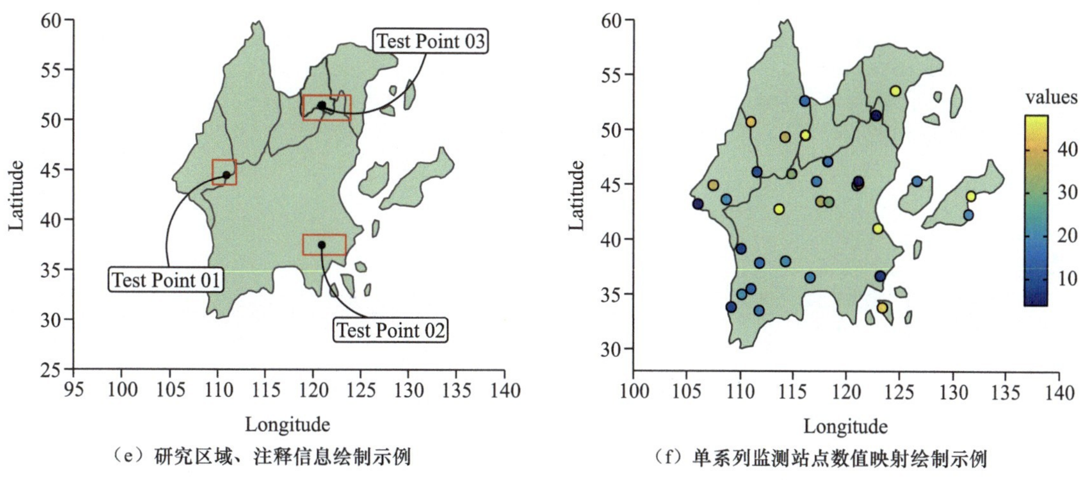

（e）研究区域、注释信息绘制示例　　（f）单系列监测站点数值映射绘制示例

图 6-2-4　常见的地理空间地图类型绘制示例（续）

技巧：常见地理空间地图绘制

使用 R 语言绘制常见的地理空间地图，最重要的一点是充分利用 sf 包中的数据处理函数，图 6-2-4（a）所示的点地图的绘制就需要使用 st_centroid() 函数获取中心点位置；使用 ggplot2 包中的 geom_sf() 和 geom_sf_text/label() 函数，实现地图图层和对应文本信息的添加，如图 6-2-4（b）所示。但当绘制的地图图层较多时，在对应中心点位置添加文本信息，就会导致文本重叠，影响图层信息表达，这时，可使用 ggrepel 包中的 geom_text/label_repel() 函数，实现文本自动调整间距。需要注意的是，在使用 geom_text/label_repel() 函数为 sf 对象添加文本信息时，需设置其 stat 参数值为 "sf_coordinates"，还可以设置其 bg.colour 参数值为 "white"，实现白色阴影样式文本的绘制，如图 6-2-4（c）所示。在添加自构建研究区域图层时，可使用 sfheaders 包中的 sf_polygon() 函数，快速实现 data.frame 对象向 sf 对象的转变，进而可以使用 geom_sf() 图层函数进行绘制，图 6-2-4(e) 所示的地图就采用了以上方法。在添加研究点等图层属性时，geom_sf() 函数和 ggplot2 包中相应函数用法一样。图 6-2-4 部分子图所示图形的核心绘制代码如下。

```
1. library(tidyverse)
2. library(sf)
3. map_fig02 <- sf::read_sf("Virtual_Map1.shp")
4. #图6-2-4(a)所示图形的核心绘制代码
5. #数据处理
6. point_center <- map_fig02 %>% sf::st_centroid()
7. ggplot() +
8.   geom_sf(data = map_fig02,fill="#9CCA9C",alpha=0.8,
9.           linewidth=0.5) +
10.  geom_sf(data = point_center,shape=21,size=2,fill="white",
11.          stroke=0.5) +
12.#图6-2-4(b)所示图形的核心绘制代码
13.ggplot() +
14.  geom_sf(data = map_fig02,fill="#9CCA9C",alpha=0.8,
15.          linewidth=0.5) +
16.  ggplot2::geom_sf_text(data = map_fig02,aes(label=country),
17.                        size=3,family="times") +
18.#图6-2-4(c)所示图形的核心绘制代码
```

```
19.ggplot() +
20.  geom_sf(data = map_fig02,fill="#9CCA9C",alpha=0.8,linewidth=0.5) +
21.  geom_point(data = map_fig02,aes(geometry=geometry),shape=21,
22.             size = 2,fill="red",stat = "sf_coordinates") +
23.ggrepel::geom_text_repel(data = map_fig02,aes(label=country,
24.                              geometry = geometry),
25.    stat = "sf_coordinates",vjust=2,size=3,family="times",
26.    bg.colour = "white", bg.r = .2) +
27.#图6-2-4(e)所示图形的核心绘制代码
28.library(sfheaders)
29.#构建自定义面数据（sf类型）
30.df <- data.frame(
31.  lon = c(109.5,109.5,112,112,
32.          119,119,123.5,123.5,
33.          119,119,124,124),
34.  lat = c(43.5,46,46,43.5,
35.          36.5,38.5,38.5,36.5,
36.          50,52.5,52.5,50),
37.  id =c(1,1,1,1,2,2,2,2,3,3,3,3))
38.polygon_sf <- sfheaders::sf_polygon(obj = df, x = "lon",
39.                                     y = "lat",polygon_id = "id")
40.point_df <- data.frame(
41.  lon = c(111,121,121),
42.  lat = c(44.5,37.5,51.5),
43.  id =c(1,2,3))
44.point_sf <- point_df %>% sfheaders::sf_point(x = "lon",y = "lat")
45.curve_df <- data.frame(x1 = c(111.5,121,120.5),
46.                       x2 = c(105,128.5,132),
47.                       y1 = c(44.5,37.5,51.5),
48.                       y2 = c(35,30,57))
49.text_data <- data.frame(x=c(105,128.5,132),y=c(34,29,58),
50.           label=c("Test Point 01","Test Point 02","Test Point 03"))
51.ggplot() +
52.  geom_sf(data = map_fig02,fill="#9CCA9C",alpha=0.8,linewidth=0.3) +
53.  geom_sf(data = polygon_sf,color="red",fill=NA) +
54.  geom_sf(data = point_sf) +
55.  geom_curve(data=curve_df,aes(x = x1, y = y1, xend = x2,
56.                               yend = y2),linewidth=0.3) +
57.geom_label(data=text_data,aes(x=x,y=y,label=label),family="times",
58.             size=4) +
```

提示：在对sf对象各个面数据中心位置进行添加点图层和文本图层操作时，除使用st_centroid()函数计算结果，还可以直接使用geom_point()对sf对象进行操作，但此操作必须设置映射参数geometry值为geometry、参数stat值为"sf_coordinates"。此外，使用stat_sf_coordinates()图层函数也可以完成上述操作。

在地图图层之上添加文本图层，文本信息较多会造成文本互相遮挡，影响图层信息展示，而添加文本标签时，遮挡更加明显，这时除使用ggrepel包中的geom_text/label_repel()函数进行解决，还可以使用ggsflabel包，该包提供的geom_sf_label/text_repel()函数专门用于解决sf对象多文本遮挡问题。图6-2-5显示了使用ggrepel包中的geom_label_repel()函数和ggsflabel包中的geom_text/label_repel()函数绘制的文本标签地图。详细绘制代码参见本书附带代码合集，这里不赘述。

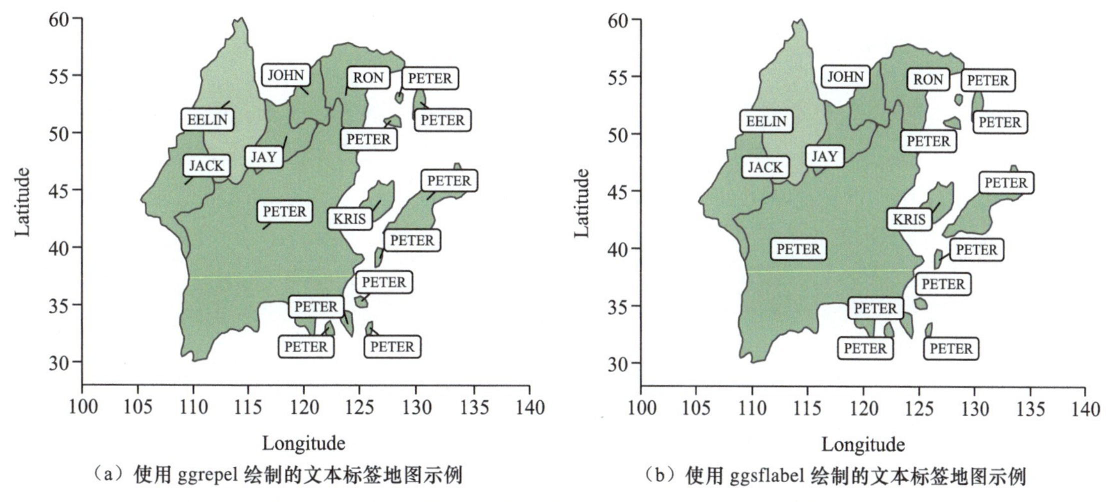

（a）使用 ggrepel 绘制的文本标签地图示例　　（b）使用 ggsflabel 绘制的文本标签地图示例

图 6-2-5　使用不同绘图工具包绘制的文本标签地图示例

6.2.4 气泡地图

在地理空间地图上，可通过绘制标记点（包括气泡、方形、三角形等）来对监测点或采样点位置进行标记，而在涉及除经纬度位置坐标信息以外的其他数据变量时，除采用定量变量数值颜色映射以外，还可以采用在地图上绘制气泡图的形式进行展示。气泡地图不但可以直接通过气泡位置展示地理空间信息分布，而且可以通过气泡大小对监测点数值（除经纬度位置变量外的第三个变量值）大小进行更为直观的表示。而在面对多个定量数值变量（除经纬度位置变量、数值大小变量外的第四个变量）表示的地图绘制时，还可以将维度数据值映射到颜色变化上，即用气泡大小映射维度数值大小，用气泡颜色映射其他维度数值变化。需要注意的是，绘制气泡地图时，气泡个数不宜过多，且在出现气泡密集、相互遮蔽、影响数值展示的情况时，可通过适当设置气泡透明度属性（alpha）进行调整。图 6-2-6 展示了单、双维度数值映射气泡地图绘制示例。

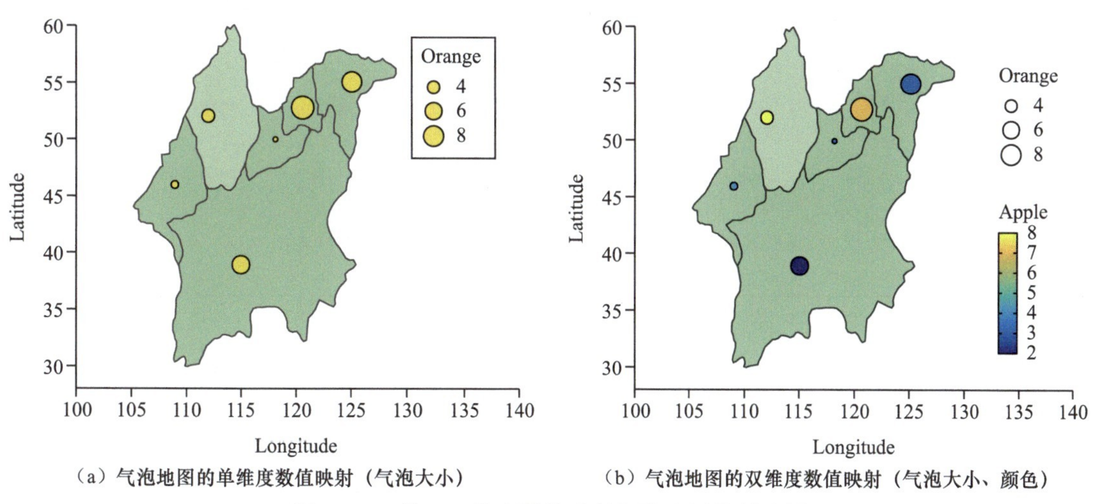

（a）气泡地图的单维度数值映射（气泡大小）　　（b）气泡地图的双维度数值映射（气泡大小、颜色）

图 6-2-6　单、双维度数值映射气泡地图绘制示例

技巧：气泡地图的绘制

使用 R 语言的 ggplot2 包绘制气泡地图的方法和绘制气泡图的方法类似，唯一不同的就是前者是在地图图层之上添加了一个图层。需要指出的是，在绘图之前需要对 sf 地图数据和 data.frame 数据框数据进行合并，可使用 sp 包中的 merge() 函数进行操作，合并数据结果依旧是 sf 地图数据。图 6-2-6（b）所示图形的核心绘制代码如下。

```
1. library(tidyverse)
2. library(sf)
3. map_fig02 <- sf::read_sf("Virtual_Map1.shp")
4. values01 <- readr::read_csv("Virtual_City.csv")
5. #合并数据集
6. merger01 <- sp::merge(x = map_fig02,y=values01,
7.              by =c("country","SP_ID"),duplicateGeoms=FALSE)
8. ggplot(data = merger01) +
9.   geom_sf(fill="#9CCA9C",alpha=0.8,linewidth=0.3) +
10.  geom_point(aes(x=long,y = lat,size=orange,fill=apple),
11.                 shape=21) +
12.  labs(x="Longitude",y="Latitude",size="Orange",fill="Apple")+
13.  scale_x_continuous(expand = c(0, 0),limits = c(100,140)) +
14.  scale_y_continuous(expand = c(0, 0),limits = c(28,60)) +
15.  scale_fill_gradientn(colors = parula(100),guide =
16.                   guide_colorbar(frame.colour = "black",
17.                           ticks.colour = "black")) +
```

在绘制气泡地图时，除将连续数据进行映射，还可以使用离散数据（类别数据）对绘图点进行分类。若绘图数据没有类别变量，可通过 dplyr 包中的 mutate() 函数结合 case_when() 函数和 stringr 包中的 str_detect() 函数完成对已有数据新变量特征的构建。图 6-2-7 所示为更改气泡样式（方块）和映射类别变量后绘制的气泡地图。图 6-2-7（b）所示图形的核心绘制代码如下。

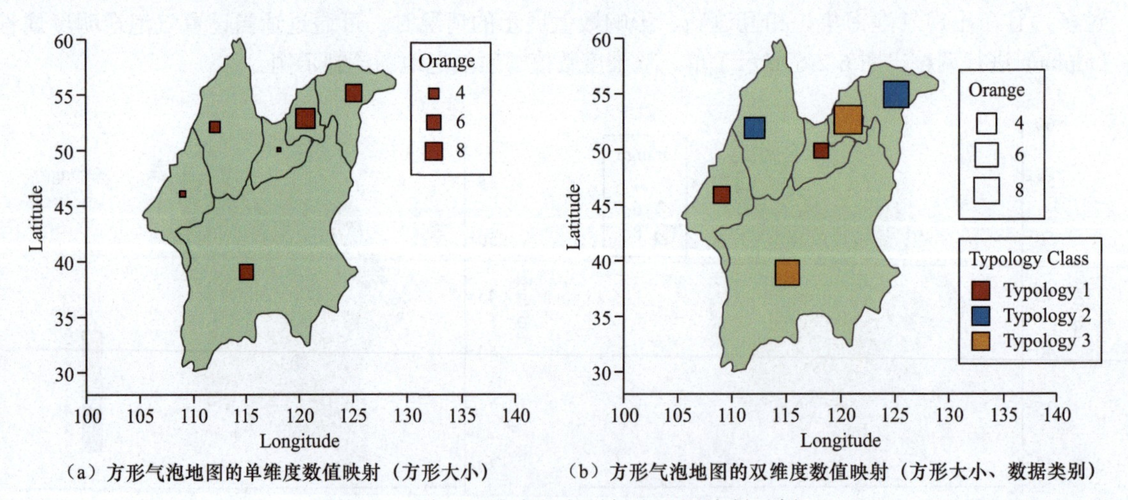

（a）方形气泡地图的单维度数值映射（方形大小）　（b）方形气泡地图的双维度数值映射（方形大小、数据类别）

图 6-2-7　单、双维度的方形气泡地图绘制示例

```
1. library(tidyverse)
2. library(sf)
3. map_fig02 <- sf::read_sf("Virtual_Map1.shp")
4. values01 <- readr::read_csv("Virtual_City.csv")
```

```
5. #合并数据集
6. merger01 <- sp::merge(x = map_fig02,y=values01,
7.              by =c("country","SP_ID"),duplicateGeoms=FALSE)
8. #构建类别变量
9. merger01_type <- merger01 %>% dplyr::mutate(fill_type =
10. case_when(
11.       str_detect(country,"JACK|JAY") ~ "Typology 1",
12.       str_detect(country,"EELIN|RON") ~ "Typology 2",
13.       TRUE ~ "Typology 3"))
14.ggplot(data = merger01_type) +
15.  geom_sf(fill="#9CCA9C",alpha=0.8,linewidth=0.3) +
16.  geom_point(aes(x=long,y = lat,size=orange,fill=fill_type),shape=22) +
17.  labs(x="Longitude",y="Latitude",size="Orange",fill="Typology Class")+
18.scale_fill_manual(values = c("#BC3C29","#0072B5","#E18727"),
19.                    guide=guide_legend(override.aes=list(size=5))) +
```

提示： 对填充颜色（fill）进行手动映射操作时，在 guide_legend() 函数中对 override.aes 参数进行特定操作，实现了对类别图例大小的修改。

6.3 分级统计地图

分级统计地图也称色级统计地图，是一种在地图分区上使用视觉符号（如颜色、阴影）来表示相关特征变量值分布情况的地图。在分级统计地图的制作过程中，可以根据各分区的特征变量值指标进行分级，并使用相应色级反映各区域的集中程度或发展水平的分布差别，常用于选举和人口普查数据的可视化展示。

在分级统计地图中，合适的色级选择对研究目标在不同区域的合理展示有着非常大的影响。典型的颜色选择包括单色系渐变、双色系渐变和完整色谱变化。分级统计地图通过颜色等属性来表现研究变量数值本身内在的模式，从而通过区域颜色实现对变量数值变化的外在体现，当数据的值域大或者数据的类型多样时，选择合适的颜色映射具有较大挑战性。

分级统计地图存在的明显问题是无法平衡数据分布和地理区域大小的关系，即二者具有不对称性。通常，对于人口密度较高的区域，地图呈现面积小，所研究的变量指标数值较大；而对于人口稀疏的地区，地图呈现面积大，变量指标数值小，空间利用方面非常不经济。这种不对称性常常造成用户对数据的错误理解，不能很好地帮助用户准确区分和比较地图上各个分区的数据值。

科研绘图涉及的分级统计地图，可按变量个数分为单变量分级统计地图、双变量分级统计地图和三变量分级统计地图。

6.3.1 单变量分级统计地图

单变量分级统计地图就是常见的用颜色映射地图不同区域的数据量变化的地图，这种地图在学术研究中经常用于研究目标在空间尺度（如农作物播种面积等）上变化的展示，涉及的变量为单一类别，即在地图上只能通过颜色的变化观察单个维度数据的数值分布。图 6-3-1 所示为使用 ggplot2 包绘制的不同图例样式的单变量分级统计地图示例。

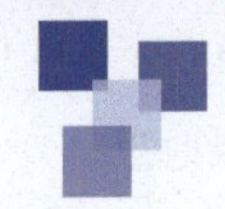

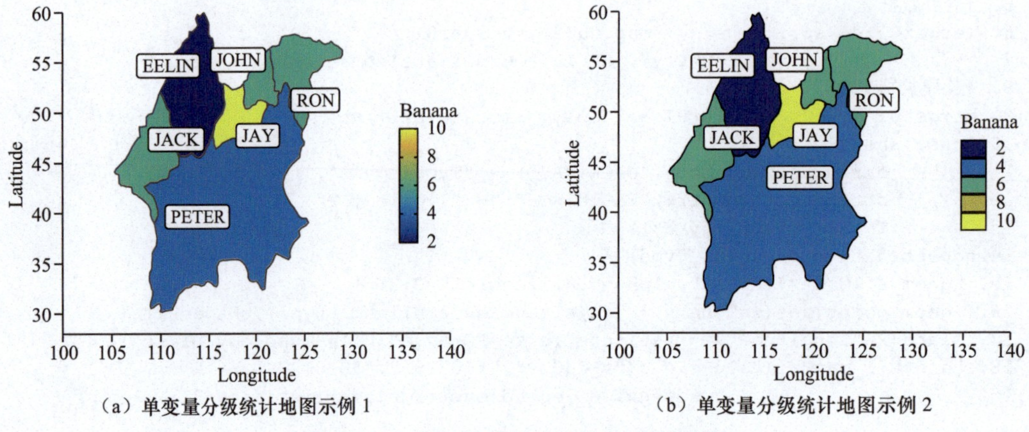

（a）单变量分级统计地图示例 1　　（b）单变量分级统计地图示例 2

图 6-3-1　单变量分级统计地图绘制示例

技巧：单变量分级统计地图的绘制

使用 R 语言中的 ggplot2 包中的 geom_sf() 函数并结合正确的绘图数据集即可完成单变量分级统计地图的绘制。这里所使用的绘图数据依旧是合并之后的数据集。不同样式连续数据映射图例的绘制关键是设置其 guide 属性，图 6-3-1（a）所示图形使用 guide_colorbar() 函数设置，而图 6-3-1（b）所示图形则使用 guide_legend() 函数设置。图 6-3-1（b）所示图形的核心绘制代码如下。

```
1. library(tidyverse)
2. library(sf)
3. map_fig02 <- sf::read_sf("Virtual_Map1.shp")
4. values01 <- readr::read_csv("Virtual_City.csv")
5. #合并数据集
6. merger01 <- sp::merge(x = map_fig02,y=values01,
7.            by =c("country","SP_ID"),duplicateGeoms=FALSE)
8. ggplot(data = merger01) +
9.   geom_sf(aes(fill=banana),colour="black",linewidth=0.3) +
10.   ggrepel::geom_label_repel(aes(label=country,geometry = geometry),
11.                    stat = "sf_coordinates",size=4,family="times") +
12.   labs(x="Longitude",y="Latitude",fill="Banana")+
13.   theme_classic() +
14.   scale_x_continuous(expand = c(0, 0),limits = c(100,140)) +
15.   scale_y_continuous(expand = c(0, 0),limits = c(28,60)) +
16.   scale_fill_gradientn(colors = parula(100),guide = guide_legend(
17.          keywidth = unit(0.6, "cm"),keyheight = unit(0.4, "cm"))) +
```

提示：使用 guide_legend() 函数是绘制另类图例样式最常用的操作方法之一，通过设置单个图例的长、宽、文本位置、刻度位置等属性，绘制出更具美感的映射图例，也是商务分级统计地图中最常用的图例绘制方法之一。

6.3.2 双变量分级统计地图

如果需要在地图上使用不同区域颜色，同时展示两个变量的数值变化，就需要使用双变量分级统计地图。双变量分级统计地图常给人难以绘制的印象，因为用户在使用集成该地图绘制功能的一些软件进行绘图时，会对其制图过程及绘图方法产生一些疑惑。现在，读者可直接使用 R 语言中的 biscale 包中的相关函数和 geom_sf() 函数，完成双变量分级统计地图的绘制。

在进行双变量分级统计地图的绘制之前，需要对绘制原理有一定的了解。首先，需要将在地图上展示的两个维度的变量数据进行对应的地图区域数值映射。然后，需要根据两个维度具体数值的范围对数据进行分箱操作，既可以根据具体数值进行自定义分箱，又可以使用分位数方法分箱，以生成映射地图区域颜色的双变量类别。需要注意的是，能容纳两个变量的分箱数一定要等于地图中需要显示的颜色类别数。通常情况下，想要展示双变量数据，则要为每个维度的变量生成 3 个分箱，共 9 个分箱。当然，我们也可以制作更多个（如 4、6 个等）分箱，但前提是要保证每个分箱中都会有具体的数据量。最后，定义数值映射所需的双变量色系（bivariate palette），可使用 biscale 包提供的双变量色系表，也可以根据 Joshua Stevens（乔舒亚 • 史蒂文斯）编写的经典双变量分级统计地图绘制教程进行自定义。图 6-3-2 所示为 biscale 包中部分双变量色系示例。

（a）DkBlue 色系　（b）GrPink 色系　（c）BlueYl 色系

图 6-3-2　biscale 包中部分双变量色系示例

图 6-3-3 展示了使用 biscale 包绘制的几种双变量分级统计地图示例。其中，图 6-3-3（b）和图 6-3-3（c）所示图形对双变量图例进行了个性化设置。

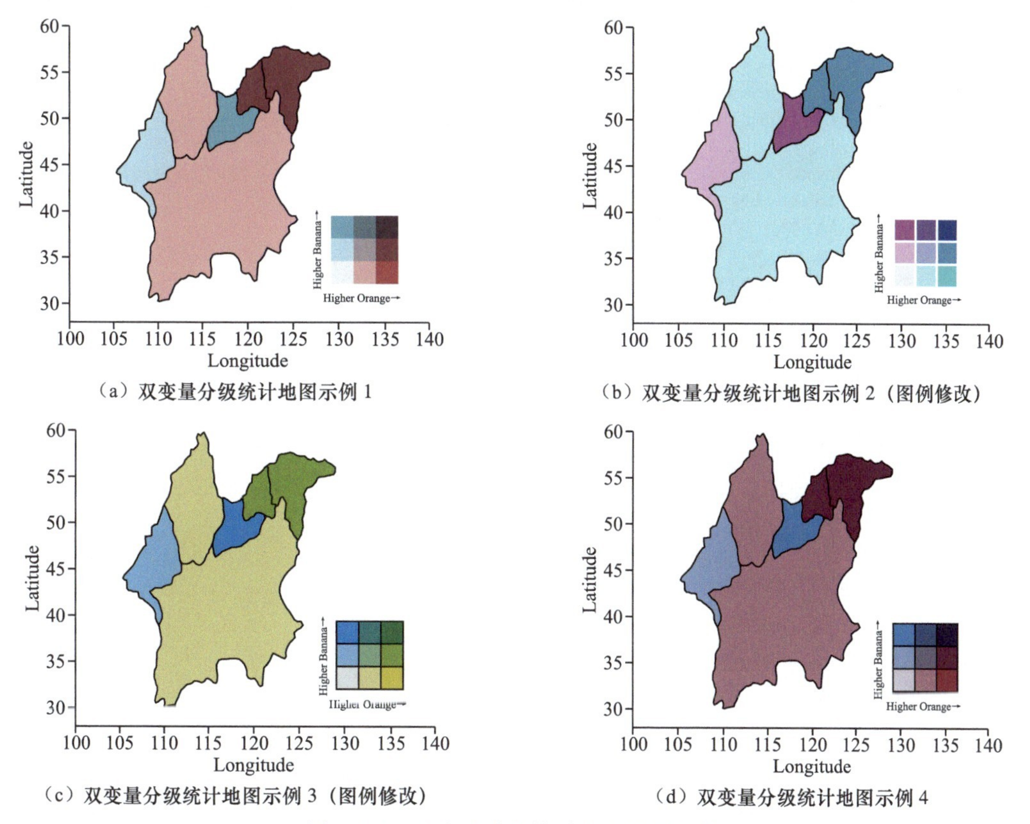

（a）双变量分级统计地图示例 1　（b）双变量分级统计地图示例 2（图例修改）

（c）双变量分级统计地图示例 3（图例修改）　（d）双变量分级统计地图示例 4

图 6-3-3　双变量分级统计地图绘制示例

技巧：双变量分级统计地图的绘制

在绘制双变量分级统计地图之前，需要先明确地图区域颜色所要映射的变量数值的计算方式。biscale 包中的 bi_class() 函数可以实现对变量的分箱操作，划分变量所属类别，默认分箱方法为 quantile（分位数），即使每个类别中数据个数相等。然后，将每个变量类别合并成一个最终变量（bi_class）。最后，使用 ggplot2 包中的 geom_sf() 函数和 biscale 包中的 bi_scale_fill() 函数实现对地图不同区域的颜色填充。需要指出的是，使用 biscale 包绘制双变量分级统计地图时，其地图部分和对应图例部分需要单独绘制，再使用 cowplot 包中的 draw_plot() 函数进行拼接，获取最终的图形结果。而要想对图例进行个性化设置，只需设置 bi_legend() 函数中的 pad_width 和 pad_color 等属性值即可。图 6-3-3（c）所示图形的核心绘制代码如下。

```
1. library(tidyverse)
2. library(sf)
3. library(biscale)
4. library(cowplot)
5. map_fig02 <- sf::read_sf("Virtual_Map1.shp")
6. values01 <- readr::read_csv("Virtual_City.csv")
7. #合并数据集
8. merger01 <- sp::merge(x = map_fig02,y=values01,
9.            by =c("country","SP_ID"),duplicateGeoms=FALSE)
10.#划分双变量所属类别
11.data <- biscale::bi_class(merger01, x = orange,
12.                 y = banana, style = "quantile", dim = 3)
13.map03 <- ggplot() +
14.  geom_sf(data = data, mapping = aes(fill = bi_class),
15.          color = "black", linewidth = 0.3, show.legend = FALSE) +
16.  biscale::bi_scale_fill(pal = "BlueYl", dim = 3) +
17.  theme_classic() +
18.  scale_x_continuous(expand = c(0, 0),limits = c(100,140)) +
19.  scale_y_continuous(expand = c(0, 0),limits = c(28,60)) +
20.  theme(text = element_text(family = "times",face='bold',size = 15),
21.      axis.text = element_text(colour = "black",face='bold',size = 12),
22.      axis.ticks.length=unit(.2, "cm"),
23.      plot.margin = margin(10, 10, 10, 10),
24.      axis.ticks = element_line(colour = "black",linewidth = 0.4),
25.      axis.line = element_line(colour = "black",linewidth = 0.4))
26.legend03 <- biscale::bi_legend(pal = "BlueYl",dim = 3,
27.                  pad_width = 0.2,pad_color = 'black',
28.                  xlab = "Higher Orange ",
29.                  ylab = "Higher Banana ",
30.                  size = 8,base_family = "times")
31.finalPlot <- ggdraw() +
32.  draw_plot(map03, 0, 0, 1, 1) +
33.  draw_plot(legend03, 0.65, 0.2, 0.3, 0.3)
```

提示：用 R 语言绘制双变量分级统计地图的方法较多，除了专门用于绘制的 biscale 包，还可以使用 colorplaner 和 bivariatemaps 两个绘图工具包。当然，读者也可以根据双变量分级统计地图的绘制原理进行自定义颜色系以及相关图层函数的构建。图 6-3-4 展示了图例中各颜色对应的变量数值及强弱关系。

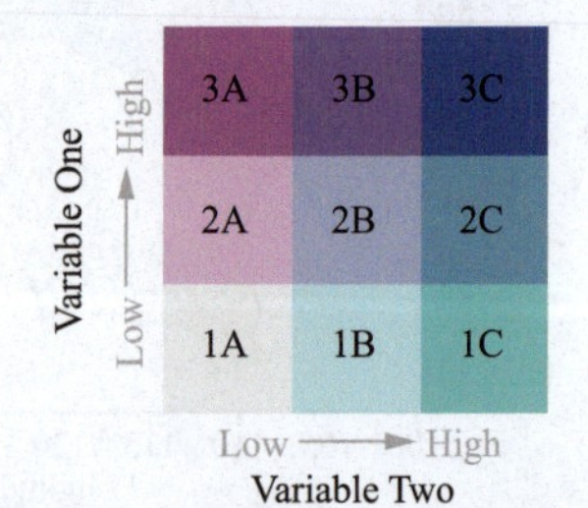

图 6-3-4　双变量分级统计地图图例示意图

6.3.3 三变量分级统计地图

使用R语言绘制三变量分级统计地图的难点是正确处理绘图数据中的3个变量，即使用图例正确表示3个变量的数据值。可以使用三元相图对3个变量的特征进行有效展示。而在R语言中，可使用拓展工具包tricolore快速完成三变量分级统计地图的高效绘制。tricolore包可为三元相图的组成成分提供灵活的可视化色标，其主要功能是将任何三元合成颜色编码为3种原色的混合，并绘制合适的颜色值。图6-3-5所示为使用tricolore包绘制的三变量分级统计地图示例，可以看出两者的主要区别在于映射图例（三元相图）的不同。

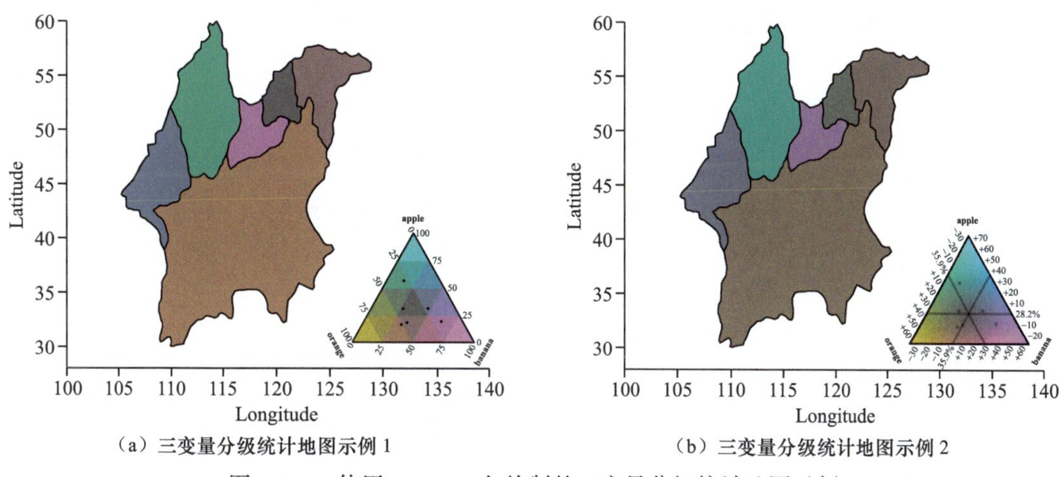

（a）三变量分级统计地图示例1　（b）三变量分级统计地图示例2

图6-3-5　使用tricolore包绘制的三变量分级统计地图示例

技巧：三变量分级统计地图的绘制

tricolore包中非常重要的数据处理函数为Tricolore()函数，该函数可以快速将数据框（data.frame）数据转变成由3部分组成的数据，然后对这些组成部分进行颜色编码，并返回一个包含rgb和key元素的列表，列表中的第一个元素是对组成部分进行颜色编码的rgb代码向量，后一个元素给出了颜色键的三元相图（ggtern包绘制）。对于连续和离散颜色的设置，使用Tricolore()函数中的breaks参数来实现。图6-3-5（b）所示图形的核心绘制代码如下。

```
1. library(tidyverse)
2. library(sf)
3. library(biscale)
4. library(tricolore)
5. library(cowplot)
6. map_fig02 <- sf::read_sf("Virtual_Map1.shp")
7. values01 <- readr::read_csv("Virtual_City.csv")
8. #合并数据集
9. merger01 <- sp::merge(x = map_fig02,y=values01,
10.             by =c("country","SP_ID"),duplicateGeoms=FALSE)
11.tric_inf <- tricolore::Tricolore(df = merger01,p1 = "orange",
12.p2 = "apple",p3 = "banana",breaks = Inf,center = NA)
13.merger01$educ_rgb_inf <- tric_inf$rgb
14.tri_map_inf <- ggplot(merger01) +
```

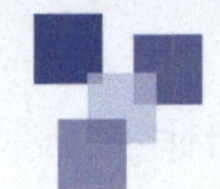

```
15.   geom_sf(aes(fill = educ_rgb_inf, geometry = geometry),
16.             color = "black", linewidth = 0.3) +
17.   scale_fill_identity() +
18.tri_legend2 <- tric_inf$key
19.finalPlot <- ggdraw() +
20.   draw_plot(tri_map_inf, 0, 0, 1, 1) +
21.   draw_plot(ggplotGrob(tri_legend2), 0.62, 0.15, 0.4, 0.4)
```

提示：CRAN 上已不再提供 tricolore 包的安装方式，读者可在 GitHub 上下载压缩包进行安装，笔者也将在代码文件中提供相应文件。此外，安装 tricolore 包之前需安装 ggtern 包和 assertthat 包（如果提示安装则需安装，已安装则忽略即可）。

6.4　带统计信息的地图

有时，我们需要在地图上绘制常见的统计图形（如柱形图、饼图等），用于表示特定监测点或者研究区域的不同研究目标之间的统计关系，如数量和占比等。带统计信息的地图实际上是地图和统计图形两个绘图图层的叠加，统计图形在地图上的位置可用监测点的经纬度坐标信息确定。图 6-4-1 展示了带柱形图的地图和两种带饼图的地图。其中，图 6-4-1（b）、图 6-4-1（c）所示图形使用拓展工具包 scatterpie 绘制完成。

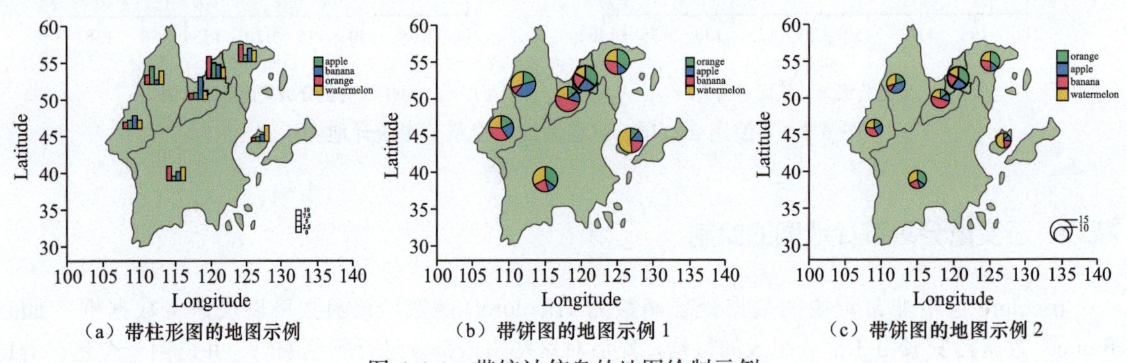

图 6-4-1　带统计信息的地图绘制示例

技巧：带统计信息的地图的绘制

使用 R 语言中的 ggplot2 包在地图图层之上添加统计图层的关键是确定添加子图的位置和实现图形样式的正确展示。在绘制柱形图时，由于是在地图上添加，常见的 geom_bar() 等柱形图绘制函数无法使用，可使用 geom_rect() 函数并设置正确的 xmin、xmax、ymin 和 ymax 等参数完成绘制。在绘制之前，需要对绘图数据进行必要的处理，构建可用于图层映射的变量数值。由于柱形图为并排绘制，因此需要设置每种数据集的偏移数值（hjust 参数值）。此外，在构建对应柱形图的数值图例时，同样使用 geom_rect() 函数结合自建数值完成。在绘制饼图时，可直接使用 scatterpie 包中的 geom_scatterpie() 函数完成，如设置映射参数 r 为固定值，可绘制图 6-4-1（b）所示的可视化结果；设置 r 为连续值，可绘制图 6-4-1（c）所示的可视化结果。图 6-4-1（a）和图 6-4-1（c）所示图形的核心绘制代码如下。

```
1. library(tidyverse)
2. library(sf)
3. library(scatterpie)
4. map_fig02 <- sf::read_sf("Virtual_Map1.shp")
5. values01 <- readr::read_csv("Virtual_City.csv")
6. #图6-4-1(a)所示图形的核心绘制代码
7. #数据处理
8. values_df <- values01 %>% tidyr::pivot_longer(cols =
9.                              c("orange","apple","banana","watermelon"))
10.#对数据进行缩放处理和新变量构建
11.MaxH <- max(values_df$value)
12.width<-1.3
13.Scale<-3
14.values_df <- values_df %>% dplyr::mutate(
15.              hjust1=ifelse(name=='orange',-width,
16.                        ifelse(name=='apple',-width/2,
17.                        ifelse(name=='banana',0,width/2))),
18.              hjust2=ifelse(name=='orange',-width/2,
19.                        ifelse(name=='apple',0,
20.                        ifelse(name=='banana',width/2,width))),
21.              value_scale=value/MaxH*Scale)
22.#构建图例数据
23.Lengend_data<-
24.      data.frame(X=rep(132,5),Y=rep(32,5),index=seq(0,MaxH,MaxH/4))
25.colors <- c("#2FBE8F","#459DFF","#FF5B9B","#FFCC37")
26.ggplot() +
27.  geom_sf(data = map_fig02,fill="#9CCA9C",alpha=0.8) +
28.  geom_rect(data = values_df, aes(xmin = long +hjust1,
29.             xmax = long+hjust2,ymin = lat,
30.             ymax = lat + value_scale ,fill= name),
31.             linewidth =0.25, colour ="black", alpha = 1) +
32.  #添加图例图层
33.  geom_rect(data = Lengend_data,aes(xmin = X , xmax = X+0.7 ,
34.            ymin = Y, ymax = Y+index / MaxH * Scale),linewidth =0.25,
35.            colour ="black",fill = "NA",alpha = 1)+
36.  geom_text(data = Lengend_data,aes(x=X+1.5,
37.                      y=  Y+index / MaxH * Scale,label=index),
38.                      size=2,family="times",fontface='bold') +
39.  scale_fill_manual(values = colors)+
40.#图6-4-1(c)所示图形的核心绘制代码
41.#计算半径大小
42.values01$Sumindex<-rowSums(values01[,c("orange","apple","banana",
43.                                        "watermelon")])
44.Bubble_Scale<-1.5
45.radius<-sqrt(values01$Sumindex/pi)
46.Max_radius<-max(radius)
47.values01$radius<-radius/Max_radius*Bubble_Scale
48.ggplot() +
49.  geom_sf(data = map_fig02,fill="#9CCA9C",alpha=0.8) +
50.  scatterpie::geom_scatterpie(data = values01,aes(x=long, y=lat,
51.      group=SP_ID,r=radius),
52.      cols=c("orange","apple","banana","watermelon"),
53.      color="black", alpha=1,size=0.35) +
54.  scatterpie::geom_scatterpie_legend(values01$radius,x=135,y=32,
55.    n=2,labeller=function(x) 10*x,size=3,family="times")+
56.  scale_fill_manual(values = colors)+
```

提示：在绘制图 6-4-1（a）所示图形时，涉及较烦琐的数据处理操作，读者需了解变量构建逻辑和数据处理规则。在绘制图 6-4-1（c）所示图形时，构建饼图半径变量的依据为已有的类别特征数据，当然，读者也可自行进行虚拟数据的构建。

6.5　连接线地图

连接线地图（link map）是在地图上绘制点与点的连接线。连接线是根据离散值的宽度类别进行绘制的。连接线地图可展示某个研究点与其他研究点的关系，连接线的宽度表示不同的数值权重映射。图 6-5-1 展示了两种连接线样式的地图绘制示例。

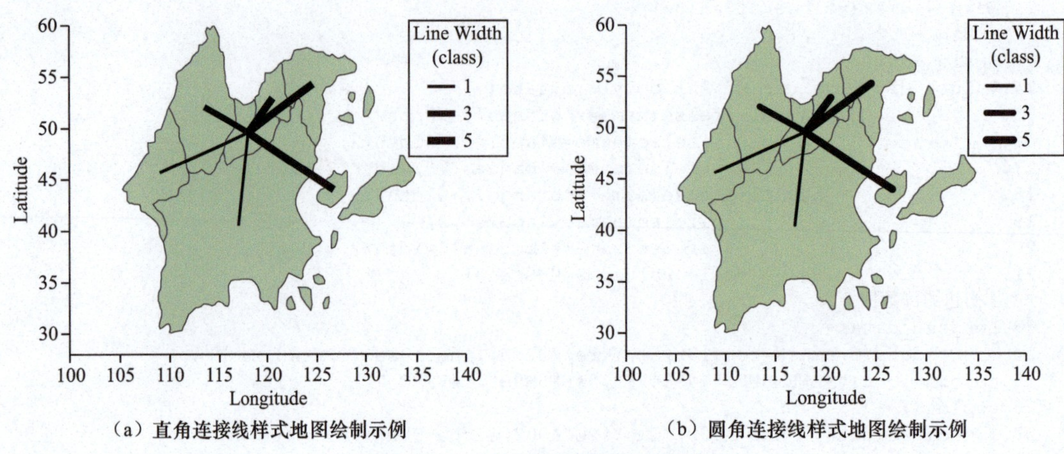

（a）直角连接线样式地图绘制示例　　（b）圆角连接线样式地图绘制示例

图 6-5-1　连接线地图绘制示例

技巧：单类别连接线地图的绘制

使用 ggplot2 包进行连接线地图的绘制，主要是使用其中的 geom_segment() 函数进行连接线的绘制，使用 geom_sf() 函数进行地图图层的绘制。需要注意的是，绘制连接线需要有起、终点位置，所以对应的绘图数据中就必须含有对应的起、终点位置变量。此外，还需要使用 linewidth（线宽）属性进行数值变量映射。图 6-5-1（b）所示图形的核心绘制代码如下。

```
1. library(tidyverse)
2. library(sf)
3. library(readxl)
4. link_data = readxl::read_excel("Link_Map_data.xlsx")
5. map_fig02 <- sf::read_sf("Virtual_Map1.shp")
6. single_link <- link_data %>% dplyr::filter(line_class==1)
7. ggplot() +
8.    geom_sf(data = map_fig02,fill="#9CCA9C",alpha=0.8) +
9.    geom_segment(data = single_link,aes(x=long_start,xend=long,
10.        y = lat_start,yend=lat,linewidth=line_width),lineend="round") +
11.    scale_linewidth(range = c(1,2.5),breaks = c(1,3,5))+
12.    labs(x="Longitude",y="Latitude",linewidth="Line Width\n(class)")+
13.    theme_classic() +
```

有时我们还需要在地图上绘制多类别的连接线，用于表明不同数据类型或研究对象，此时需要绘制多类别连接线地图。多类别连接线地图的绘制方法与单类别连接线地图的绘制方法类似，唯一不同的就是在绘图函数中需要选择颜色映射变量值。图 6-5-2 所示为两种连接线样式的多类别连接线地图绘制示例。

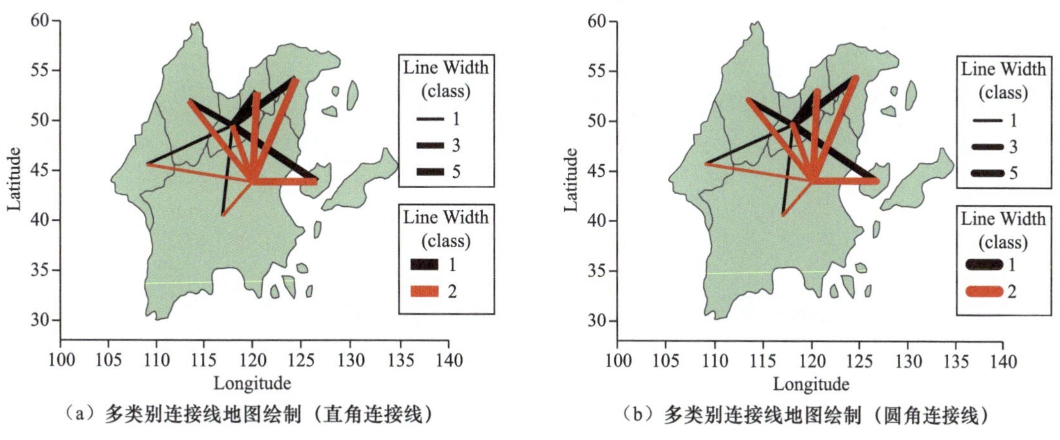

（a）多类别连接线地图绘制（直角连接线）　（b）多类别连接线地图绘制（圆角连接线）

图 6-5-2　多类别连接线地图绘制示例

技巧：多类别连接线地图的绘制

多类别连接线地图的 R 语言绘制方法与单系列连接线地图的类似，唯一的不同就是对类别映射变量的选择，即绘图数据中有类别变量，将变量值映射到 color 变量即可。注意：此案例中的类别变量默认为数值类型，需要在映射操作时，使用 as.factor() 函数将其转换成因子向量类型。图 6-5-2（b）所示图形的核心绘制代码如下。

```
1. library(tidyverse)
2. library(sf)
3. library(readxl)
4. link_data = readxl::read_excel("Link_Map_data.xlsx")
5. map_fig02 <- sf::read_sf("Virtual_Map1.shp")
6. ggplot() +
7.   geom_sf(data = map_fig02,fill="#9CCA9C",alpha=0.8) +
8.   geom_segment(data = link_data,aes(x=long_start,xend=long,
9.       y = lat_start,yend=lat,linewidth=line_width,
10.      color=as.factor(line_class)),lineend="round") +
11.  scale_linewidth(range = c(1,2.5),breaks = c(1,3,5))+
12.  scale_color_manual(values = c("black","red"),
13.    guide=guide_legend(override.aes = list(linewidth=2))) +
14.  labs(x="Longitude",y="Latitude",
15.      linewidth="Line Width\n(class)",color="Line Width\n(class)")+
16.  theme_classic() +
```

提示：在绘制的图例属性不符合绘图要求时，可使用 override.aes 进行图例属性的修改。

6.6 类型地图

类型地图（typology map）就是用不同颜色表示需要特别标记的区域的地图。类型地图和分级统计地图类似，但前者用于类别数据的映射表示，后者主要用于连续数据的映射表示。图 6-6-1（a）和图 6-6-1（b）所示为类型地图添加注释文本前后的样式，图 6-6-1（c）和图 6-6-1（d）所示则是对注释文本进行阴影效果添加和使用 ggpattern 包添加纹理填充样式的示例。

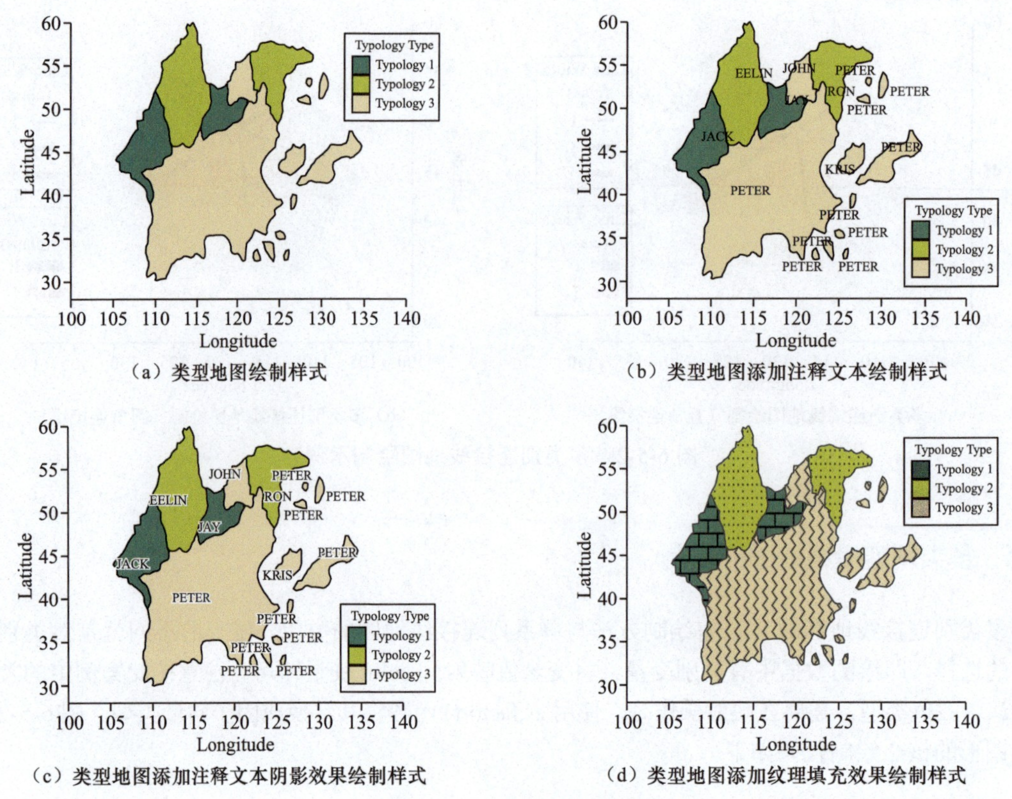

（a）类型地图绘制样式
（b）类型地图添加注释文本绘制样式
（c）类型地图添加注释文本阴影效果绘制样式
（d）类型地图添加纹理填充效果绘制样式

图 6-6-1　类型地图绘制示例

技巧：类型地图的绘制

使用 R 语言绘制类型地图的关键是设置 ggplot2 包中相关绘图函数的 fill（颜色填充）属性。文本的添加方法和之前介绍的方法一致，为避免文本重叠，可使用 ggrepel 包中的 geom_label/text_repel() 函数添加文本，而设置文本阴影效果，则需设置 bg.colour 和 bg.r 参数值。设置纹理填充样式则使用 ggpattern 包中的 geom_sf_pattern() 函数进行操作即可。需要注意的是，在绘图之前需要根据地图不同区域名称进行类别变量的构建。图 6-6-1（c）、图 6-6-1（d）所示图形的核心绘制代码如下。

```
1. library(tidyverse)
2. library(sf)
3. library(ggrepel)
4. library(ggpattern)
5. map_fig02 <- sf::read_sf("Virtual_Map1.shp")
6. #数据处理
7. map_fig02_type <- map_fig02 %>% dplyr::mutate(fill_type=case_when(
8.      stringr::str_detect(country,"JACK|JAY") ~ "Typology 1",
9.      stringr::str_detect(country,"EELIN|RON") ~ "Typology 2",
10.     TRUE ~ "Typology 3"
11.))
12.#图 6-6-1(c)所示图形的核心绘制代码
13.ggplot(data = map_fig02_type) +
14.   geom_sf(aes(fill=fill_type),colour="black",linewidth=0.35) +
15.   ggrepel::geom_text_repel(aes(label=country,geometry = geometry),
```

```
16.           stat = "sf_coordinates",size=3.5,family="times",
17.           bg.colour = "white", bg.r = .2) +
18.   scale_fill_manual(values = c("#458B74","#CDCD00","#F5DEB3")) +
19.   labs(x="Longitude",y="Latitude",fill="Typology Type")+
20.   theme_classic() +
21.#图6-6-1(d)所示图形的核心绘制代码
22.ggplot(data = map_fig02_type,) +
23.   geom_sf(aes(fill=fill_type),colour="black",linewidth=0.35) +
24.   ggpattern::geom_sf_pattern(aes(pattern_type = fill_type,
25.                                  fill=fill_type),
26.                                  pattern = 'magick',
27.                                  pattern_fill = 'black',
28.                                  pattern_aspect_ratio = 1.75) +
29.   scale_fill_manual(values = c("#458B74","#CDCD00","#F5DEB3")) +
30.   scale_pattern_type_discrete(choices = gridpattern::names_magick) +
```

6.7 等值线地图

等值线地图（isopleth map）也称等位线地图，是通过显示具有连续分布的区域来简化有关区域信息的一种地图类型，它可被看作等值线图和地图的叠加组合。等值线地图可以使用线条来显示海拔、温度、降雨量或其他监测指标数值相同的区域，也可以对各等值线之间的值进行插值（interpolate）。此外，等值线地图还可以使用颜色来显示某些数值相同的区域，比如，在等值线地图上，使用从红色到蓝色的阴影变化来显示温度范围。图 6-7-1 展示了绘制等值线地图时所需测试点的分布。需要注意的是，在只绘制测试点在地图上的位置时，如果涉及的测试点过多，那么应进行透明度的设置，这样有助于用户观察测试点的疏密程度。

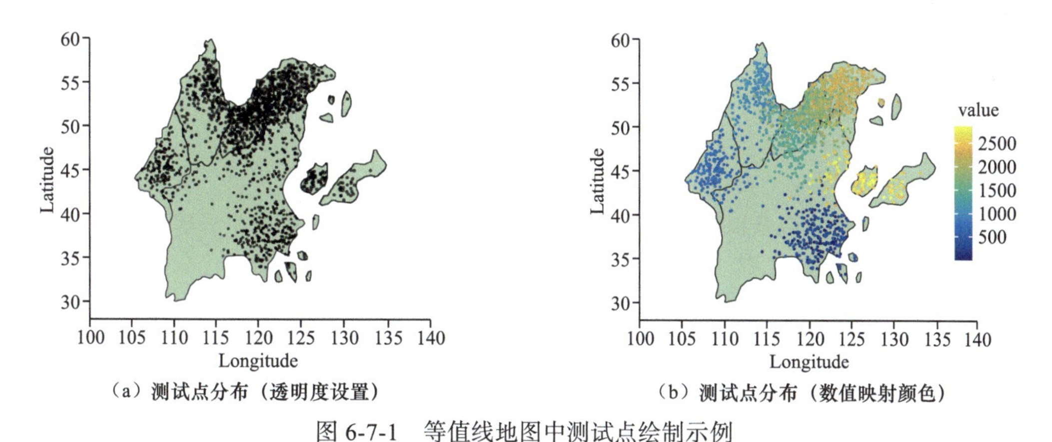

（a）测试点分布（透明度设置）　（b）测试点分布（数值映射颜色）

图 6-7-1　等值线地图中测试点绘制示例

技巧：等值线地图中测试点的绘制

使用 R 语言绘制等值线地图的测试点的方法相对简单，关键是设置 ggplot2 包中 geom_point() 函数的 color（颜色）参数和 alpha（透明度）参数。当然，在用颜色映射数值变量时，需在 aes() 函数中进行设置。图 6-7-1（b）所示图形的核心绘制代码如下。

```
1. library(tidyverse)
2. library(sf)
3. library(pals)
4. map_fig02 <- sf::read_sf("Virtual_Map1.shp")
5. point_data <- readr::read_csv("Virtual_huouse.csv")
6. ggplot() +
7.   geom_sf(data = map_fig02,fill="#9CCA9C",alpha=0.8) +
8.   geom_point(data=point_data,aes(x=long,y=lat,color=value),size=0.5)+
9.   scale_color_gradientn(colours =parula(100),breaks=seq(500,2500,500))+
```

等值线地图的绘制前提是要有整个地图区域的网格数据。本节使用地理、大气、环境科学等研究中常用的克里金插值（Kriging interpolation）法，根据已有的测试点数据对整个地图面数据进行插值，从而获取绘图数据集，同时也对空间可视化中常见的插值方法进行简单介绍。克里金插值法的原型被称为普通克里金（Ordinary Kriging，OK）插值法，而常见的改进算法一般指泛克里金（Universal Kriging，UK）插值法。图 6-7-2 所示为利用 gstat 包进行插值计算的网格样式和根据地图文件裁剪的插值结果。

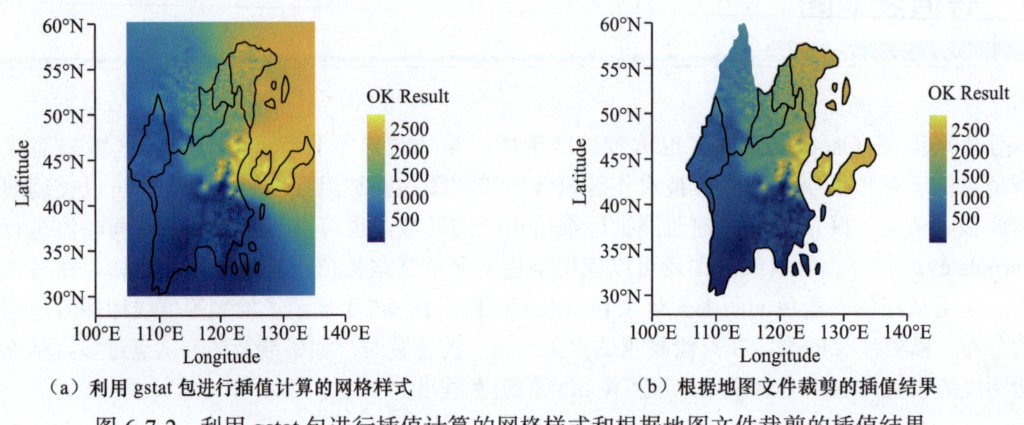

（a）利用 gstat 包进行插值计算的网格样式　　（b）根据地图文件裁剪的插值结果

图 6-7-2　利用 gstat 包进行插值计算的网格样式和根据地图文件裁剪的插值结果

技巧：等值线地图的绘制

在 R 语言中进行常见地理空间数据的插值的方法和使用 Python 等语言工具的相似。首先，使用 sf 包中的 st_bbox() 函数获取整个地图文件的经纬度范围，并根据范围生成等长、等宽的网格点数，即新插值数据生成的范围；然后，使用 gstat 包中的 krige() 函数并结合已有的测试点信息（经纬度、数值）、新构建的网格点进行克里金插值算法的构建和插值结果输出；最后，使用 ggplot2 包中的 geom_sf() 函数完成绘图。对于裁剪操作，需要先使用 sf 包中的 st_intersection() 函数对两个数据对象进行裁剪操作。需要注意的是，以上操作过程中的所有数据均为 sf 数据对象，对于含经纬度和数值的测试点数据，可使用 sf 包中的 st_as_sf() 函数转换成 sf 对象。在裁剪过程中，需要数据对象具有相同的投影坐标系，可使用 sf 包中的 st_crs() 函数对 sf 对象进行直接赋值操作。在绘制可视化结果时，设置 geom_sf() 函数中的点大小参数 size=0.02（尽可能小）即可。图 6-7-2（b）所示图形的核心绘制代码如下。

```
1. library(tidyverse)
2. library(sf)
3. library(gstat)
4. library(pals)
```

```
5. sf_use_s2(FALSE)
6. #读取数据
7. map_fig02 <- sf::read_sf("Virtual_Map1.shp")
8. point_data <- readr::read_csv("Virtual_huouse.csv")
9. #设定投影坐标系
10.sf::st_crs(map_fig02) = 4326
11.point_data_sf <- sf::st_as_sf(point_data,
12.                             coords = c("long", "lat"),crs = 4326)
13.#生成400×400的网格
14.grid_df <- expand.grid(x=seq(from = st_bbox(map_fig02)[1],
15.to = st_bbox(map_fig02)[3],length.out = 400),
16.                                y=seq(from = st_bbox(map_fig02)[2],
17.to = st_bbox(map_fig02)[4],length.out = 400))
18.grid_sf <- sf::st_as_sf(grid_df,coords = c("x", "y"),crs = 4326)
19.#克里金插值
20.ok = gstat::krige(formula = value~1,locations=point_data_sf,
21.                          newdata=grid_sf, model=v.m)
22.#裁剪操作
23.ok_mask_result <- sf::st_intersection(ok,map_fig02)
24.ggplot() +
25.  geom_sf(data = ok_mask_result,aes(color=var1.pred),size=0.01) +
26.  geom_sf(data = map_fig02,fill="NA",color="black",linewidth=0.35) +
27.  scale_color_gradientn(colours =
28.                          parula(100),breaks=seq(500,2500,500)) +
29.  scale_x_continuous(expand = c(0, 0),limits = c(100,140),
30.                             breaks = seq(100,140,10)) +
31.  scale_y_continuous(expand = c(0, 0),limits = c(28,60)) +
32.  labs(x="Longitude",y="Latitude",color="OK Result")+
33.  theme_classic() +
```

提示： R 语言中进行地理空间数据插值的方法较多，但它们的基本逻辑大致相同，读者可根据自己的实际需求选择合适的方法进行插值处理。在克里金插值变异模型（variogram model）选择过程中，可以自定义变异模型，也可以通过 automap 包中的 autofitVariogram() 函数进行自动构建。

除了使用常见的克里金插值，还可以使用另外一种较为简单的插值方法，即反距离权重（Inverse Distance Weighted，IDW）插值，可以使用 gstat 包中的 idw() 函数并设置相关参数完成操作。另外，对绘图结果添加必要的地图元素（如比例尺和指北针等）也是地图绘制过程中较为常见的操作。图 6-7-3 展示了进行 IDW 插值和添加指北针等元素后的可视化示例。

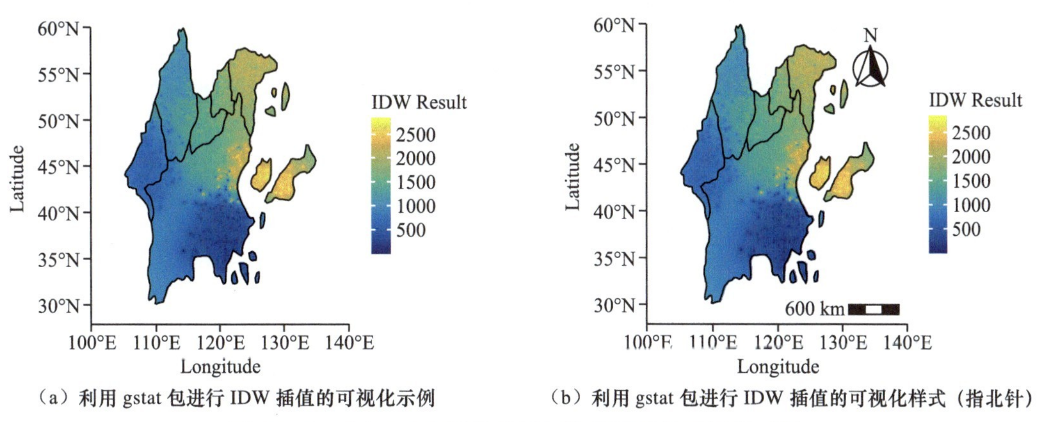

（a）利用 gstat 包进行 IDW 插值的可视化示例

（b）利用 gstat 包进行 IDW 插值的可视化样式（指北针）

图 6-7-3 进行 IDW 插值及添加指北针后的可视化示例

技巧：IDW 插值地图的绘制

R 语言中的 gstat 包中提供可实现 IDW 插值计算的 idw() 函数，读者直接使用即可。之所以说 IDW 是相对简单的插值方法，是因为其不需要变异模型，直接给定所需要的数值和插值范围即可；对于比例尺和指北针等地图元素，使用 ggspatial 包中的 annotation_scale() 和 annotation_north_arrow() 函数即可快速添加。图 6-7-3（b）所示图形的核心绘制代码如下。

```
1. library(tidyverse)
2. library(sf)
3. library(gstat)
4. library(ggspatial)
5. sf_use_s2(FALSE)
6. #读取数据
7. map_fig02 <- sf::read_sf("Virtual_Map1.shp")
8. point_data <- readr::read_csv("Virtual_huouse.csv")
9. #设定投影坐标系
10.sf::st_crs(map_fig02) = 4326
11.point_data_sf <- sf::st_as_sf(point_data,
12.                             coords = c("long", "lat"),crs = 4326)
13.#生成400×400的网格
14.grid_df <- expand.grid(x=seq(from = st_bbox(map_fig02)[1],
15.to = st_bbox(map_fig02)[3],length.out = 400),
16.                               y=seq(from = st_bbox(map_fig02)[2],
17.to = st_bbox(map_fig02)[4],length.out = 400))
18.grid_sf <- sf::st_as_sf(grid_df,coords = c("x", "y"),crs = 4326)
19.#IDW插值
20.IDW <- gstat::idw(formula = value ~ 1, locations = point_data_sf,
21.                        newdata=grid_sf)
22.IDW_mask_result <- sf::st_intersection(IDW,map_fig02)
23.ggplot() +
24.  geom_sf(data = IDW_mask_result,aes(color=var1.pred),size=0.03) +
25.  geom_sf(data = map_fig02,fill="NA",color="black",linewidth=0.4) +
26.  annotation_scale(location = "br",text_family = "times") +
27.  annotation_north_arrow(location = "tr", which_north = "true",
28.                             style = north_arrow_fancy_orienteering) +
29.  scale_color_gradientn(colours = parula(100),
30.                             breaks=seq(500,2500,500)) +
```

提示：由于本案例中所使用的地图数据为虚构数据，因此比例尺会出现错误提示，读者可忽略。再者，在一些默认场景下，如果刻度坐标中带有明显的经纬度信息，可不用考虑添加指北针等地图元素，读者可根据自己的实际绘图需求自行确定。

6.8　子地图

子地图（inset map）就是在已有的地图图层上添加另一个地图图层，添加的图层可以是原地图图层的子区域，也可以是其母区域。新添加的地图图层一般位于已有地图图层的右上角或左下角。通常，子地图用作定位器地图，以更广泛、更熟悉的地理参考框架显示主地图的区域或突出特定感兴趣区域的细节。图 6-8-1 所示为两种样式的子地图绘制示例。

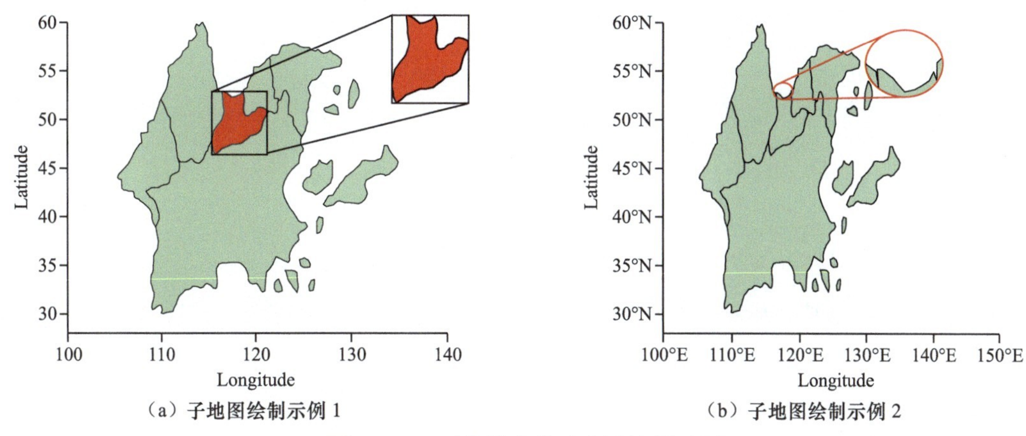

（a）子地图绘制示例 1　　（b）子地图绘制示例 2

图 6-8-1　两种样式的子地图绘制示例

技巧：子地图的绘制

用 R 语言绘制子地图，可使用基础的 ggplot2 包，也可使用拓展工具包 ggmapinset。使用 ggplot2 包绘制子地图的方法较为烦琐，特别是在连接两个绘图对象时，而在此之前，需要使用 coord_equal() 函数将整个绘图对象的范围固定，再使用 annotation_custom() 函数对每个绘图对象进行位置的合理布局；连接线的绘制则是使用 geom_segment() 完成的，需要注意的是，连接线的起始位置需要人为进行调整。使用 ggmapinset 包进行子地图绘制则相对简单，只需选择正确的函数进行绘图即可，但绘图对象必须具有相同的投影坐标。图 6-8-1 所示图形的核心绘制代码如下。

```
1. library(tidyverse)
2. library(sf)
3. library(ggmapinset)
4. map_fig02 <- sf::read_sf("Virtual_Map1.shp")
5. #图 6-8-1(a)所示图形的核心绘制代码
6. inset_map <- map_fig02 %>% filter(country=="JAY")
7. #获取边框
8. inset_map_bb <- st_as_sfc(st_bbox(inset_map))
9. map_main <- ggplot() +
10.  geom_sf(data =map_fig02,fill="#9CCA9C",colour="black",
11.            alpha=0.8,linewidth=0.15) +
12.  geom_sf(data = inset_map,fill="red")+
13.  geom_sf(data = inset_map_bb, fill = NA,color = "black",
14.           linewidth = 0.3) +
15. inset_plot  <- ggplot() +
16.  geom_sf(data = inset_map,fill="red",colour="black",linewidth=.5) +
17.  geom_sf(data = inset_map_bb, fill = NA, color = "black",
18.            linewidth =.5) +
19.  theme_void()
20.cowplot::ggdraw() +
21.  coord_equal(xlim = c(0, 20), ylim = c(0, 20), expand = FALSE) +
22.  annotation_custom(ggplotGrob(map_main), xmin = 0, xmax = 20,
23.                    ymin = 0, ymax = 20) +
24.  annotation_custom(ggplotGrob(inset_plot), xmin = 16.5, xmax = 20,
25.                     ymin = 12, ymax = 20) +
26.  #添加连接线
27.  geom_segment(aes(x = 11.5, xend = 19.8, y = 12.2, yend = 14.2),
28.              color = "black", linewidth = .3) +
29.  geom_segment(aes(x = 9.3, xend = 16.7, y = 14.7, yend = 17.8),
```

```
30.                color = "black", linewidth = .3)
31.#图6-8-1(b)所示图形的核心绘制代码
32.#设定投影坐标
33.sf::st_crs(map_fig02) = 4326
34.ggplot(data = map_fig02) +
35.  geom_sf(fill="#9CCA9C",colour="black",alpha=0.8) +
36.  geom_sf_inset(fill="#9CCA9C",colour="black",alpha=0.8,
37.                    map_base = "none") +
38.  geom_inset_frame(colour = "red",linewidth=0.3) +
39.  coord_sf_inset(inset = configure_inset(
40.    centre = sf::st_sfc(sf::st_point(c(117.5, 53)), crs = 4326),
41.    scale = 4,translation = c(750, 200), radius = 60,units = "mi")) +
```

6.9 本章小结

本章通过对地理空间数据可视化的分析，以及常见地理空间地图和其他多种地图的绘制，阐释了使用 R 语言实现地图绘制的便利性和可重复性，并对绘图主题进行了个性化操作（涉及一些主题绘图包的使用），使绘图结果达到出版要求。随着地理空间数据分析需求的增加，出现了更多定制化地理空间图样式和图类别，单独使用 R 语言已经很难满足研究结果的展示需求，需要借助更多的第三方工具。当然，在 R 语言中，除了使用 ggplot2 包进行地图绘制，还可以使用 tmap、mapsf 以及 cartogram 包进行其他类型地图的绘制，特别是 tmap 和 mapsf 包，前者的绘制结果在一定程度上更加符合某些期刊的地图绘制需求；后者的绘制结果则更加偏向商务图形类型，在偏文史类学科的论文配图中较为常用。

学术研究中地理空间图形的绘制可以从以下方面进行拓展。

- 地图视觉上的表达。虽然在类别和颜色搭配上，这类图形不宜过于“花哨”，但在数据类别映射和具体的数值映射上，可以考虑关联多个研究维度，使地图尽可能表达研究数据的多个维度信息。
- 多属性、多图层协同展示数据信息。目前，学术研究中的地理空间图形空间有限，虽然能展示二维空间不能展示的可视化效果，但在涉及多图层、多类别可视化等复杂情况时，还是会出现图层拥挤、关键信息遮挡等问题，影响可视化结果的信息表达。如何选择地图投影以及进行对应投影下的多图层协同展示，是未来多研究目标的可视化结果展示的研究课题之一。

第 7 章　其他类型统计图形绘制

除前面几章介绍的可系统分类的常见科研论文配图以外，还存在一些暂时无法对它们进行分类的图或者特定研究领域的专属图，本章就对这些图进行说明，并介绍其使用场景。

7.1 Bland-Altman 图

Bland-Altman（布兰德 - 奥特曼）图又称差异图（difference plot），是一种比较两种测量方法的统计图形，可用于评估两次观测（或两种方法、两个评分者）的一致性。通常情况下，该图先在 Y 轴上绘制两个测量值的差值，在 X 轴上绘制两个测量值的平均值，再在数据点周围画出一致性界限。Bland-Altman 图的基本思想是计算两组测量结果的一致性界限，并用图形直观地反映一致性界限。

在用两种方法对同一组数据进行测量时，获得的结果总是存在一定趋势的差异，如一种方法的测量结果经常大于（或小于）另一种方法的测量结果，这种差异被称为偏倚。偏倚可以用两种方法多个测量结果差值的平均值 d 进行估计。平均值 d 的变异情况可以用差值的标准差（SD）来描述，如果两种方法多个测量结果的差值服从正态分布，则 95% 的差值应该落在 $[d-1.96\mathrm{SD}, d+1.96\mathrm{SD}]$ 区间。这个区间为 95% 一致性界限（95% Limits of Agreement，95% LoA）。当绝大多数差值位于该区间时，可认为这两种方法具有较好的一致性，可以互相代替。

图 7-1-1 所示为 Bland-Altman 图绘制示例，其中，图 7-1-1（a）所示为根据图形原理使用 ggplot2 包绘制的可视化结果，图 7-1-1（b）所示为使用 blandr 包中的 blandr.draw() 函数并结合 ggplot2 包图层函数绘制的可视化结果，图中上下淡青色和淡红色区域内的黑色虚线分别表示 95% 一致性界限的上下限，中间淡蓝色区域内的黑色虚线表示差值的平均值，黑色实线表示差值平均值为 0 的位置。两种方法测量结果的一致性越高，表示差值平均值的线（淡蓝色区域黑色虚线）就越接近表示差值平均值为 0 的线（黑色实线）。需要注意的是，以上两种绘图结果都是在 ggprism 绘图主题下的可视化结果。

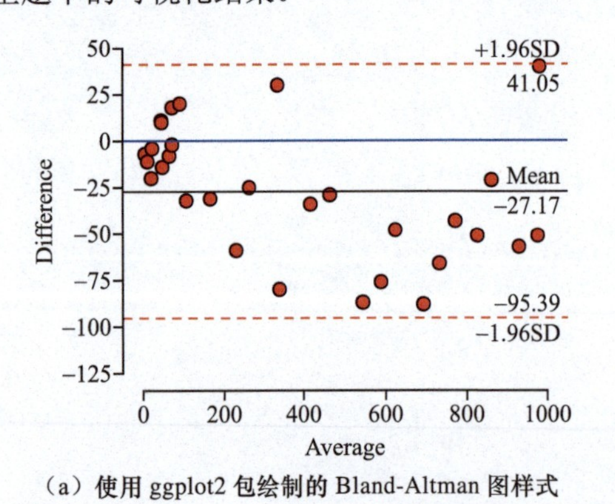

（a）使用 ggplot2 包绘制的 Bland-Altman 图样式

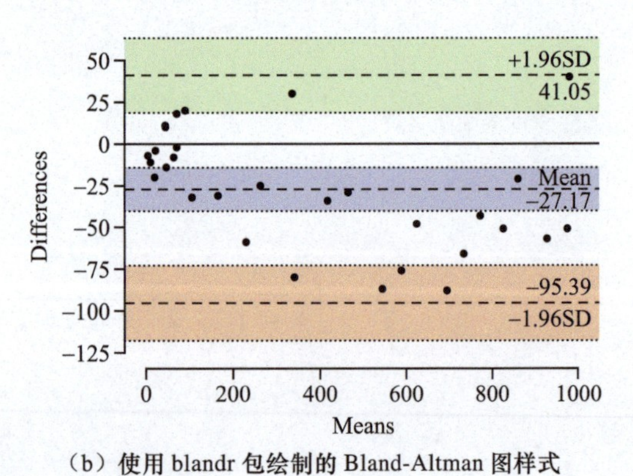

（b）使用 blandr 包绘制的 Bland-Altman 图样式

图 7-1-1 Bland-Altman 图绘制示例

技巧：Bland-Altman 图的绘制

使用 R 语言中的 ggplot2 包进行 Bland-Altman 图的绘制相对而言较为简单，较烦琐的是前期相关指标的计算。使用 blandr 包中的 blandr.statistics() 函数可以简化前期的数据处理过程，直接得到相关指标结果；再使用 blandr.draw() 函数结合 ggplot2 包中的部分函数即可绘制出 Bland-Altman 图。图 7-1-1 所示图形的核心绘制代码如下。

```
1. library(tidyverse)
2. library(readxl)
3. library(ggprism)
4. Bland <- read_xlsx("Bland_Altman_data.xlsx")
5. #图7-1-1(a)所示图形的核心绘制代码
6. Bland$avg <- rowMeans(Bland)
7. Bland$diff <- Bland$A - Bland$B
8. mean_diff <- mean(Bland$diff)
9. lower <- mean_diff - 1.96*sd(Bland$diff)
10.upper <- mean_diff + 1.96*sd(Bland$diff)
11.upper_la <- paste0("+1.96SD\n",round(upper,2))
12.lower_la <- paste0(round(lower,2),"\n-1.96SD")
13.mean_la <- paste0("Mean\n",round(mean_diff,2))
14.#绘制
15.ggplot(Bland, aes(x = avg, y = diff)) +
16.  geom_point(shape=21,size=4,fill="red") +
17.  geom_hline(yintercept = 0,color="blue",linewidth=0.8) +
18.  geom_hline(yintercept = mean_diff,linewidth=0.8) +
19.  geom_hline(yintercept = lower, color = "red", linetype="dashed") +
20.  geom_hline(yintercept = upper, color = "red", linetype="dashed") +
21.  annotate("text",x=1000,y=lower,label=lower_la,size=5,hjust = 0.8) +
22.  annotate("text",x=1000,y=upper,label=upper_la,size=5,hjust = 0.8) +
23.  annotate("text",x=1000,y=mean_diff,label=mean_la,size=5,hjust = 0.8) +
24.  labs(x="Average",y="Difference") +
25.  scale_x_continuous(limits = c(0,1000), breaks = seq(0, 1000, 200),
26.                         guide = "prism_offset") +
27.  scale_y_continuous(limits = c(-125,60), breaks = seq(-125, 60, 25),
28.                         guide = "prism_offset") +
29.  ggprism::theme_prism(base_size = 16)
30.#图7-1-1(b)所示图形的核心绘制代码
31.library(blandr)
32.bland_plot <- blandr.draw(Bland$A,Bland$B,plotTitle = "")
33.bland_plot +
34.  annotate("text",x=1000,y=lower,label=lower_la,size=5,hjust = 0.8) +
35.  annotate("text",x=1000,y=upper,label=upper_la,size=5,hjust = 0.8) +
36.  annotate("text",x=1000,y=mean_diff,label=mean_la,size=5,hjust = 0.8) +
37.  scale_x_continuous(limits = c(0,1000), breaks = seq(0, 1000, 200),
38.                         guide = "prism_offset") +
39.  scale_y_continuous(limits = c(-125,65), breaks = seq(-125, 65, 25),
40.                         guide = "prism_offset") +
41.  ggprism::theme_prism(base_size = 16)
```

提示：在 blandr 包中的 blandr.draw() 函数中，其 plotter 参数默认为 "ggplot"，即绘制结果为 ggplot2 图形对象，也可以设置为 "rplot"，使绘制结果为基础 R 绘图对象。

使用场景

Bland-Altman 图常用于临床医学、生物统计、模型算法对比等科学研究中，如医学研究中的一致性检验，当需要对两种方法分别做一项实验（针对 10 个研究对象）时，需要对两种方法的测量数据进行一致性检验，此时可用 Bland-Altman 图对结果进行表示；在用新的测量技术和方法（如机器学习算法等）与“金标准”（gold standard）进行比较时，可使用 Bland-Altman 图进行对比结果的表示。

7.2　配对数据图系列

配对数据图（paired data plot）是使用配对数据（paired data）绘制的统计图形。配对数据是指两组互相配对样本中同一变量的数值，和相关性分析中的两组数据类似，不同之处在于相关性分析中的数据是同一批样本的不同变量值，而配对数据是同一变量的两组互相匹配的样本的数值。配对数据主要有 4 种用途：对相同样本进行重复（双重）测量，以说明受试者内部的变异性；顺序测量（测试前 / 测试后），在一段时间过去之前和之后或干预之前和之后，测量某些因素的影响程度；交叉试验，个体被随机分配到两种治疗中的一种；匹配样本，根据相似或相同的个人特征进行匹配，如年龄和性别等属性，此方法可用于为每个测试个体分配一个对照样本。

配对数据涉及的统计分析图主要包括配对图、配对 T 检验图和前后图等，其中配对 T 检验图是在配对图图层上添加 P 值等统计指标信息的图形。

7.2.1　配对图

配对图（paired plot）是指使用配对数据绘制的基础图形，其通常包括实验样本数据的不同测量方法结果、前后数值对比。配对图多为组合类型，一般包括柱形图、箱线图和散点图，绘图所使用的数据一般为“长”数据。图 7-2-1 展示了使用 ggpubr 包绘制的添加 P 值前后的配对图样式。

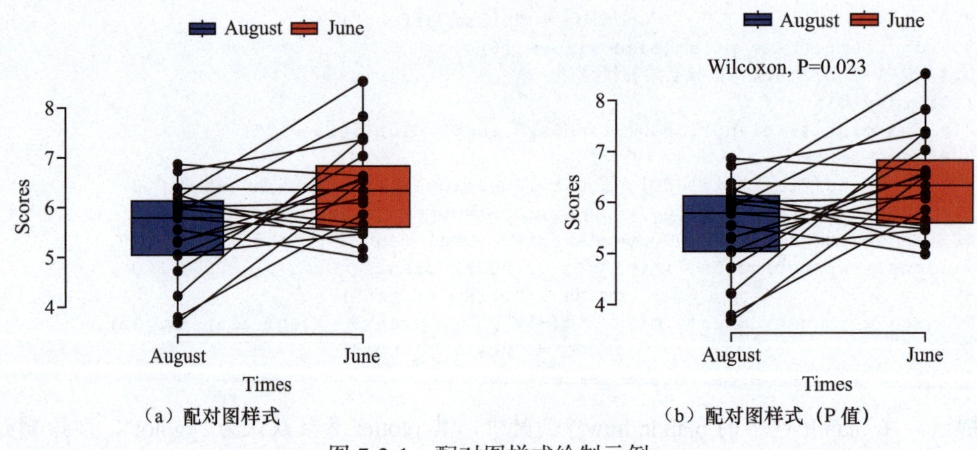

（a）配对图样式　　（b）配对图样式（P 值）

图 7-2-1　配对图样式绘制示例

技巧：配对图的绘制

可使用 ggpubr 包中的 ggpaired() 函数快速地绘制出配对图，选择合适的横、纵轴坐标特征变量即可。图 7-2-1 所示图形的核心绘制代码如下。

```
1. library(tidyverse)
2. library(ggpubr)
3. library(readxl)
```

```
4. paired_data <- read_xlsx("Paired_data.xlsx")
5. df <- paired_data %>% filter(Time!='January'& Group== 'Meditation'
6.                                       & Subject > 40)
7. #图7-2-1(a)所示图形的核心绘制代码
8. ggpubr::ggpaired(df, x = "Time", y = "Scores",fill = "Time",
9.           palette = "aaas",xlab="Times",ylab="Scores",
10.          point.size = 3,line.size = 0.2) +
11.   guides(x = "prism_offset", y = "prism_offset") +
12.   ggprism::theme_prism(base_size = 16) +
13.   theme(legend.position = "top")
14.#图7-2-1(b)所示图形的核心绘制代码
15.ggpubr::ggpaired(df, x = "Time", y = "Scores",fill = "Time",
16.          palette = "aaas",xlab="Times",ylab="Scores",
17.          point.size = 3,line.size = 0.2) +
18.   #添加P值信息
19.   stat_compare_means(paired = TRUE) +
```

7.2.2 前后图

前后图（before-after plot）作为配对图的一种特殊表达形式，常用在有时间前后对比的实例中，如同一研究指标在两个时间点的数值差异。在科研论文中，前后图常用来对比实验对象在经过处理、添加某种物质、改变实验环境等操作前后的变化，即实验对象自身在特定操作前后的属性变化。图 7-2-2 所示为使用 R 语言中的 grafify 包绘制的几种前后图示例，其中图 7-2-2（a）所示为前后图基础样式，图 7-2-2（b）所示为添加了箱线图图层的前后图示例，图 7-2-2（c）所示为面对多组数据分面后的前后图绘制示例，图 7-2-2（d）所示为给数据点设置了特定形状的前后图示例。

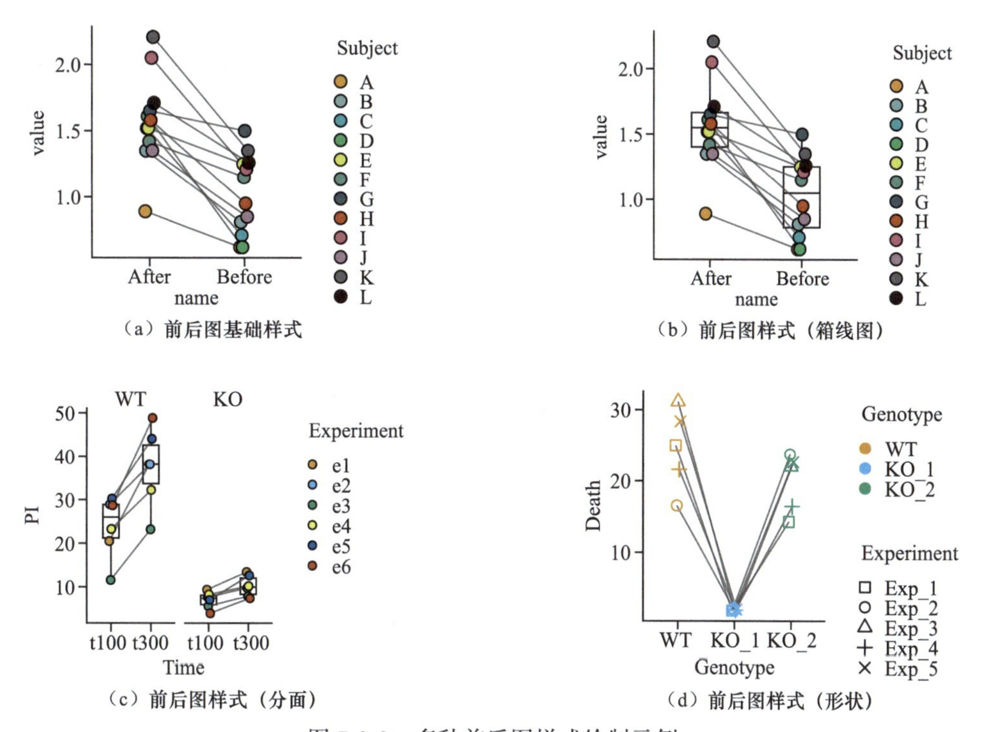

（a）前后图基础样式

（b）前后图样式（箱线图）

（c）前后图样式（分面）

（d）前后图样式（形状）

图 7-2-2　多种前后图样式绘制示例

技巧：前后图的绘制

R 语言的 grafify 包提供的 plot_befafter_*() 系列函数可以快速绘制出前后图，其绘图数据样式和常见的 ggplot2 绘图数据样式一致，只需选择合适的绘图变量即可，图 7-2-2 所示图形的核心绘制代码如下。

```
1. library(tidyverse)
2. library(grafify)
3. ba_data <- read_excel("前后图数据.xlsx")
4. #数据处理
5. ba_data <- ba_data %>% pivot_longer(cols = !Subject)
6. #图7-2-2(a)所示图形的核心绘制代码
7. grafify::plot_befafter_colours(data = ba_data,xcol = name,
8.                            ycol = value,match = Subject,symsize = 5)
9. #图7-2-2(b)所示图形的核心绘制代码
10.grafify::plot_befafter_colours(data = ba_data,xcol = name,
11.        ycol = value,match = Subject,symsize = 5,Boxplot = TRUE)
12.#图7-2-2(c)所示图形的核心绘制代码
13.plot_befafter_colours(data_2w_Tdeath,Time,PI,Experiment,
14.                      Genotype,    #facet argument
15.                      Boxplot = TRUE,
16.                      symsize = 3)
17.#图7-2-2(d)所示图形的核心绘制代码
18.plot_befafter_shapes(data_1w_death,Genotype,Death,
19.                     Experiment,
20.                     symsize = 4)
```

提示： grafify 包中还有很多用于绘制其他统计图形的绘图函数，除了提供非常便捷的绘图语法和非常美观的绘图主题，还可以对一些统计模型结果进行简单的可视化展示。

7.2.3 使用场景

配对数据图系列常用于医学、物理、化学、生物等学科的任务研究中，具体包括表示使用同一种药物前后，不同病人某一观测指标的变化情况；对同一组实验样本采用不同方法，记录前后的数值变化情况，这种情况经常出现在常规方法与新方法（如机器学习方法）的对比研究中；对配对的两个受试对象分别进行两种处理后，分析其结果；等等。

7.3 维恩图

维恩图（Venn diagram）也称文氏图或者范氏图，是一种表示不同有限集合之间所有可能的逻辑关系的关系型图，每一个有限集合通常以一个圆表示，一般只展示 2 ～ 5 个集合之间的交、并集关系。一个完整的维恩图包括以下 3 种元素：若干表示集合的圆、若干表示共有集合的重叠圆和圆内部的文本标签。需要注意的是，在涉及超过 5 个集合的场景中，不适合使用维恩图。图 7-3-1 展示了 3 ～ 5 个集合的维恩图绘制示例。

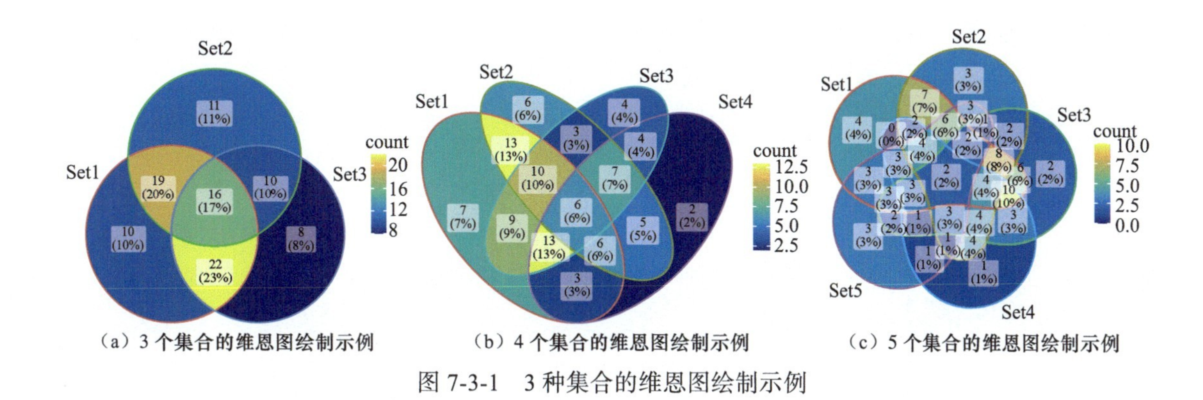

（a）3 个集合的维恩图绘制示例　（b）4 个集合的维恩图绘制示例　（c）5 个集合的维恩图绘制示例

图 7-3-1　3 种集合的维恩图绘制示例

技巧：维恩图的绘制

可以使用 R 语言中的 ggvenn 包和 ggVennDiagram 包绘制维恩图，但需注意的是，由于 ggvenn 包最多只能绘制 4 个集合的维恩图，因此这里笔者推荐使用 ggVennDiagram 包进行维恩图的绘制。此外，绘图所需要的数据为列表（list）样式，可使用 as.list() 函数将 data.frame 类型数据进行转换。由于这两个绘图工具包的绘图结果都可以支持 ggplot2 包的绘图对象，因此颜色图层属性都可以用常见的 ggplot2 包中的颜色映射函数进行修改。图 7-3-1（a）、图 7-3-1（c）所示图形的核心绘制代码如下。

```
1. library(tidyverse)
2. library(ggVennDiagram)
3. venn_data = readr::read_table("data2.txt")
4. #数据处理
5. venn_list <- venn_data %>% as.list()
6. #图 7-3-1(a) 所示图形的核心绘制代码
7. ggVennDiagram(venn_list[1:3]) +
8. #图 7-3-1(c) 所示图形的核心绘制代码
9. ggVennDiagram(venn_list) +
```

使用场景

维恩图的使用场景一般在数据探索阶段，即观察不同数据集合之间有无相交（或互相包含）关系。在生物学、概率论、临床医学和数据库整理等方面的研究中，维恩图的使用频率较高。

7.4　UpSet 图

除了使用维恩图表示多个集合之间的关系，还可以使用 UpSet 图表示多个集合之间的关系。UpSet 图是一种用于可视化多个集合之间的共同元素的图，通常用于探索不同数据集之间的交集与差异，并可以帮助我们更好地理解复杂的数据关系。在 UpSet 图中，每个集合由一个竖直排列的长方形表示，各集合之间则是通过水平线进行连接。该图的左侧显示的是所有集合的总体数目，而右侧则显示的是集合之间的交集情况。

具体来说，UpSet 图展示了每个子集的数量，同时用方框表示每个子集中的元素是否位于其他子集中，这些元素与其他子集中的元素相交会被打上标记，这样就可以清晰地看到所有子集之间的共同元素及其数量。图7-4-1所示为使用R语言中UpSetR包绘制的UpSet图示例。

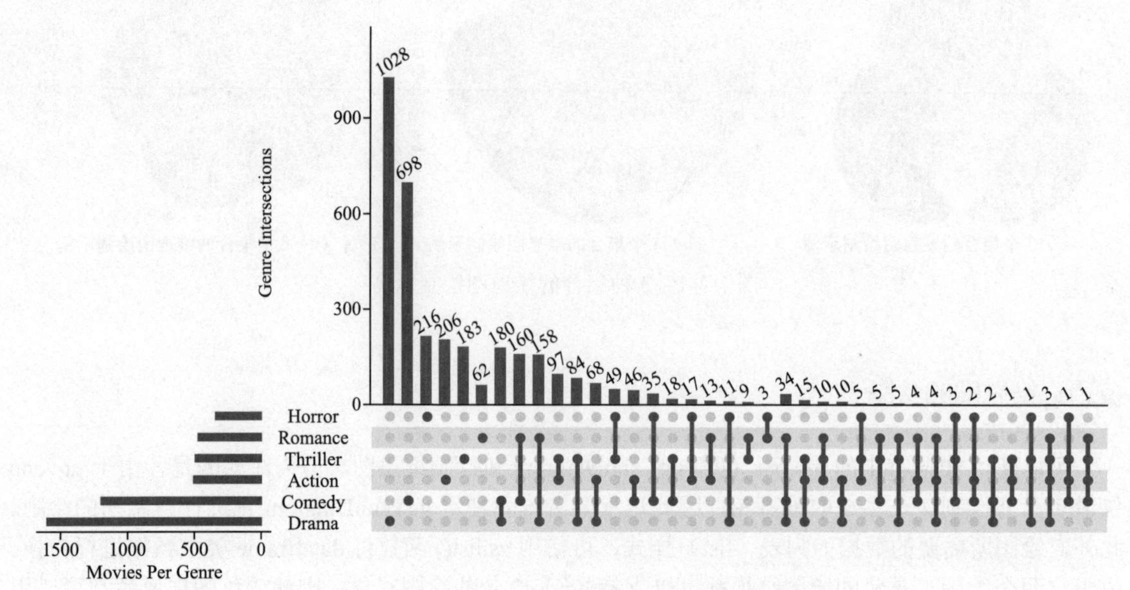

图7-4-1　使用UpSetR包绘制的UpSet图示例

除了使用UpSetR包绘制UpSet图，在R语言中，我们还可以使用ggupset和ComplexUpset包绘制UpSet图。ggupset包可以直接使用data.frame格式的数据绘制UpSet图，同时也可以使用ggplot2包中的各种图层函数；ComplexUpset包除了可以绘制常规的UpSet图，还可以绘制稍显复杂的图形样式，如绘制和柱形图、小提琴图、箱线图、数值映射图等其他统计图进行组合的图。图7-4-2（a）和图7-4-2（b）为使用ggupset和ComplexUpset包绘制的UpSet图示例，图7-4-3则为使用ComplexUpset包绘制的稍显复杂的UpSet图示例。

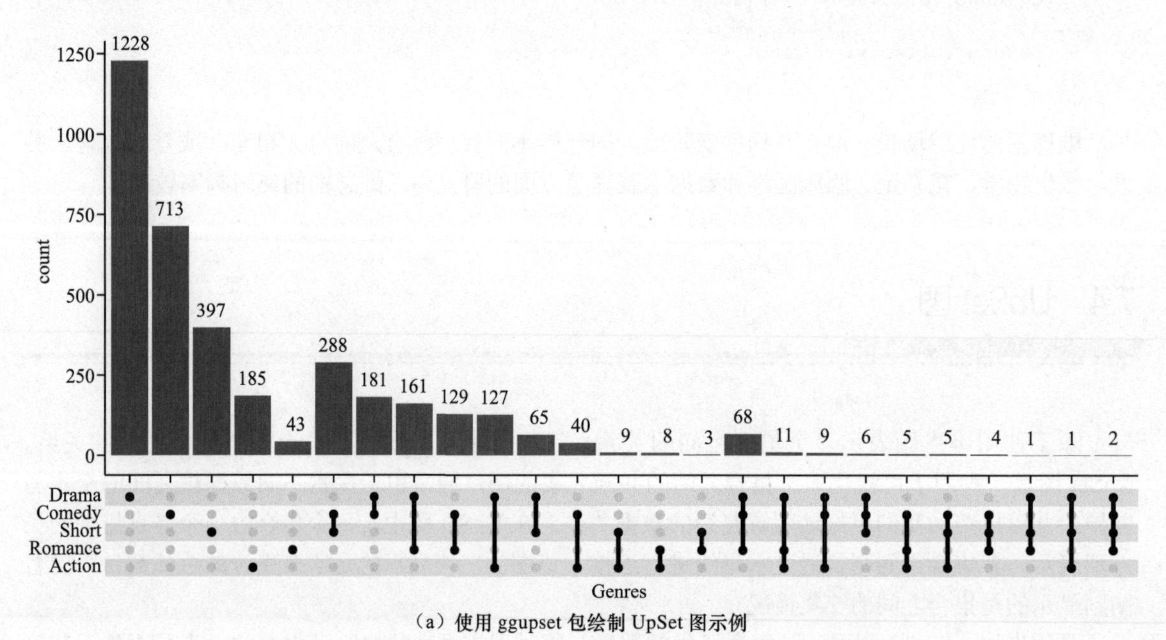

（a）使用ggupset包绘制UpSet图示例

图7-4-2　使用ggupset和ComplexUpset包绘制UpSet图示例

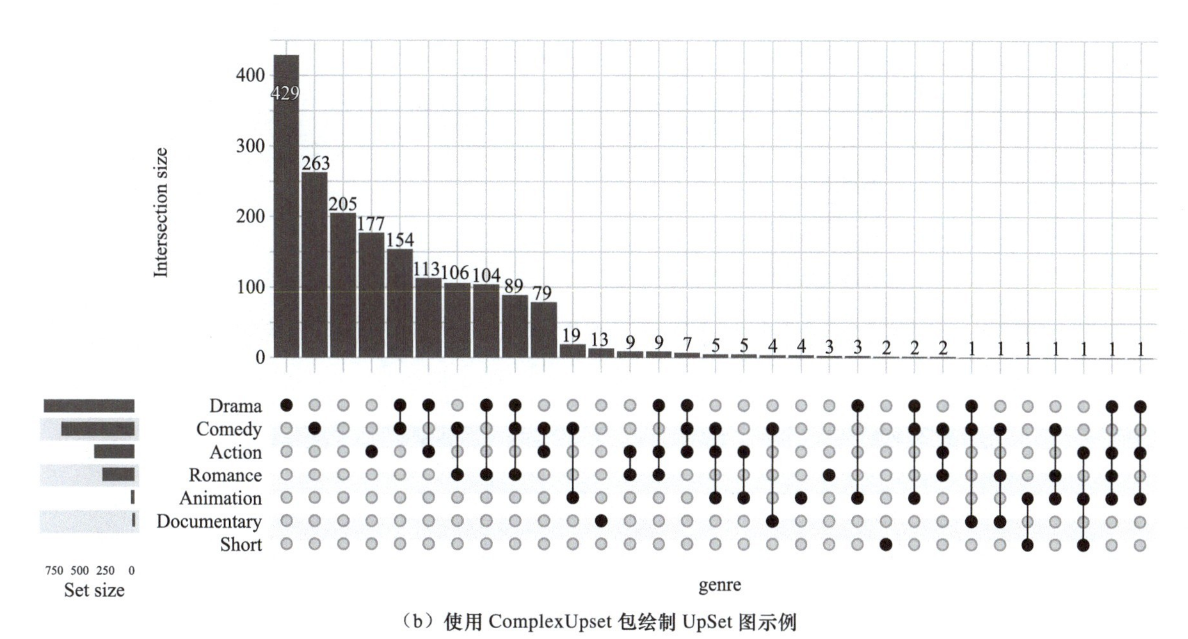

（b）使用 ComplexUpset 包绘制 UpSet 图示例

图 7-4-2 使用 ggupset 和 ComplexUpset 包绘制 UpSet 图示例（续）

技巧：UpSet 图的绘制

在 R 语言中，我们可使用 UpSetR、ggupset 和 ComplexUpset 包快速地绘制 UpSet 图，这几个包都封装了对应的绘图函数，我们只需给这几个包提供符合要求的绘图数据即可。ggupset 包中提供 scale_x_upset() 函数，结合 ggplot2 包的 geom_bar() 函数，就可以快速绘制 UpSet 图；在 ComplexUpset 包中，其提供的 upset() 函数可以高效绘制 UpSet 图，其支持多个参数属性的修改，用于绘制 UpSet 图的不同图层属性，如注释信息参数 annotations、绘图主题参数 themes、目标矩阵添加参数 matrix 等。需要注意的是，ComplexUpset 包的 upset() 函数绘制的图形对象也支持 ggplot2 包的函数功能，且绘图结果对象也可以使用 ggsave() 函数进行保存。图 7-4-2 所示图形的核心代码如下。

```
1. 绘制图7-4-2(a)的核心代码
2. library(ggupset)
3. p1 <- tidy_movies %>%
4.   distinct(title, year, length, .keep_all=TRUE) %>%
5.   ggplot(aes(x=Genres)) +
6.     geom_bar() +
7.     geom_text(stat='count', aes(label=after_stat(count)), vjust=-1) +
8.     scale_x_upset(order_by = "degree", n_sets = 5) +
9.     theme_classic2()
10.绘制图7-4-2(b)的核心代码
11.library(ComplexUpset)
12.upset(movies, genres, name='genre', width_ratio=0.1)
```

注意： 在使用 ggupset 包绘制 UpSet 图时，我们需要先给绘图对象命名，再使用 ggsave() 函数对命名对象进行保存，这样才能完整地保存绘制结果。

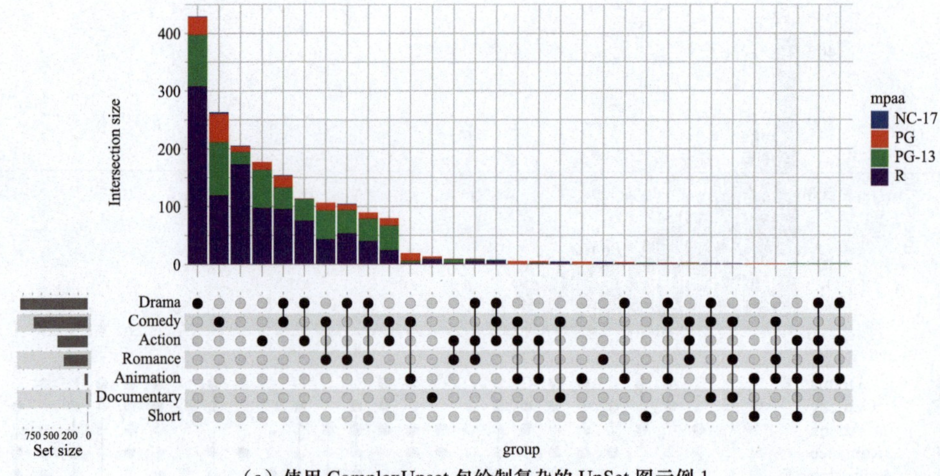

（a）使用 ComplexUpset 包绘制复杂的 UpSet 图示例 1

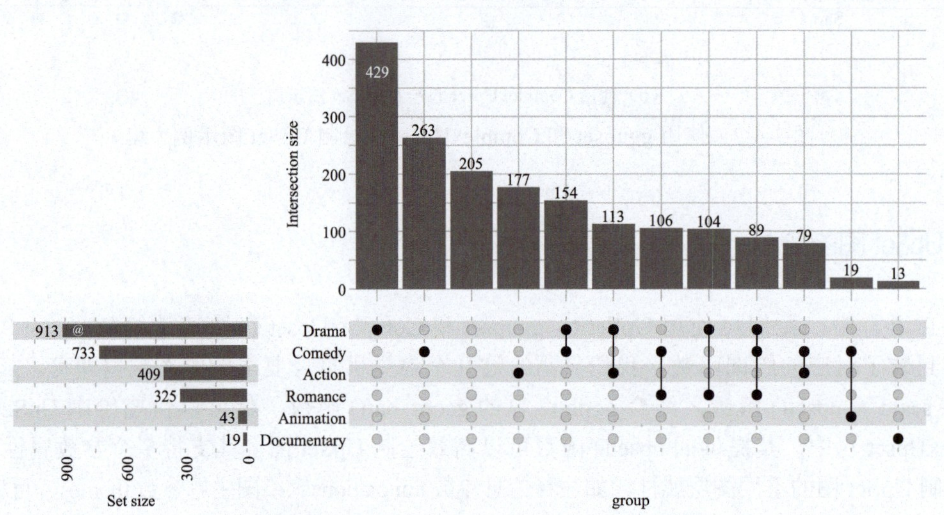

（b）使用 ComplexUpset 包绘制复杂的 UpSet 图示例 2

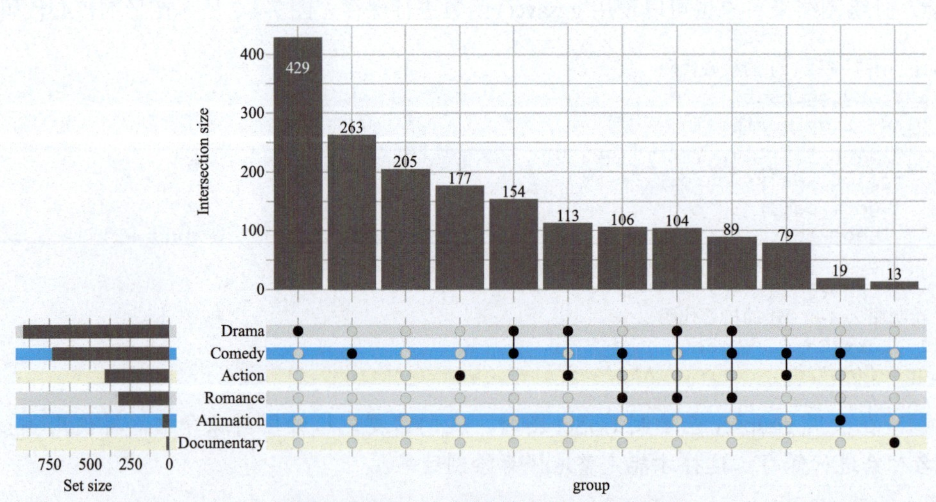

（c）使用 ComplexUpset 包绘制复杂的 UpSet 图示例 3

图 7-4-3　使用 ComplexUpset 包绘制复杂的 UpSet 图示例

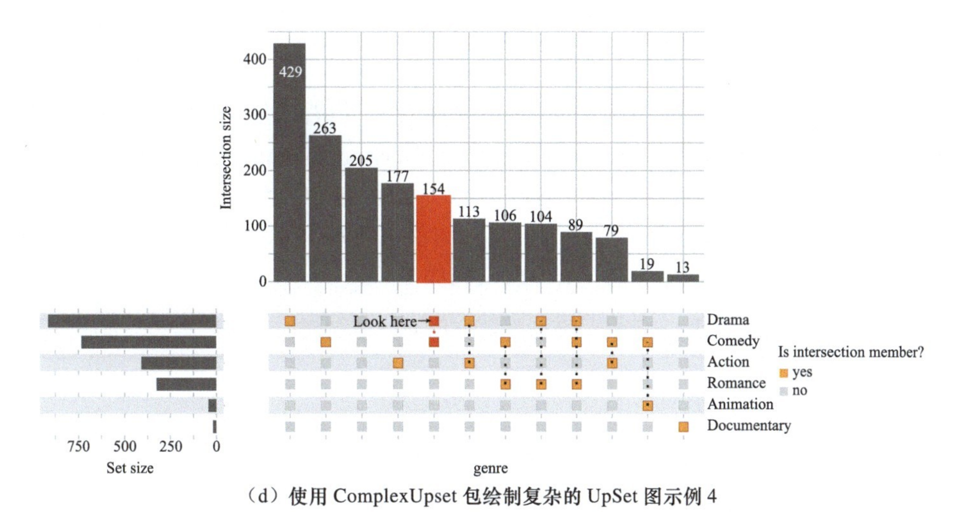

（d）使用 ComplexUpset 包绘制复杂的 UpSet 图示例 4

图 7-4-3　使用 ComplexUpset 包绘制复杂的 UpSet 图示例（续）

7.5　泰勒图

在做与模型相关的工作时，常常需要对不同模型结果进行准确度比较。在模型较少的情况下，一般的相关性散点图即可完成对模型结果与实际观测值的相关程度的分析，但当涉及多个模型时，判定哪一种模型的模拟效果最好、结果误差更小，仅使用相关性散点图进行对比，其结果是不直观且不全面的。泰勒图（Taylor diagram）则可以很好地完成同一或多个测试数据集多模型结果和实际观测值之间的比较分析。

泰勒图本质上是利用三角函数几何原理，将模型结果的相关系数、均方根误差和标准差这 3 个评价指标整合在一个极坐标系中。通常情况下，泰勒图中的散点表示模型类别，向四周发散的辐射线样式的线表示相关系数，横、纵轴均表示标准差，虚线表示均方根误差。中心化的均方根误差越接近 0，空间相关系数和相对标准差越接近 1，模型模拟能力越好。图 7-5-1 所示为使用 R 语言第三方拓展工具包 plotrix 绘制的泰勒图示例，其中图 7-5-1（b）设置了 pos.cor 参数值为 F，绘制了全扇叶泰勒图。

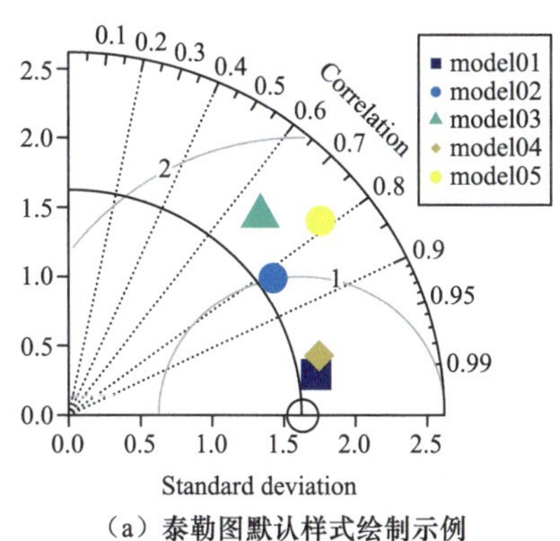

（a）泰勒图默认样式绘制示例

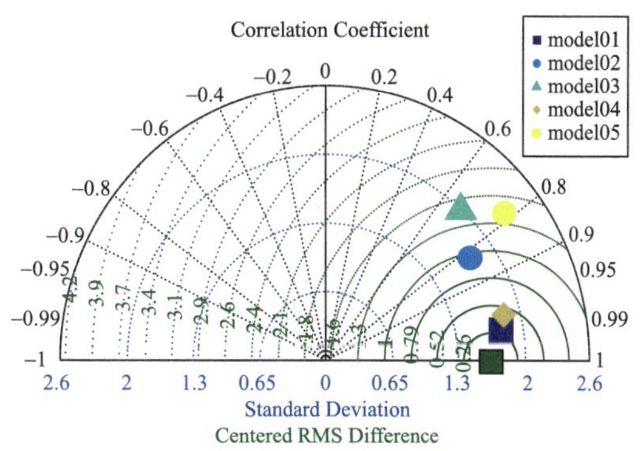

（b）泰勒图全扇叶样式绘制示例（pos.cor=F）

图 7-5-1　泰勒图绘制示例

技巧：泰勒图的绘制

使用 R 语言的 plotrix 包中的 taylor.diagram() 函数就可以快速绘制出泰勒图，但需注意的是，其使用的绘图语法为基础 R 绘图语法，修改参数可通过 taylor.diagram() 函数中的参数进行操作，而修改字体等操作，则需要使用基础 R 绘图函数 par() 并设置 family 参数值进行调整。此外，还需注意的是，使用 plotrix 包绘制泰勒图时只需要给定不同模型的原始数据集即可，taylor.diagram() 函数会自行进行计算。图 7-5-1 所示图形的核心绘制代码如下。

```
1. library(plotrix)
2. #构建绘图数据集
3. ref<-rnorm(30,sd=2)
4. model1 <- ref+rnorm(30)/3
5. model2 <- ref+rnorm(30)
6. model3 <- ref+rnorm(30)*1.5
7. model4 <- ref+rnorm(30)/2
8. model5 <- ref+rnorm(30)*1.3
9. #图7-5-1(a)所示图形的核心绘制代码
10.par(family = "times")
11.taylor.diagram(ref,model1,pch = 15,pcex = 3,ref.sd=T,
12.                  col = "#352A87",main = "")
13.taylor.diagram(ref,model2,pch = 16,pcex = 3,add=TRUE,col="#1283D4")
14.taylor.diagram(ref,model3,pch = 17,pcex = 3,add=TRUE,col="#33B7A0")
15.taylor.diagram(ref,model4,pch = 18,pcex = 3,add=TRUE,col="#D1BA58")
16.taylor.diagram(ref,model5,pch = 19,pcex = 3,add=TRUE,col="#F9FB0E")
17.lpos<-1.6*sd(ref)
18.legend(lpos-0.2,lpos+0.1, # 可以改变图例的位置
19.    legend=c("model01","model02", "model03","model04","model05"),
20.    pch=c(15,16,17,18,19),col=c('#352A87','#1283D4','#33B7A0',
21.    '#D1BA58',"#F9FB0E"))
22.#图7-5-1(b)所示图形的核心绘制代码
23.par(family = "times",mar = rep(1,4))
24.taylor.diagram(ref,model1,pch = 15,pcex = 3,ref.sd=T,col ="#352A87",
25.                  pos.cor=F,main = "")
26.taylor.diagram(ref,model2,pch = 16,pcex = 3,add=TRUE,col="#1283D4")
27.taylor.diagram(ref,model3,pch = 17,pcex = 3,add=TRUE,col="#33B7A0")
28.taylor.diagram(ref,model4,pch = 18,pcex = 3,add=TRUE,col="#D1BA58")
29.taylor.diagram(ref,model5,pch = 19,pcex = 3,add=TRUE,col="#F9FB0E")
30.……
```

提示： 使用 png() 和 pdf() 函数就可以保存 taylor.diagram() 函数绘制结果，并且可通过设置 width（宽）、height（高）以及 res（分辨率）等参数值，控制输出结果质量。

除使用数据点单独对不同模型进行表示，还可以将某一数值特征映射到数据点的颜色上，图 7-5-2 所示为颜色映射泰勒图的绘制示例。

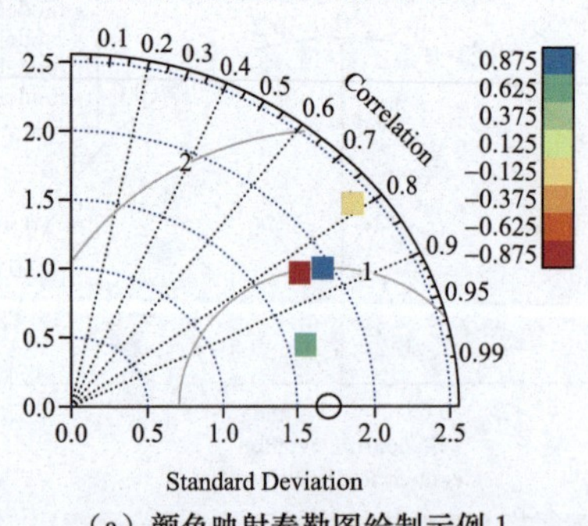

（a）颜色映射泰勒图绘制示例 1

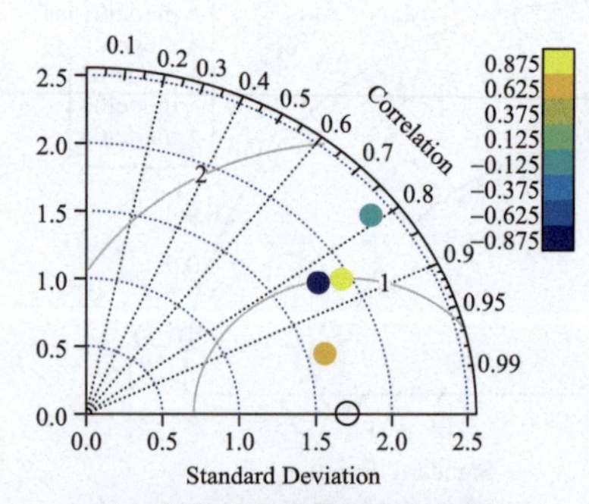

（b）颜色映射泰勒图绘制示例 2

图 7-5-2　颜色映射泰勒图绘制示例

技巧：颜色映射泰勒图的绘制

使用 plotrix 包中的 taylor.diagram() 函数进行颜色映射泰勒图绘制的重点是合理设置每个模型点的颜色，即正确设置 taylor.diagram() 函数中的 col 参数。在此之前需要对数据进行必要的处理，图例添加则是使用 color.legend() 函数完成的。本节案例使用虚构的特征指标数据，在实际科研绘图中，读者根据自己的实际绘图数据进行替换处理即可。图 7-5-2（b）所示图形的核心绘制代码如下。

```
1. library(pals)
2. library(plotrix)
3. # 构建颜色值
4. num_cols <- 8 # 偏差的颜色数量
5. cols <- brewer.pal(num_cols,'Spectral') # 制作调色板
6. # 制作颜色断点的矢量
7. # 断点定义每种颜色的区域
8. min_bias <- -1 # minimum bias
9. max_bias <- 1 # maximum bias
10.col_breaks <- seq(min_bias,max_bias,(max_bias - min_bias)/(num_cols))
11.# 根据偏差值分配颜色指数
12.col1 <- cols[max(which( col_breaks <= bias1))]
13.col2 <- cols[max(which( col_breaks <= bias2))]
14.col3 <- cols[max(which( col_breaks <= bias3))]
15.col4 <- cols[max(which( col_breaks <= bias4))]
16.# 使用为每个模型分配的颜色来表示该模型的点
17.par(family = "times",mar = rep(1,4))
18.taylor.diagram(ref,model1,col=col1,pch = 15,pcex = 2,
19.                    main = NULL,sd.arcs=TRUE)
20.taylor.diagram(ref,model2,col=col2,pch = 15,pcex = 2,add=T)
21.taylor.diagram(ref,model3,col=col3,pch = 15,pcex = 2,add=T)
22.taylor.diagram(ref,model4,col=col4,pch = 15,pcex = 2,add=T)
23.# 添加图例
24.color.legend(xl = 3.1,yb = 1,xr = 3.3,yt = 2.6,
25.       (col_breaks[1:(length(col_breaks)-1)]+
26.col_breaks[2:length(col_breaks)])/2,
27.        rect.col=cols,
28.        cex=1,
29.        gradient='y'
```

提示：在 R 语言中，除使用 plotrix 包绘制泰勒图，还可以使用 openair 包中的 TaylorDiagram() 函数绘制泰勒图，两者的原理相差不大，但需注意的是，TaylorDiagram() 函数绘图所需的数据为常见的“长”数据，即数据框（data.frame）。随书配套代码给出了具体绘制案例，读者可自行探索。

使用场景

泰勒图多用于气象研究中，如紫外线辐射检索方法验证分析中的多模型方法对比；基于卫星数据构建的目标监测物方法和常规方法的结果精度对比分析；此外，在涉及多个模型性能评估的对比分析时，也可使用泰勒图。

7.6 森林图

森林图（forest plot）是一种以统计指标和统计分析方法为基础，用数值运算结果绘制的以图形外观直接命名的图类型。它也称为效应测量图（effect measure plot）或者比值图（odds ratio plot）。

从定义上来说，森林图是在平面直角坐标系中，以一条垂直于横轴（X 轴，刻度值通常为 0 或者 1）的无效线为中心，用若干条平行于横轴的线段描述每个研究的效应量和置信区间，并用一个菱形（或其他形状）表示多个研究合并的效应量和置信区间。它简单、便捷地描述了如 OR（Odds Ratio，比值比）、HR（Hazard Ratio，风险比）等效应量大小及其 95% 置信区间，是 Meta 分析或多因素回归分析中常用的结果综合表达形式。而 Meta 分析则是指先全面收集所有相关研究资料并依次进行严格评估和分析，再使用定量或定性合成的方法对资料进行处理，最后得出综合结论的研究方法。图 7-6-1 所示为使用 R 语言第三方绘图工具包 forestplot 绘制的森林图示例。

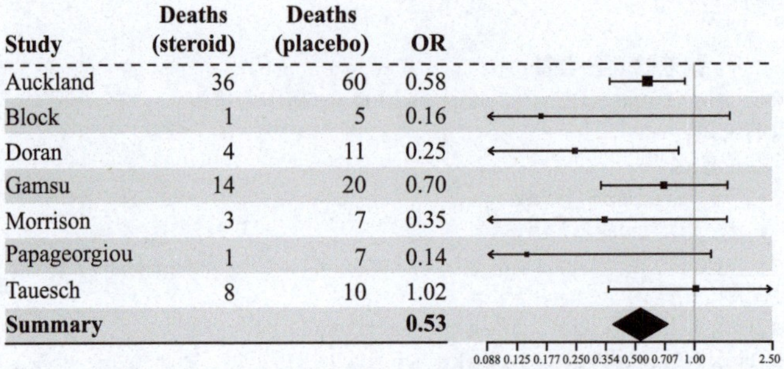

Study	Deaths (steroid)	Deaths (placebo)	OR
Auckland	36	60	0.58
Block	1	5	0.16
Doran	4	11	0.25
Gamsu	14	20	0.70
Morrison	3	7	0.35
Papageorgiou	1	7	0.14
Tauesch	8	10	1.02
Summary			**0.53**

0.088 0.125 0.177 0.250 0.354 0.500 0.707 1.00 2.50

图 7-6-1　使用 forestplot 包绘制的森林图示例

通常情况下，在森林图中，以效应量估计值为 1 作为无效线，假定无效线左侧为因素 A（参考值），无效线右侧为因素 B。当效应量的 95% 置信区间包含 1 时，即森林图中的横线线段和无效线相交，则表示两组之间结局事件发生率的差异无统计学意义，不能认定因素 A、B 对结局事件发生风险的影响作用不同；当效应量的 95% 置信区间均大于 1 时，即森林图中的横线线段和无效线不相交，且在无效线右侧，则可判定因素 B 的结局事件发生率大于因素 A 的，一般情况下，若结局事件为发病、死亡等不良事件，则表示与因素 A 相比，因素 B 可增大结局事件的发生率，为危险因素；当效应量的 95% 置信区间均小于 1 时，即森林图中的横线线段和无效线不相交，且在无效线左侧，可认为因素 B 的结局事件发生率小于因素 A 的，一般情况下，若结局事件为发病、死亡等不良事件，则表示与因素 A 相比，因素 B 可减小结局事件的发生率，为保护因素。

技巧：森林图的绘制

使用 R 语言中的 forestplot 可视化工具包中的 forestplot() 函数进行基本森林图的构建，使用 fp_add_lines()、fp_set_style() 以及 fp_add_header() 等函数进行图形结果调整，包括基本样式、其他图层的添加以及文本字体等图层属性的修改。而绘图数据则是由相关统计指标组成的。图 7-6-1 所示图形的核心绘制代码如下。

```
1. library(tidyverse)
2. library(forestplot)
3. #构建数据集
4. base_data <- tibble::tibble(
5.   mean  = c(0.578, 0.165, 0.246, 0.700, 0.348, 0.139, 1.017),
6.   lower = c(0.372, 0.018, 0.072, 0.333, 0.083, 0.016, 0.365),
7.   upper = c(0.898, 1.517, 0.833, 1.474, 1.455, 1.209, 2.831),
8.   study = c("Auckland", "Block", "Doran", "Gamsu",
9.             "Morrison", "Papageorgiou", "Tauesch"),
10.  deaths_steroid = c("36", "1", "4", "14", "3", "1", "8"),
11.  deaths_placebo = c("60", "5", "11", "20", "7", "7", "10"),
12.  OR = c("0.58", "0.16", "0.25", "0.70", "0.35", "0.14", "1.02"))
```

```
13.base_data  %>%
14.  forestplot(labeltext = c(study, deaths_steroid,
15.                              deaths_placebo, OR),
16.             clip = c(0.1, 2.5),vertices = TRUE,xlog = TRUE)  %>%
17.  fp_add_lines(h_3 = gpar(lty = 2),
18.       h_11 = gpar(lwd = 1, columns = 1:4, col = "#000044"))  %>%
19.  fp_set_style(box = "black",line = "black",summary = "black",
20.       txt_gp = fpTxtGp(label = gpar(fontfamily = 'times')))  %>%
21.  fp_add_header(study = c("", "Study"),
22.                deaths_steroid = c("Deaths", "(steroid)"),
23.                deaths_placebo = c("Deaths", "(placebo)"),
24.                OR = c("", "OR"))  %>%
25.  fp_append_row(mean  = 0.531,
26.                lower = 0.386,
27.                upper = 0.731,
28.                study = "Summary",
29.                OR = "0.53",
30.                is.summary = TRUE)  %>%
31.  fp_set_zebra_style("#EFEFEF")
```

上述森林图是通过直接给定绘图所需指标进行绘制的，除这种方法，还可以根据模型结果直接绘图。图 7-6-2 所示为使用 survminer 包中的 ggforest() 函数绘制的 Cox 比例风险模型森林图示例，绘制代码如下。

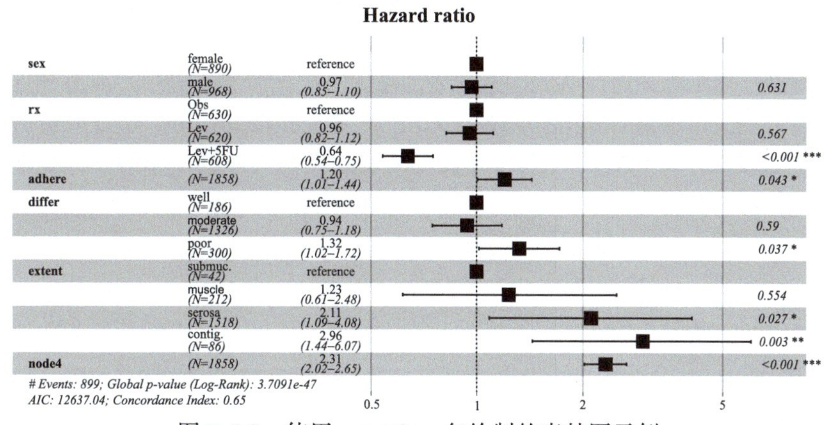

图 7-6-2 使用 survminer 包绘制的森林图示例

```
1. library(survminer)
2. library(survival)
3. #数据处理
4. colon <- within(colon, {
5.   sex <- factor(sex, labels = c("female", "male"))
6.   differ <- factor(differ, labels = c("well", "moderate", "poor"))
7.   extent <- factor(extent, labels = c("submuc.", "muscle", "serosa", "contig."))
8. })
9. bigmodel <-
10.  coxph(Surv(time, status) ~ sex + rx + adhere + differ + extent +
11.          node4,data = colon )
12.ggforest(bigmodel)
```

提示： survminer 包是 R 语言中实现生存分析和可视化的一个强大的拓展工具包，医疗、生物等领域需要使用到生存分析的读者可重点学习此工具包。

除上述介绍的森林图绘制方法，还可以使用 metafor 包中的 forest() 函数进行森林图的绘制，图 7-6-3 所示为使用该工具包绘制的森林图示例，详细绘制代码可查阅本书配套代码合集。

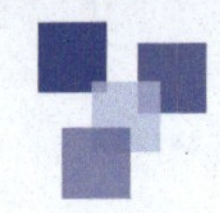

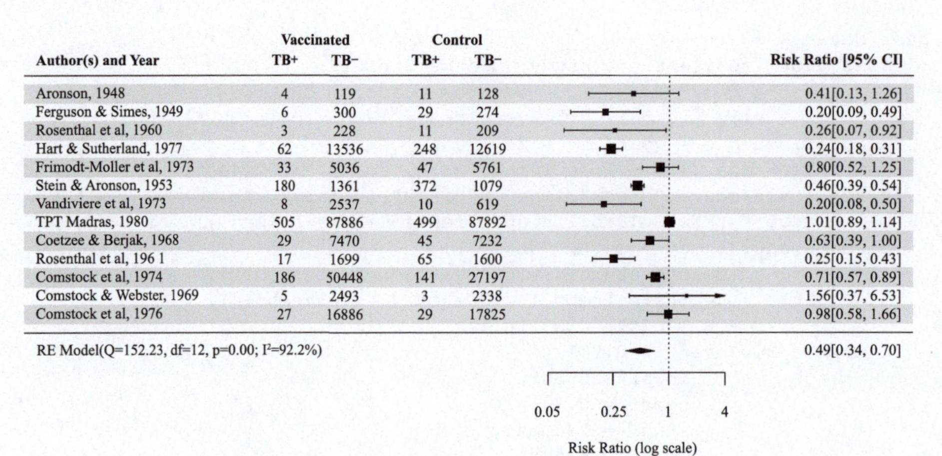

图 7-6-3　使用 metafor 包绘制的森林图示例

提示：metafor 包中提供多种样式的森林图的绘制方法，但其绘制过程较为烦琐，读者可结合自身实际情况进行选择。

使用场景

森林图大多出现在需要 Meta 分析的学术研究中。在生物学研究中，对物种或研究目标进行亚组分析时，先根据年龄、性别等研究目标分成不同的亚组，再在不同亚组之间分别进行分析和比较，然后使用森林图展示各亚组内实验因素的效应量大小；在医学研究中，对某一疾病发生风险与潜在影响因素之间的关联性进行研究，如探讨 CRP（C-Reactive Protein，C 反应蛋白）水平与骨折发生风险之间的关联性，将 CRP 水平按照临床相关的切点分为 6 组，分别分析对骨折发生风险的影响，并使用森林图进行展示。

7.7　漏斗图

漏斗图（funnel plot）是一种在 Meta 分析中用于某个分析结果偏倚检测的可视化图，由 Light（莱特）等人于 1984 年提出。漏斗图一般以单个研究的效应量为横坐标，研究结果的精度或可变性的度量数值为纵坐标，样本量以散点图样式出现。其中，效应量可以为 RR（Relative Risk，相对危险度）、比值比、死亡比或者其对数值等。从理论上来讲，被纳入 Meta 分析的各独立研究的点估计在平面坐标系中的集合应为一个倒置的“漏斗”，因此这类图称为漏斗图。在漏斗图中，样本量小且精度较低的散点分布在漏斗图的底部，向周围分散；样本量大且研究精度高的散点则分布在漏斗图的顶部，向中间集中。漏斗图中的各点为纳入的各个研究，横轴表示效应量，值越小，研究点越靠左，否则研究点越靠右；纵轴表示标准误差；中间的竖线为合并的效应量值，理想状态下，各个研究点应均匀分布在竖线的两侧。需要注意的是，在实际的 Meta 分析中，想要绘制漏斗图，研究点个数最好在 10 个及 10 个以上。在研究点个数较少的情况下，检验效能不足，难以实现对漏斗图的对称性的评价。研究的准确性与样本量有关，样本量增大，准确性就会提高，且研究点应集中分布在漏斗图的中部和顶部，而小样本的研究点因离真值较远，所以位于漏斗图底部且分散分布。

由于常规的漏斗图只能判断纳入研究的范围，不能判断哪些研究点落在无统计学意义的区域，需要一种新的、更为准确的方法判断漏斗图的不对称到底是不是由发表偏倚所引起的，等值线增强漏斗图（contour enhanced funnel plot）可以很好地解决上述问题，该漏斗图在常规漏斗图的基础上分别为 3 个水平（1% < p ≤ 5%、5% < p ≤ 10% 和 p > 10%）增加了识别统计学差异的区域，有利于判断是否真正对称或不对称，以及哪些研究点分布在无统计学意义的区域。图 7-7-1 所示为使用 R 语言的 metafor 工具包绘制的几种常规漏斗图示例。

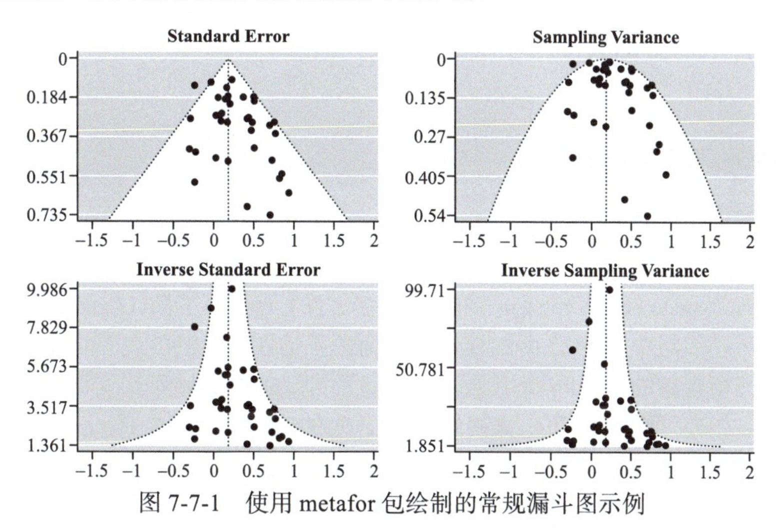

图 7-7-1　使用 metafor 包绘制的常规漏斗图示例

技巧：使用 metafor 绘制漏斗图

使用 metafor 包中的 funnel() 函数进行漏斗图的绘制，设置其参数 yaxis 为不同参数值即可绘制不同样式的漏斗图。图 7-7-1 所示图形的绘制代码如下。

```
1. library(metafor)
2. #构建绘图数据集
3. res <- rma(yi, vi, data=dat.hackshaw1998, measure="OR",
4.              method="EE")
5. par(family = "times",mfrow=c(2,2),mar = rep(2,4))
6. #绘制
7. funnel(res, main="Standard Error")
8. funnel(res, yaxis="vi", main="Sampling Variance")
9. funnel(res, yaxis="seinv", main="Inverse Standard Error")
10.funnel(res, yaxis="vinv", main="Inverse Sampling Variance")
```

绘制等值线增强漏斗图只需要设置 funnel() 函数中的 level 和 shade 参数即可。图 7-7-2 所示为使用 funnel() 函数绘制的两种等值线增强漏斗图示例。

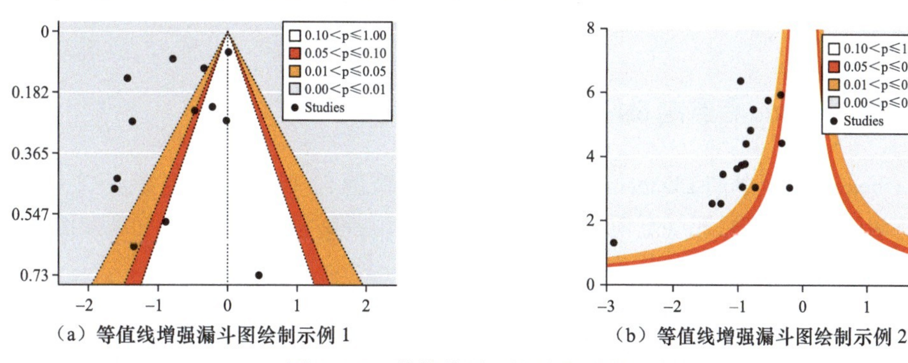

（a）等值线增强漏斗图绘制示例 1　　（b）等值线增强漏斗图绘制示例 2

图 7-7-2　等值线增强漏斗图绘制示例

使用场景

漏斗图作为 Meta 分析中常用结果表示图之一，常用于流行病学、生物统计学等学科或研究领域中对照组实验数据、实验分析报告、研究实验的效应分析和研究方法的特定条件是否满足的判定中。

提示： R 语言的 metafor 工具包中除上述绘制森林图和漏斗图的函数，还有绘制其他图形的函数，如绘制径向图（radial plot）的函数，读者可自行探索学习。

7.8　SNP 连锁不平衡图

SNP（Single Nucleotide Polymorphism，单核苷酸多态性）连锁不平衡（Linkage Disequilibrium，LD）图是一种用于展示基因组中 SNP 之间的连锁不平衡关系的图形。SNP 是基因组中常见的单核苷酸变异，而连锁不平衡则指的是不同 SNP 之间的关联程度。SNP 连锁不平衡图可通过计算不同 SNP 之间的关联系数，如 D' 值或 R^2 值，来确定 SNP 之间的连锁不平衡关系。一般情况下，连锁不平衡关系越强，表示两个 SNP 之间的遗传变异越可能同时出现。

在 SNP 连锁不平衡图中，通常使用矩阵或热力图的形式来表示 SNP 之间的关联程度。每个单元格的颜色表示两个 SNP 之间的关联程度，颜色越深表示关联程度越强。SNP 连锁不平衡图的行和列分别代表不同的 SNP 位点，可以根据需要对 SNP 进行排序和分组，以便更好地观察和分析 SNP 之间的关系。图 7-8-1 所示为使用 R 语言的 LDheatmap 包中自带的数据集绘制的不同样式 SNP 连锁不平衡图示例，其中图 7-8-1（c）所示为修改部分图层属性之后的可视化结果。

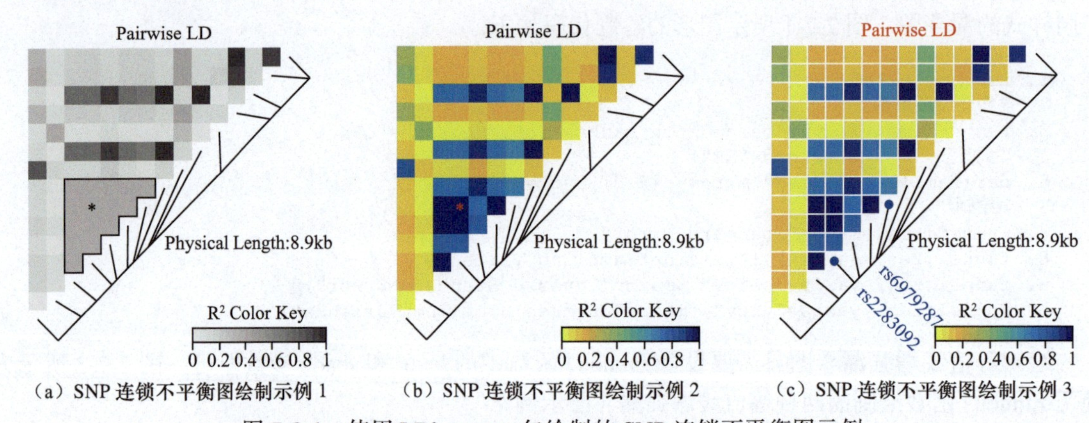

（a）SNP 连锁不平衡图绘制示例 1　（b）SNP 连锁不平衡图绘制示例 2　（c）SNP 连锁不平衡图绘制示例 3

图 7-8-1　使用 LDheatmap 包绘制的 SNP 连锁不平衡图示例

技巧：使用 LDheatmap 包绘制 SNP 连锁不平衡图

使用 LDheatmap 包中的 LDheatmap() 函数就可以快速绘制出 SNP 连锁不平衡图，使用 LDheatmap.marks() 函数则可在已有图层之上添加数据点。若要修改图形中不同图层的属性，可使用 grid 包中的 grid.edit() 函数进行操作。图 7-8-1（c）所示图形的核心绘制代码如下。

```
1. library(LDheatmap)
2. library(grid)
3. library(pals)
```

```
4. data(CEUSNP)
5. data(CEUDist)
6. MyHeatmap <- LDheatmap(CEUSNP, genetic.distances = CEUDist,
7.                        color = parula(20))
8. LDheatmap(MyHeatmap, SNP.name = c("rs2283092", "rs6979287"))
9. grid.edit("symbols", pch = 20, gp = gpar(cex = 1))
10.grid.edit(gPath("ldheatmap", "heatMap", "title"),
11.          gp = gpar(col = "red"))
12.grid.edit(gPath("ldheatmap", "geneMap","SNPnames"),
13.          gp = gpar(cex=1.2))
14.grid.edit(gPath("ldheatmap", "heatMap", "heatmap"),
15.          gp = gpar(col = "white",lwd = 2))
```

使用场景

SNP 连锁不平衡图的针对性较强，其使用场景也就较为单一，为基因、遗传等生物相关领域专用图形，主要涉及以下几个方面。

- 遗传关联分析：通过观察 SNP 连锁不平衡图，可以确定 SNP 之间的关联程度，从而帮助研究人员确定特定 SNP 与某种疾病或表型特征之间的关系，可用于基因组关联研究，以帮助研究人员识别与疾病相关的遗传变异。
- 基因组选择：在畜牧业和植物育种中，SNP 连锁不平衡图可用于选择与某种经济性状相关的 SNP 标记。
- 种群遗传学研究：通过分析不同种群的 SNP 连锁不平衡图，有助于研究人员了解不同种群的遗传结构和演化历史，以及物种的遗传多样性及其演化过程。

7.9 Whittaker 生物群系图

Whittaker 生物群系图是一种用于描述地球上不同地区生物群系分布的图形，由生态学家 Robert Whittaker（罗伯特 • 惠特克）在 1962 年提出，旨在将地球上的生物群系按照地理位置和气候特征进行分类和归纳，更好地描述生态系统的多样性和功能。

Whittaker 生物群系根据气候和植被类型的组合，将地球表面的生态系统划分为多种类型，分别为热带雨林、温带针叶林、温带落叶阔叶林、草原和沙漠等。其中，热带雨林分布在赤道附近，气候温暖湿润，植被丰富多样；温带针叶林分布在北半球和南极洲的较高纬度地区，气候寒冷，植被以针叶树为主；温带落叶阔叶林分布在中、高纬度地区，气候四季分明，植被以落叶阔叶树为主；草原分布在中、低纬度地区，气候干燥，植被以草本植物为主；沙漠分布在低纬度地区，气候干燥、极端，植被稀疏且适应干旱条件。图 7-9-1 所示为使用 R 语言的plotbiomes包绘制的Whittaker生物群系图示例，图中数据为虚构数据。

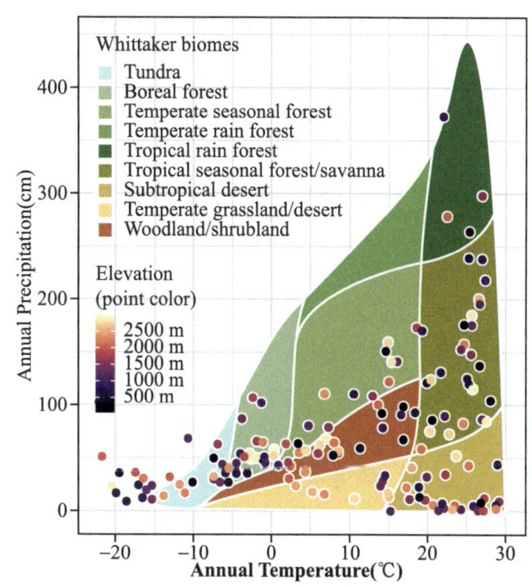

图 7-9-1　Whittaker 生物群系图绘制示例

技巧：使用 plotbiomes 包绘制 Whittaker 生物群系图

R 语言中的 plotbiomes 包就是专门为绘制 Whittaker 生物群系图而开发的，其提供的 whittaker_base_plot() 可以直接绘制生物群系图，也可以使用 ggplot2 包中的 geom_polygon() 函数结合该包提供的 Whittaker_biomes 数据集进行绘制，从而实现对每个划分区域图层属性更加个性化的修改，如修改不等边图层边框颜色等。数据点的添加则使用 geom_point() 函数进行，需要注意的是，在图 7-9-1 中，数据点的背景为白色，可以使用 geom_point() 函数单独进行图层构建，设置颜色为白色（white），也可以使用 ggnewscale 包中的 new_scale_fill() 函数进行新映射图层的构建。在涉及图例顺序的设置时，设置 guides() 函数中 color 和 fill 参数值中的 order 值，进行图例不同顺序的设置。图 7-9-1 所示图形的核心绘制代码如下。

```
1. library(tidyverse)
2. library(viridis)
3. library(plotbiomes)
4. Whittaker_point <- readr::read_csv("Whittaker_point.csv")
5. ggplot() +
6.   # 构建生物群系图
7.   geom_polygon(data = Whittaker_biomes,
8.               aes(x = temp_c,y = precp_cm,fill = biome),
9.                   colour = "gray98",linewidth = 1.2) +
10. #添加数据点白色背景
11.  geom_point(data = Whittaker_point, aes(x = temperature,
12.                   y = precipitation), size = 4,color="white") +
13.  geom_point(data = Whittaker_point, aes(x = temperature,
14.         y = precipitation,color=Elevation), size = 2.5) +
15.  labs(x="Annual Temperature(℃)",y="Annual Precipitation(cm)",
16.         color="Elevation\n(point color)") +
17.  scale_color_viridis(option="magma",breaks=seq(0,3000,500),
18.                          labels=paste(seq(0,3000,500),"m"))  +
19.  scale_fill_manual(name = "Whittaker biomes",
20.                    breaks = names(Ricklefs_colors),
21.                    labels = names(Ricklefs_colors),
22.                    values = Ricklefs_colors) +
23.  guides(color = guide_colorbar(order=2),
24.          fill = guide_legend(order=1)) +
25.  theme_bw() +
```

使用场景

由于 Whittaker 生物群系图使用条件较为固定，为生态学、保护生物学和气候变化研究等领域特定专业中的专用图形，其使用场景主要包括如下几个方面。

- 生物多样性研究：研究人员通过对不同生物群系的分类和归纳，可以了解不同地区的物种组成和多样性，研究人员可以评估生物多样性的分布格局和变化趋势。
- 自然保护和生态恢复研究：Whittaker 生物群系图可以帮助决策者和保护机构确定重要的生物群系区域，并采取相应的保护和恢复措施。Whittaker 生物群系图也可以用于评估生态系统的健康状况和恢复进展。
- 气候变化研究：研究人员通过对 Whittaker 生物群系图的分析，可以了解气候变化对生物群系分布的影响，同时可以预测未来气候变化对生物群系的潜在影响，并为应对气候变化制定相应的适应策略。

7.10 模型评估图

除了专业领域中的一些特定统计图形，还可以使用图形对用数据构建的模型的性能和准确性进行可视化展示，此类图形统称为模型评估图。模型评估图在模型评估过程中发挥着重要的作用，能够帮助使用者更好地理解模型的结果，并将其以易于理解和解释的方式呈现出来。本节重点介绍 R 语言中 ggstatsplot 包中关于模型评估的绘图函数 ggcoefstats()。需要指出的是，在 4.2 节、4.3 节中介绍的相关性散点图系列、ROC 曲线以及生存曲线等图形，严格意义上来说也是模型评估图的一种。

ggstatsplot 包中的 ggcoefstats() 函数可以实现多种统计模型（如线性回归模型、广义线性模型、混合效应模型等）系数和置信区间的可视化展示。图 7-10-1 所示为使用 ggcoefstats() 函数绘制的两种模型结果可视化示例，其中，图 7-10-1（a）所示为直接对回归模型对象进行可视化的结果，图 7-10-1（b）所示为对规整好的回归模型结果数据进行可视化的结果。

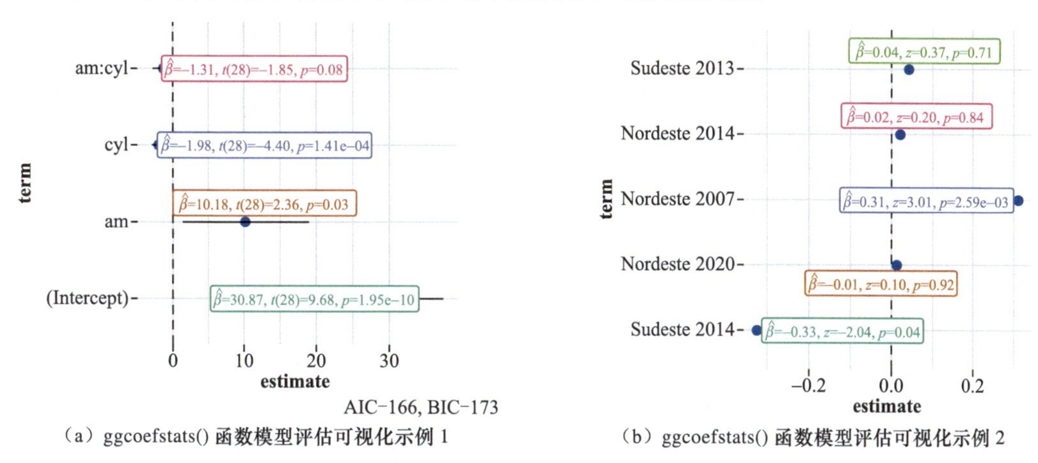

（a）ggcoefstats() 函数模型评估可视化示例 1　　（b）ggcoefstats() 函数模型评估可视化示例 2

图 7-10-1　ggcoefstats() 函数模型评估可视化示例

技巧：ggcoefstats() 函数回归模型绘制

使用 ggcoefstats() 函数进行回归模型系数和置信区间可视化展示的步骤相对简单，只需设定 ggcoefstats() 函数中的 x 参数值即可，该参数值可以为回归模型对象，也可以为回归模型结果的数据框（data.frame）统计指标量。需要注意的是，在 x 参数值为自定义数据框值时，必须设置 statistic 参数值。图 7-10-1（b）所示图形的核心绘制代码如下。

```
1. library(tidyverse)
2. library(ggstatsplot)
3. #读取指标数据集
4. ggcoefstats_data <- readr::read_csv(ggcoefstats_data.csv)
5. ggcoefstats(x = ggcoefstats_data,statistic = "z",
6.             stats.label.args = list(family="times"))
```

提示：在使用 ggcoefstats() 函数可视化回归模型指标的过程中，读者需了解回归模型的含义和各种类型，这样才能更好地修改参数属性和设置合理的模型参数值，这里只做简单的演示之用，更加详细的模型相关知识点，读者需自行探索。除了 ggcoefstats() 函数外，R 语言中的 dotwhisker 包和 GGally 包中的 ggcoef_model() 函数也可以实现相似的可视化结果。另外，R 语言中 bayesplot 是一个用于可视化贝叶斯统计分析结果的拓展工具包，其提供了一系列函数和工具，可帮助研究人员更好地理解贝叶斯模型的结果，包括概率分布、后验样本、诊断检验等，读者可自行进行学习和使用。

7.11　基因簇结构图

基因簇结构图是一种用于可视化基因簇的图形，它显示了基因簇中各个基因的相对位置和组织结构。基因簇是指在基因组中相互靠近的多个基因，它们可能在同一生物生长过程中起关键作用。可使用 R 语言拓展工具包 gggenomes 进行基因簇结构图的绘制，它基于 ggplot2 包并提供了一套易于使用的函数和图层，用于创建高质量的生物学数据可视化图形，能帮助研究人员更直观地理解和解释生物学数据，特别是与基因组相关的数据。图 7-11-1 所示为使用 gggenomes 包内部数据绘制的基因簇结构图示例。

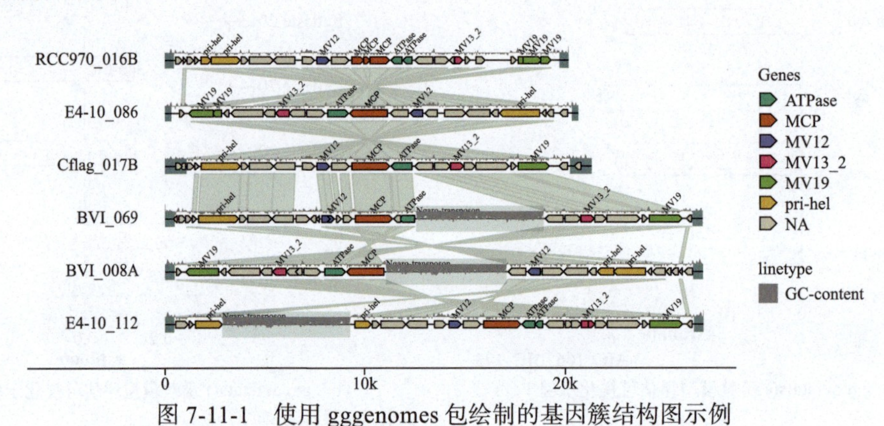

图 7-11-1　使用 gggenomes 包绘制的基因簇结构图示例

技巧：使用 gggenomes 包绘制基因簇结构图

使用 gggenomes 包中 gggenomes() 函数并输入正确的基因样本数据集，即可快速绘制出基因簇结构图。gggenomes() 函数的功能和 ggplot2 包中 ggplot() 函数的功能类似，用于构造初始绘图对象，也可通过“+”号将其他组件图层（如 geom_gene()）添加到绘图结果中。需要指出的是，gggenomes 具有多轨设置功能，如添加“seqs”“feats”“genes”“links”属性，gggenomes() 预先计算布局，并在实际绘图构建之前将坐标（y,x,xend）添加到每个数据框（data.frame），这就要求绘图数据必须满足以下条件。

- 每个轨道的数据框必须具有绘图所需的所有变量。这些预定义变量在导入过程中用于计算 x/y 坐标位置。
- gggenomes() 函数的 geoms 通常可以在没有显式 aes() 映射的情况下使用，因为 geoms 已经提前知道绘图变量的名称。

图 7-11-1 所示图形的核心绘制代码如下。

```
1. library(tidyverse)
2. library(gggenomes)
```

```
3. #导入绘图数据集
4. data(package="gggenomes")
5. gggenomes(emale_genes, emale_seqs, emale_tirs, emale_ava) %>%
6.   add_feats(ngaros=emale_ngaros, gc=emale_gc) %>%
7.   add_sublinks(emale_prot_ava) %>%
8. flip_by_links() +
9.   geom_feat(position="identity", size=6) +
10.  geom_seq() +
11.  geom_link(data=links(2)) +
12.  geom_bin_label() +
13.  geom_gene(aes(fill=name)) +
14.  geom_gene_tag(aes(label=name), nudge_y=0.1, check_overlap = TRUE) +
15.  geom_feat(data=feats(ngaros), alpha=.3, size=10, position="identity") +
16.  geom_feat_note(aes(label="Ngaro-transposon"), feats(ngaros),
17.      nudge_y=.1, vjust=0) +
18.  geom_ribbon(aes(x=(x+xend)/2, ymax=y+.24, ymin=y+.38-(.4*score),
19.      group=seq_id, linetype="GC-content"), feats(gc),
20.      fill="lavenderblush4", position=position_nudge(y=-.1)) +
21.  scale_fill_brewer("Genes", palette="Dark2", na.value="cornsilk3")
```

提示：由于笔者无基因相关专业背景，介绍此工具包的时候只是简单进行描述，目的是给读者展示一个可供选择的可视化工具。

使用场景

基因簇结构图的使用场景和可能涉及的学科如下。

- 基因组学：基因簇结构图可以用于帮助研究人员理解和分析基因组中的基因组织和调控。通过可视化基因簇的结构和相对位置，研究人员可以研究基因簇内基因的关系、共同调控机制等。
- 进化生物学：基因簇结构图可以用于研究基因家族的起源和演化。通过比较不同物种中基因簇的结构和组织，研究人员可以推断基因家族的起源、扩张和保守性，从而揭示基因家族的进化历史。

7.12 示意图

在科研论文配图的绘制过程中，除使用变量数据进行相关统计图形的绘制，还可以使用一些示意图去实现不同研究任务中的绘图需求，帮助读者更好地理解研究对象的结构和功能。常见的示意图有人体、动物、细胞的解剖图以及常见植物的示意图。人体、动物解剖图可以帮助读者更好地理解人体、动物的结构，以及不同器官和系统之间的相互作用；细胞解剖图用于展示细胞的内部结构和组成，可以帮助读者更好地理解细胞的各个组成部分，如细胞核、细胞质、细胞器等；植物示意图用于展示植物的外部形态和结构，可以帮助读者更好地理解植物的不同部分，如根、茎、叶、花等。

可以使用一些 R 语言可视化拓展工具包进行示意图的绘制，如 gganatogram 工具包可以用于不同生物解剖图和一些植物示意图的绘制，其提供了一种简单而灵活的方式来创建解剖图，可以用于展示不同组织、器官或系统在人体中的位置和关系；ggseg 工具包可用于绘制人体大脑图谱示意图。图 7-12-1 所示为使用 gganatogram 包绘制的人类和老鼠解剖示意图示例，图 7-12-2 所示是细胞结构示意图映射具体数值前后的可视化结果，图 7-12-3 所示则是一些常见的动植物结构示意图。

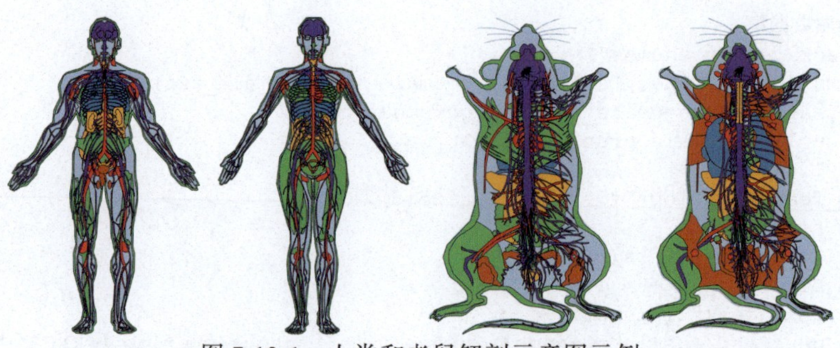

图 7-12-1　人类和老鼠解剖示意图示例

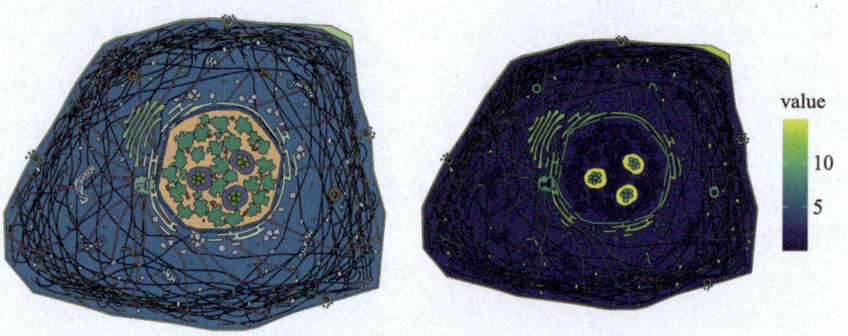

图 7-12-2　细胞结构示意图示例

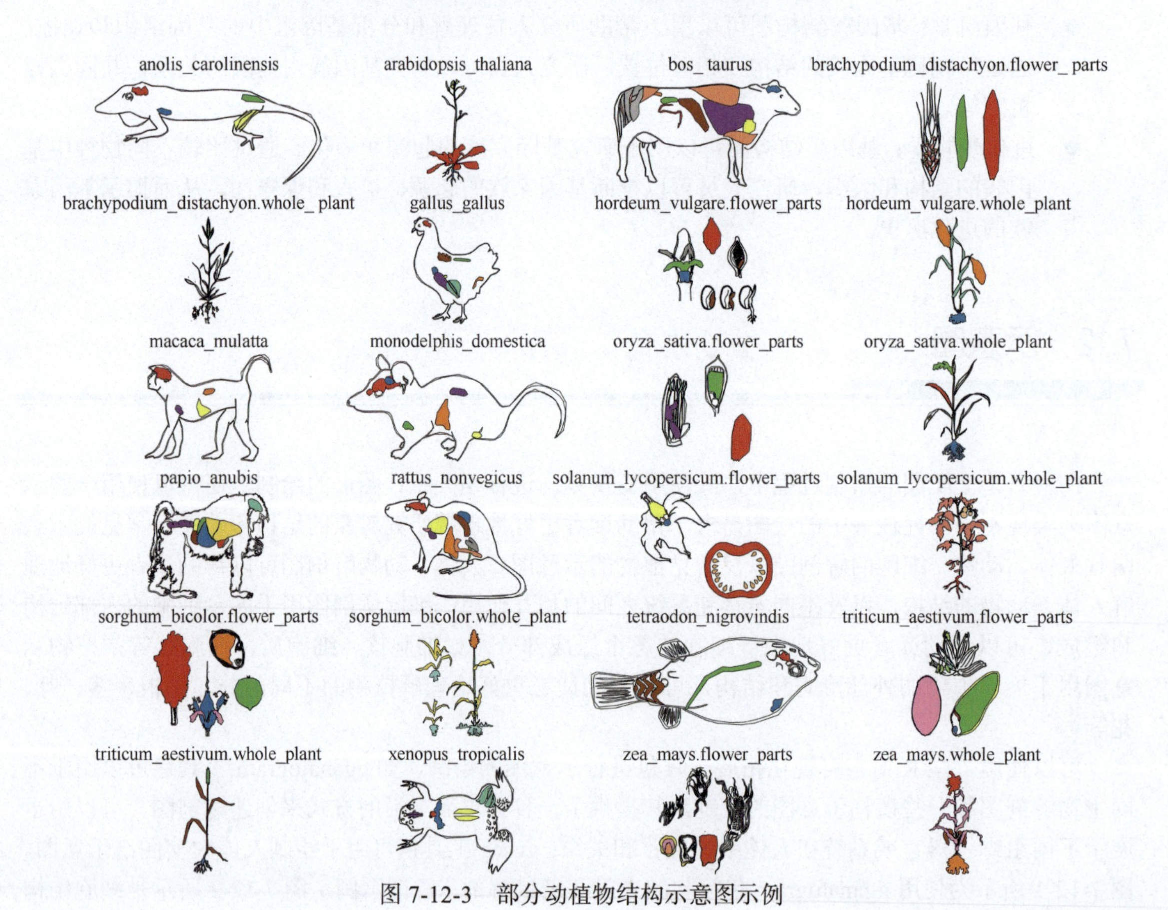

图 7-12-3　部分动植物结构示意图示例

使用 gganatogram 包绘制一些动植物解剖示意图的代码相对简单，这里就不进行绘制方法的介绍，绘制代码已收录到本书的代码合集中。若想了解这个包的其他使用方法，读者可自行查阅官网进行学习。

提示：使用 gganatogram 包绘制示意图和直接使用 SVG 文件进行示意图的绘制，两者没有优劣之分，读者可根据自己的实际绘图任务进行选择。需要指出的是，gganatogram 包中的绘图函数可以直接将数值变量映射到对应示意图结构的颜色上，帮助读者更好地观察变量值变化。

图 7-12-4 所示则是使用 ggseg 包绘制的人体大脑图谱结构示意图。

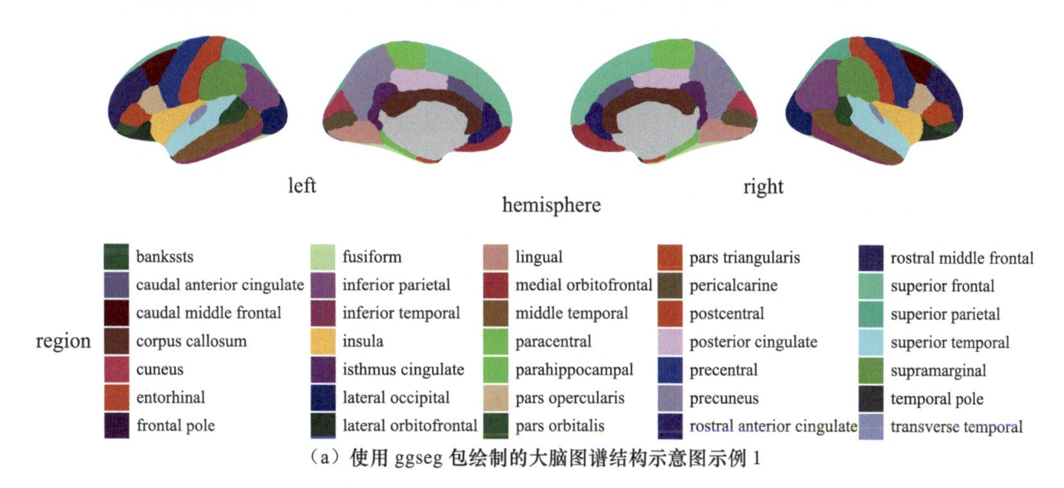

（a）使用 ggseg 包绘制的大脑图谱结构示意图示例 1

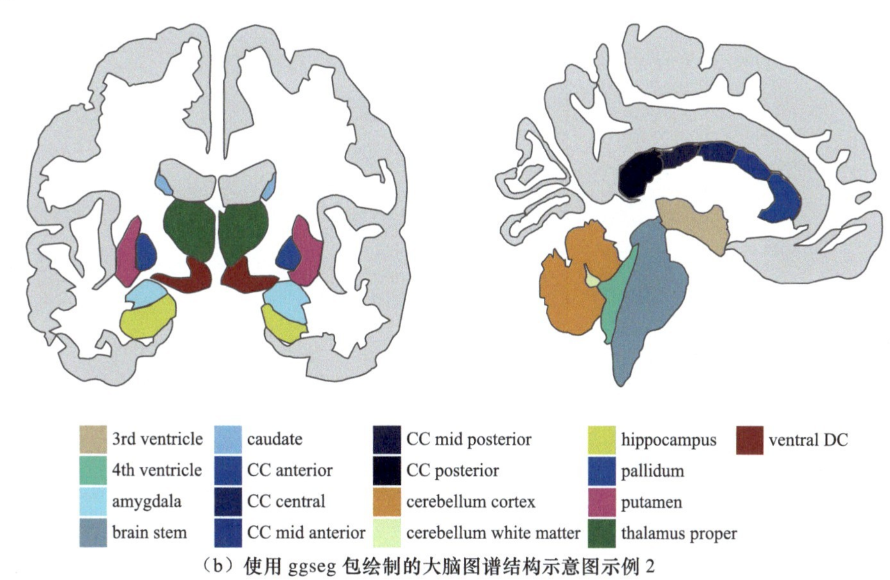

（b）使用 ggseg 包绘制的大脑图谱结构示意图示例 2

图 7-12-4 使用 ggseg 包绘制的人体大脑图谱结构示意图

提示：使用 ggseg 包的方法和 gganatogram 包的相似，可使用变量数值对结构颜色进行映射操作。

7.13　空气污染图形系列

R 语言中有很多拓展工具包可以专门绘制一个系列或者特定领域中的统计图形，openair 是用于空气污染数据分析且在大气科研领域具有广泛应用的 R 语言拓展工具包。该工具包由许多工具组成，用于导入和处理数据，并进行各种分析，以加深对空气污染数据的理解。本节将主要介绍该工具包中用于可视化展示的绘图函数，帮助读者更好地理解该工具包是如何高效分析空气污染数据的。

绘图数据格式

openair 包对输入数据的格式有一定的限制，确保输入数据格式正确是使用 openair 包的前提，同时可帮助用户减少代码运行出错的次数，方便数据处理。openair 要求的数据格式如下，图 7-13-1 所示为 openair 包标准绘图数据格式示例。

- 数据应该为 data.frame（数据框）或者 tibble 格式。
- 日期 / 时间字段的变量，其名称必须为 date 且注意大小写。
- 风速（wind speed）和风向（wind direction）变量应分别命名为 ws 和 wd。风向采用英国气象局的格式，以北纬度数表示，例如，90°（90 degrees）为东风，360°（360 degrees）为北风。
- 如果字段中包含数值型数据（如氮氧化物浓度），应确保该列中不包含其他字符，同时接受表示数据缺失的字符，如 "NA"。
- 其他变量名可以是大写或者小写形式的，但不能以数字开头。如果列名中有空格，R 将自动用句号代替。建议使用诸如“pm25”字样命名污染物变量，openair 会识别这样的污染物变量，并在绘图中自动将其格式化为 $PM_{2.5}$。
- 对于时间数据，可使用 lubridate 包中的时间处理函数格式化。

A tibble: 6 × 10

date	ws	wd	nox	no2	o3	pm10	so2	co	pm25
<dttm>	<dbl>	<int>	<int>	<int>	<int>	<int>	<dbl>	<dbl>	<int>
1998-01-01 00:00:00	0.60	280	285	39	1	29	4.7225	3.3725	NA
1998-01-01 01:00:00	2.16	230	NA	NA	NA	37	NA	NA	NA
1998-01-01 02:00:00	2.76	190	NA	NA	3	34	6.8300	9.6025	NA
1998-01-01 03:00:00	2.16	170	493	52	3	35	7.6625	10.2175	NA
1998-01-01 04:00:00	2.40	180	468	78	2	34	8.0700	8.9125	NA
1998-01-01 05:00:00	3.00	190	264	42	0	16	5.5050	3.0525	NA

图 7-13-1　openair 包标准绘图数据格式示例

windRose() 函数

openair 包中的 windRose() 函数主要用于绘制传统的风玫瑰图（wind rose plot），传统的风玫瑰图按不同间隔绘制风速和风向，对于显示不同年份的风速和风向情况的变化尤其有用。windRose() 函数可以应用多种方式绘制风玫瑰图，例如，汇总所有可用的风速和风向数据或按年和按月绘制风玫瑰图。图 7-13-2 所示为使用 openair 包自带的数据集绘制的传统风玫瑰图，并且设置 windRose() 函数中的 type、layout 参数，展示风速和风向的年周期变化。

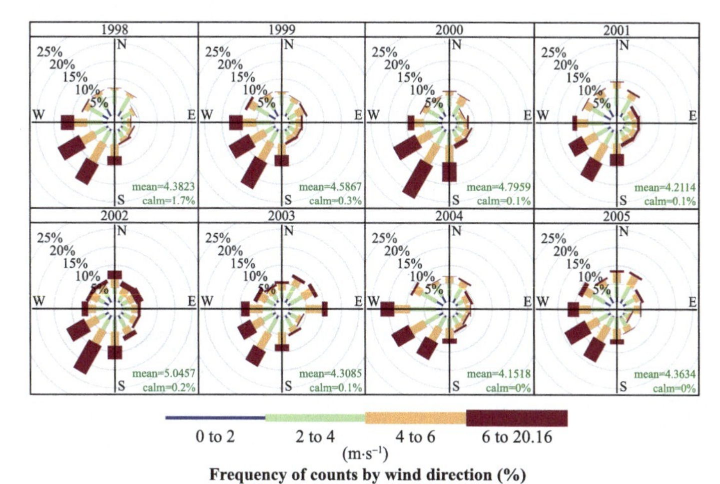

图 7-13-2 年周期风玫瑰图绘制示例

图 7-13-2 所示图形的绘制代码如下。

```
1. library(openair)
2. library(tidyverse)
3. #图7-13-2绘制代码
4. windRose(mydata, type = "year", layout = c(4, 2))
```

pollutionRose() 函数

pollutionRose() 函数是 windRose() 函数的一个变体，它用其他测量变量数据（常见的是污染物时间序列数据）代替风速变量数据，可用于按风向考虑污染物浓度变化，或者污染物浓度在特定范围内的时间百分比，提供更多有用的空气污染物种类信息。图 7-13-3 所示为使用 pollutionRose() 函数绘制的基本污染玫瑰图示例，从图中可以看出，较高的氮氧化物浓度与西南部等地较高的二氧化硫浓度有关。

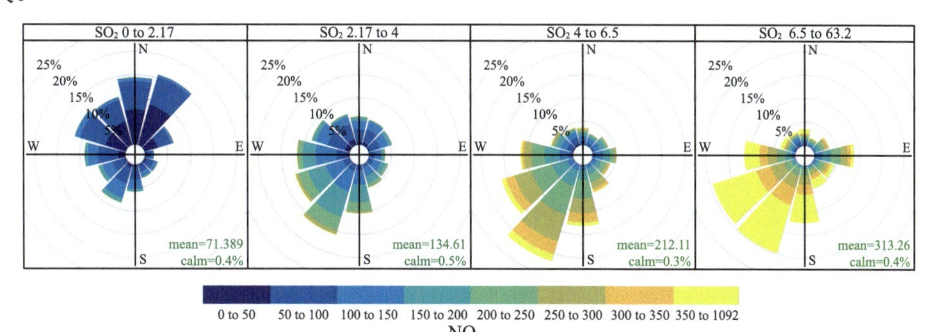

图 7-13-3 使用 pollutionRose() 函数绘制的基本污染玫瑰图示例

图 7-13-3 所示图形的绘制代码如下。

```
1. library(openair)
2. library(tidyverse)
3. library(pals)
4. pollutionRose(mydata,pollutant = "nox",type = "so2",layout = c(4, 1),
5.      cols=parula(8),key.position = "bottom")
```

还可以通过设置 pollutionRose() 函数中的 statistic 参数值为 "prop.mean"，即平均值的贡献比例，显示哪些风向的浓度在总体浓度中占主导地位，可以很好地了解哪些风向对总体浓度的影响最大，并提供有关不同浓度水平的信息。

polarFreq () 函数

polarFreq() 函数主要以 "bins" 为单位绘制风速 - 风向频率。根据不同的测量频率，每个分区都用不同的颜色编码。可以使用一系列常用统计数据来显示污染物的浓度，还可以按不同时间段，如按年、月、星期显示污染物的浓度。图 7-13-4 所示为设置 polarFreq() 函数中 statistic 参数值为 "weighted.mean"（加权平均）后的绘制示例。

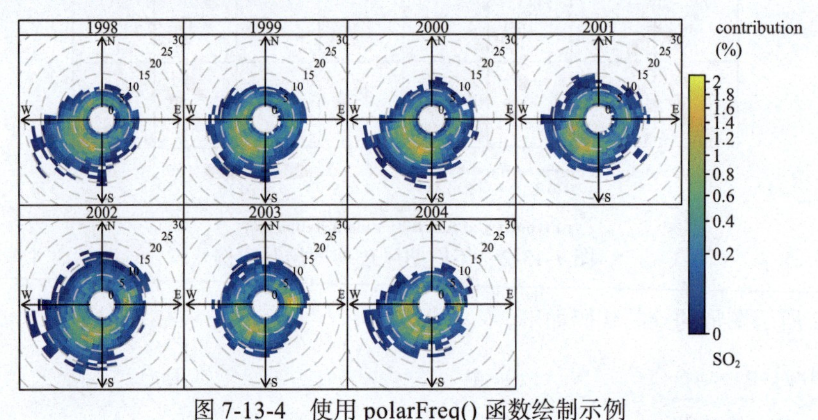

图 7-13-4　使用 polarFreq() 函数绘制示例

图 7-13-4 所示图形的绘制代码如下。

```
1. library(openair)
2. library(tidyverse)
3. library(pals)
4. # weighted mean SO2 concentrations
5. polarFreq(mydata, pollutant = "so2",type ="year",layout =c(4, 2),
6.           statistic = "weighted.mean",cols = parula(100))
```

percentileRose () 函数

percentileRose() 函数可用于计算污染物的百分位数水平，并按风向绘制；也可以计算一个或多个百分位数水平，并以填充区域或线条的形式显示。percentileRose() 函数绘制的图形对显示各风向的浓度分布非常有用，通常可以揭示污染物的来源。图 7-13-5 所示为使用 percentileRose() 函数绘制的按季节和日夜间进行划分且设置平滑（smoothed）处理后的可视化结果示例。

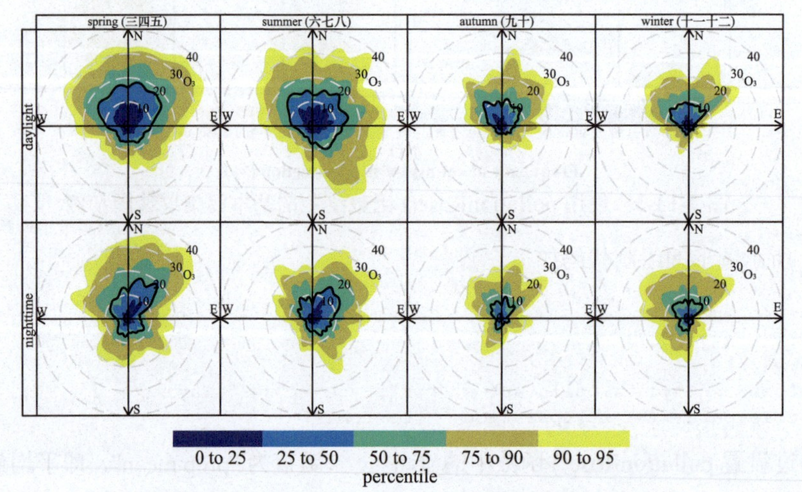

图 7-13-5　使用 percentileRose() 函数绘制示例

polarPlot() 函数

polarPlot() 函数可以用于绘制污染物浓度的双变量极坐标图形，展示污染物浓度随风速和风向的变化而变化的情况。polarPlot() 函数以连续曲面的形式绘制图形，并使用平滑技术通过建模计算曲面。此外，还可以在极坐标中将风速以外的变量与风向同时展示，在实际研究应用中，尽可能多地展示其他污染物变量，对区分污染物可能来源有着非常重要的意义。图 7-13-6 所示为使用 polarPlot() 函数绘制的可视化结果示例，其中图 7-13-6（b）所示为经过数据处理操作（使用 mutate()、filter() 函数）后的图形结果。

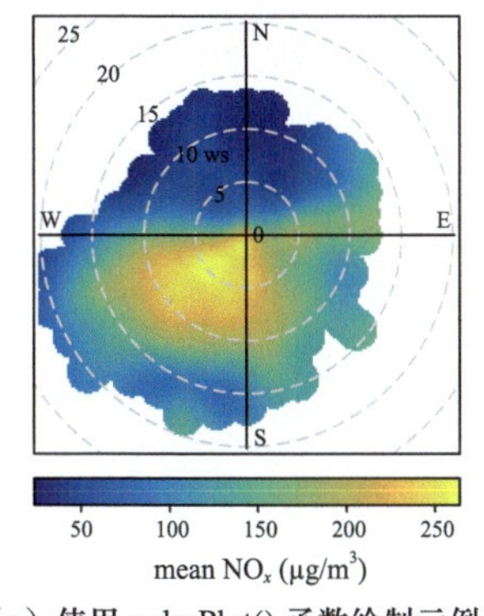

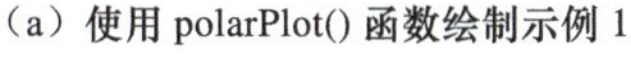

（a）使用 polarPlot() 函数绘制示例 1

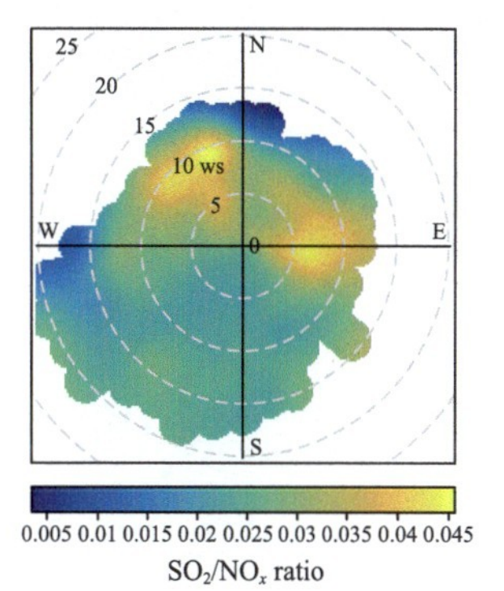

（b）使用 polarPlot() 函数绘制示例 2

图 7-13-6　使用 polarPlot() 函数绘制示例

图 7-13-6 所示图形的绘制代码如下。

```
1. library(openair)
2. library(tidyverse)
3. library(pals)
4. #图7-13-6(a)所示图形的绘制代码
5. polarPlot(mydata, pollutant = "nox",cols = parula(100),
6.      key.header = "mean nox (ug/m3)", key.position = "bottom",
7.      key.footer = NULL)
8. #图7-13-6(b)所示图形的绘制代码
9. #数据处理
10.mydata <- mutate(mydata, ratio = so2 / nox)
11.polarPlot(filter(mydata, ratio < 0.1), pollutant = "ratio",
12.     cols = parula(100),key.position = "bottom",
13.     key.header = "so2/nox ratio",key.footer = NULL)
```

提示：在使用上述的绘图函数进行空气污染物等指标属性的可视化展示时，一定要确保自己的绘图数据符合格式要求，且可以通过常见的数据处理方式进行变量特征新增、变量数据计算以及变量比例缩放等操作。绘图结果可通过基础 R 绘图结果保存方式进行保存。上文只对 openair 包中的部分绘图函数进行了简单的介绍，相关专业的读者在使用该工具包前，可仔细阅读官方文档，结合自己实际的绘图需求进行图形绘制。

7.14　网络图

网络图（network graph）也称为网络地图或节点链路图，是一种用于展示事物之间的关系和连接的图形，它由一组节点（或顶点）和连接这些节点的边组成。节点可以表示个体、实体或概念，而边则表示节点之间的关联、关系或连接。图 7-14-1 为 R 语言中 igraph 包中常见的几种布局的网络节点连接结构图。图 7-14-2 所示为 igraph 包使用 igraphdata 数据包中 karate 数据集绘制的网络图示例，其中图 7-14-2（b）、图 7-14-2（c）为圆形样式和添加聚类背景的网络图示例。

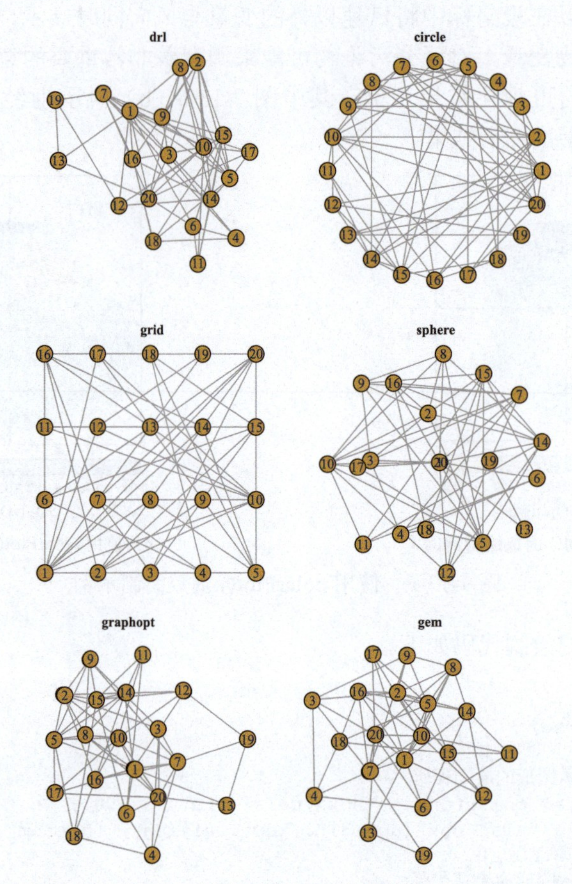

图 7-14-1　igraph 包中不同布局的网络节点连接结构图

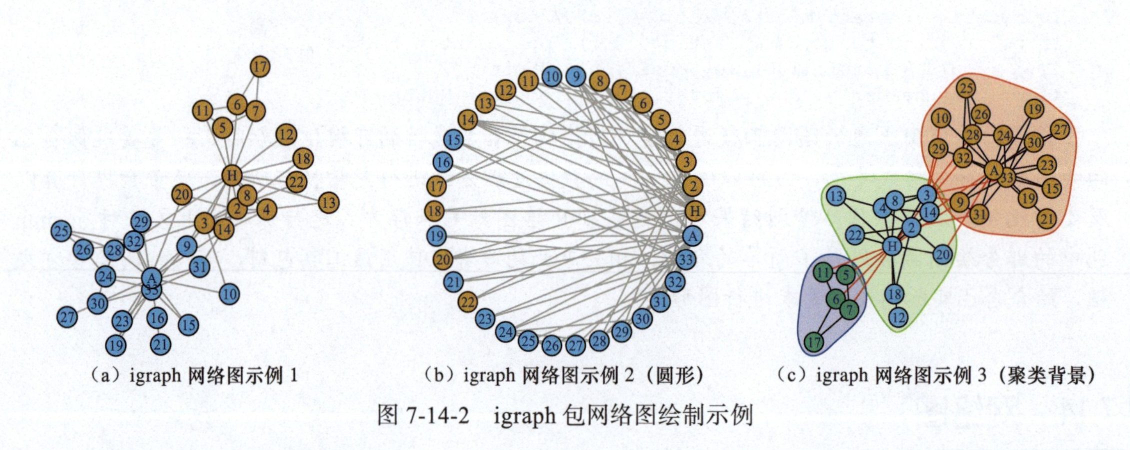

（a）igraph 网络图示例 1　　（b）igraph 网络图示例 2（圆形）　　（c）igraph 网络图示例 3（聚类背景）

图 7-14-2　igraph 包网络图绘制示例

技巧：使用 igraph 包绘制网络图

使用 igraph 包中的 plot() 函数就可以绘制网络图，但在绘制之前，需要输入正确格式的绘图数据。可以使用 igraphdata 包中提供的数据集进行绘制，也可以使用 graph_from_adjacency_matrix() 或 graph_from_data_frame() 函数，自定义输入的矩阵（matrix）或数据框（data.frame）数据集，还可以使用 make_graph() 函数进行数据集构建。设置 plot() 函数中 layout 参数为 layout.circle，即可绘制圆形外观的网络图样式，使用 igraph 包中的 cluster_fast_greedy() 函数就可以实现对数据集快速聚类。图 7-14-2（b）、图 7-14-2（c）所示图形的核心绘制代码如下。

```
1. library(igraph)
2. library(igraphdata)
3. data(karate)
4. #图7-14-2(b)所示图形的绘制代码
5. plot(karate,layout=layout.circle)
6. #图7-14-2(c)所示图形的绘制代码
7. cfg <- igraph::cluster_fast_greedy(karate)
8. plot(cfg, karate)
```

提示：使用 igraph 包进行网络图的绘制时，还有很多参数可供修改，本小节只介绍简单使用方法，且使用现有的数据集。读者在基于自己数据集进行绘制时，一定要注意数据输入格式。

除了上述的可视化工具包外，R 语言中的 ggraph 工具包也可以快速绘制网络图，其基于 ggplot2 和 igraph 包，提供了高度灵活的网络图绘制功能。图 7-14-3 所示为使用 ggraph 包绘制的不同样式网络图示例，其中图 7-14-3（b）所示图形使用了 geom_edge_arc() 函数给出了明确的指示箭头样式。

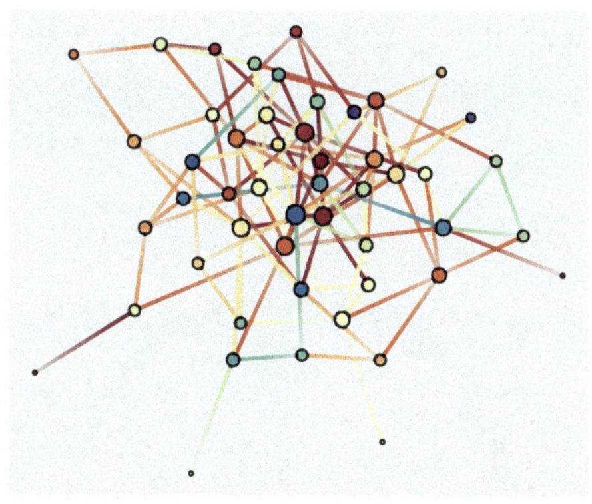

（a）使用 ggraph 绘制的网络图示例（alpha）

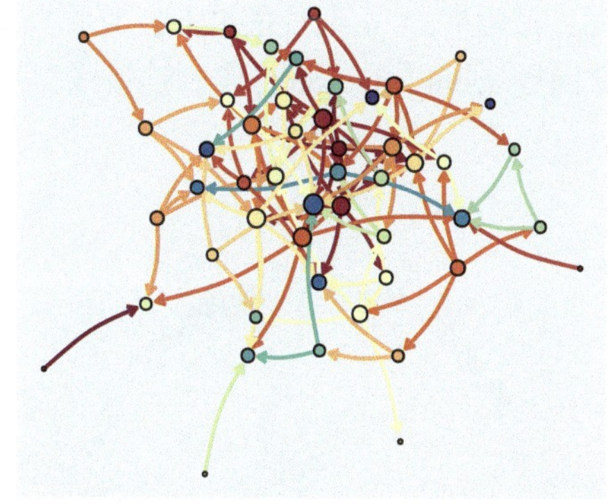

（b）使用 ggraph 绘制的网络图示例（指示箭头样式）

图 7-14-3 使用 ggraph 绘制的不同样式网络图示例

技巧：使用 ggraph 包绘制网络图

使用 ggraph 包中的 geom_edge_fan/arc() 和 geom_node_point() 函数绘制网络图中的边和节点，此外，边的颜色、类型、粗细和点的大小、颜色以及形状，都可以通过参数进行修改。图 7-14-3（b）所示图形的核心绘制代码如下。

```
1. library(tidyverse)
2. library(igraph)
3. library(ggraph)
4. library(tidygraph)
5. cols <- colorRampPalette(RColorBrewer::brewer.pal(11, 'Spectral'))
6. #构建绘图数据
7. g <- erdos.renyi.game(50, .1)
```

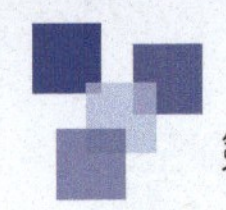

```
8. V(g)$name <- 1:vcount(g)
9. graph_tbl <- g %>%
10.   as_tbl_graph() %>%
11.   activate(nodes) %>%
12.   mutate(degree  = centrality_degree())
13.layout <- create_layout(graph_tbl, layout = 'igraph',
14.                               algorithm = 'nicely')
15.ggraph(layout) +
16.   geom_edge_arc(aes(color = as.factor(from)),
17.              end_cap = circle(2.5, 'mm'),
18.              arrow = arrow(length =unit(2.5,'mm')),
19.              strength = 0.1,show.legend = F) +
20.   geom_node_point(aes(size = degree, fill = as.factor(name)),
21.                shape=21,show.legend = F) +
22.   scale_fill_manual(
23.     limits = as.factor(layout$name),
24.     values = cols(nrow(layout))) +
25.   scale_edge_color_manual(
26.     limits = as.factor(layout$name),
27.     values = cols(nrow(layout))) +
```

提示：使用 ggraph 包绘制网络图和使用 igraph 包绘制网络图相似，都对输入数据格式有着较为严格的要求，需使用 as_tbl_graph() 函数和 create_layout() 函数将数据框（data.frame）格式数据转换成可供 ggraph 包绘制的数据格式。

除了绘制上述的可视化结果，我们还可以绘制径向分布节点网络图，只需设置 ggraph() 函数中的 layout 参数值为 liner、circular 参数值为 TRUE 后，再使用直线连接函数 geom_edge_link() 或曲线连接函数 geom_edge_arc() 绘制连接线即可。图 7-14-4 所示图形为不同连接线样式绘制示例。

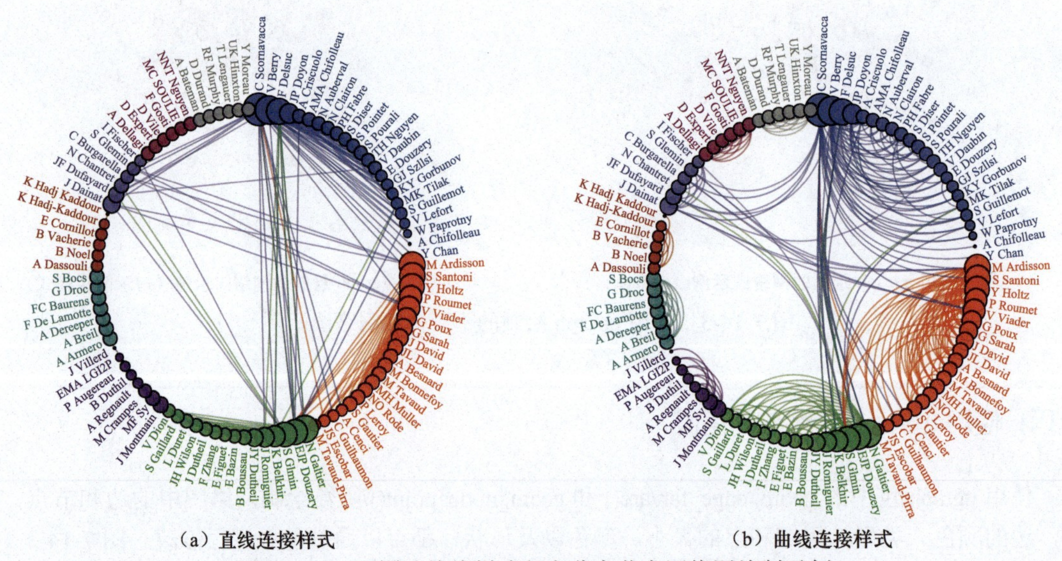

（a）直线连接样式　　（b）曲线连接样式

图 7-14-4　不同连接线样式径向分布节点网络图绘制示例

提示：在绘制过程中，由于使用 geom_node_text() 函数对每个连接节点的文本进行标注，我们要提前构建每个文本变量的角度（angle）参数，通过自定义方法进行构建即可。

使用场景

在科研论文中，网络图可以帮助研究者将复杂的关系和结构进行可视化，使得读者更容易理解和把握研究内容，其在不同学科中常见的使用场景如下。

- 社会科学：社交网络分析、组织网络分析、科学合作网络分析等。
- 计算机科学：互联网拓扑结构分析、社交媒体分析、网络安全分析等。
- 生物学：生物分子相互作用场景、基因调控网络、脑神经网络等。
- 地理学：城市交通网络、交通流分析、GIS 等。
- 经济学：金融网络、供应链网络、市场竞争网络等。

7.15 SOM 图

SOM（Self-Organizing Map，自组织映射）是一种无监督学习算法，由芬兰科学家 Teuvo Kohonen（图沃·科霍宁）在 1982 年提出。它被用于将高维数据映射到低维空间中，并保持数据之间的拓扑结构。SOM 图也被称为 Kohonen 地图，它是 SOM 算法的可视化结果。SOM 图通常是一个二维网格，每个单元格代表 SOM 算法中的一个神经元。这些神经元按照特定的拓扑结构排列，通常排列成一个正方形或六边形的网格。在 R 语言中，我们可以使用 kohonen 可视化工具包快速绘制 SOM 图。图 7-15-1 为使用 kohonen 包基于虚构的数据集绘制的基础 SOM 图示例。

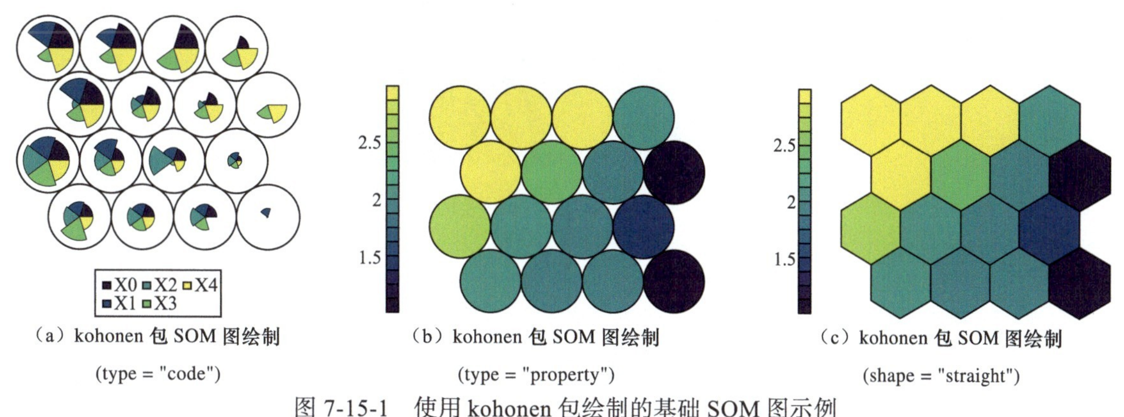

（a）kohonen 包 SOM 图绘制 (type = "code")

（b）kohonen 包 SOM 图绘制 (type = "property")

（c）kohonen 包 SOM 图绘制 (shape = "straight")

图 7-15-1　使用 kohonen 包绘制的基础 SOM 图示例

技巧：使用 kohonen 包绘制 SOM 图

使用 R 语言的 kohonen 包绘制 SOM 图的关键是使用它的 som() 函数完成绘图前的 SOM 算法计算，然后用它的 plot() 函数展示 SOM 算法结果。在 plot() 函数中，我们设置 type 为不同值，可得到不同样式的 SOM 图（见图 7-15-1）。图 7-15-1 所示图形的核心绘制代码如下。

```
1. library(kohonen)
2. #构建数据集
3. X0 <- c(1,2,3,3,3,3,3,3,3,2,2,2,2,2,2,2,2,2,1,1,1,1)
4. X1 <- c(3,3,1,1,3,3,3,3,3,2,2,2,2,2,2,2,2,2,1,1,1,1)
5. X2 <- c(1,2,1,1,1,1,1,1,3,2,2,3,2,2,2,2,2,2,1,1,1,1)
6. X3 <- c(1,2,3,2,2,2,2,2,3,2,2,1,3,2,2,2,2,2,1,1,3,1)
7. X4 <- c(1,2,3,3,3,3,3,3,3,2,2,2,2,2,2,2,1,1,1,1,2,3)
8. dat <- data.frame(X0, X1, X2, X3, X4)
```

```
9. dat <- as.matrix(dat)
10.#构建SOM算法
11.som <- kohonen::som(dat, grid = kohonen::somgrid(4, 4, "hexagonal"),
12.  rlen = 100, alpha = c(0.05, 0.01),dist.fcts = "euclidean",
13.  keep.data = TRUE)
14.#图7-15-1(a)核心代码
15.plot(som,palette.name = hcl.colors,main = "")
16.#图7-15-1(b)核心代码
17.plot(som, type = "property", property = getCodes(som, 1)[,1],
18.     palette.name = hcl.colors, main = "", cex = 1.2)
19.#图7-15-1(c)核心代码
20.plot(som, type = "property", property = getCodes(som, 1)[,1],
21.shape = "straight", palette.name = hcl.colors, main = "", cex = 1.2)
```

在绘制 SOM 图时，我们常进行的操作是对绘图结果进行分类并添加聚类边框。在 kohonen 包中，我们可以使用 add.cluster.boundaries() 函数完成此操作，但在操作之前，需使用 cutree() 函数将绘图数据进行聚类。图 7-15-2 为添加完聚类边框的 SOM 图。

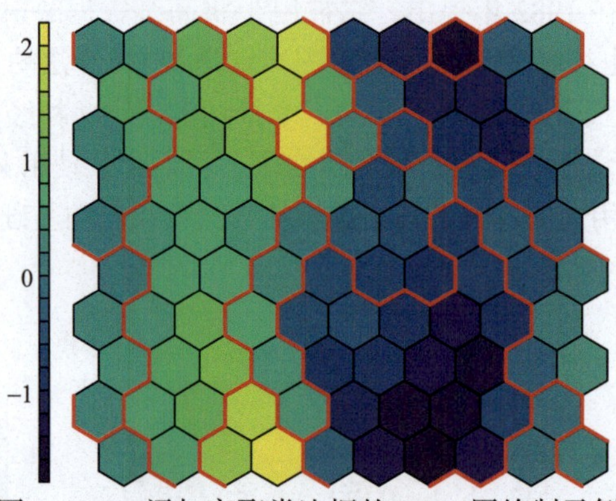

图 7-15-2　添加完聚类边框的 SOM 图绘制示例

图 7-15-2 所示图形的核心绘制代码如下。

```
1. som.hc <- cutree(hclust(object.distances(iris.som, "codes")), 8)
2. plot(iris.som, type = "property", property = getCodes(iris.som, 1)[,1],
3.    shape = "straight", palette.name = hcl.colors, main = "", cex = 1.2)
4. add.cluster.boundaries(iris.som, som.hc,lwd = 4,col="red")
```

提示：我们在对 kohonen 包绘制的图进行保存的时候，使用基础 R 图保存绘图结果即可。

使用场景

自组织映射是一种无监督学习的神经网络算法，常被用于数据挖掘和可视化领域。以下是一些 SOM 图使用的场景。

- 数据可视化：SOM 能够将高维数据映射到一个二维平面上，并保持数据之间的拓扑关系，因此常被用于数据的可视化分析。例如，在聚类分析中，可以使用 SOM 图来展示数据点之间的相似性和差异性。
- 特征提取：SOM 可以帮助识别数据中的模式和特征，从而用于特征提取的任务。SOM 可以找到数据中的潜在特征并将其可视化展示，有助于理解数据的结构和特点。
- 数据挖掘：在数据挖掘任务中，SOM 可以被用于发掘数据中的隐藏模式、规律或异常点。通过对大量数据进行 SOM 训练，我们可以得到数据的低维表示，并挖掘数据中的有用信息。

- 无监督分类：SOM 可以被用作无监督分类器，将输入数据映射到离散的类别中。这在某些无标签数据集的分类任务中很有用，例如，图像分割、文本聚类等。

7.16 拓展阅读

R 语言在生物信息学、单细胞基因组学和系统发育学等领域具有广泛的应用。在生物信息学中，R 语言提供了丰富的生物信息学相关的软件包和函数，可以方便地处理和分析相关数据；在单细胞基因组学中，R 语言被广泛应用于数据预处理、细胞聚类、细胞类型识别和差异表达分析等方面。在本节中，笔者将介绍一些基于 R 语言的高级可视化工具包，这些工具包在特定领域的可视化中具有独特的优势和功能，而鉴于某些领域的专业性，介绍某些工具包的可视化功能时，笔者会直接使用官方提供的数据和样例进行可视化展示。本节的重点在于为读者介绍工具的大致功能，对某个函数不会进行深入介绍，相关专业的读者可结合自己的绘图需求，自行进行探索分析。

ggtree

ggtree 是一个基于 ggplot2 的 R 语言拓展包，专门用于可视化进化树和其他树状结构数据。其提供了丰富的函数和图形选项，使用户能够以高度定制化的方式创建和修改进化树的可视化效果，便于在生物学和进化研究中绘制高质量的树形图。

ggtree 包的基本原理是将进化树和其他相关数据（如序列注释、分类信息等）转换为 ggplot2 图层，然后使用 ggplot2 的语法和函数进行进一步的修改和定制。它使用 phylo 对象作为输入，该对象存储了进化树的拓扑结构和相关的注释信息。ggtree 通过将进化树的节点和分支映射到可视化元素（如点、线、标签等）上，实现了进化树的可视化。ggtree 还提供了丰富的注释和标签功能，可以方便地添加物种名称、分支长度、节点标签等信息。图 7-16-1 所示为使用 ggtree 包绘制的两种系统发育树示例。

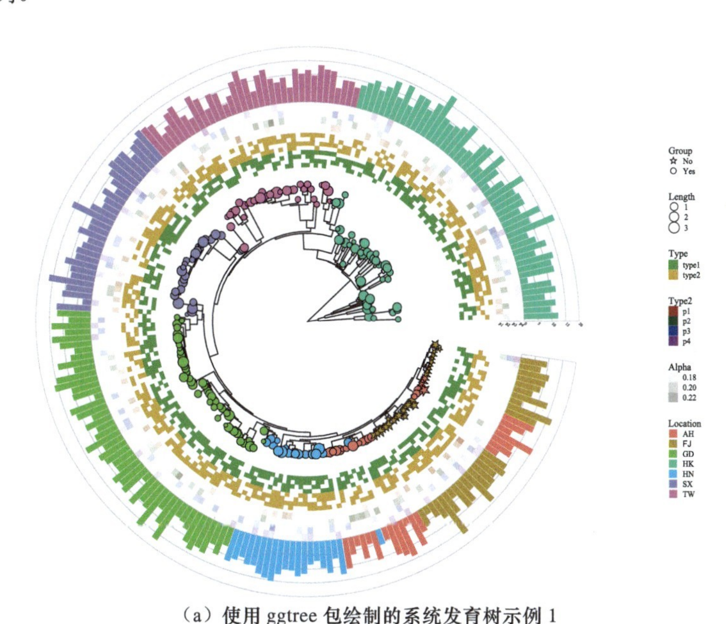

（a）使用 ggtree 包绘制的系统发育树示例 1

图 7-16-1　使用 ggtree 包绘制的系统发育树示例

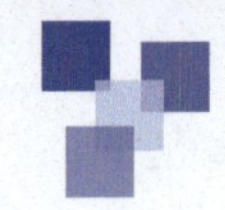

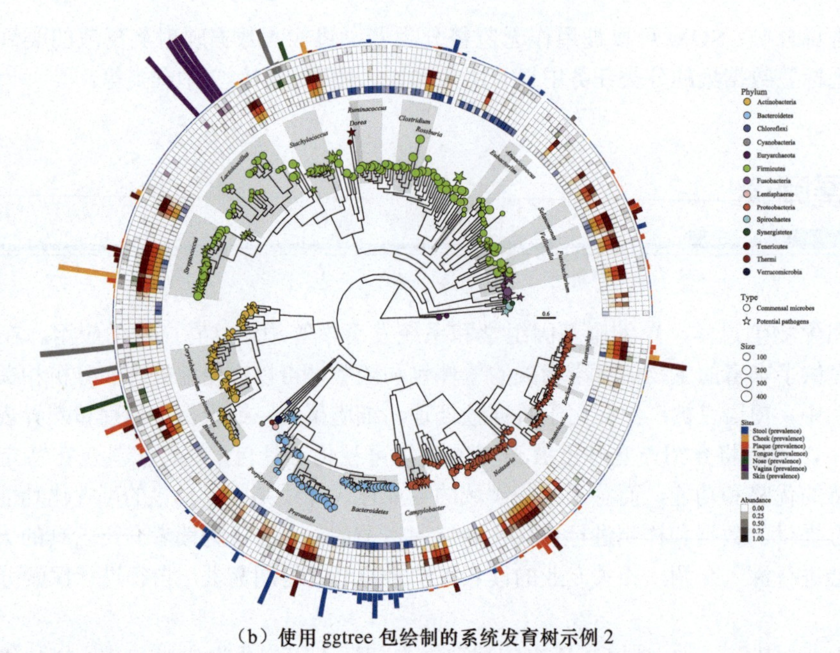

（b）使用 ggtree 包绘制的系统发育树示例 2

图 7-16-1　使用 ggtree 包绘制的系统发育树示例（续）

提示：关于 ggtree 工具包的更多详细介绍，读者可参考余光创编写的《R 实战：系统发育树的数据集成操作及可视化》。

Seurat

Seurat 是一个用于单细胞 RNA 测序（scRNA-seq）数据分析和可视化的 R 语言拓展包。它提供了一套强大的单细胞数据预处理、细胞聚类、细胞类型注释和可视化的工具。Seurat 可以生成各种可视化图形，包括 t-SNE（t-distributed Stochastic Neighbor Embedding，t 分布随机邻域嵌入）图、UMAP（Uniform Manifold Approximation and Projection）图、细胞簇热力图等，帮助研究者探索单细胞数据的结构和差异。

Seurat 包的基本原理是使用主成分分析和 t-SNE 等降维技术，将高维的单细胞 RNA 测序数据转换为低维数据，从而便于进行可视化和数据分析。Seurat 包还使用了一种称为“标准化和平均化”的方法，用于对单细胞 RNA 测序数据进行规范化和归一化，以消除不同细胞之间的差异。下面是 Seurat 工具包中常用的可视化函数的详细介绍。

- DimPlot()：DimPlot() 函数用于绘制降维后的数据的散点图。它可以将单细胞 RNA 测序数据降维到二维或三维空间，并根据细胞类型、聚类结果或其他注释信息对细胞进行着色，以直观地展示细胞的分布和聚类情况。
- FeaturePlot()：FeaturePlot() 函数用于绘制特定基因的表达模式图，可以显示单个或多个基因在不同类型的细胞中的表达水平。通过 FeaturePlot() 函数，可以比较不同基因在不同细胞亚群中的表达模式，从而分析细胞的功能和特征。
- SpatialFeaturePlot()：SpatialFeaturePlot() 函数是 Seurat 工具包中用于空间转录组数据可视化的函数。该函数用于绘制空间转录组数据中特定基因的表达模式图，通过绘制每个细胞或区域的位置，并用颜色表示指定基因的表达水平，展示基因在组织或细胞间的空间分布情况。可以通过调整参数来定制图像的大小和外观，以及基因表达的颜色表示，帮助研究人员直观地了解基因在组织或细胞间的空间分布情况。

- VlnPlot()：VlnPlot() 函数用于绘制基因表达的小提琴图。它可以显示指定基因在不同细胞类型或聚类簇中的表达分布情况。通过 VlnPlot() 函数，可以观察基因的表达分布的差异，并判断某个基因是否在特定细胞类型中高度表达。
- FeatureScatter()：FeatureScatter() 函数用于绘制两个基因之间的散点图。它可以展示两个基因在单个细胞上的表达关系，帮助研究人员分析基因之间的相关性和相互作用。
- DotPlot()：DotPlot() 函数用于绘制基因在不同细胞类型中的表达模式图。它可以显示不同细胞类型中每个基因的表达水平，通过点的大小和颜色来表示基因的表达程度。通过 DotPlot() 函数，可以直观地比较不同细胞类型中各个基因的表达模式。
- DoHeatmap()：DoHeatmap() 函数用于绘制基因表达的热力图。它可以将基因在不同细胞类型或聚类簇中的表达水平以颜色的形式展示出来，从而直观地显示基因的表达模式和细胞类型的相似性或差异性。
- RidgePlot()：RidgePlot() 函数用于绘制基因表达的“山脊”图。它可以展示不同细胞类型中基因表达的分布情况，通过“山脊”的高度和颜色来表示基因的表达水平。

图 7-16-2 和图 7-16-3 所示分别为使用 FeaturePlot() 和 SpatialFeaturePlot() 函数绘制的基因表达模式图示例。图 7-16-3 展示了基因“Hpca”和“Ttr”在空间转录组数据中的表达模式。

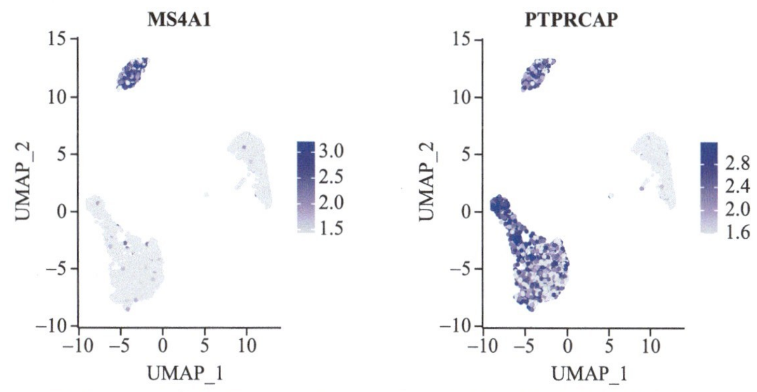

图 7-16-2　使用 FeaturePlot() 函数绘制的基因表达模式图示例

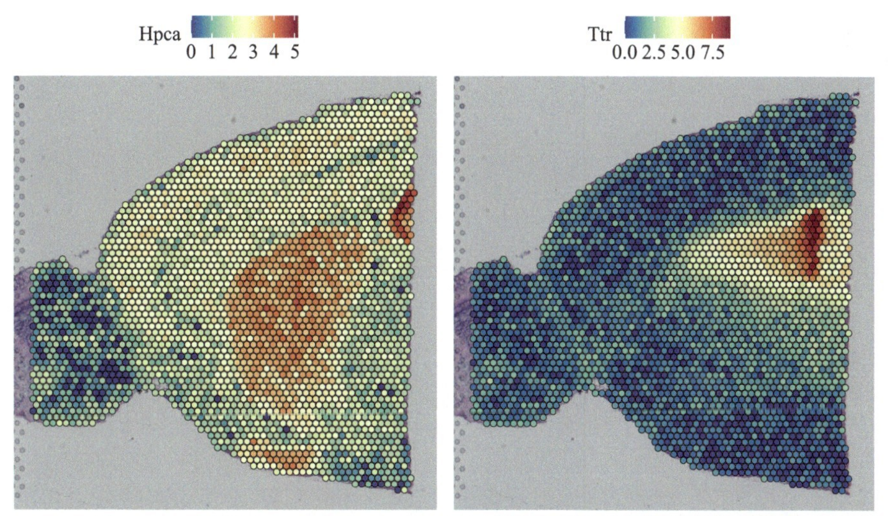

图 7-16-3　使用 SpatialFeaturePlot() 函数绘制的基因表达模式图示例

提示：以上介绍的示例为 Seurat 包官网提供的数据和绘制样式，更多关于 Seurat 包的数据分析和可视化功能函数，读者可自行根据自己的实际绘图需求进行阅读和学习。

7.17　本章小结

本章讲解了几种在特定研究领域、特定专业中经常出现的统计图形，如气象领域中常用的泰勒图、生物医疗领域 Meta 分析中的森林图、空气污染研究领域的风玫瑰图等，从图形含义、绘制方法以及使用场景等几个方面进行了介绍，目的是尽可能地涉及多个图形类型和研究领域。而在拓展阅读部分，笔者介绍了 R 语言在生物信息相关专业可视化绘制中常用的 ggtree 包和 Seurat 包，主要是想给相关专业的读者提供一个可视化绘制思路，介绍较为简略。需要指出的是，由于本书的重点是统计图形的可视化技巧，在某些特定领域的专有名词介绍过程中，难免会出现介绍不完整、不够准确等问题，读者发现后可第一时间联系笔者，笔者会进行更正。

第 8 章　科研论文配图绘制案例

科研论文配图绘制的重点在于选择合适的图来表达某一环节目标数据的情况，如大多数理工类学科中的目标数据探索环节、数据处理环节以及采用新研究方法后的性能评估环节，每一个操作环节都需要选择合适的配图对结果进行有效表示。本章将结合具体的科研案例，为研究实验的不同阶段选择合适的配图，并提供详细绘制代码，同时给出相关依据和笔者的绘图经验总结。

本章所选案例主题为大气、地理等学科或系统中经常研究的一个主题——蒸散发（Evapotranspiration，ET）。与常规估算算法不同，本章所选案例在基于研究目标大量数据集的前提下，结合近年来非常热门的机器学习方法，构建出新的 ET 估算算法，实现对研究目标的高效估算处理。

在本案例中，我们只关注构建完成的算法的性能评估环节，对前期的数据处理、模型构建等操作不进行介绍。对于基于多变量特征构建的 4 个机器学习算法估算的研究目标 ET 估算值和对应 ET 观测值（真实值），可以通过数据分布、相关性分析和模型精度评价等方面实现性能评估与相应配图的绘制。

8.1 数据观察期

数据观察期主要对不同模型的估算值和观测值进行探索性分析，特别是在对数据基本情况不了解的情形下，利用相应的统计图形实现对分析数据进行如数值分布、频数统计等操作。对应的统计图形可选择直方图或者箱线图，直方图不但可以展示数据集中不同数值出现的次数，而且可以很好地表示其占比；箱线图则可以显示数据集的上四分位数、下四分位数、中位数和异常值。

图 8-1-1 所示为 ET 观测值与 3 种模型估算值的直方图绘制示例，可以看出，SVR（Support Vector Regression，支持向量回归）模型估算值直方图与 ET 观测值直方图在外观上最为接近；其他两种模型结果则较为接近，且在数值范围 15 ～ 75 内，外观相似度更高。

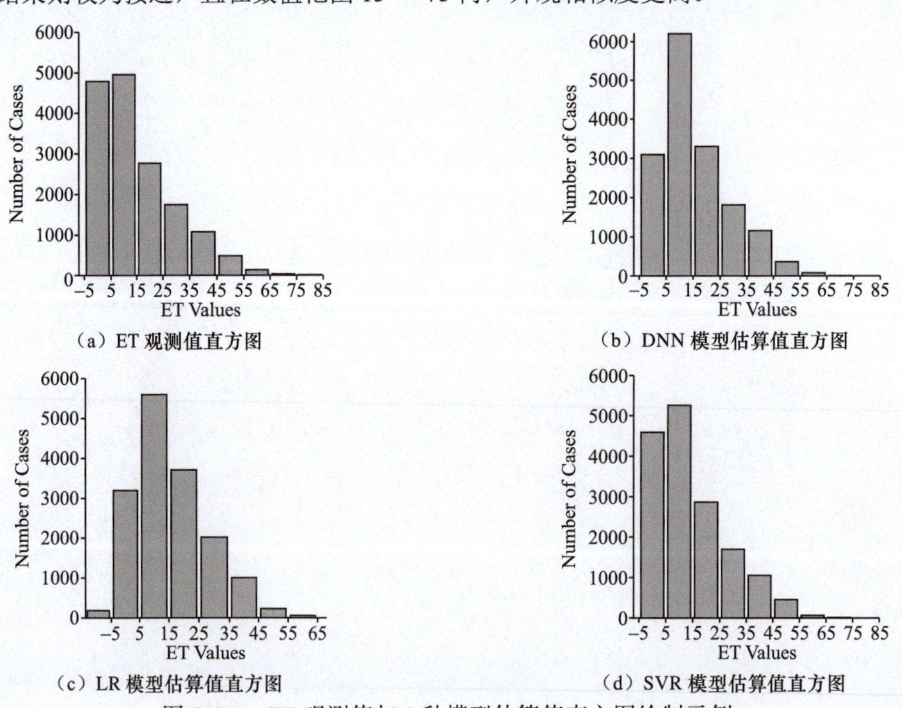

（a）ET 观测值直方图　（b）DNN 模型估算值直方图

（c）LR 模型估算值直方图　（d）SVR 模型估算值直方图

图 8-1-1　ET 观测值与 3 种模型估算值直方图绘制示例

图 8-1-1 所示图形的核心绘制代码如下。

```
1. library(tidyverse)
2. library(readxl)
3. scatter_data <- read_excel("scatter_data.xlsx")
4. #图8-1-1(a)所示图形的核心绘制代码
5. ggplot(data = scatter_data,aes(x=obser)) +
6.   geom_bar(width = 0.85,fill="#5C5C5C",color="black",
7.            linewidth=0.5) +
8.   scale_x_binned(breaks = seq(-5,90,10),limits = c(-7,85),
9.                  expand = c(0, 0)) +
10.  scale_y_continuous(expand = c(0, 0),limits = c(0,6000),
11.                     breaks = seq(0,6000,1000)) +
12.#图8-1-1(b)所示图形的核心绘制代码
13.ggplot(data = scatter_data,aes(x=DNN)) +
14.  geom_bar(width = 0.85,fill="#5C5C5C",color="black",
15.           linewidth=0.5) +
16.  scale_x_binned(breaks = seq(-5,90,10),limits = c(-7,85),
17.                 expand = c(0, 0)) +
18.  scale_y_continuous(expand = c(0, 0),limits = c(0,6200),
19.                     breaks = seq(0,6100,1000)) +
20.#图8-1-1(c)所示图形的核心绘制代码
21.ggplot(data = scatter_data,aes(x=LR)) +
22.  geom_bar(width = 0.85,fill="#5C5C5C",color="black",
23.           linewidth=0.5) +
24.  scale_x_binned(breaks = seq(-5,90,10),expand = c(0, 0)) +
25.  scale_y_continuous(expand = c(0, 0),limits = c(0,6000),
26.                     breaks = seq(0,6000,1000)) +
27.#图8-1-1(d)所示图形的核心绘制代码
28.ggplot(data = scatter_data,aes(x=SVR)) +
29.  geom_bar(width = 0.85,fill="#5C5C5C",color="black",
30.           linewidth=0.5) +
31.  scale_x_binned(breaks = seq(-5,90,10),limits = c(-7,85),
32.                 expand = c(0, 0)) +
33.  scale_y_continuous(expand = c(0, 0),limits = c(0,6000),
34.                     breaks = seq(0,6000,1000)) +
```

提示：使用统计直方图对实验数据集的基本情况进行表示这种方法，除了用于上文介绍的对不同算法估算值进行表示，还常应用在数据集的探索过程中，特别是在需要对实验数据有大致了解的情况下，一般出现在科研论文的数据介绍或者实验初始阶段的数据介绍中。此外，对数据进行不同阶段具体数据值的统计，在某些研究课题中也是不可忽略的，如在大气、地理、生态、化学等学科中，实验持续进行的前提之一就是某一研究目标的数据量或数据值在一定数值区间内浮动，某一范围内的数值量占整体数据样本的比例受到一定限制等。在诸如此类的学科研究中，在不同数据处理操作前后进行直方图的绘制是非常必要的。

图 8-1-2 所示为利用 ggplot2 绘制的箱线图示例，从图中可以看出，不同模型估算值和观测值分布基本相同，DNN（Deep Neural Network，深度神经网络）模型估算值在上四分位数附近与观测值较为接近，SVR 模型估算值则在下四分位数附近与观测值较为接近。

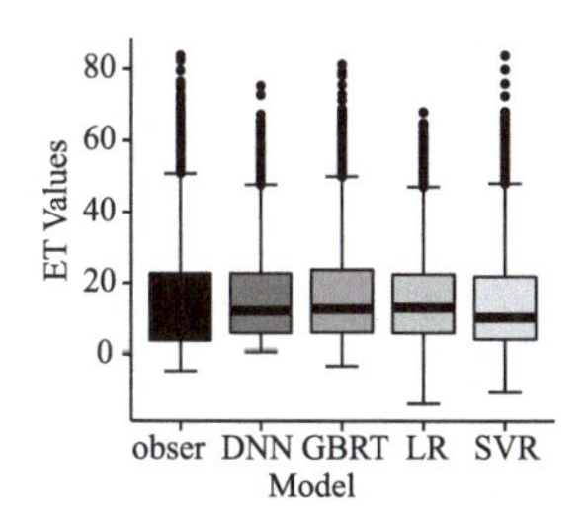

（a）不同模型估算值箱线图绘制示例（gray 色系）

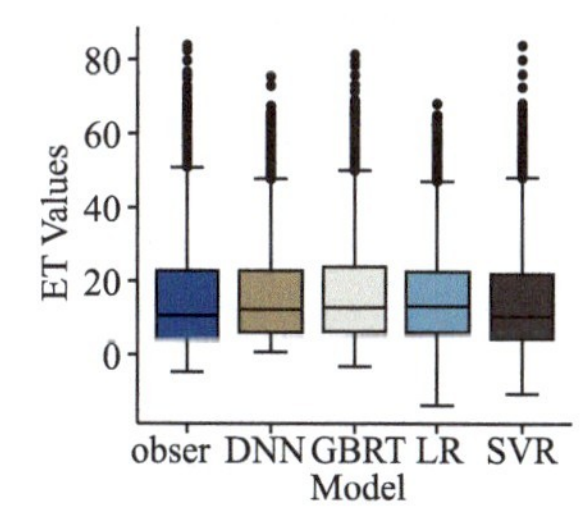

（b）不同模型估算值箱线图绘制示例（waves 色系）

图 8-1-2 观测值与不同模型估算值箱线图绘制示例

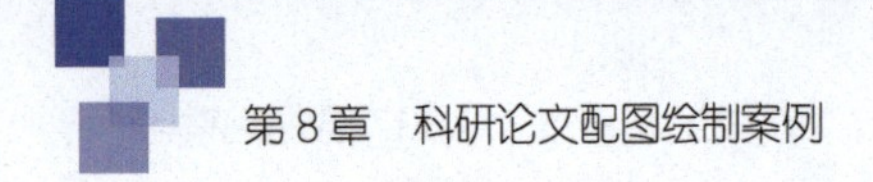

图 8-1-2（b）所示图形的核心绘制代码如下。

```
1. library(tidyverse)
2. library(readxl)
3. scatter_data <- read_excel("scatter_data.xlsx")
4. #数据处理
5. scatter_data_long <- scatter_data %>%
6.         tidyr::pivot_longer(cols = everything(),cols_vary = "slowest")
7. #改变绘图属性顺序
8. scatter_data_long$name <- factor(scatter_data_long$name,
9.                         levels=c("obser","DNN","GBRT","LR","SVR"))
10.ggplot(data = scatter_data_long,aes(x=name,y=value)) +
11.  stat_boxplot(geom = "errorbar",width = 0.4,linewidth=0.5) +
12.  geom_boxplot(aes(fill=name)) +
13.  ggprism::scale_fill_prism(palette = "waves") +
14.  labs(x="Model",y="ET Values") +
15.  theme_classic() +
```

提示： 使用箱线图对不同组数据集进行相似性判定是一种在学术研究中经常使用的方式。一般情况下，当研究的课题涉及多组对照分析、总样本数据集划分成不同数据集时，如生态学中记录不同条件下研究目标的数值变化、地理学中对不同地物类型的数值统计，以及机器学习中随机划分训练数据集、测试数据集、验证数据集等，我们都需要考虑不同组数据、不同类型模型构建数据之间形状分布和值范围的相似性，特别是在采用机器学习模型的研究课题中，不同数据集的相似性高，可以确保基于训练数据集构建的模型能够得到充分训练，使得构建的模型在测试和验证过程中能够覆盖整个测试或验证样本的全部值范围。

8.2　相关性分析（多子图）

除在数据分布上观察不同模型估算值的差异以外，还可以依次将模型估算值与对应的观测值进行相关性分析。相关性散点图是相关性分析中常用的一种图，笔者在 4.2 节中详细介绍了该类图的绘制技巧。但需要注意的是，在实际的科研论文写作中（如本案例），相关性散点图一般都是以多子图形式出现的，即绘制多个单图后再在 PS 等绘图工具中进行拼接，这样做虽然能满足绘制需求，但在面对多个（通常个数超过 4）相关性散点图绘制需求时，难免会造成时间上的浪费以及图细节拼接上的错误，甚至可能无法满足特定期刊的图表绘制需求，如为多个子图绘制有共同数值映射的颜色条。此外，通过添加判定系数 R^2、均方根误差等统计指标，我们可以直接从数值上观察模型估算值与观测值的关系。

本案例涉及 4 种生态类型的 4 种机器学习算法的估算值，因此我们绘制一个 4 行 4 列的多子图，用于对比分析每个生态类型对应的每种模型估算值与观测值之间的相关性程度。作为模型精度的评价指标，均方根误差（RMSE）用于对比指定数据集不同模型的预测误差，其值越小，拟合模型估算值和观测值之间的误差越小，拟合模型效果越好。判定系数 R^2 用于更好地表示参数相关的密切程度，R^2 越接近于 1，相关性越高；R^2 越接近于 0，相关性越低。图 8-2-1 所示为本案例对应的多子图相关性散点图绘制示例，该图中设置了散点透明度和对应的模型结果的不同点样式，还使用了字母依次为每个子图添加序号。

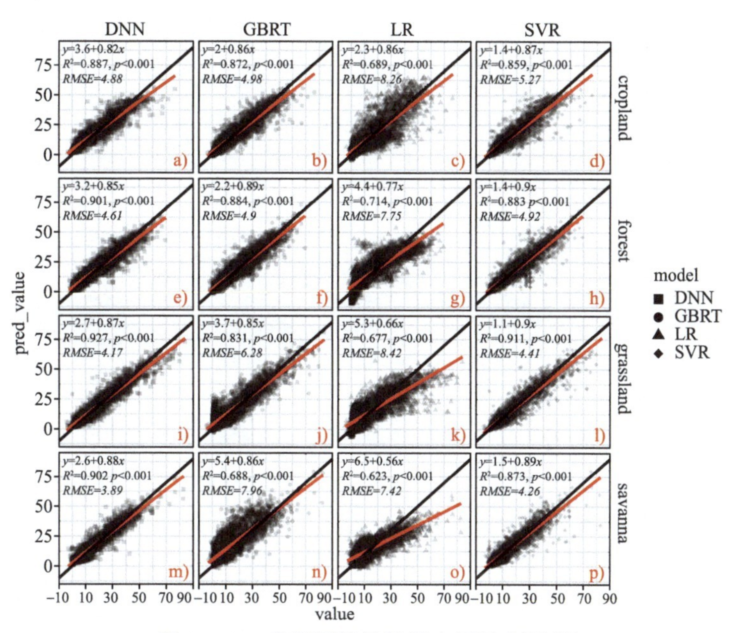

图 8-2-1 多子图相关性散点图绘制示例

用 R 语言的 ggplot2 包绘制多子图的方法，就是使用其中的 facet_grid() 分面绘制功能，该函数可以根据数据框（data.frame）中的类别变量进行横、纵方向上的子图绘制。本案例中的绘图数据涉及 4 种生态类型的 4 种机器学习算法的估算值，这就要求绘图数据集中必须要有表示生态类型和机器学习的变量，本案例的数据集中直接提供。如果读者的数据集没有对应的类别变量，可通过基本的数据处理操作（“长”“宽”数据转换，新变量构建等）进行数据规整。此外，还可使用 tagger 包中的 tag_facets() 函数为分面中每个子图添加字母序号。图 8-2-1 所示图形的核心绘制代码如下。

```
1. library(tidyverse)
2. library(ggpubr)
3. library(readxl)
4. library(extrafont)
5. library(tagger)
6. font_import(pattern = "lmroman*")
7. multiple_data = read_excel("multiple_data2.xlsx")
8. #数据处理
9. data_stat <- multiple_data %>%
10.   group_by(type, model)  %>%
11.   dplyr::summarise(count=n(),
12.              rmse = sqrt(mean((value - pred_value)^2)))
13.ggplot(data = multiple_data,aes(x = value,y = pred_value)) +
14.   geom_point(aes(shape=model),size=1.5,alpha=0.2) +
15.   geom_smooth(method = "lm", colour="red",se=FALSE,
16.               formula = y ~ x,linewidth=.8) +
17.   #绘制对角线：最佳拟合线
18.   geom_abline(aes(intercept=0, slope=1),alpha=1, linewidth=.8) +
19.   ggpubr::stat_regline_equation(label.x = -5,label.y = 80,size=3.5,
20.                               family="LM Roman 10",fontface="bold") +
21.   ggpubr::stat_cor(aes(label = paste(after_stat(rr.label), after_stat(p.label), sep =
    "~`,`~")),
22.                    label.x = -5, label.y = 68,size=3.5,
23.                    r.accuracy = 0.001,p.accuracy = 0.001,
24.                    family='LM Roman 10',fontface='bold') +
25.   geom_text(data = data_stat, aes(x = -5, y = 58,
26.     label = paste("RMSE =",round(rmse,2))), family="LM Roman 10",
```

```
27.     fontface="italic",size=3.5,hjust =0,vjust =1,show.legend=FALSE) +
28.   scale_shape_manual(values = c(15,16,17,18),guide=guide_legend(
29.                            override.aes = list(alpha=1,size=4))) +
30.   theme_bw() +
31.   #分面操作
32.   facet_grid(rows = vars(type),cols = vars(model)) +
33.   tagger::tag_facets(position = "tr") +
34.   theme(axis.text = element_text(colour = "black",face='bold',
35.                                  size = 12),
36.         strip.text = element_text(family = "LM Roman 10",
37.                                   face='bold',size = 15),
38.         strip.background = element_rect(fill = NA,colour = NA),
39.         panel.grid = element_blank(), #去除网格
40.         tagger.panel.tag.text = element_text(color = "red",
41.                                 family = "LM Roman 10",size = 14))
```

提示：对模型估算值与观测值进行相关性分析是大多数数值类模型（方法）精度评价中常用的一种方式，不但可以从构建的散点分布上发现二者的相关性程度，而且可以通过统计指标的标注在数值量化层面体现二者关系的强弱。

在上述多子图相关性散点图的绘制中，只是对绘制的散点进行了透明度和基本颜色（黑色）的设置，虽能较好地对比数据集间的关系和符合部分学术期刊的绘制需求，但在一些使用场景中，还需要通过添加另一个数据维度来体现数据集密集程度，即添加数值映射 colorbar，用单一系列颜色的深浅表示特定数值区域散点出现的频次，帮助用户更好地发掘数据分布情况。图 8-2-2 所示为在图 8-2-1 所示图形的基础上添加 colorbar 的绘制示例。

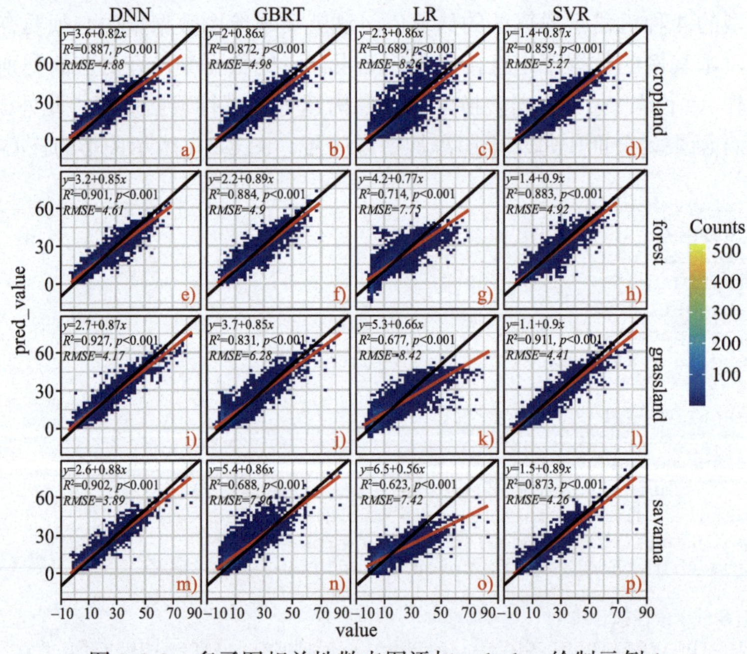

图 8-2-2　多子图相关性散点图添加 colorbar 绘制示例 1

使用 ggplot2 包中的 geom_bin_2d() 函数并设置 bins 参数值即可绘制，且进行了分面操作，可以直接共用 colorbar 图例。图 8-2-2 所示图形的绘制代码如下。

```
1. library(tidyverse)
2. library(ggpubr)
3. library(readxl)
```

```
4. library(extrafont)
5. library(pals)
6. library(tagger)
7. font_import(pattern = "lmroman*")
8. ggplot(data = multiple_data,aes(x = value,y = pred_value)) +
9.   geom_bin_2d(bins = 50) +
10.  geom_smooth(method = "lm", colour="red",se=FALSE,
11.               formula = y ~ x,linewidth=.8) +
12.  #绘制对角线：最佳拟合线
13.  geom_abline(aes(intercept=0, slope=1),alpha=1, linewidth=.8) +
14.  ggpubr::stat_regline_equation(label.x = -5,label.
15.       y = 80,size=3.5,family="LM Roman 10",fontface="bold") +
16.  ggpubr::stat_cor(aes(label = paste(after_stat(rr.label),
17.                   after_stat(p.label), sep = "~`,`~")),
18.                   label.x = -5, label.y = 68,size=3.5,
19.                   r.accuracy = 0.001,p.accuracy = 0.001,
20.                   family='LM Roman 10',fontface='bold') +
21.  geom_text(data = data_stat, aes(x = -5, y = 58,
22.     label = paste("RMSE =",round(rmse,2))),
23.     family="LM Roman 10",fontface="italic",size=3.5,hjust=0,
24.     vjust = 1, show.legend = FALSE) +
25.  scale_fill_gradientn(name="Counts",colours = parula(100),
26.       guide = guide_colorbar(barwidth = 1, barheight = 10))+
27.  theme_bw() +
28.  #分面操作
29.  facet_grid(rows = vars(type),cols = vars(model)) +
```

提示： 带有数值映射 colorbar 的多子图绘制样式在很多理工类科研论文中经常出现。读者可根据绘图数据进行合理选择，对于数据量为万级以上的情况，建议添加数值映射 colorbar；对于其他情况，可根据具体使用场景选择添加或不添加。

图 8-2-3 所示是将 colorbar 添加至多子图相关性散点图上方的绘制示例。

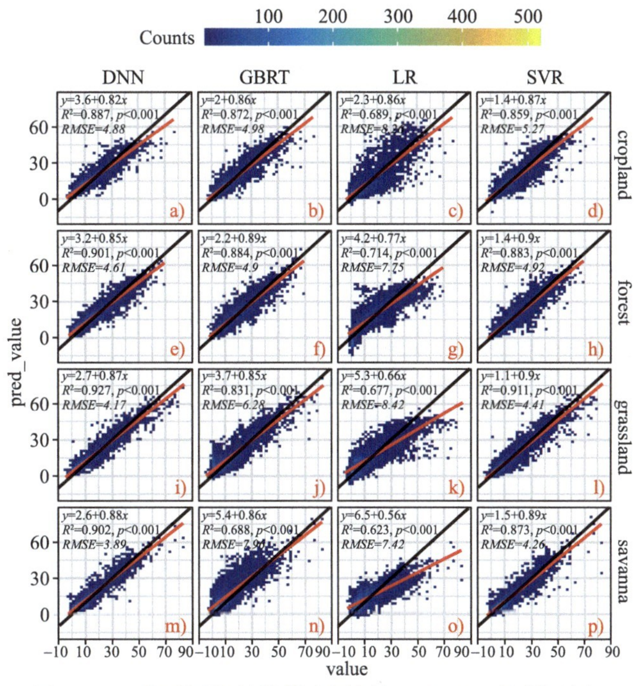

图 8-2-3 多子图相关性散点图添加 colorbar 绘制示例 2

8.3　模型精度评估分析

在对比分析模型估算值和观测值在数值分布、相关性程度上的结果后可以发现，对于一般的数值类模型精度评价要求，该模型基本上是可以满足的。当涉及的模型较多（一般在 5 个以上）时，可使用泰勒图对模型表现情况进行展示，此时同样需要根据观测值进行相关统计指标的计算。关于泰勒图的详细介绍，读者可参考 7.5 节。在进行绘制之前，先根据绘图数据集计算出相关系数、均方根误差（RMSE），以及观测值和模型估算值的标准差（SD），用于在数值层面上的统计指标对比。需要注意的是，使用 R 语言中的 plotrix 包进行泰勒图的绘制，是直接对样本数据集进行操作的。表 8-3-1 ～表 8-3-4 所示为 4 种不同地物类型对应的指标统计数据（OBSER 为观测对比数据，用于模型对比）。

表 8-3-1　cropland 地物类型泰勒图绘制指标统计

模型	相关系数	RMSE	SD
OBSER	1	0	13.932
DNN	0.942	4.876	12.088
GBRT	0.934	4.98	12.896
LR	0.83	8.261	14.361
SVM	0.927	5.269	13.047

表 8-3-2　forest 地物类型泰勒图绘制指标统计

模型	相关系数	RMSE	SD
OBSER	1	0	14.361
DNN	0.949	4.61	12.804
GBRT	0.94	4.902	13.526
LR	0.845	7.747	13.159
SVM	0.94	4.924	13.756

表 8-3-3　grassland 地物类型泰勒图绘制指标统计

模型	相关系数	RMSE	SD
OBSER	1	0	14.775
DNN	0.963	4.174	13.413
GBRT	0.911	6.279	13.773
LR	0.823	8.418	11.893
SVM	0.955	4.413	13.932

表 8-3-4 savanna 地物类型泰勒图绘制指标统计

模型	相关系数	RMSE	SD
OBSER	1	0	11.931
DNN	0.95	3.889	11.046
GBRT	0.829	7.962	12.351
LR	0.789	7.42	8.461
SVM	0.934	4.258	11.311

提示：上述表中各指标可通过 Excel 进行计算，也可通过 R 语言中的的 cor()、sqrt () 以及 sd() 函数进行计算。

图 8-3-1 所示为针对上述 4 种地物类型数据绘制的用于评价模型精度的泰勒图。

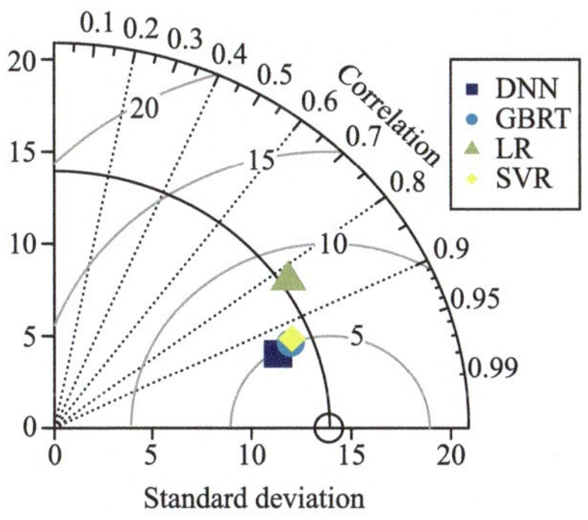

（a）cropland 类型模型精度泰勒图

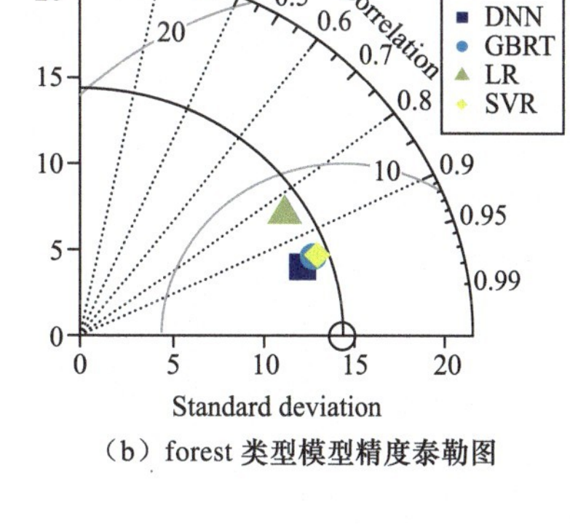

（b）forest 类型模型精度泰勒图

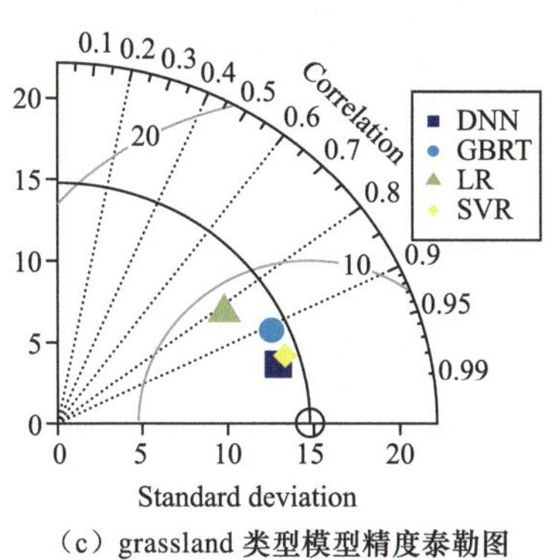

（c）grassland 类型模型精度泰勒图

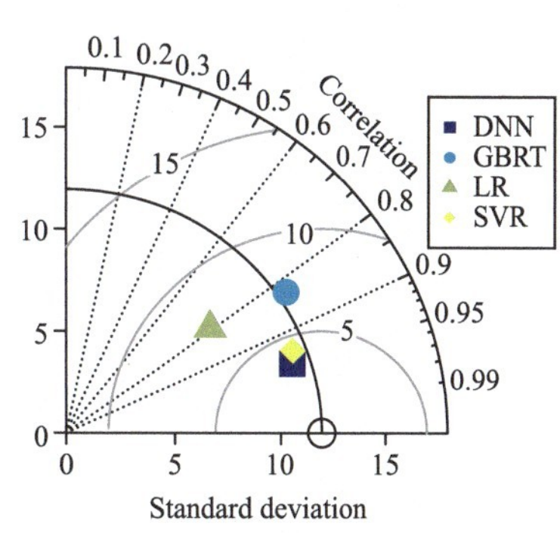

（d）savanna 类型模型精度泰勒图

图 8-3-1 不同地物类型对应的模型精度评价泰勒图

如图 8-3-1（d）所示，在泰勒图中，根据均方根误差可知，DNN 模型的数值点最小，模型效果最好；DNN 模型估算值与观测值的相关性最高；观测值的标准差为 11.931，LR 模型估算值最小，DNN 模型结果次之。综合来看，DNN 模型的表现最优。

图 8-3-1（a）所示图形的核心绘制代码如下。

```
1. library(tidyverse)
2. library(readxl)
3. library(plotrix)
4. library(extrafont)
```

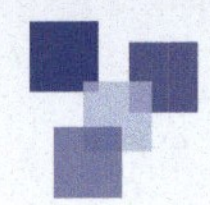


```
5. #导入lmroman系列字体
6. font_import(pattern = "lmroman*")
7. loadfonts()
8. taylor_data <- read_excel("Taylor_data.xlsx",sheet="cropland")
9. ref <- taylor_data$cropland_obser
10.model1 <- taylor_data$croplandDNN
11.model2 <- taylor_data$croplandGBRT
12.model3 <- taylor_data$croplandLR
13.model4 <- taylor_data$croplandSVM
14.par(family = "LM Roman 10")
15.taylor.diagram(ref,model1,pch = 15,pcex = 2.5,ref.sd=T,
16.                  col = "#352A87",main = "")
17.taylor.diagram(ref,model2,pch = 16,pcex = 2.5,
18.                  add=TRUE,col="#089BCE")
19.taylor.diagram(ref,model3,pch = 17,pcex = 2.5,
20.                  add=TRUE,col="#A3BD6A")
21.taylor.diagram(ref,model4,pch = 18,pcex = 2.5,
22.                  add=TRUE,col="#F9FB0E")
23.legend(x=20,y=20, # 可以改变图例的位置
24.       legend=c("DNN","GBRT", "LR","SVR"),
25.       pch=c(15,16,17,18,19),col=c('#352A87','#089BCE',
26.                                    '#A3BD6A','#F9FB0E'))
```

8.4　本章小结

本章从一个具体的案例出发，从数据观察期、相关性分析、模型精度评估分析 3 个方面详细介绍了不同阶段中常用配图的选择、绘制，并给出相关建议。在大多数情况下，直方图用在数据探索和数据处理过程中，特别是某些需要定量分析的科研任务中。相关性散点图和泰勒图是数值类模型（方法）构建对比研究中必不可少的图类型。在多模型（方法）对比分析中，相比相关性散点图，泰勒图更直观地展示了各模型的优劣。此外，对于本案例中构建模型（方法）的精度评价，我们还可以使用不同时间段观测值和对应模型估算值绘制折线图，从时间角度理解不同模型估算值与观测值之间的差距。

附录　部分英文期刊关于投稿配图的标准和要求

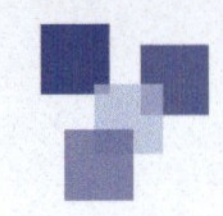

1. Nature Communications

（1）图片分辨率

Nature Communications 对论文中的插图分辨率没有特别高的要求，只需要确保图像具有足够的分辨率，以便用于评估数据正确与否。

（2）插图基本要求

为了避免后期修订，期刊对论文插图有一些基本绘制要求，具体如下。

① 模式：提供 RGB 模式的图片和 300dpi 或更高分辨率的图像。

② 字体：所有图形使用相同的字体（Arial 或 Helvetica）；若涉及希腊字母，则使用符号字体。

③ 颜色：使用具有相似可见度的不同颜色，避免使用红色和绿色进行对比。强烈建议用安全的颜色组合为原始图像（如荧光图像）重新着色。应避免使用彩虹色模式。

④ 插图和文字大小：最好按照印刷品版本的尺寸来准备图片，最佳文字大小为 5 ～ 8pt。

（3）插图格式

图片的格式倾向于是可编辑的矢量文件，如 AI、EPS、PDF、PS 和 SVG；包含可编辑图层的 PSD 和 TIF 文件；PSD、TIF、PNG 和 JPG 格式的位图图像；PPT 格式文件；ChemDraw（.cdx）文件。

（4）插图标注

每张插图的标注（简称“图注”）字数应小于 350 字。首先用简短标题概括整张图的情况，然后对图中所描绘内容进行简短陈述，但不是实验的结果（或数据）或所用的方法。图注应足够详细，以便使每张图片和其标题单独出现时都很好理解。

其他插图要求详见 Nature 官网。

2. Proceedings of the National Academy of Sciences（PNAS）

（1）图片分辨率

PNAS 要求作者尽可能提供高分辨率的图片文件。

（2）插图基本要求

① 插图大小：所有图片按最终大小提供。虽然为了节省版面，图片的大小可能会比较保守，但 PNAS 保留最终决定权，如果图片大小不符合规定的尺寸，作者可能会被要求进行修改。图片的大小要求如下。

- 小号版面：大约为 9cm×6cm。
- 中号版面：大约为 11cm×11cm。
- 大号版面：大约为 18cm×22cm。

② 数字、字母和符号尺寸：确保所有对象在缩放后不小于 6pt（约 2mm）且不大于 12pt（约 4mm），且每张插图中的数字、字母和符号大小一致。

（3）插图格式

- 提交以下文件格式的图像：TIFF、EPS、PDF 或 PPT。
- 三维图像以 PRC 或 U3D 格式提交。每个三维图像都应同时包括二维的 TIFF、EPS 或 PDF 格式文件。

（4）插图标注

- 对于有多个面板的图形，图注的第一句话应该是对整个图片的简要描述。在图注中，至少应对每个面板的图片进行一次明确的引用和描述。
- 所有图中需要包含标记清楚的误差线，并在图注中描述。
- 标明在符号“±”后面的数字是标准误差还是标准差。
- 提供 P 值、标尺等信息。

- 指示图中表示的独立数据点（*N*）的数量。

其他插图要求详见 PNAS 官网。

3. Journal of the American Chemical Society（JACS）

（1）图片分辨率

提供的图片的最小分辨率应符合如下要求。

- 黑白线图：1200dpi。
- 灰度图：600dpi。
- 彩图：300dpi。

（2）插图基本要求

① 插图大小：图片必须符合一栏或两栏的格式。单栏图形的宽度可以达到 240pt（约 3.33in），而双栏图形的宽度必须在 300 ～ 504pt（约 4.167 ～ 7in）之内。所有图片（包括图注在内）的最大高度为 660pt（约 9.167in，图注允许为 12pt）。

② 文字大小：在最终发表版本中，文字不应小于 4.5pt。当图片以全尺寸观看时，文本应清晰可辨。推荐使用 Helvetica 或 Arial 字体。线条宽度不应小于 0.5pt。

③ 颜色：可用彩色优化复杂结构、图片、光谱和图解等的呈现效果。免费为作者的图形重新着色。旨在以黑白或灰度显示的图形不应以彩色形式提交。

（3）插图标注

每张插图必须附有图注，图注要有编号，用于简要说明图片内容，且要求不需要参考正文就可以使读者理解图片内容。最好把关键符号展现在图片中，而不是插图标题中。确保文本中使用的任何符号和缩写与插图中的一致。

其他插图要求详见 ACS 官网中的 Author Guidelines。

4. Elsevier

（1）图片格式及分辨率

- EPS（或 PDF）：矢量文件。
- TIFF（或 JPEG）：彩色或灰度照片，最小分辨率为 300dpi。
- TIFF（或 JPEG）：位图（纯黑色和白色像素）线图，最小分辨率为 1000dpi。
- TIFF（或 JPEG）：位图线图，半色调（彩色或灰度），最小分辨率为 500dpi。

（2）插图基本要求

- 使用统一的字体和字号。
- 插图使用 Arial、Courier、Times New Roman、Symbol 或者相似字体。
- 根据插图在正文中的顺序进行编号。
- 插图单独提供图注。
- 将插图的尺寸调整到接近出版所需的尺寸。
- 每张插图提交时须作为一个单独的文件上传。
- 确保所有人都能看到彩色图像，包括色觉受损者。

（3）插图标注

- 确保每张插图都有一个标题。
- 需要单独提供说明，不附在图上。
- 标题应该包括一个简短的标题和对插图的描述。
- 尽量减少插图中的文字，但需要对所有出现的符号和缩写都予以相应的说明。

其他插图要求详见 Elsevier 官网。

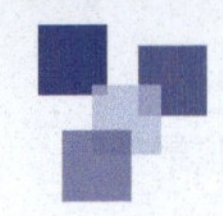

5. Journal of Molecular Histology

（1）插图颜色

- 如果打印版本中有黑白色块显示，那么需要确保主要信息仍然可见。
- 如果图片将黑白打印，那么不用在标题中提及颜色。
- 彩色插图应以 8 位 RGB 格式提交。

（2）插图文本

- 字体最好使用 Helvetica 和 Arial。
- 保持整张图片字体一致，文字大小通常为 2 ～ 3mm（约 8 ～ 12pt）。
- 避免使用阴影、轮廓等效果。
- 图片中不要包含标题或说明。

（3）插图编号

- 所有图片都使用阿拉伯数字编号。
- 图片编号应该为连续数值顺序。
- 图中包含的各部分应该用小写字母（如 a、b、c 等）说明。
- 如果文章包括附录且附录包含一张或多张图片，就接续正文中的编号，不要单独给附录中的图片编号。但在线附录（电子补充材料）中的图片应单独编号。

（4）插图图注

- 每张图都应该有一个简洁的图注，对图片进行整体描述。图注包含在正文中，不在图片文件中。
- 以“Fig.+ 数字”形式对图片命名，图片标题加粗。
- 数字后面不加标点，图注结尾也不加任何标点。
- 图中的标识元素均在图注中说明。

（5）插图位置和大小

- 插图应与正文一并提交。只有当稿件的文件大小导致上传出现问题时，大图才应与正文分开提交。
- 对于大版面期刊，插图应为 84mm（双栏文本区域）或 174mm（单栏文本区域）宽，宽不能大于 234mm。

参考文献

[1] 关小红，樊鹏，孙远奎，等 . 科技论文中图表的规范表达 [J]. 教育教学论坛，2020，9（24）：4.

[2] 董彩华，黄毅，肖唐华 . 科技期刊插图高效编辑加工整体解决方案 [J]. 湖北师范大学学报（自然科学版），2018，38（3）：186-192.

[3] 李莉，胡建平 . 克里金插值算法在等高线绘制中的应用 [J]. 天津城市建设学院学报，2008，14（1）：68-71.

[4] 许敏，江鹏 . 基于 MODIS 和 ERA-Interim 的安徽省地表蒸散发及其受植被覆盖度影响研究 [J]. 水资源与水工程学报，2020，31（2）：8.

读书笔记

读书笔记

读书笔记